21 世纪普通高等教育规划教材

材料成形工艺基础

何柏林　徐先锋　主编

U0234769

化学工业出版社

·北京·

为了适应我国高等工科院校机械类专业人才培养模式，本书突出了材料成形工艺的理论基础知识，同时强化了综合分析与应用能力的培养。在内容上以铸造、锻压和焊接等常规成形工艺方法为主，还较大幅度地引入其他成形新技术、新工艺，以适应现代机械制造技术的发展。本书体现了工艺性课程的特色，各主要成形方法的介绍中，都有工艺设计的内容，并采用典型的工程实践中综合性工艺案例分析，以达到学以致用，融会贯通的目的。全书共六章，在每章之后都辅以一定量的复习思考题，以利于培养学生获取知识、分析与解决实际的工程技术问题的能力，提高学生的工程素质与创新思维能力。

本书可作为高等工科院校机械类及近机械类专业的教材，还可作为相关专业工程技术人员的参考书。

图书在版编目（CIP）数据

材料成形工艺基础/何柏林，徐先锋主编. —北京：
化学工业出版社，2010.7（2023.8重印）
21世纪普通高等教育规划教材
ISBN 978-7-122-08489-7

Ⅰ．材…　Ⅱ．①何…②徐…　Ⅲ．工程材料-成型-
工艺-高等学校-教材　Ⅳ．TB3

中国版本图书馆 CIP 数据核字（2010）第 115222 号

责任编辑：叶晶磊　唐旭华　　　　　　装帧设计：张　辉
责任校对：吴　静

出版发行：化学工业出版社（北京市东城区青年湖南街 13 号　邮政编码 100011）
印　　装：北京虎彩文化传播有限公司
787mm×1092mm　1/16　印张 18　字数 473 千字　2023 年 8 月北京第 1 版第 8 次印刷

购书咨询：010-64518888　　　　　　售后服务：010-64518899
网　　址：http：//www.cip.com.cn
凡购买本书，如有缺损质量问题，本社销售中心负责调换。

定　价：42.00 元

《材料成形工艺基础》编写人员

主　　编　何柏林　徐先锋

编写人员　（以姓氏笔画为序）

万迪庆　王红英　匡唐清　李树桢　何柏林

陈朝霞　周慧兰　胡　勇　赵龙志　赵明娟

徐先锋　熊光耀　黎秋萍

前　言

　　本书是工程材料及机械制造基础课程的教材之一。读者在熟悉常用金属材料的性能和用途，初步具备合理选材、正确制定加工工艺及失效分析能力的基础上，学习本书。本书以各种毛坯的成形方法为主，注重材料成形工艺的理论基础知识，强化工艺设计，重在培养学生分析问题和解决问题的能力。为提高机械类学生的专业水平，培养更多的高素质应用型人才，书中较大篇幅增加了新材料、新技术、新工艺等内容，如粉末冶金、非金属材料成形等各种成形方法等。

　　本书由华东交通大学材料工程系组织编写，内容上力求由浅入深，易学易懂。本书的编写得到了华东交通大学教材出版基金的资助，编写过程中，还得到了机电工程学院其他教研室老师的帮助，在此表示感谢。

　　本书配有相关的电子课件，可免费提供给采用本书作为教材的院校使用，如有需要请联系 txh@cip. com. cn。

　　由于编者水平有限，书中难免存在不当之处，敬请读者批评指正，不胜感激。

编者

2010 年 5 月

目　录

第 *1* 章 金属的液态成形

1.1 概述

人类与其他动物的根本区别之一就是会使用并制造工具。人类要扩大自身的生存空间、提高生活质量，就必须不断增强征服和协调自然的能力。这种能力是通过生产工具的更新换代和不断升级来实现的，如从原始的木棒、石块，到简单机械（如杠杆、轮轴等），直到现代具有各种复杂功能的机械与装置。为了制造性能要求越来越高的工具，人们就必须不断地发现和开发性能更加优良的材料，采用更加先进的材料成形技术。

金属液态成形（铸造）工艺学是在总结劳动人民长期实践的基础上发展起来的。我国古代在材料生产及其成形加工工艺技术方面，有着辉煌的成就。从原始社会后期我国就开始有陶器，早在仰韶文化和龙山文化时期，制陶技术已经很成熟。我国的青铜冶炼始于夏代，到了距现在 3 000 多年前的殷商、西周时期，技术水平已相当先进，用青铜制造的工具、食具、兵器、车饰、马饰等均得到普遍应用。在河南安阳地区发掘出来的商代青铜大方鼎（见图 1-1），高 133cm、长 110cm、宽 78cm，重达 875kg。在大鼎的里面铸有"司母戊"三个字，在大鼎的四周，有蟠龙等组成的精致花纹。铸造这样大型的青铜器物，需要有很大的铸造场所，要求各个工种协同操作、密切配合，这充分反映出我国古代青铜冶炼和铸造成形的高超技艺。

图 1-1　司母戊大方鼎

图 1-2　战国铁器与铁模

春秋战国时期，我国开始大量使用铁器，白口铸铁、麻口铸铁、可锻铸铁相继出现。1953 年从河北兴隆地区发掘出来的战国铁器中，就有浇铸农具用的铁模子（见图 1-2），说明当时已掌握了铁模铸造技术。随后出现了炼钢、锻造、钎焊和退火、淬火、正火、渗碳等热处理技术。一直到明朝，在这之前的 2 000 多年间，我国钢铁的产量及金属材料成形工艺技术一直在世界上遥遥领先。这些事实生动地说明了中华民族在材料及其加工方面为世界文明和人类进步做出了卓越贡献。

但是到了 18 世纪以后的长时间内，由于封建统治者长期采取闭关自守的政策，严重地束缚了我国生产力的发展，使我国科学技术处于停滞落后状态。就在我国闭关锁国期间，欧洲的工业得到飞速发展。18 世纪 20 年代初先后在欧美发生的产业革命极大地促进了钢铁工业、煤化学工业和石油化学工业的快速发展，各类新材料不断涌现。材料对科学技术的发展起着关键性作用，航空工业的发展充分说明了这一点。1903 年世界上第一架飞机所用的主要结构材料是木材和帆布，飞行速度仅 16km/h；1911 年硬铝合金研制成功，金属结构取代木布结构，使飞机性能和速度获得一个飞跃；喷气式飞机的超音速飞行，高温合金材料制造的涡轮发动机起到了重要作用，因为当飞机速度为 2～3 倍音速时，飞机表面温度会升到 300℃，飞机材料只能采用不锈钢或钛合金；至于航天飞机，机体表面温度会高达1 000℃以上，只能采用高温合金材料及防氧化涂层；目前，玻璃纤维增强塑料、碳纤维增强高温陶瓷复合材料、陶瓷纤维增强塑料等先进复合材料在飞机、航天飞行器上已获得广泛应用。

新中国成立以后，我国机械制造业得到了飞速发展，经历了由仿制到自行设计、制造，从生产普通机械到制造精密和大型机械，从生产单机到制造成套设备的发展过程。例如，20世纪 50 年代，自行制造汽车、拖拉机及飞机；60 年代，制造万吨水压机、齿轮磨床和坐标镗床等精密机床；70 年代，制造大型成套设备和万吨级远洋巨轮；直至 90 年代，为我国航天、原子能等工业领域提供先进的技术装备等。至今已经形成了包括汽车、拖拉机、造船、航空航天、重型机械、精密机床和精密仪表等产品门类基本齐全，分布比较合理的机械工业体系。机械产品装备了工业、农业、国防等各个部门，支持着各部门的发展。与此同时，材料及其成形技术也得到了长足的进步。例如，我国成功地进行耗用钢水达 490t 的轧钢机机架巨型铸件的铸造，生产出了用于锻造大型锻件的 12×10^4t 水压机，解决了 5 万吨级远洋油轮船体的焊接技术上的难题。

1.2　液态成形理论基础

金属液态成形（铸造）是将液态金属在重力或外力作用下充填到型腔中，待其凝固冷却后，获得所需形状和尺寸的毛坯或零件的方法。液态成形具有适应性广，工艺灵活性大（材料、大小、形状几乎不受限制），适合形状复杂的箱体、机架、阀体、泵体、缸体等的制造；制造成本较低，铸件与最终零件的形状相似、尺寸相近。液态成形的主要缺点是组织疏松、晶粒粗大，铸件内部常有缩孔、缩松、气孔等缺陷产生，导致铸件力学性能，特别是冲击性能较差。

1.2.1　液态金属的凝固

合金从液态转化为固态的过程称为凝固。铸造的实质是液态金属逐步冷却凝固而成形。固态金属为晶体，因而金属的凝固过程又称为结晶。结晶包括形核和长大两个基本过程。凝固组织就宏观状态而言，指的是铸态晶粒的形态、大小、取向和分布等情况；铸件的微观组织指晶粒内部结构的形态、大小和分布，以及各种缺陷等。铸件的凝固组织对金属材料的力学性能、物理性能影响甚大。一般情况下，晶粒愈细小均匀，金属材料的强度和硬度愈高，塑性和韧性愈好。影响铸件凝固组织的因素主要有成分、冷却速率和形核条件等，后续内容将详细讨论。

1.2.2　铸件的凝固方式

在铸件凝固过程中，其断面上一般存在三个区域，即固相区、凝固区和液相区（见图1-3）。其中，对铸件质量影响较大的主要是液相和固相并存的凝固区的宽窄。铸件的凝固方式决定了铸件的组织结构形式，是影响铸件质量的内在因素。铸件的凝固方式就是依据凝固区的宽窄来划分的。根据合金的凝固温度范围，可将凝固方式分为如下三种。

（1）逐层凝固

纯金属或共晶成分合金在凝固过程中因不存在液、固并存的凝固区［见图1-3(a)］，故断面上外层的固体和内层的液体由一条界线（凝固前沿）清楚地分开。随着温度的下降，固体层不断加厚，液体层不断减少，直达铸件的中心，这种凝固方式称为逐层凝固。

（2）糊状凝固

如果合金的结晶温度范围很宽，且铸件的温度分布较为平坦，则在凝固的某段时间内，铸件表面并不存在固体层，而液、固并存的凝固区贯穿整个断面［见图1-3(c)］。由于这种凝固方式与水泥类似，即先呈糊状而后固化，故称为糊状凝固。

（3）中间凝固

大多数合金的凝固介于逐层凝固和糊状凝固之间［见图1-3(b)］，称为中间凝固。铸件质量与其凝固方式密切相关。一般说来，逐层凝固时，合金的充型能力强，便于防止缩孔和缩松；糊状凝固时，难以获得结晶密实的铸件。

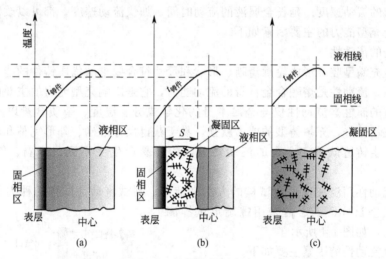

图 1-3　铸件的凝固方式

1.2.3　影响铸件凝固方式的因素

影响铸件凝固方式的主要因素有合金的结晶温度范围和铸件的温度梯度。

（1）合金的结晶温度范围

如前所述，合金的结晶温度范围越小，凝固区域越窄，越倾向于逐层凝固。如砂型铸造时，低碳钢结晶温度范围小，为逐层凝固；高碳钢结晶温度范围甚宽，为糊状凝固。

（2）铸件的温度梯度

在合金结晶温度范围已定的前提下，凝固区域的宽窄取决于铸件内外层间的温度梯度。若铸件的温度梯度由小变大，则其对应的凝固区由宽变窄。铸件的温度梯度主要取决于如下几点。

① 合金的性质　合金的凝固温度越低，热导率越高，结晶潜热越大，铸件内部温度均匀化能力越大，因而使铸型的激冷作用变小，故温度梯度越小（如多数铝合金）。

② 铸型的蓄热能力　铸型蓄热能力越强，激冷能力越强，铸件温度梯度越大。

③ 浇注温度　浇注温度越高，因带入铸型中热量增多，铸件的温度梯度减小。

通过以上讨论可以得出：具有逐层凝固倾向的合金（如灰铸铁、铝硅合金等）易于铸造，应尽量选用。当必须采用有糊状凝固倾向的合金（如锡青铜、铝铜合金、球墨铸铁等）时，需考虑采用适当的工艺措施，例如，选用金属型铸造等，以减小其凝固区域。

1.2.4　液态合金的铸造性能

金属与合金的铸造性能是指金属与合金在铸造成形的工艺过程中，是否容易获得外形正确、内部健全的铸件的性质。铸造性能是重要的工艺性能指标，铸造合金除应具备符合要求的力学性能、物理性能和化学性能外，还必须有良好的铸造性能。铸造性能通常用充型能力、收缩性等来衡量，除合金的化学成分外，工艺因素对铸造性能的影响也很大。掌握金属与合金的铸造性能，对采取合理的工艺措施，防止铸造缺陷，提高铸件质量有重要意义。

1.2.4.1　液态合金的充型能力

熔融合金填充铸型的过程，简称充型。熔融合金充满铸型型腔，获得形状完整，轮廓清晰的铸件的能力，称为合金的充型能力。充型能力首先取决于熔融合金本身的流动能力（即流动性），同时又受外界条件，如铸型性质、浇注条件、铸件结构等因素影响。因此，充型能力是上述各种因素的综合反映。这些因素通过以下两个途径发生作用：①影响金属与铸型之间的热交换条件，从而改变金属液的流动时间；②影响金属液在铸型中的动力学条件，从而改变金属液的流动速度。延长金属液的流动时间、加快流动速度，都可以改善充型能力。

影响合金充型能力的主要因素如下。

（1）合金的流动性

液态合金充满型腔，形成轮廓清晰、形状和尺寸符合要求的优质铸件的能力，称为液态合金的流动性。流动性是熔融合金自身的流动能力，它是影响充型能力的主要因素之一，是液态金属固有的属性。流动性仅与金属本身的化学成分、温度、杂质含量以及物理性质有关。合金的流动性好，充填铸型的能力就强，易于获得尺寸准确、外形完整和轮廓清晰的铸件，可避免产生铸造缺陷。合金的流动性差，铸件易产生浇不到、冷隔、气孔和夹杂等缺陷。

合金的流动性用浇注流动性试样的方法来衡量。测试流动性试样的种类很多，如螺旋形、球形、真空试样等。通常采用螺旋形试样测试合金流动性，如图 1-4 所示。

决定合金流动性的因素主要如下。

① 合金的种类　合金的流动性与合金的熔点、热导率、合金液的黏度等物理性能有关。如铸钢熔点高，在铸型中散热快、凝固快，则流动性差。

② 合金的化学成分　合金的化学成分是影响其流动性的主要因素。同种合金中，成分不同的铸造合金具有不同的结晶特点，对流动性的影响也不相同。纯金属和共晶合金是在恒温下进行结晶的，结晶时从表面向中心逐层凝固，凝固层的表面比较光滑，对尚未凝固的金属的流动阻力小，故流动性好。特别是共晶合金，熔点最低，因而

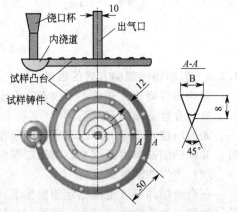

图 1-4　螺旋形试样

流动性最好。图 1-5(a) 是纯金属和共晶合金在铸造时的流动性示意图，当液流前端温度达到固相点 T_s 时，在铸件壁断面上凝固从表面向中心推动，固/液相界面平滑，阻力小，故中心未凝固体仍能够流动，流动的时间长，因而流动距离也远，所以流动性好。

　　在一定温度范围内结晶的亚共晶合金，其结晶过程是在铸件截面上一定的宽度区域内同时进行的。在结晶区域中，既有形状复杂的枝晶，又有未结晶的液体。复杂的枝晶不仅阻碍熔融金属的流动，而且使熔融金属的冷却速率加快，所以流动性差。结晶区间越大，流动性越差。图 1-5(b) 是宽结晶温度范围的合金在铸造时的流动性示意图，在液流前端较早就出现了液、固相共存区，使得金属液流速下降，随着小晶粒的不断增多，到一定程度时，液体则停止流动，因而流动的时间短，流动距离也近，所以流动性差。表 1-1 列出了常用铸造合金的流动性参数，其中，铸铁和硅黄铜的流动性最好，铸钢的流动性最差。

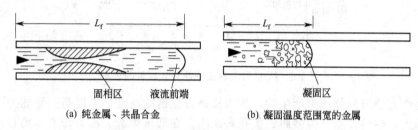

(a) 纯金属、共晶合金　　　　　　(b) 凝固温度范围宽的金属

图 1-5　不同成分合金的流动性示意

表 1-1　常用铸造合金的流动性（砂型，试样截面 8mm×8mm）

合金种类		铸型种类	浇注温度/℃	螺旋线长度/mm
铸铁	$\omega_{C+Si}=6.2\%$	砂型	1 300	1 800
	$\omega_{C+Si}=5.9\%$	砂型	1 300	1 300
	$\omega_{C+Si}=5.2\%$	砂型	1 300	1 000
	$\omega_{C+Si}=4.2\%$	砂型	1 300	600
铸钢	$\omega_C=0.4\%$	砂型	1 600	100
		砂型	1 640	200
铝硅合金（硅铝明）		金属型（300℃）	680～720	700～800
镁合金（含 Al 和 Zn）		砂型	700	400～600
锡青铜（$\omega_{Sn}\approx10\%$，$\omega_{Zn}\approx2\%$）		砂型	1 040	420
硅黄铜（$\omega_{Si}=1.5\%\sim4.5\%$）		砂型	1 100	1 000

　　Fe-C 合金（如铸钢、铸铁）的流动性与含碳量之间的关系如图 1-6 所示。由图可见，亚共晶铸铁随含碳量增加，结晶温度区间减小，流动性逐渐提高，愈接近共晶成分，合金的流动性愈好。

　　③ 杂质与含气量　熔融合金中出现的固态夹杂物，将使合金液的黏度增加，合金的流动性下降。如灰铸铁中的锰和硫，多以 MnS（熔点 1 650℃）的形式悬浮在铁液中，阻碍铁液的流动，使流动性下降。熔融金属中的含气量愈少，合金的流动性愈好。

　　(2) 浇注条件

　　① 浇注温度　浇注温度对合金的充型能力有决定性影响。浇注温度越高，合金的黏度越低，液态合金所含的热量多，传给铸型的热量多，在同样冷却条件下，保持液态的时间延长，流动性好，充型能力强。因此，提高浇注温度是改善合金充型能力的重要措施。但浇注温度过高，会使合金的吸气量和总收缩量增大，从而增加铸件产生其他缺陷（如缩孔、缩松、黏砂、晶粒粗大等）的可能性。因此，在保证流动性足够的条件下，浇注温度应尽可能低。

　　② 充型压力　熔融合金在流动方向上所受的压力愈大，充型能力愈好。砂型铸造时，

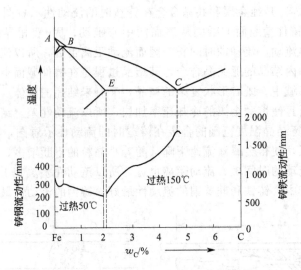

图 1-6 Fe-C 合金的流动性与含碳量的关系

充型压力是由直浇道的静压力产生的，适当提高直浇道的高度，可提高充型能力。但过高的砂型浇注压力，使铸件易产生砂眼、气孔等缺陷。在低压铸造、压力铸造和离心铸造时，因人为加大了充型压力，故充型能力较强。

（3）铸型条件

熔融合金充型时，铸型的阻力及铸型对合金的冷却作用，都将影响液态合金的充型能力。

① 铸型的蓄热能力　表示铸型从熔融合金中吸收并传出热量的能力。铸型材料的比热容和热导率愈大，对熔融合金的冷却作用愈强，合金在型腔中保持流动的时间缩短，合金的充型能力愈差。

② 铸型温度　浇注前将铸型预热到一定温度，减小了铸型与熔融金属的温度差，减缓了合金的冷却速率，延长了合金在铸型中的流动时间，则合金充型能力提高。

③ 铸型中的气体　浇注时因熔融合金在型腔中的热作用而产生大量气体。如果铸型的排气能力差，则型腔中气体的压力增大，阻碍熔融合金的充型。铸造时，除应尽量减小气体的来源外，应增加铸型的透气性，并开设出气口，使型腔及型砂中的气体顺利排出。

④ 铸件结构　当铸件壁厚过小、壁厚急剧变化、结构复杂，或有大的水平面时，均会使充型困难。因此在进行铸件结构设计时，铸件的形状应尽量简单，壁厚应大于规定的最小壁厚。对于形状复杂、壁薄、散热面大的铸件，应尽量选择流动性好的合金或采取其他相应措施。在设计铸件结构时，铸件的壁厚必须大于规定的最小允许壁厚值，表 1-2 是依据经验得到的砂型铸造时，铸件的最小允许壁厚值。

表 1-2　砂型铸造的最小允许壁厚值

铸件尺寸/mm	最小允许壁厚/mm				说　明
	灰铸铁	铸钢	铝合金	铜合金	1. 结构复杂以及高强度灰铁铸件，应取最大值。 2. 对于特大型的铸件，还可以增大壁厚的尺寸
＜200×200	5～6	6～8	3	3～5	
(200×200)～(500×500)	6～10	10～12	4	6～8	
＞500×500	15～20	18～25	5～7		

可见，为了提高铸造合金的充型能力（流动性），应尽量选用共晶成分的合金，或结晶温度范围小的合金；应尽量提高金属液的质量，金属液中的气体、杂质含量愈少，充型能力

（流动性）愈好。但在通常情况下，合金是给定的，要提高铸件的质量，必须采取其他方面的措施，如改善铸型条件和浇注条件等。

1.2.4.2　合金的收缩

合金从浇注、凝固直至冷却到室温的过程中，其体积或尺寸减少的现象，称为收缩。收缩是合金的物理本性，是影响铸件几何形状、尺寸、致密性，甚至造成某些缺陷的重要因素之一。

合金的收缩量常用体收缩率或线收缩率来表示。合金从液态到常温的体积改变量称为体收缩。金属在固态由高温到常温的线尺寸改变量称为线收缩。分别以单位体积和单位长度的变化量来表示：

体收缩率
$$\varepsilon_v = \frac{V_0 - V_1}{V_0} \times 100\% = \alpha_v(t_0 - t_1) \times 100\%$$

线收缩率
$$\varepsilon_l = \frac{l_0 - l_1}{l_0} \times 100\% = \alpha_l(t_0 - t_1) \times 100\%$$

式中　t_0，t_1——合金在液态和常温时的温度，℃；

　　　V_0，V_1——合金在 t_0，t_1 时的体积，m^3；

　　　l_0，l_1——合金在 t_0，t_1 时的长度，m；

　　　α_v，α_l——合金在 t_0 至 t_1 温度范围内的体收缩系数和线收缩系数，1/℃。

合金的收缩经历如下三个阶段，如图 1-7 所示。

① 液态收缩　合金从浇注温度（$T_浇$）冷却到凝固开始温度（液相线温度 T_1）的收缩，即合金在液态时由于温度降低而发生的体积收缩。

② 凝固收缩　合金从凝固开始温度（T_1）冷却到凝固终止温度（固相线温度 T_s）的收缩，即熔融合金在凝固阶段的体积收缩。

③ 固态收缩　从凝固终止温度（T_s）冷却到室温的收缩，即合金在固态由于温度降低而发生的体积收缩。

合金的液态收缩和凝固收缩表现为合金的体积缩小，通常以体收缩率来表示。它们是铸件产生缩孔、缩松缺陷的基本原因。合金的固态收缩，尽管也是体积变化，但它只引起铸件各部分尺寸的变化。因此，通常用线收缩率来表示。固态收缩是铸件产生内应力、裂纹和变形等缺陷的主要原因。

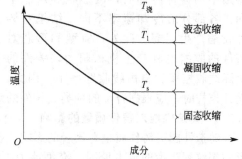

图 1-7　合金收缩的三个阶段

合金的总体收缩为上述三个阶段收缩之和。它与合金的成分、温度和相变有关。不同合金收缩率是不同的。表 1-3 和表 1-4 分别是不同成分的铁碳合金的体收缩率和线收缩率。

表 1-3　不同成分的铁碳合金的体收缩率

合金种类	含碳量/%	浇注温度/℃	液态体收缩率/%	凝固体收缩率/%	固态体收缩率/%	总体收缩率/%
碳素铸钢	0.35	1 610	1.6	3.0	7.86	12.46
白口铸铁	3.0	1 400	2.4	4.2	5.4~6.3	12~12.9
灰 铸 铁	3.5	1 400	3.5	0.1	3.3~4.2	6.9~7.8

表 1-4　不同成分的铁碳合金的线收缩率

合金种类	灰铸铁	可锻铸铁	球墨铸铁	碳素铸钢	铝合金	铜合金
线收缩率/%	0.8~1.0	1.2~2.0	0.8~1.3	1.38~2.0	0.8~1.6	1.2~1.4

　　从表 1-3 和表 1-4 中可以看出，合金的成分对收缩率影响很大，实际上，影响合金收缩率的还有浇注温度和铸件结构和铸型条件等因素。它们对收缩率的影响表现如下。

　　① 化学成分　例如，碳钢中随含碳量增加，其结晶温度范围变宽，凝固收缩增加，而固态收缩略减。几种铸造碳钢的凝固收缩率与含碳量的关系见表 1-5。灰铸铁中，碳是形成石墨化元素，硅是促进石墨化元素，所以碳硅含量增加，收缩率减小，如图 1-8 所示。硫阻碍石墨的析出，使铸铁的收缩率增大。适量的锰，可与硫合成 MnS，抵消硫对石墨的阻碍作用，使收缩率减小。但含锰量过高，铸铁的收缩率又有增加。

表 1-5　铸造碳钢的凝固收缩率与含碳量的关系

含碳量/%	0.10	0.25	0.35	0.45	0.70
凝固收缩率/%	2.0	2.5	3.0	4.3	5.3

　　② 浇注温度　浇注温度愈高，过热度愈大，合金的液态收缩增加。值得注意的是，合金的收缩和铸件的收缩是不同的，铸件的收缩要比合金的收缩复杂得多。当合金的成分和温度一定时，铸件的收缩还和铸件结构和铸型条件有关。铸型中的铸件冷却时，因形状和尺寸不同，各部分的冷却速率不同，结果对铸件收缩产生阻碍。此外，铸型和型芯对铸件的收缩也将产生机械阻力，铸件的实际线收缩率比自由线收缩率小。因此，

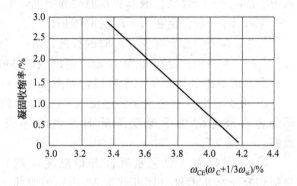

图 1-8　灰铸铁的凝固收缩率与碳当量的关系

设计模样时，应根据合金的种类，铸件的形状、尺寸等因素，选取适合的收缩率。

1.2.5　铸造性能对铸件质量的影响

　　铸造性能对铸件质量有显著的影响。收缩是铸件中许多缺陷，如缩孔、缩松、应力、变形和裂纹等产生的根本原因。充型能力不好，铸件易产生浇不到、冷隔、气孔、夹杂、缩孔、热裂等缺陷。

1.2.5.1　缩孔和缩松

　　铸型内的熔融合金在凝固过程中，由于液态收缩和凝固收缩所缩减的体积得不到补充，在铸件最后凝固部位将形成孔洞。按孔洞的大小和分布可分为缩孔和缩松。大而集中的孔洞称为缩孔，细小而分散的孔洞称为缩松。缩孔和缩松可使铸件的力学性能、气密性和物理化学性能大大降低，以至成为废品。缩孔和缩松是极其有害的铸造缺陷，必须设法防止。

　　(1) 缩孔和缩松的形成

　　① 缩孔的形成　缩孔通常隐藏在铸件上部或最后凝固部位，有时在机械加工中可暴露出来。缩孔形状不规则，孔壁粗糙。缩孔产生的条件是合金在恒温或很小的温度范围内结晶，铸件壁以逐层凝固的方式进行凝固。缩孔的形成过程如图 1-9 所示。液态合金填满铸型后 [见图 1-9(a)]，因铸型吸热，靠近型腔表面的金属很快就降到凝固温度，凝固成一层外壳 [见图 1-9(b)]，温度继续下降，合金逐层凝固，凝固层加厚，内部的剩余的液体，由于液态收缩和补充凝固层的凝固收缩，体积缩减，液面下降，铸件内部出现空隙 [见图 1-9

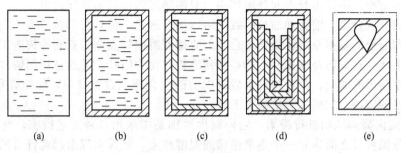

图 1-9　缩孔的形成示意

(c)]，直到内部完全凝固，在铸件上部形成缩孔 [见图 1-9(d)]。已经形成缩孔的铸件继续冷却到室温时，因固态收缩使铸件的外形轮廓尺寸略有缩小 [见图 1-9(e)]。

　　合金的液态收缩和凝固收缩越大，浇注温度越高，铸件的壁越厚，缩孔的容积就越大。

　　② 缩松的形成　形成缩松和形成缩孔的基本原因相同，但形成的条件却不同。缩松主要出现在结晶温度范围宽、以糊状凝固方式凝固的合金或厚壁铸件中。一般合金在凝固过程中都存在液-固两相区，树枝状晶在其中不断扩大 [见图 1-10(a)]。枝晶长到一定程度，枝晶分叉间的熔融合金被分离成彼此孤立的状态 [见图 1-10(b)]，它们继续凝固时也将产生收缩，这种凝固方式称糊状凝固。这时铸件中心虽有液体存在，但由于树枝晶的阻碍使之无法补缩，在凝固后的枝晶分叉间就形成许多微小的孔洞 [见图 1-10(c)]。这些孔洞有时只有在显微镜下才能辨认出来，我们称这种很细小的孔洞为疏松或显微缩松。

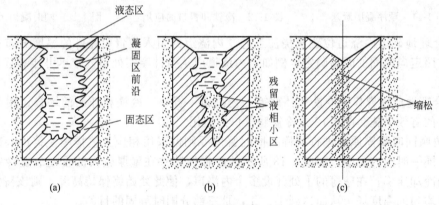

图 1-10　缩松的形成示意

　　由以上缩孔和缩松的形成过程，可得到以下规律：

　　① 合金的液态收缩和凝固收缩愈大（如铸钢、白口铸铁、铝青铜），铸件愈易形成缩孔；

　　② 合金的浇注温度愈高，液态收缩愈大，愈易形成缩孔；

　　③ 结晶温度范围宽的合金，倾向于糊状凝固，易形成缩松；

　　④ 纯金属和共晶成分合金倾向于逐层凝固，易形成集中缩孔。

　　(2) 缩孔和缩松的防止

　　缩孔和缩松降低了铸件的力学性能。因此，应合理设计铸件的结构，尽量避免铸件上的局部金属积聚；让缩孔转移到冒口中去。冒口是指铸型内储存供补缩铸件备用的熔融金属的空腔，防止铸件内产生缩孔的根本措施是顺序凝固，即使铸件按规定的方向，从一部分到另一部分逐渐凝固的过程，通常向着冒口的方向凝固，图 1-11 为通过设置冷铁、冒口而实现顺序凝固的示意图。冷铁本身不起补缩作用，只能增加铸件局部冷却速率。

对一定成分的合金，缩孔和缩松的数量可以相互转化，但其总容积基本一定。防止铸件中产生缩孔和缩松的基本原则就是针对合金的收缩和凝固特点制定正确的铸造工艺，使铸件在凝固过程中建立良好的补缩条件，尽可能使缩松转化为缩孔，并通过控制铸件的凝固过程使之符合顺序凝固的原则，并在铸件最后凝固的部位合理地设置冒口，使缩孔移至冒口中，即可获得合格的铸件。主要工艺措施如下。

① 按照定向凝固原则进行凝固　定向凝固原则是指采用各种工艺措施，使铸件上从远离冒口的部分到冒口之间建立一个逐渐递增的温度梯度，从而实现由远离冒口的部分向冒口的方向顺序地凝固，如图 1-11 所示。这样铸件上每一部分的收缩都得到稍后凝固部分的合金液的补充，缩孔转移到冒口部位，切除后便可得到无缩孔的致密铸件。

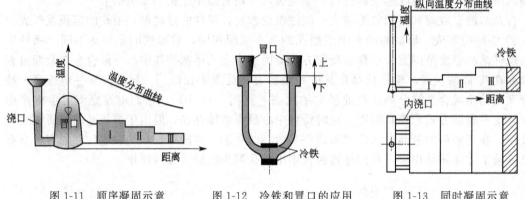

图 1-11　顺序凝固示意　　　图 1-12　冷铁和冒口的应用　　　图 1-13　同时凝固示意

② 合理地确定内浇道位置及浇注工艺　内浇道的引入位置对铸件的温度分布有明显影响，应按照定向凝固的原则确定。例如，内浇道应从铸件厚实处引入，尽可能靠近冒口或由冒口引入。

③ 合理地应用冒口、冷铁和补贴等工艺措施　冒口、冷铁和补贴的综合运用是消除缩孔、缩松的有效措施。图 1-12 是冷铁和冒口的应用。

④ 按照同时凝固原则进行凝固　同时凝固原则即采用相应工艺措施使铸件各部分温度均匀，在同一时间内凝固。如图 1-13 所示的阶梯形铸件在壁厚较大的Ⅲ处放置冷铁，以加快该处的冷却速率；在壁薄的Ⅰ处开设多个内浇道，使此处始终保持高温，则该铸件在纵断面上得到均匀的温度场，从而达到Ⅰ、Ⅱ、Ⅲ三部分同时凝固的目的。

同时凝固适用于各种合金的薄壁铸件。由于铸型的冷却作用强，薄壁处横向断面上温度梯度大，倾向于逐层凝固。而多个分散的内浇道有利于液流的补充，对于收缩较小的灰铸铁可以消除缩孔，获得致密铸件。收缩较大的薄壁铸件、有色金属合金铸件往往出现轴线缩松，但因其表层致密，可以保证气密性而不发生泄漏。对于凝固温度范围宽，用冒口亦难以消除缩松的合金（如锡青铜），采用冷铁或金属型及同时凝固原则，对防止渗漏可以起到满意效果。同时凝固原则无需冒口，节约金属且工艺简单；铸型冷却均匀，不易形成应力、变形和裂纹等缺陷。

1.2.5.2　铸造应力

铸件在凝固、冷却过程中，由于各部分体积变化不一致、彼此制约而使其固态收缩受到阻碍引起的内应力，称为铸造应力。按阻碍收缩原因的不同，铸造内应力分为热应力和收缩应力。铸造内应力是液态成形件产生变形和裂纹的基本原因。铸件各部分由于冷却速率不同、收缩量不同而引起的阻碍称热阻碍，铸型、型芯对铸件收缩的阻碍，称机械阻碍。由热阻碍引起的应力称热应力，由机械阻碍引起的应力称收缩应力（机械应力）。铸造应力可能是暂时的，当引起应力的原因消除以后，应力随之消失，称为临时应力；也可能是长期存在的，称为残余应力。

（1）热应力

热应力是由于铸件壁厚不均，各部分收缩受到热阻碍而引起的。落砂后热应力仍存在于铸件内，是一种残余铸造应力。现以图 1-14 所示的框形铸件来说明热应力的形成过程，它由一根粗杆Ⅰ和两根细杆Ⅱ组成。图 1-15 表示杆Ⅰ和杆Ⅱ的冷却曲线，$T_{临}$ 表示金属弹塑性临界温度。当铸件处于高温阶段时，$t_0—t_1$ 间两杆均处于塑性状态。尽管杆Ⅰ和杆Ⅱ的冷却速率不同，收缩不一致，但两杆都是塑性变形，不产生内应力［见图 1-14(a)］。继续冷却到 $t_1—t_2$ 间，此时杆Ⅱ温度较低，已进入弹性状态，但杆Ⅰ仍处于塑性状态。杆Ⅱ由于冷却快，收缩大于杆Ⅰ，在横杆的作用下将对杆Ⅰ产生压应力，而杆Ⅰ反过来给杆Ⅱ以拉应力［见图 1-14(b)］。处于塑性状态的杆Ⅰ受压应力作用产生压缩塑性变形，使杆Ⅰ、Ⅱ的收缩趋于一致，也不产生应力［见图 1-14(c)］。当进一步冷却至 $t_2—t_3$ 间，杆Ⅰ和杆Ⅱ均进入弹性状态，此时杆Ⅰ温度较高，冷却时还将产生较大收缩，杆Ⅱ温度较低，收缩已趋停止，在最后阶段冷却时，杆Ⅰ的收缩将受到杆Ⅱ强烈阻碍，因此杆Ⅰ受拉，杆Ⅱ受压。到室温时形成残余应力［见图 1-14(d)］。

热应力使冷却较慢的厚壁处受拉伸，冷却较快的薄壁处或表面受压缩，铸件的壁厚差别愈大，合金的线收缩率或弹性模量愈大，热应力愈大。顺序凝固时，由于铸件各部分冷却速率不一致，产生的热应力较大，铸件易出现变形和裂纹，采用该凝固方式时应予以考虑。

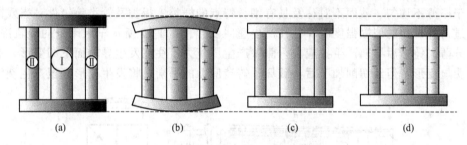

图 1-14　框架铸件的热应力形成过程
＋表示拉应力；－表示压应力

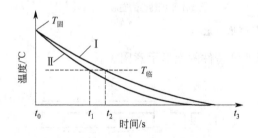

图 1-15　杆Ⅰ和杆Ⅱ的固态冷却曲线

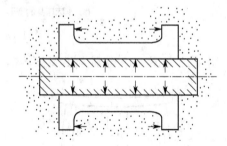

图 1-16　收缩应力的形成

（2）收缩应力

铸件在固态收缩时，因受铸型、型芯、浇冒口等外力的阻碍而产生的应力称收缩应力，如图 1-16 所示。一般铸件冷却到弹性状态后，收缩受阻都会产生收缩应力。收缩应力常表现为拉应力，与铸件部位无关。形成原因一经消除（如铸件落砂或去除浇口后），收缩应力也随之消失，因此收缩应力是一种临时应力。但在落砂前，如果铸件的收缩应力和热应力共同作用，其瞬间应力大于铸件的抗拉强度时，铸件会产生裂纹。

（3）减小和消除铸造应力的措施

① 合理地设计铸件的结构。铸件的形状愈复杂，各部分壁厚相差愈大，冷却时温度愈不均匀，铸造应力愈大。因此，在设计铸件时应尽量使铸件形状简单、对称、壁厚均匀。

② 尽量选用线收缩率小、弹性模量小的合金，设法改善铸型、型芯的退让性，合理设置浇冒口等。

③ 采用同时凝固的工艺。所谓同时凝固是指采取一些工艺措施，使铸件各部分温差很小，几乎同时进行凝固。因各部分温差小，不易产生热应力和热裂，铸件变形小。

④ 对铸件进行时效处理是消除铸造应力的有效措施。时效处理分自然时效、热时效和振动时效等。所谓自然时效，是将铸件置于露天场地半年以上，让其内应力自然消除。热时效（人工时效）又称去应力退火，是将铸件加热到 $550\sim650℃$ 之间，保温 $2\sim4h$，随炉冷却至 $150\sim200℃$ 之间，然后出炉。振动时效是将铸件在其共振频率下振动 $10\sim60min$，以消除铸件中的残余应力。

1.2.5.3　铸件的变形与裂纹

当残留铸造应力超过铸件材料的屈服极限时，铸件将发生塑性变形，当铸造应力超过材料的抗拉强度时，铸件将产生裂纹。铸件产生变形以后，常因加工余量不够或因铸件放不进夹具无法加工而报废。在铸件中存在任何形式的裂纹都会严重损害其力学性能，使用时会因裂纹扩展使铸件断裂，发生事故。

（1）铸件的变形

对于厚薄不均匀、截面不对称及具有细长特点的杆类、板类及轮类等铸件，当残留铸造应力超过铸件材料的屈服强度时，往往产生翘曲变形。图 1-17 所示车床床身的导轨部分厚，侧壁部分薄，铸造后导轨产生拉应力，侧壁产生压应力，往往发生导轨面下凹变形。有的铸件虽无明显变形，但经切削加工后，破坏了铸造应力的平衡，将发生变形甚至产生裂纹。

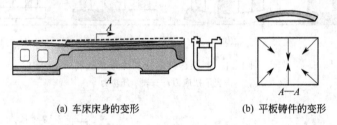

(a) 车床床身的变形　　　　　(b) 平板铸件的变形

图 1-17　机床的变形示意

图 1-18 和图 1-19 分别为 T 型梁铸钢件和框架型铸件的变形示意图。

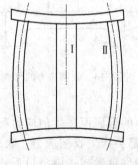

图 1-18　框架铸件变形示意

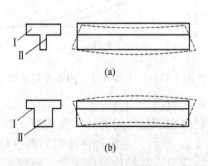

(a)

(b)

图 1-19　T 型梁铸钢件变形示意

　　前述防止铸造应力的方法，也是防止变形的根本方法。此外，工艺上还可采取某些措施，如反变形法，如图 1-20 所示，即在模样上做出与翘曲量相等，但方向相反的预变形量来消除箱体件的变形。对某些重要的易变形铸件，可采取提早落砂，落砂后立即将铸件放入炉内进行去应力退火的办法消除收缩应力。

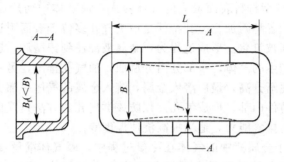

图 1-20　箱体件反变形量方向

　　(2) 铸件的裂纹

　　当铸造应力超过金属的强度极限时，铸件便产生裂纹，裂纹是严重的铸造缺陷，必须设法防止。按裂纹形成的温度范围可分为热裂和冷裂两种。

　　热裂是铸件在凝固后期，在接近固相线的高温下形成的。因为合金的线收缩并不是在完全凝固后开始的，在凝固后期，结晶出来的固态物质已形成了完整的骨架，开始了线收缩，但晶粒间还存有少量液体，故金属的高温强度很低。在高温下铸件的线收缩若受到铸型、型芯及浇注系统的阻碍，收缩应力超过了其高温强度，即发生热裂。热裂形成的裂纹短，缝隙宽，形状曲折，缝内呈氧化色。

　　防止热裂的措施有：①应尽量选择凝固温度范围小，热裂倾向小的合金；②应提高铸型和型芯的退让性，以减小机械应力；③浇冒口的设计要合理；④对于铸钢件和铸铁件，必须严格控制硫的含量，防止热脆性。

　　冷裂是在较低温度下，由于热应力和收缩应力的综合作用，铸件内应力超过合金的强度极限而产生的。冷裂多出现在铸件受拉应力的部位，尤其是具有应力集中处（如尖角、缩孔、气孔以及非金属夹杂物等的附近）。冷裂形成的裂纹细小，呈连续直线状，缝内有金属光泽或轻微氧化色，贯穿整个晶粒，常呈圆滑曲线或直线状。

　　铸件的冷裂倾向与热应力的大小密切相关。铸件的壁厚差别愈大，形状愈复杂，特别是大而薄壁的铸件，愈易产生冷裂纹。不同铸造合金的冷裂倾向不同。脆性大、塑性差的合金，如灰铸铁、白口铸铁、高锰钢等塑性差的合金较易产生冷裂，大型复杂铸铁件也易产生冷裂纹。冷裂往往出现在铸件受拉应力的部位，特别是应力集中的部位。塑性好的合金因内应力可通过其塑性变形来自行缓解，冷裂倾向小。铸钢中含磷量愈高，冷裂倾向愈大。

　　凡是减小铸件内应力或降低合金脆性的因素均能防止冷裂。防止冷裂的方法有：①减小铸造内应力和降低合金的脆性，如铸件壁厚要均匀；②增加型砂和芯砂的退让性；③降低钢和铸铁中的磷含量，因为磷能显著降低合金的冲击韧度，使钢产生冷脆，如铸钢的磷含量大于 0.1%、铸铁的磷含量大于 0.5% 时，因冲击韧度急剧下降，冷裂倾向明显增加。

1.2.5.4　铸件中的气体

　　在实际的铸造实践中，铸件因缺陷而出现废品的原因，有 1/3 是因为气体在铸件中形成了孔洞。气体在金属中主要有三种存在形态，即固溶体、化合物和气态。这些气体主要包括氢、氧、氮，它们主要来自冶炼用炉料所带的锈、油和水分及在高温下分解、燃烧的铸型中的水分和有机物。这些气体以气孔的形式存在对铸件质量的影响主要有：① 破坏金属连续性；② 减少承载有效面积；③气孔附近易引起应力集中，力学性能下降，断裂韧性和疲劳强度下降；④铸件中存在弥散的气孔，还会降低气密性。

铸件中的气孔按气体来源可分为如下几种。

① 侵入气孔　由砂型材料表面聚集的气体侵入金属液体中而形成。气体来源于造型材料中的水分、黏结剂和各种附加物。其特征是该类气孔多位于表面附近，尺寸较大，呈椭圆形或梨形，孔的内表面被氧化。形成过程为：金属液浇注到铸型后，造型材料中的水分、黏结剂和各种附加物等产生的气体，一部分由分型面，通气孔排出，另一部分在表面聚集呈高压中心点，随着气压逐渐升高，最后溶入金属，溶入金属的气体一部分在金属凝固前从金属液中逸出，其余则在铸件内部，形成气孔。预防该类气孔的方法是降低型砂（型芯砂）的水分和发气量，增加铸型排气能力，适当提高浇注温度等。

② 析出气孔　溶于金属液中的气体在冷凝过程中，因气体溶解度下降而析出，使铸件形成气孔。形成该类气孔的原因是金属熔化和浇注中与气体（H_2、O_2、NO、CO 等）接触，其特征是分布广，气孔尺寸甚小，该类气孔对铸件的气密性产生不利影响。减少金属原始含气量，对炉料、与金属液接触的添加剂、浇注用具充分烘干；降低铸型水分；熔炼中进行出气处理等方法都可以有效地防止产生析出性气孔。

③ 反应气孔　金属液与铸型材料、型芯、冷铁或溶渣之间，因化学反应生成的气体而形成的气孔。如冷铁有锈将发生如下反应：

$$Fe_3O_4 + C \longrightarrow Fe + CO\uparrow$$

因此，在冷铁附近生成气孔。防止该类气孔形成的方法是除去冷铁、型芯表面的锈蚀、油污等。

1.2.5.5　其他铸造缺陷

砂型铸造的铸件中常见的其他铸造缺陷有冷隔、浇不足、黏砂、夹砂、砂眼、胀砂等。

（1）冷隔和浇不足

液态金属充型能力不足，或充型条件较差，在型腔被填满之前，金属液便停止流动，将使铸件产生浇不足或冷隔缺陷。浇不足时，会使铸件不能获得完整的形状；冷隔时，铸件虽可获得完整的外形，但因存有未完全融合的接缝，铸件的力学性能严重受损。提高浇注温度与浇注速度可以有效地防止浇不足和冷隔。

（2）黏砂

铸件表面上黏附有一层难以清除的砂粒称为黏砂。黏砂既影响铸件外观，又增加铸件清理和切削加工的工作量，甚至会影响机器的寿命。例如铸齿表面有黏砂时容易损坏，泵或发动机等机器零件中若有黏砂，则将影响燃料油、气体、润滑油和冷却水等流体的流动，并会玷污和磨损整个机器。在型砂中加入煤粉，以及在铸型表面涂刷防黏砂涂料等可以防止黏砂。

（3）夹砂

夹砂会在铸件表面形成的沟槽和疤痕缺陷，在用湿型铸造厚大平板类铸件时极易产生。夹砂的形式如图 1-21 所示，其形成过程如图 1-22 所示。

铸件中产生夹砂的部位大多是与砂型上表面相接触的地方，型腔上表面受金属液辐射热的作用，容易拱起和翘曲，当翘起的砂层受金属液流不断冲刷时可能断裂破碎，留在原处或被带入其他部位。铸件的上表面越大，型砂体积膨胀越大，形成夹砂的倾向性也越大。

（4）砂眼

在铸件内部或表面充塞着型砂的孔洞类缺陷，即为砂眼。

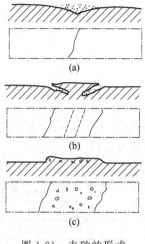

图 1-21　夹砂的形式

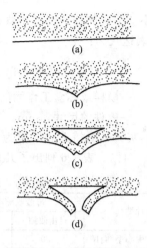

图 1-22　夹砂形成过程示意

（5）胀砂

浇注时在金属液的压力作用下，铸型型壁移动，铸件局部胀大形成的缺陷，即为胀砂。为了防止胀砂，应提高砂型强度、砂箱刚度、加大合箱时的压箱力或紧固力，并适当降低浇注温度，使金属液的表面提早结壳，以降低金属液对铸型的压力。

1.3　铸造工艺设计基础

铸造工艺设计可分为三个基本部分，即铸造合金准备、铸型设计和铸件处理。铸造合金是指铸造生产中用于浇注铸件的金属材料，它是以一种金属元素为主要成分，并加入其他金属或非金属元素而组成的合金，主要有铸铁、铸钢和铸造有色合金。

不同的铸造方法有不同的铸型准备内容。以应用最广泛的砂型铸造为例，铸型准备包括造型材料准备和造型（芯）两大项工作。砂型铸造中用来造型（芯）的各种原材料，如铸造砂、型砂黏结剂和其他辅料，以及由它们配制成的型砂、芯砂、涂料等统称为造型材料，造型材料准备的任务是按照铸件的要求、金属的性质，选择合适的原砂、黏结剂和辅料，然后按一定的比例把它们混合成具有一定性能的型砂和芯砂。

造型（芯）是根据铸造工艺要求，在确定好造型方法，准备好造型材料的基础上进行的。铸件的精度和全部生产过程的经济效果，主要取决于这道工序。在很多现代化的铸造车间里，造型（芯）都实现了机械化或自动化。常用的砂型造型（芯）设备有高、中、低压造型机，抛砂机，无箱射压造型机，射芯机，冷和热芯盒机等。

铸件自浇注冷却的铸型中取出后，有浇口、冒口及金属毛刺、披缝，砂型铸造的铸件还黏附着砂子，因此必须经过清理工序。进行这种工作的设备有浇口冒口切割机、抛丸机等。砂型铸件落砂清理是劳动条件较差的一道工序，所以在选择造型方法时，应尽量考虑到为落砂清理创造方便条件。有些铸件因特殊要求，还要经铸件后处理，如热处理、整形、防锈处理、粗加工等。

1.3.1　铸件工艺参数的选择

铸造工艺参数包括收缩率、加工余量、起模斜度、铸造圆角及芯头、芯座等。

1.3.1.1　收缩率

为了补偿收缩，模样比铸件图样尺寸增大的数值称为收缩余量。收缩余量的大小与铸件尺寸的大小、结构的复杂程度和铸造合金的线收缩率有关，通常以铸件线收缩率表示。铸造收缩率 K 表达式为：

$$K = \frac{L_模 - L_件}{L_件} \times 100\%$$

式中　$L_模$——模样或芯盒工作面的尺寸，mm；

　　　　$L_件$——铸件的尺寸，mm。

通常，灰铸铁的铸造收缩率为 $0.7\% \sim 1.0\%$，铸造碳钢为 $1.3\% \sim 2.0\%$，铸造锡青铜为 $1.2\% \sim 1.4\%$。表 1-6 列出了几种合金砂型铸造收缩率的经验值。

表 1-6　几种合金砂型铸造收缩率的经验值

合金种类		铸造收缩率/%		合金种类	铸造收缩率/%	
		自由收缩	受阻收缩		自由收缩	受阻收缩
灰铸铁	中小型铸件	1.0	0.9	铝硅合金	1.0~1.2	0.8~1.0
	中大型铸件	0.9	0.8	锡青铜	1.4	1.2
球墨铸铁		0.8~1.1	0.4~0.8	无锡青铜	2.0~2.2	1.6~1.8
碳钢和低合金钢		1.6~2.0	1.3~1.7	硅黄铜	1.7~1.8	1.6~1.7

1.3.1.2　加工余量

铸件为进行机械加工而加大的尺寸称为机械加工余量。在零件图上标有加工符号的地方，制模时必须留有加工余量。加工余量的大小，要根据铸件的大小、生产批量、合金种类、铸件复杂程度及加工面在铸型中的位置来确定。灰铸铁件表面光滑平整，精度较高，加工余量小；铸钢件的表面粗糙，变形较大，其加工余量比铸铁件要大；非铁金属件由于表面光洁、平整，其加工余量可以适当减小；机器造型比手工造型精度高，故加工余量可减小。

对毛坯铸件的所有需要加工表面一般只规定一个加工余量值，该值应该根据加工后铸件（即零件）的轮廓选取，具体数值可以参考表 1-7。

表 1-7　灰铸铁件要求的机械加工余量

铸件最大尺寸 /mm	浇注时位置	加工面与基准面之间的距离/mm					
		<50	50~120	120~260	260~500	500~800	800~1 250
<120	顶面	3.5~4.5	4.0~4.5	—	—	—	—
	底、侧面	2.5~3.5	3.0~3.5	—	—	—	—
120~260	顶面	4.0~5.0	4.5~5.0	5.0~5.5	—	—	—
	底、侧面	3.0~4.0	3.5~4.0	4.0~4.5	—	—	—
260~500	顶面	4.5~6.0	5.0~6.0	6.0~7.0	6.5~7.0	—	—
	底、侧面	3.5~4.5	4.0~4.5	4.5~5.0	5.0~6.0	—	—
500~800	顶面	5.0~7.0	6.0~7.0	6.5~7.0	7.0~8.0	7.5~9.0	—
	底、侧面	4.0~5.0	4.5~5.0	4.5~5.0	5.0~6.0	6.5~7.0	—
800~1 250	顶面	6.0~7.0	6.5~7.5	7.0~7.0	7.5~7.0	8.0~9.0	8.5~10
	底、侧面	4.0~5.5	5.0~5.5	5.0~6.0	5.5~7.0	5.5~7.0	6.5~7.5

零件上的孔与槽是否铸出，应考虑工艺上的可行性和使用上的必要性。一般说来，较大的孔与槽应铸出，以节约金属、减少切削加工工时，同时可以减小铸件的热节；较小的孔与槽，尤其是位置精度要求高的孔与槽则不必铸出，留待机加工反而更经济。若孔很深，孔径很小及狭槽则可不铸出。在单件小批量生产时，灰铸铁最小铸出孔直径为 $30 \sim 35\text{mm}$，铸钢为 50mm。最小铸出孔的数据见表 1-8。对于零件图上不要求加工的孔、槽以及弯曲孔等，一般均应铸出。

表 1-8　铸件毛坯最小铸出孔

生产批量	最小铸出孔的直径 d/mm	
	灰铸铁件	铸钢件
大量生产	12～15	—
成批生产	15～30	30～50
单件、小批量生产	30～50	50

1.3.1.3　起模斜度

　　为使模样容易地从铸型中取出或型芯自芯盒中脱出，所设计的平行于起模方向在模样或芯盒壁上的斜度，称为起模斜度，如图 1-23 所示。起模斜度的大小根据立壁的高度、造型方法和模样材料来确定。立壁愈高，斜度愈小；外壁斜度比内壁小；机器造型的一般比手工造型的小；金属模斜度比木模小。

　　在铸造工艺图上，加工表面上的起模斜度应结合加工余量直接表示出，而不加工表面上的斜度（结构斜度）仅需用文字注明即可。

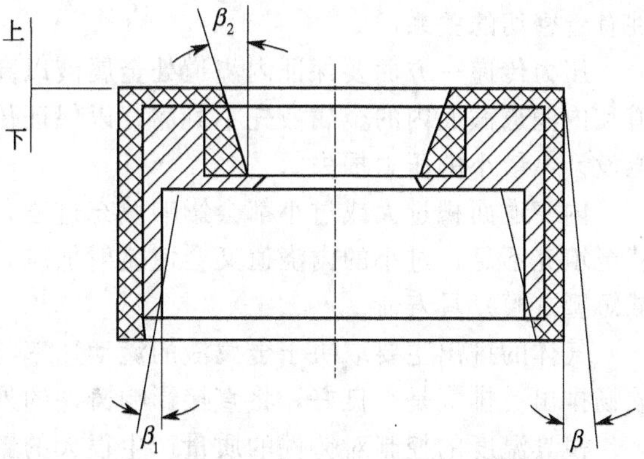

图 1-23　起模斜度

1.3.1.4　芯头

　　芯头指型芯的外伸部分，不形成铸件轮廓，只落入芯座内，用以定位和支撑型芯。模样上用以在型腔内形成芯座并放置芯头的突出部分也称芯头。因此芯头的作用是保证型芯能准确地固定在型腔中，并承受型芯本身所受的重力、熔融金属对型芯的浮力和冲击力等。此外，型芯还利用芯头向外排气。铸型中专为放置芯头的空腔称芯座。芯头和芯座都应有一定斜度，便于下芯和合型。型芯头可分为垂直芯头和水平芯头两大类，如图 1-24 所示。

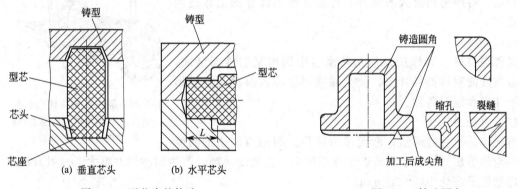

图 1-24　型芯头的构造　　　　　　　　　图 1-25　铸造圆角

1.3.1.5　铸造圆角

　　铸件上两壁之间应为圆角连接，以防止冲砂及在尖角处产生缩孔、应力、裂纹及黏砂等缺陷。圆角半径一般为转角处两壁平均厚度的 1/4 左右。铸件毛坯在表面的相交处，都有铸造圆角，如图 1-25 所示，这样既能方便起模，又能防止浇铸金属液时将砂型转角处冲坏，还可以避免铸件在冷却时产生裂缝或缩孔。铸造圆角在铸造工艺图上一般不标注，常集中写入技术要求中。图 1-25 所示铸件毛坯的底面（作为安装底面），需要经过切削加工，这时，铸造圆角被削平。

1.3.2　浇注系统设计

在铸型中引导液体金属进入型腔的通道称为浇注系统，它对金属液的流动方向、压力传递、填充速度、填充时间、排气条件、型（模）温分布都起着重要的控制和调节作用；同时也是决定铸件表面质量和内部质量的重要因素。要获得高质量铸件及取得最大的铸造效率，必须设计出优良的浇注系统，这个系统使型腔内的金属液流程顺畅，并能使压力损失减到最低程度，残存空气能顺利排出，以最经济的方法生产高品质的铸件。

金属液在压铸过程中的充型状态是由压力、速度、时间、温度、排气等因素综合作用形成的，因而浇注系统与压力传递、合金流速、填充时间、凝固时间、型（模）温度、排气条件有着密切的关系。

压力传递一方面要保证内浇道处金属液以高压、高速填充型腔；另一方面又要保证在流道和内浇道截面内的金属液先不凝固，以保证传递最终压力。这样就需要最佳的流道和内浇道设计，最小的压力损失。

内浇道面积过大或过小都会影响填充过程，过大的内浇道填充时间长，金属过早凝固，甚至填充不足；过小的内浇道又会使喷射加剧，增加热量损失，产生涡流并卷入过多气体，减短型（模）具寿命。

气体的排出主要取决于金属液的流动速率与流动方向，以及排溢系统的开设能否使气体顺畅排出。排气是否良好，将直接影响铸件的外形和强度。

模具温度的控制对铸件的质量产生很大的影响，同时影响生产的速度和效率，内浇道的合理设计对型（模）具的温度分布起着重要的调节作用。

1.3.2.1　浇注系统的组成

浇注系统通常由四部分组成，包括外浇口、直浇道、横浇道和内浇道，见图1-26。浇注系统的作用是：①引导液体金属平稳地充满型腔，避免冲坏型壁和型芯；②挡住熔渣进入型腔；③调节铸件的凝固顺序。图中的冒口是为了保证铸件质量而增设的，其作用是排气、浮渣和补缩。对厚薄相差大的铸件，都要在厚大部分的上方适当开设冒口。

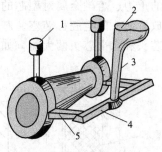

图1-26　浇注系统及冒口示意
1—冒口；2—外浇口；3—直浇道；
4—横浇道；5—内浇道

（1）外浇口

又称浇口杯。其作用是承接从浇包中倒出来的液态金属，减轻金属液流对铸型的冲击，使金属液平稳流入直浇道。其形状分漏斗形和池形两种。

（2）直浇道

直浇道是垂直的通道，断面多为圆形，利用直浇道的高度产生一定的静压力，使金属液产生充填压力。直浇道越高，产生的冲填力越大。一般直浇道要高出型腔最高处100～200mm。

（3）内浇道

内浇道是金属液直接流入型腔的通道，它与铸件直接相连，可以控制金属液流入型腔的速率和方向。它影响铸件内部的温度分布，对铸件质量有较大影响。为了利于挡渣和防止冲刷型芯或铸型壁，内浇道倾斜方向与横浇道中液体金属流动方向的夹角一般大于90°；另外，内浇道不要正对型芯，以免冲坏砂芯。

（4）冒口

从金属液浇入铸型到获得铸件，发生体积收缩，若留在铸件中，就产生了缩孔、缩松等铸造缺陷。铸造生产中，防止缩孔、缩松缺陷的有效措施是放置冒口。冒口的主要作用是补缩，此外，还有出气和集渣的作用。

冒口应尽量放在铸件被补缩部位上部或最后凝固的地方，一般在铸件最高最厚的地方，以便利用金属液的自重力进行补缩。冒口应尽可能不阻碍铸件的收缩，最好布置在铸件需要机械加工的表面上，以减少精整铸件的工时。

1.3.2.2　浇注系统的类型

浇注系统可以分为阶梯式、底注式、中注式和顶注式几类，如图 1-27 所示。

在铸件不同高度上开设多层内浇道的称为阶梯式浇注系统［见图 1-27(a)］。阶梯式浇注系统中金属液自下而上充型，充型平稳，型腔内气体排出顺利。充型后上部金属液温度高于下部，有利于顺序凝固和冒口的补缩。充型能力强，易避免冷隔和浇不到等铸造缺陷。利用多内浇道，可减轻内浇道附近的局部过热现象。具有充型平稳和有利于铸件顺序凝固的优点。但是，阶梯式浇注系统的结构比较复杂，如果设计不当，在铸型的充填过程中易发生各层浇道同时导入金属液的现象，造成金属液在型腔中相互冲撞、飞溅，从而导致氧化、夹杂、砂眼和气孔。阶梯式浇注系统适用于高度大的大中型铸钢件、铸铁件。在铝合金、镁合金铸造生产中为了提高顶部冒口中金属液的温度，增强补缩作用，也可采用两层阶梯式浇注系统（即底层充填铸件，上层充填冒口）。

内浇道设在铸件底部的称为底注式浇注系统［见图 1-27(b)］。其优点是合金液从下部充填型腔，流动平稳。无论浇道比多大，横浇道基本处于充满状态，有利于挡渣。但充型后铸件的温度分布不利于自下而上的顺序凝固，削弱了顶部冒口的补缩作用。铸件底部尤其是内浇道附近容易过热，使铸件产生缩松、缩孔、晶粒粗大等缺陷。充型能力较差，对大型薄壁铸件容易产生冷隔和浇不足的缺陷。造型工艺复杂，金属消耗量大。底注式浇注系统广泛应用于铝镁合金铸件的生产，也适用于形状复杂，要求高的各种黑色铸件。

金属液从铸件型腔顶部引入的浇注系统称为顶注式浇注系统［见图 1-27(d)］。其优点是液态金属从铸型型腔顶部引入，在浇注和凝固过程中，铸件上部的温度高于下部，有利于铸件自下而上顺序凝固，能够有效地发挥顶部冒口的补缩作用。液流流量大，充型时间短，充型能力强。造型工艺简单，模具制造方便，浇注系统和冒口消耗金属少，浇注系统切割清理容易。但液体金属进入型腔后，从高处落下，对铸型冲击大，容易导致液态金属的飞溅、氧化和卷入气体，形成氧化夹渣和气孔缺陷。主要适用于质量不大、高度不高、形状简单的中小铸件，铝合金和镁合金铸件在使用顶注式浇注系统时必须考虑液流在型腔内下落高度不能太大。

中注式浇注系统的液态金属引入位置介于顶注和底注之间［见图 1-27(c)］。其优、缺点也介于顶注与底注之间。中注式浇注系统普遍应用于高度不大、水平尺寸较大的中小型铸件，在铸件质量要求较高时，仍应控制合金液的下落高度即下半型腔的深度。采用机器造型生产铸件时，广泛使用中注式浇注系统。此时多采用两箱造型，内浇道开在分型面上，工艺简单，操作容易。

1.3.3　浇注位置和分型面的选择

浇注时铸件在铸型中所处的位置称为浇注位置。铸件在浇注系统的位置，对铸件质量、造型方法、砂箱尺寸、机械加工余量等都有着很大的影响。在选定浇注位置时应以保证铸件质量为主，一般应注意下面的几个原则。

① 应将铸件上质量要求高的表面或主要的加工面，放在铸型的下面。如果做不到，可将该表面置于铸型的侧面或倾斜放置进行浇注。图 1-28 表示伞齿轮的两种不同的浇注位置。图 1-28(a) 的选择是正确的，它将齿轮中要求较高并需要进行机械加工的牙齿，放在铸型的下面。图 1-29 表示吊车卷筒的两种浇注位置，其中图 1-29(b) 是正确的。因为它将铸件的

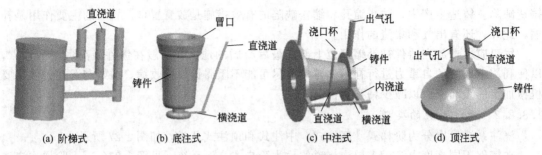

(a) 阶梯式　　　　　　(b) 底注式　　　　　　(c) 中注式　　　　　　(d) 顶注式

图 1-27　浇注系统的类型

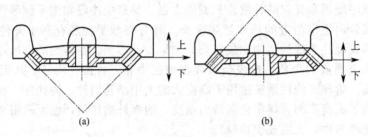

(a)　　　　　　　　　　　　　　　(b)

图 1-28　伞齿轮的两种不同的浇注位置

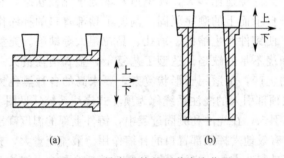

(a)　　　　　　　　　　　　　　(b)

图 1-29　吊车卷筒的两种浇注位置

主要加工面放在铸型的侧面，而将次要的同时面积也较小的凸缘放在上面。

　　如图 1-30 所示为车床床身铸件的浇注位置方案。由于床身导轨面是重要表面，不允许有明显的表面缺陷，而且要求组织致密，因此应将导轨面朝下浇注。

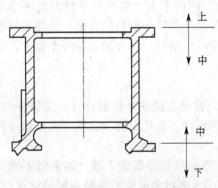

图 1-30　车床床身的浇注位置

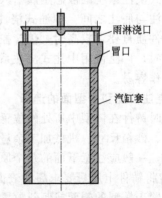

图 1-31　卷扬筒的浇注位置

　　图 1-31 为内燃机汽缸套的浇注位置方案，由于该铸件要求组织致密，表面质量均匀一

致，耐水压不渗透，故多采用雨淋式系统立
浇方案，并在其上部增设一圈补缩、集渣冒
口。采用立式浇注，由于全部圆周表面均处
于侧立位置，其质量均匀一致，较易获得合
格铸件。

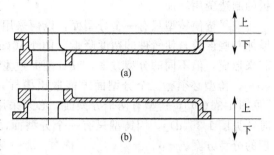

② 对于一些需要补缩的铸件，应把截面
较厚的部分放在铸型的上部或侧面。这样便
于在铸件的厚壁处放置冒口，形成良好的顺
序凝固，有利于铸件补缩。

图 1-32　箱盖的两种浇注位置

③ 对于具有大面积的薄壁部分放在铸型
的下部，同时尽量使薄壁立着或倾斜着浇注，
这样有利于金属的充填。图 1-32 为箱盖的两
种浇注位置，图 1-32(a) 是正确的，它将铸件
大面积的薄壁部分放在铸件的下面，使这部分
能在较高的金属液压力下充满铸型，防止浇
不足。

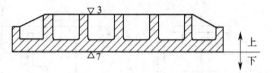

图 1-33　平板的浇注位置

④ 对于具有大平面的铸件，应将铸件的
大平面放在铸型的下面。例如，在浇注带有
筋条的平板时，应按图 1-33 所示的方法，这
样可使铸件的大平面不容易产生夹砂等缺陷。

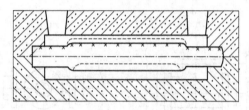

⑤ 对于带有型芯的铸件，应使型芯能放
置牢固并在合箱时便于检验。图 1-34 表示筒
体铸件卧浇时的情况。由于型芯较长，刚度不够，在金属液的浮力作用下，型芯产生如图虚
线所示的弯曲变形。若改为立浇，就可以避免上述不良情况的产生。

图 1-34　筒体铸件卧浇时的情况

⑥ 应使铸件总的生产工时和材料消耗最少。

1.3.4　铸型分型面的选择原则

铸型分型面的选择恰当与否会影响铸件质量，选择不当会导致制模、造型、造芯、合箱
或清理等工序复杂化，甚至还会增大切削加工的工作量。在选择铸型分型面时，一般应注意
下面几点。

① 便于起模，使造型工艺简化，尽量使分型面平直、数量少，避免不必要的活块和型芯。

图 1-35 为一起重臂铸件，按图中所示的分型面为一平面，故可采用较简便的分模造型；
如果选用弯曲分型面，则需采用挖砂或假箱造型，而在大量生产中会导致机器造型的模底

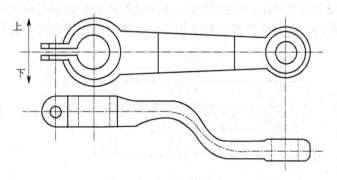

图 1-35　起重臂的分型面

板的制造费用增加。

　　应尽量使铸型只有一个分型面，以便采用工艺简便的两箱造型。多一个分型面，铸型就增加一些误差，使铸件的精度降低。图 1-36(a) 所示的三通，其内腔必须采用一个 T 字型芯来形成，但不同的分型方案，其分型面数量不同。当中心线 ab 呈垂直放置时 [见图 1-36 (b)]，铸型必须有三个分型面才能取出模样，即用四箱造型。当中心线 cd 呈垂直放置时 [见图 1-36(c)]，铸型有两个分型面，必须采用三箱造型。当中心线 ab 和 cd 都呈水平位置时 [见图 1-36(d)]，因铸型只有一个分型面，采用两箱造型即可。显然，图 1-36(d) 是合理的分型方案。

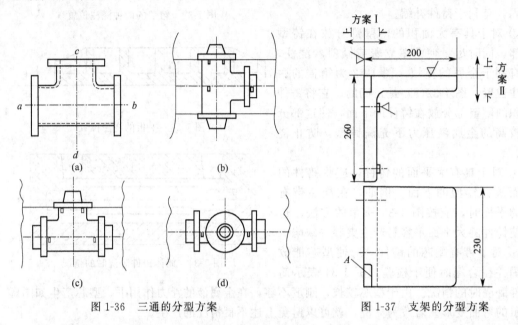

图 1-36　三通的分型方案　　　　　　　　图 1-37　支架的分型方案

　　图 1-37 所示支架分型方案是避免用活块的例子。按图中方案Ⅱ，凸台必须采用四个活块制出，而下部两个活块的部位较深，取出困难。当改用方案Ⅰ时，可省去活块，仅在 A 处稍加挖砂即可。

　　铸件的内腔一般是由型芯形成的，有时可用型芯简化模样的外形，制出妨碍起模的凸台、侧凹等。但制造型芯需要专门的工艺装备，并增加下芯工序，会增加铸件成本。因此，选择分型面时应尽量避免不必要的型芯。

　　如图 1-38 所示的轮形铸件，由于轮的圆周面外侧内凹，在生产批量不大的情况下，多采用三箱造型。但在大批量生产时，采用机器造型，需要改用图中所示的环状型芯，使铸型简化成只有一个分型面，这种方法尽管增加了型芯的费用，但可通过机器造型所取得的经济效益得到补偿。

　　② 尽量把铸件的大部分或全部放在下型内，这样可将主要的型芯放在下型，便于型芯

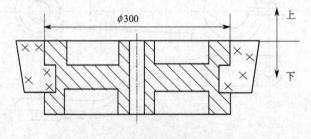

图 1-38　使用型芯减少分型面

的安放和检验，还可使上型的高度减低，便于合箱。图 1-39 是铸件分型面的选择，图 1-39
（a）是正确的，它将铸件全部放在下型，避免错箱，保证铸件质量。

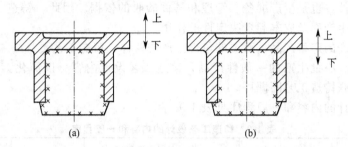

图 1-39　铸件的分型面

③ 应使铸件的加工面及加工基准面，放在同一个铸型内。图 1-40 是螺丝塞头两种分型
的选择，其中图 1-40（b）是正确的。在机械加工时，铸件上部的方头（夹具夹紧处）是作
为外表面车削螺纹的基准，由于加工面与加工基准面都处在同一个上型内，从而减少因错箱
造成的加工余量不够。当铸件的加工面很多，又不可能都与基准面放在分型面的同一侧时，
则应尽量使加工的基准面与大部分的加工面放在分型面同一侧。

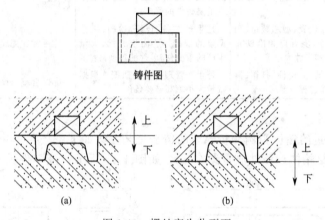

铸件图

（a）　　　　　　　　　　　（b）

图 1-40　螺丝塞头分型面

④ 应使铸模容易从铸型中取出，并尽量减少活块模、高大的吊砂和弯曲的分型面等。

⑤ 尽量减少型芯的使用。这样可以省去制造和安放型芯的工作，也可减少由此造成的
误差及产生的披缝，降低铸件的制造成本。

⑥ 铸件的不加工表面应尽量避免有披缝。

⑦ 铸型的分型面，应尽量能与浇注位置一致。这样可避免合箱后，再翻动铸型。因翻
箱操作是一个很繁重的工作，同时在翻动铸型时，可能使型芯的位置发生移动，影响铸件的
精度或造成缺陷。

值得注意的是，选择分型面的上述诸原则，对于某个具体的铸件来说难以全面满足，有
时甚至互相矛盾。因此，必须抓住主要矛盾、全面考虑，至于次要矛盾，则应从工艺措施上
设法解决。

1.3.5　铸造成形工艺设计

1.3.5.1　铸造成形工艺设计的内容

为保证铸件的质量，提高生产率，降低成本，铸造生产需根据零件的结构特点、技术要
求、生产批量和生产条件等进行铸造工艺设计，并绘制成图。

在生产铸件之前，编制出控制该铸件生产工艺的技术文件等工作称为铸造工艺设计。铸造工艺设计主要是画铸造工艺图、铸件毛坯图、铸型装配图和编写工艺卡片等，它们是铸造生产的指导性文件，也是生产准备、管理和铸件验收的依据。因此，铸造工艺设计的好坏，对铸件的质量、生产率及成本起着决定性的作用。

一般大量生产的定型产品、重要的单件生产的铸件，铸造工艺设计必须仔细考虑，涉及内容较多。单件、小批生产的一般性产品，铸造工艺设计内容可以简化。在最简单的情况下，只需绘制一张铸造工艺图即可。

铸造工艺设计的内容和一般程序见表1-9。

表 1-9　铸造工艺设计的内容和一般程序

项目	内　容	用途及应用范围	设计程序
铸造工艺图	在零件图上用规定的红、蓝等各色符号表示出：浇注位置和分型面，加工余量，收缩率，起模斜度，反变形量，浇、冒口系统，内外冷铁，铸肋，砂芯形状、数量及芯头大小等	是制造模样、模底板、芯盒等工装以及进行生产准备和验收的依据。适用于各种批量的生产	①产品零件的技术条件和结构工艺性分析；②选择铸造及造型方法；③确定浇注位置和分型面；④选用工艺参数；⑤设计浇冒口、冷铁和铸肋；⑥型芯设计；
铸件图	把经过铸造工艺设计后，改变了零件形状、尺寸的地方都反映在铸件图上	是铸件验收和机加工夹具设计的依据。适用于成批、大量生产或重要铸件的生产	⑦在完成铸造工艺图的基础上，画出铸件图；
铸型装配图	表示出浇注位置，型芯数量，固定和下芯顺序，浇冒口和冷铁布置，砂箱结构和尺寸大小等	是生产准备、合箱、检验、工艺调整的依据。适用于成批、大量生产的重要件，单件的重型铸件	⑧通常在完成砂箱设计后画出；
铸造工艺卡片	说明造型、造芯、浇注、打箱、清理等工艺操作过程及要求	是生产管理的重要依据。根据批量大小填写必要条件	⑨综合整个设计内容

1.3.5.2　实例分析

以 C6140 车床进给箱体为例分析毛坯的铸造工艺方案如下。

C6140 车床进给箱体，该件质量约 35kg，如图 1-41 所示，该零件没有特殊质量要求的

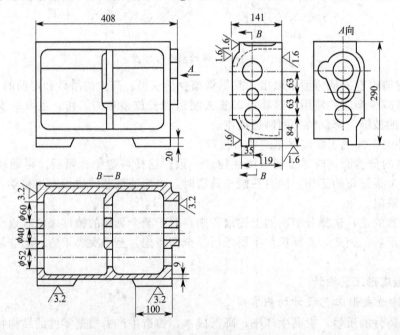

图 1-41　车床进给箱体零件

表面，仅要求尽量保证基准面 D 不得有明显铸造缺陷，以便进行定位。它的材料为铸造性能优良的灰铸铁（HT150），无须考虑补缩。在制订铸造工艺方案时，主要应着眼于工艺上的简化。

（1）分型面

进给箱体的分型面，有如图 1-42 所示的三个方案供选择。

方案 I　分型面在轴孔的中心线上。此时，凸台 A 因距分型面较近，又处于上型，若采用活块，则型砂易脱落，故只能用型芯来形成，槽 C 可用型芯或活块制出。本方案的主要优点是适于铸出轴孔，铸后轴孔的飞边少，便于清理。同时，下芯头尺寸较大，型芯稳定性好，不容易产生偏芯。其主要缺点是基准面 D 朝上，使该面较易产生气孔和夹渣等缺陷，且型芯的数量较多。

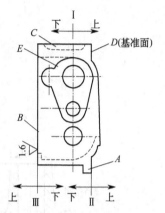

图 1-42　车床进给箱体分型面的选择方案

方案 II　从基准面 D 分型，铸件绝大部分位于下型。此时，凸台 A 不妨碍起模，但凸台 E 和槽 C 妨碍起模，也需采用活块或型芯来克服。它的缺点除基准面朝上外，其轴孔难以直接铸出。轴孔若拟铸出，因无法制出型芯头，必须加大型芯与型壁的间隙，致使飞边清理困难。

方案 III　从 B 面分型，铸件全部置于下型。其优点是铸件不会产生错型缺陷；基准面朝下，其质量容易保证；同时，铸件最薄处在铸型下部，金属液易于充满铸型。缺点是凸台 E、A 和槽 C 都需采用活块或型芯，而内腔型芯上大下小稳定性差；若拟铸出轴孔，其缺点与方案 II 相同。

上述诸方案各有其优缺点，需结合具体生产条件，找出最佳方案。

大批量生产条件下，为减少切削加工工作量，九个轴孔需要铸出。此时，为了使下芯、合箱及铸件的清理简便，只能按照方案 I 从轴孔中心线处分型。为了便于采用机器造型、尽量避免活块，故凸台和凹槽均应用型芯来形成。为了克服基准面朝上的缺点，必须加大 D 面的加工余量。

单件、小批量生产条件下，因采用手工造型，使用活块造型较型芯更为方便。同时，因铸件的尺寸允许偏差较大，九个轴孔不必铸出，留待直接切削加工而成。此外，应尽量降低上型高度，以便利用现有砂箱。显然，在单件生产条件下，宜采用方案 II 或方案 III。

（2）铸造工艺图

分型面确定后，便可绘制出铸造工艺简图，采用分型方案 I 时的铸造工艺图如图 1-43 所示。

铸造工艺图是根据上述要求表示铸型分型面、浇冒口系统、浇注系统、浇注位置、型芯结构尺寸、控制凝固措施（冷铁、保温衬板）等的图样。它是按规定的工艺符号或文字、数字，将制造模样和铸型所需的资料，用红蓝线条直接绘在铸件图上或另绘在工艺图样上，是进行生产准备、指导铸件生产的基本工艺文件。它决定了铸件的形状、尺寸、生产方法和工艺过程。依据铸造工艺图，结合所选造型方法，便可绘制出模样图及合箱图。图 1-44 为支座的铸造工艺图、模样图及合箱图。

对于大批量生产的定型产品或重要的试验产品，应画出铸件图、模样（或模板）图、芯盒图、砂箱图和铸型装配图等。铸件图是指反映铸件实际形状、尺寸和技术要求的图样。它是根据铸造工艺图绘制的，用图形、工艺符号和文字标注。其内容包括切削余量、工艺余量、不铸出的孔槽、铸件尺寸工差、加工基准、铸件金属等级、热处理规范、铸件验收技术

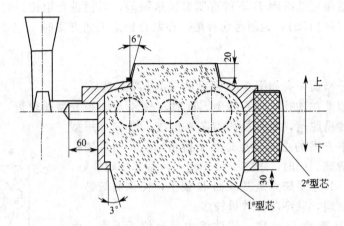

图 1-43　车床进给箱体铸造工艺图（局部）

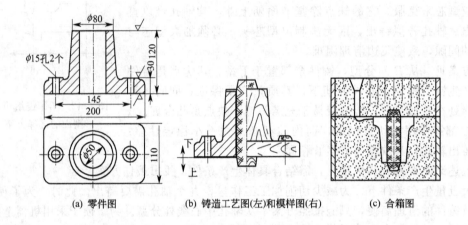

(a) 零件图　　　　　(b) 铸造工艺图(左)和模样图(右)　　　　　(c) 合箱图

图 1-44　支座的铸造工艺图、模样图及合箱图

条件等。铸件图是铸造生产、技术检验、铸件清理和成品检验的依据，也是设计、制造工艺装备和切削加工的依据。

　　绘制铸造工艺图一般程序如下。

　　① 根据产品图及技术条件、产品的批量及需用日期，结合工厂实际条件选择铸造方法。

　　② 分析铸件的结构工艺性，判断缺陷倾向，提出结构改进意见和确定铸件凝固原则。

　　③ 标出浇注位置和分型面。

　　④ 绘出各视图上的加工余量及不铸孔、沟槽等工艺符号。

　　⑤ 标出与分型面垂直壁的起模斜度。

　　⑥ 绘出砂芯形状、砂芯分块线（包括分芯负数）、芯头间隙、压紧环和防压环、积砂槽，标出有关尺寸和砂芯负数，必要时设计芯骨形状、尺寸和吃砂量。

　　⑦ 画出分盒面，填砂（射砂）方向，砂芯出气方向，起吊方向等符号。

　　⑧ 绘出浇注系统、冒口的位置、形状、尺寸和数量，同铸试样的形状、位置和尺寸。冷铁和铸筋的位置、形状、尺寸和数量，固定组合方法及冷铁留缝大小等。

　　⑨ 模样的分型负数，分模面及活块形状，反变形量的大小和位置、形状、非加工壁厚的负余量，工艺补正量的加设位置和尺寸等。

　　⑩ 大型铸件的吊柄，某些零件上所加的机械加工用夹头或加工基准台面等。此外，有

的铸造工艺图尚需说明：浇注要求，压铁重，冒口切割残留量，冷却保温处理方式，拉筋处理要求，退火要求等。

绘制铸造工艺图注意事项如下。

① 凡是能在某一视图或剖视图上表示清楚即可的工艺内容，不必在每个视图上都反映出所有工艺符号，以免符号遍布图纸、相互重叠。

② 加工余量的尺寸，如果顶面、内孔和底、侧面数值相同，图面上不标注尺寸，可填写在图纸背面的"模样工艺卡"中，也可写在技术条件中。

③ 相同尺寸的铸造圆角、等角度的起模斜度，图形上可不标注，只写在技术条件中。

④ 砂芯边界线，如果和零件线或加工余量线、冷铁线等重合时，则可省去砂芯边界线。

⑤ 在剖面图中，砂芯线和加工余量线的相互关系处理上，不同工厂有不同做法。

⑥ 单件小批产品，甚至在某些成批生产的工厂中，铸造工艺图是在产品图上绘制的，直接用于指导生产。

⑦ 所标注的各种工艺尺寸或数据，不要盖住产品图上的数据，应方便工人操作，符合工厂的实际条件。

1.3.6　铸件结构设计

铸件结构设计：保证其工作性能和力学性能要求、考虑铸造工艺和合金铸造性能对铸件结构的要求。铸件结构设计合理与否，对铸件的质量、生产率及其成本有很大的影响。

（1）砂型铸造工艺对铸件结构设计的要求

造型工艺对铸件结构设计的要求见表 1-10。铸件的结构斜度见表 1-11。

表 1-10　造型工艺对铸件结构设计的要求

对铸件结构的要求	不好的铸件结构	较好的铸件结构
1. 铸件的外形必须力求简单、造型方便		
铸件应具有最少的分型面，从而避免多箱造型和不必要的型芯	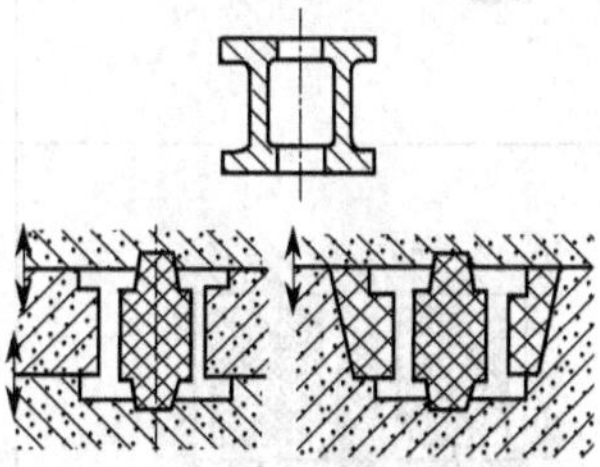	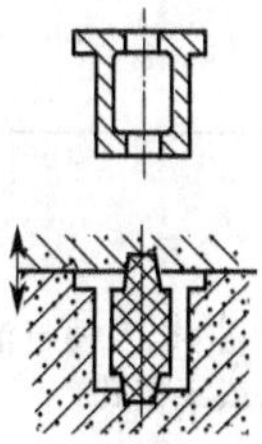
铸件加强肋的布置应有利于取模	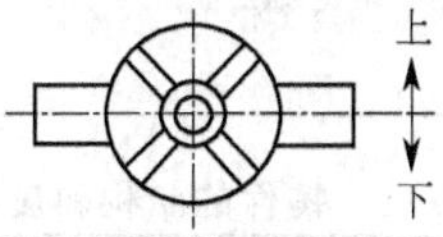	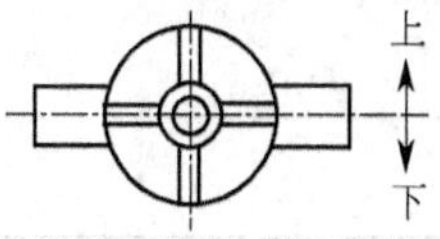
铸件侧面的凹槽、凸台的设计应有利于取模，尽量避免不必要的型芯和活块	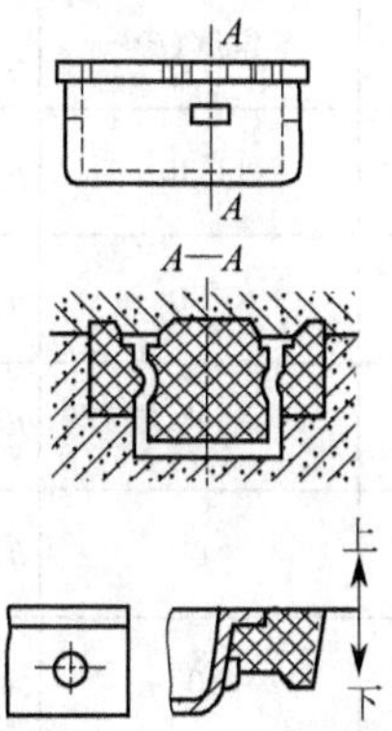	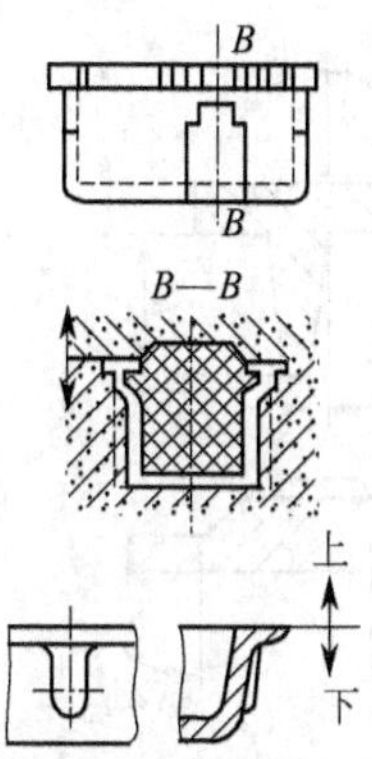

续表

对铸件结构的要求	不好的铸件结构	较好的铸件结构
铸件设计应注意避免不必要的曲线和圆角结构，否则会使制模、造型等工序复杂化	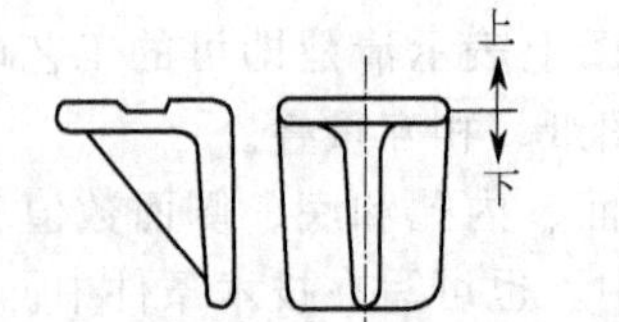	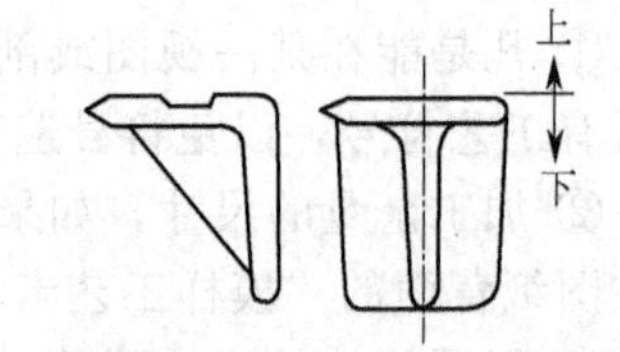
凡沿着起模方向的不加工表面，应给出结构斜度，其设计参数见表 1-11	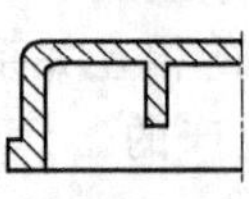	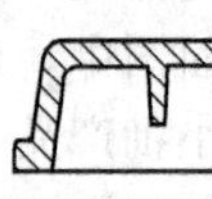

2. 铸件的内腔必须力求简单、尽量少用型芯

尽量少用或不用型芯	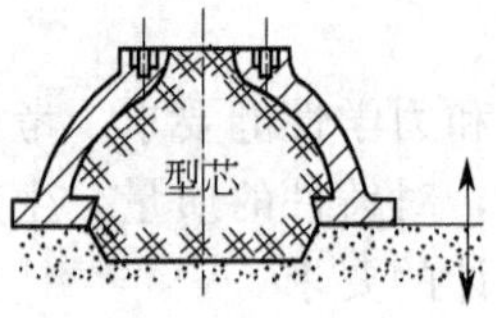	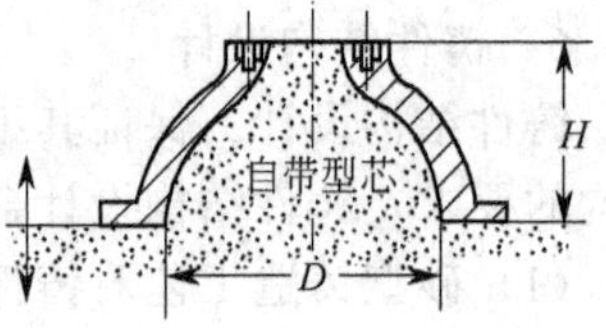
型芯在铸型中必须支撑牢固和便于排气、固定、定位和清理（图中 A 处需放置型芯撑）	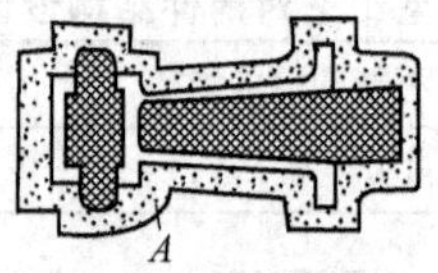	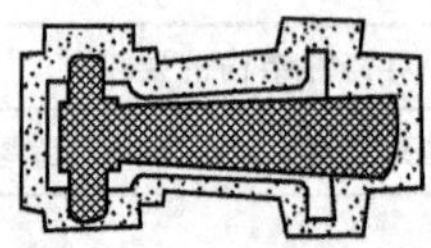
为了固定型芯，以及便于清理型芯，应增加型芯头或工艺孔	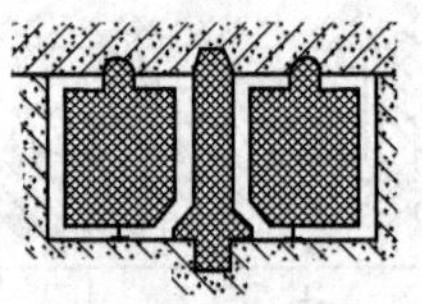	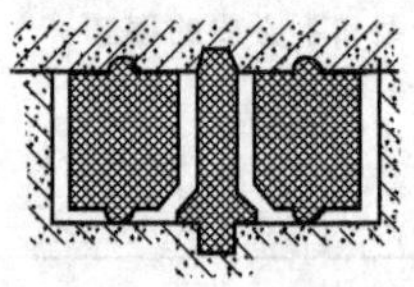

表 1-11　铸件的结构斜度

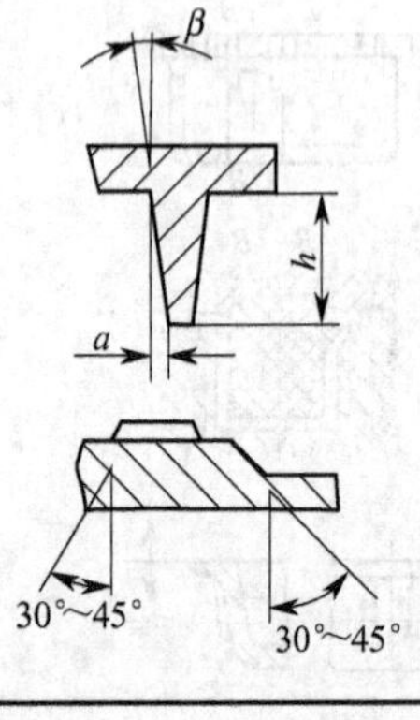

斜度($a:h$)	角度(β)	使 用 范 围
1：5	11°30′	$h<25$mm 铸钢和铸铁件
1：10	5°30′	$h=25\sim500$mm 铸钢和铸铁件
1：20	3°	$h=25\sim500$mm 铸钢和铸铁件
1：50	1°	$h>500$mm 铸钢和铸铁件
1：100	30′	非铁合金铸件

（2）合金铸造性能对铸件结构设计的要求

缩孔、变形、裂纹、气孔和浇不足等铸件缺陷的产生，有时是由于铸件结构设计不够合理，未能充分考虑合金铸造性能的要求所致。合金铸造性能与铸件结构之间的关系见表 1-12。表 1-13 为铸件的内圆角半径 R 值，表 1-14 为几种壁厚的过渡形式及尺寸，表 1-15 为灰铸铁件壁及肋厚参考值。

表 1-12　合金铸造性能与铸件结构之间的关系

对铸件结构的要求	不好的铸件结构	较好的铸件结构
铸件的壁厚应尽可能均匀,否则易在厚壁处产生缩孔、缩松、内应力和裂纹	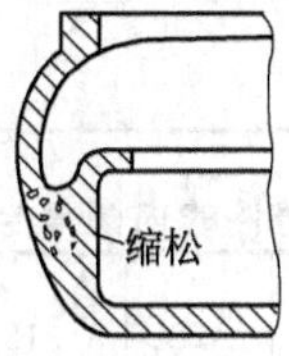	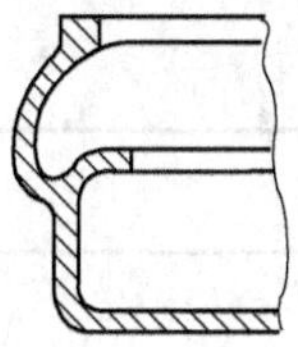
铸件内表面及外表面转角的连接处应为圆角,以免产生裂纹、缩孔、黏砂和掉砂缺陷。铸件内圆角半径 R 的尺寸见表 1-12	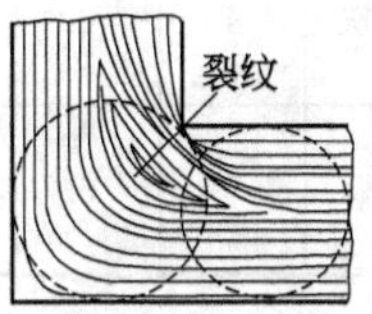	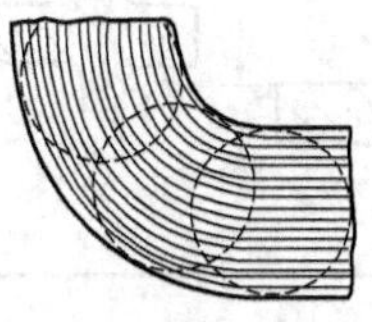
铸件上部大的水平面(按浇注位置)最好设计成倾斜面,以免产生气孔、夹砂和积聚非金属夹杂物	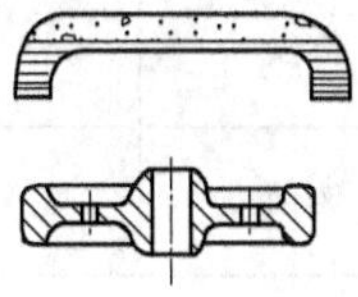	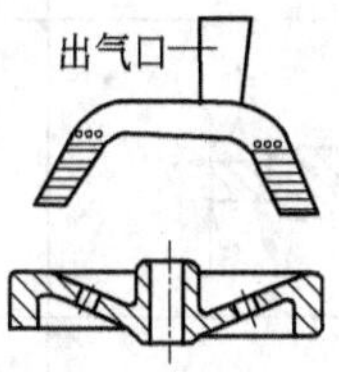
为了防止裂纹,应尽可能采用能够自由收缩或减缓收缩受阻的结构,如轮辐设计成弯曲形状	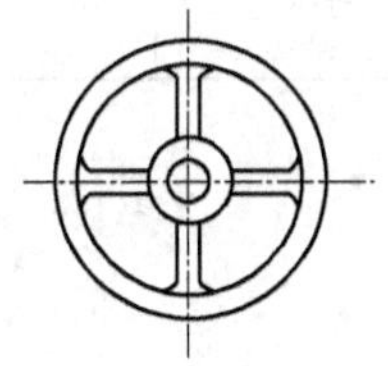	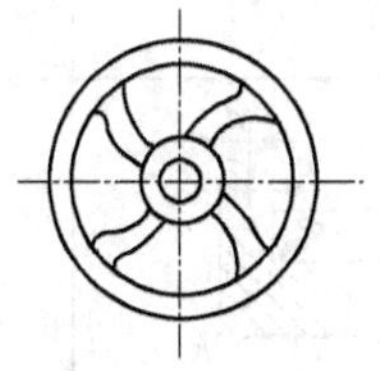
在铸件的连接或转弯处,应尽量避免金属的积聚和内应力的产生,厚壁与薄壁相连接要逐步过渡,并不能采用锐角连接,以防止出现缩孔、缩松和裂纹。几种壁厚的过渡形式及尺寸见表 1-13	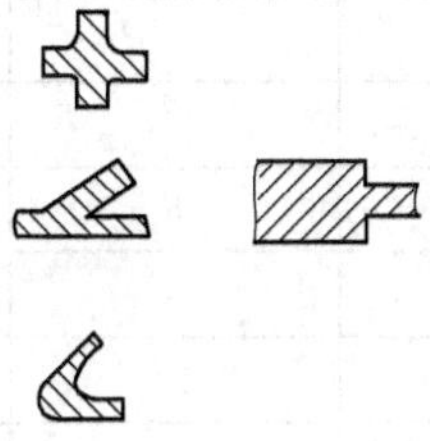	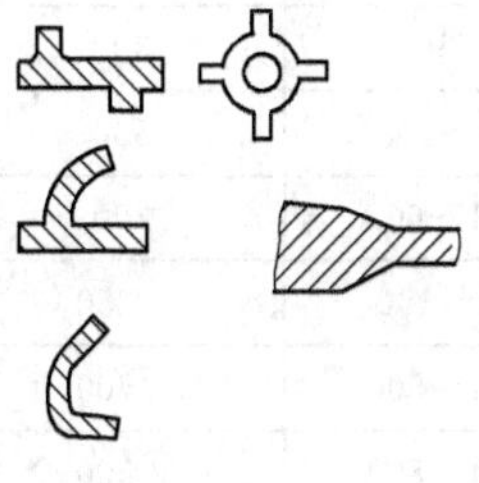

续表

对铸件结构的要求	不好的铸件结构	较好的铸件结构
对细长件或大而薄的平板件,为防止弯曲变形,应采用对称或加肋的结构。灰铸铁件壁及肋厚参考值见表1-14		

表 1-13　铸件的内圆角半径 R 值　　　　　　　　　　　　单位：mm

	$(a+b)/2$	<8	8~12	12~16	16~20	20~27	27~35	35~45	45~60
R 值	铸铁	4	6	6	8	10	12	16	20
	铸钢	6	6	8	10	12	16	20	25

表 1-14　几种壁厚的过渡形式及尺寸

图　例	尺　寸		
	$b \leqslant 2a$	铸铁	$R \geqslant (1/6 \sim 1/3)(a+b)/2$
		铸钢	$R \approx (a+b)/4$
	$b > 2a$	铸铁	$L > 4(b-a)$
		铸钢	$L > 5(b-a)$
	$b > 2a$	$R \geqslant (1/6 \sim 1/3)(a+b)/2; R_1 \geqslant R+(a+b)/2$ $C \approx 3(b-a)^{1/2}, h \geqslant (4 \sim 5)C$	

表 1-15　灰铸铁件壁及肋厚参考值

铸件质量/kg	最大尺寸/mm	外壁厚度/mm	内壁厚度/mm	肋的厚度/mm	零件举例
5	300	7	6	5	盖、拨叉、轴套、端盖
6~10	500	8	7	5	挡板、支架、箱体、闷盖
11~60	750	10	8	6	箱体、电动机支架、溜板箱
61~100	1 250	12	10	8	箱体、液压缸体、溜板箱
101~500	1 700	14	12	8	油盘、带轮、镗模架
501~800	2 500	16	14	10	箱体、床身、盖、滑座
801~1 200	3 000	18	16	12	小立柱、床身、箱体、油盘

（3）砂型铸造铸件最小壁厚的设计

每种铸造合金都有其适宜的壁厚，不同铸造合金所能浇注出铸件的最小壁厚也不相同，主要取决于合金的种类和铸件的大小，见表 1-12。

以上介绍的只是砂型铸造铸件结构设计的特点，在特种铸造方法中，应根据每种不同的铸造方法及其特点进行相应的铸件结构设计。

1.4　砂型铸造

砂型铸造是将液态金属浇入砂型的铸造方法。砂型铸造是目前最常用、最基本的铸造方法。型（芯）砂通常是由石英砂、黏土（或其他黏结材料）和水按一定比例混制而成的。型（芯）砂要具有"一强三性"，即一定的强度、透气性、耐火性和退让性。砂型可用手工制造，也可用机器造型。

1.4.1　型（芯）砂的种类

型砂及芯砂是制造铸型和型芯的造型材料，它主要由原砂、黏结剂、附加物和水混制而成。型（芯）砂按黏结剂的种类可分为如下几种。

（1）黏土砂

黏土砂是以黏土为黏结剂配制成的型砂。由原砂（应用最广的是硅砂，主成分是 SiO_2）、黏土、水及附加物按一定比例配制而成。黏土砂是迄今为止铸造生产中应用最广泛的型砂。可用于制造铸铁件、铸钢件及非铁合金的铸型和不重要的型芯。

（2）水玻璃砂

水玻璃砂是以水玻璃（硅酸钠 $Na_2O \cdot mSiO_2$ 的水溶液）为黏结剂配制成的化学硬化砂。它是除黏土砂外用得最广泛的一种型砂。水玻璃砂铸型或芯无需烘干、硬化速率快、生产周期短、易于机械化和改善劳动条件。

（3）油砂和合脂砂

油砂是以桐油、亚麻仁油等植物油为黏结剂配制成的型砂。合脂砂以合成脂肪酸残渣经煤油稀释而成的合脂作黏结剂。油砂或合脂砂一般用于制造结构复杂、要求较高的型芯。

（4）树脂砂

树脂砂是以树脂为黏结剂配制成的型砂。又分为热硬树脂砂、壳型树脂砂、覆模砂等。用树脂砂造型或制芯，铸件质量好、生产率高、节省能源和工时费用、工人劳动强度低、易于实现机械和自动化、适宜成批大量生产。

此外，型砂还包括石墨型砂、水泥砂和流态砂等。

1.4.2　型（芯）砂性能

为防止铸件产生黏砂、夹砂、砂眼、气孔和裂纹等缺陷，铸造过程中应着重考虑型（芯）砂的下列主要性能。

（1）型（芯）砂强度

型（芯）砂强度指型（芯）砂试样抵抗外力破坏的能力。包括湿强度、干强度、热强度等。型砂强度高，铸型才能承受翻型、起模、搬运、合型等过程中的外力作用和浇注时金属液的静、动压力作用，否则将导致铸件产生夹砂、胀砂等缺陷。

① 湿强度　即湿砂样在室温时的强度，包括抗压强度、抗剪强度、抗拉强度和抗弯强度。湿强度直接关系到造型操作，与干强度和热强度有一定关系。影响湿强度的主要因素有：砂子颗粒大小、均匀程度及形状、黏土加入量及其种类、含水量、混砂质量、紧实程度等。

②干强度　即型砂试样按一定规范烘干，冷至室温后的抗压强度、抗剪强度、抗拉强度和抗弯强度。影响黏土砂干强度的主要因素有黏土和水分含量，黏土的种类及烘干规范等。

③热强度　即型砂试样加热到室温以上时测定的强度。热强度反映浇注后铸型表面层强度的变化情况，热强度太低会造成铸件变形、胀砂、冲砂等缺陷；热强度过高会阻碍铸件收缩，使铸件应力增大，甚至造成裂纹。热强度与黏结剂种类、紧实度及附加物有关。

④残留强度、溃散性、落砂性　残留强度即型砂在铸造过程，经过一次或多次加热冷却循环后，测定的抗压强度、抗剪强度、抗拉强度和抗弯强度。残留强度大，则铸型浇注后结成团块的倾向亦大；型砂和芯砂在浇注后容易溃散的性能称为溃散性；而落砂性则表示铸型在浇注后解体的难易程度。黏土砂的残留强度普遍较高，而落砂性、溃散性较差，严重影响落砂、清理效率，加入木屑等附加物可以改善溃散性能。

（2）型砂透气性

型砂的透气性是指紧实砂样的孔隙度，即在标准温度和 100Pa 压力下，1min 内通过 $1cm^2$ 截面和 1cm 高试样的空气量。若透气性不好，易在铸件内部形成气孔等缺陷。铸型在高温金属液作用下产生大量气体，铸型必须有一定的排气能力，否则在浇注时产生呛火，也可能使铸件产生气孔、浇不到等缺陷。气体的排出除通过铸型的出气孔和冒口外，还通过型（芯）砂粒间的孔隙。所以透气性是型（芯）砂的重要性能之一，但是砂样的透气性并不等于铸型（芯）的透气性，它只能间接地反映该型砂所造铸型的透气性。原砂颗粒大小和均匀程度，黏土、煤粉和水分含量，型砂的紧实程度及型砂的混制工艺等均是影响透气性的因素。

（3）型砂耐火性

型砂耐火性指型砂经受高温液体金属的作用后，型砂不被烧焦、不熔融、不软化的能力。耐火性差，铸件易产生一层难以清除的黏砂层，使铸件表面粗糙，对切削加工非常不利，黏砂严重时，铸件可能报废。型砂的 SiO_2 含量高、砂粒粗而圆，则耐火性就高；当型砂中黏结剂含量高、碱性物质含量高时，则降低了型砂的耐火性。

（4）型砂退让性

退让性指型砂不阻碍铸件收缩的高温性能。型砂的退让性差，会阻碍铸件凝固后的继续收缩，使铸件产生很大的内应力，甚至引起铸件变形或开裂。型砂越紧实，退让性越差。在型砂中加入木屑等可燃性附加物可以提高型砂的退让性。细小均匀原砂、黏结剂含量多，都会降低型砂的退让性。

在单件小批生产的铸造车间里，常用手捏法来粗略判断型砂的某些性能，例如用手抓起一把型砂，紧捏时感到柔软容易变形，放开后砂团不松散，不黏手，并且手印清晰，把它折断时，断面平整均匀并没有碎裂现象，同时感到具有一定强度，就认为型砂具有了合适的性能要求。

1.4.3　手工造型

手工造型操作方便灵活、适应性强，模样生产准备时间短。但生产率低，劳动强度大，铸件质量不易保证。只适用于单件小批量生产。常用的手工造型工具如图 1-45 所示。

（1）整模造型

整模造型如图 1-46 所示，特点为模样是整体的，铸型的型腔一般只在下箱。整模造型因操作简便，无砂箱错位现象，适用于外形轮廓上有一个平面可作分型面的简单铸件，如齿轮坯、轴承、皮带轮等。

（2）分模造型

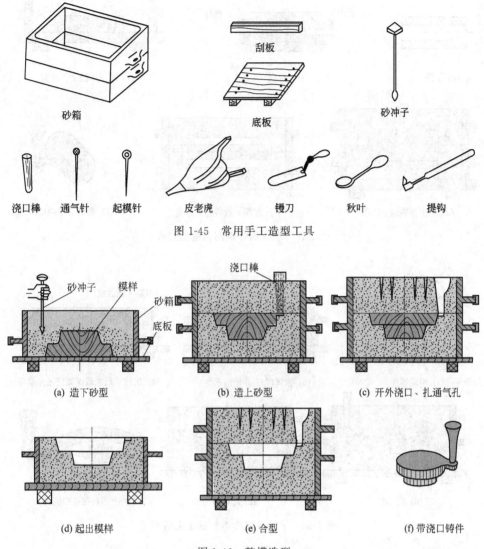

图 1-45　常用手工造型工具

(a) 造下砂型　　　　(b) 造上砂型　　　　(c) 开外浇口、扎通气孔

(d) 起出模样　　　　(e) 合型　　　　(f) 带浇口铸件

图 1-46　整模造型

分模造型的铸件的最大截面不在端部而在中部，因而木模沿最大截面分成两半。操作简便，适用于形状较复杂的铸件，特别广泛用于有孔或带有型芯的铸件，如套筒、水管、阀体、箱体、曲轴、立柱等。图 1-47 为水管铸件的分模造型过程。

（3）挖砂造型

当铸件最大截面在中部，模样又不便分成两半（如分模后模样太薄或分型面是曲面）时，只能将模样做成整模，造型时挖掉妨碍起模的砂子。挖砂造型操作麻烦，生产率低，要求操作技术水平高，仅适用于单件小批量生产。对于分型面为阶梯面或曲面的铸件，当生产数量较多时，可用成形底板代替平面底板，并将模样放置在成形底板上造型，可省去挖砂操作。

成形底板可根据生产数量的不同，分别用金属、木材制作；如果件数不多，可用黏土较多的型砂春紧制成砂质成形底板，称为假箱。图 1-48 为手轮的挖砂造型的工艺过程。

（4）活块造型

将模样上妨碍起模的部分，如凸台、肋、耳等，做成活动部件，称为活块。活块用销式燕尾与模样的主体连接，在起模时须先取出模样主体，然后取出活块。图 1-49 为角铁的活

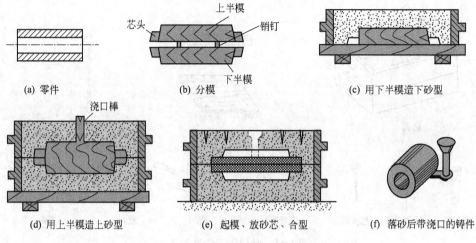

(a) 零件　　　　(b) 分模　　　　　　(c) 用下半模造下砂型

(d) 用上半模造上砂型　　　(e) 起模、放砂芯、合型　　　(f) 落砂后带浇口的铸件

图 1-47　水管的分模两箱造型过程

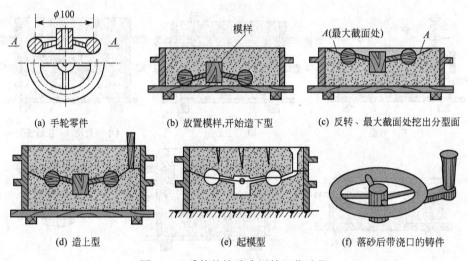

(a) 手轮零件　　　(b) 放置模样,开始造下型　　　(c) 反转、最大截面处挖出分型面

(d) 造上型　　　　　(e) 起模型　　　　　(f) 落砂后带浇口的铸件

图 1-48　手轮的挖砂造型的工艺过程

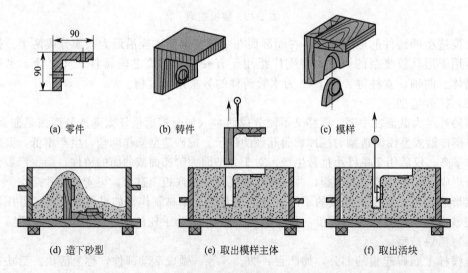

(a) 零件　　　　(b) 铸件　　　　　(c) 模样

(d) 造下砂型　　　(e) 取出模样主体　　　(f) 取出活块

图 1-49　角铁的活块模造型工艺过程

块模造型工艺过程。

（5）刮板造型

刮板造型是用与铸件断面形状相适应的刮板代替模样的造型方法。造型时，刮板绕固定轴回转，将型腔刮出，如图 1-50 所示。刮板造型，可以降低模样成本，缩短生产准备时间，但要求操作技能高，铸件尺寸精度低，生产率低，故只适用于中小批生产尺寸较大的回转体铸件，如皮带轮、齿轮等。

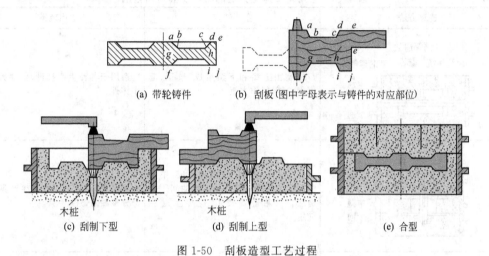

(a) 带轮铸件　　　(b) 刮板（图中字母表示与铸件的对应部位）

(c) 刮制下型　　　(d) 刮制上型　　　(e) 合型

图 1-50　刮板造型工艺过程

（6）三箱造型

用三个砂箱制造铸型的过程称为三箱造型。前述各种造型方法都是使用两个砂箱，操作简便、应用广泛。但有些铸件如两端截面尺寸大于中间截面时，需要用三个砂箱，从两个方向分别起模。图 1-51 所示为槽轮的三箱造型过程。

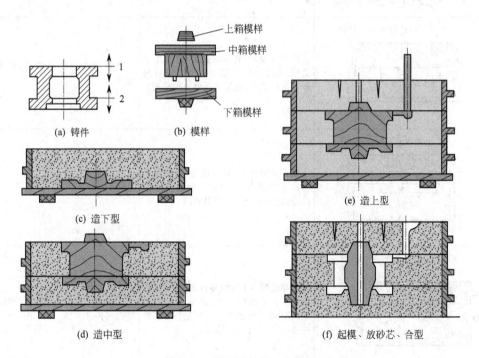

(a) 铸件　　　(b) 模样

(c) 造下型

(d) 造中型

(e) 造上型

(f) 起模、放砂芯、合型

图 1-51　槽轮铸件的三箱造型

　　三箱造型的模样必须是分开的，以便于从中型内起出模样；中型上、下两面都是分型面，且中箱高度应与中型的模样高度相近；造型过程操作较复杂，生产率较低，易产生错箱缺陷，只适于单件小批量生产。

　　除上述手工造型方法外，还有地坑造型、脱箱造型和假箱造型等方法，其特点和适用范围各不相同，表 1-16 总结了各种常用手工造型方法的特点及其适用范围。

表 1-16　常用手工造型方法的特点及其适用范围

造型方法		主要特点	适用范围
按砂箱特征区分	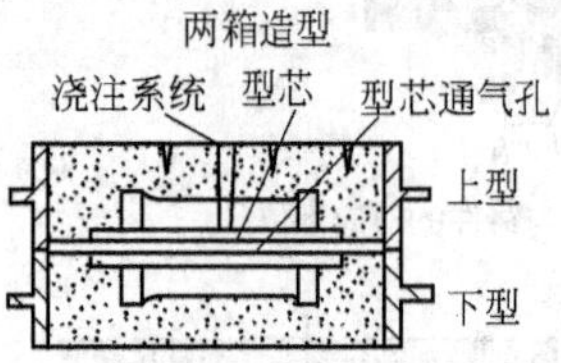 两箱造型	铸型由上型和下型组成，造型、起模、修型等操作方便	适用于各种生产批量，各种大、中、小铸件
	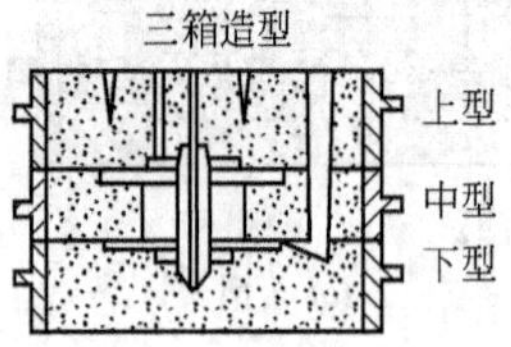 三箱造型	铸型由上、中、下三部分组成，中型的高度须与铸件两个分型面的间距相适应。三箱造型费工，应尽量避免使用	主要用于单件、小批量生产具有两个分型面的铸件
	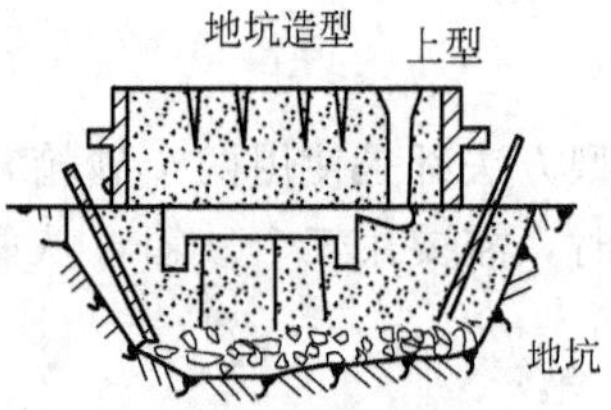 地坑造型	在车间地坑内造型，用地坑代替下砂箱，只要一个上砂箱，可减少砂箱的投资。但造型费工，而且要求操作者的技术水平较高	常用于砂箱数量不足，制造批量不大的大、中型铸件
	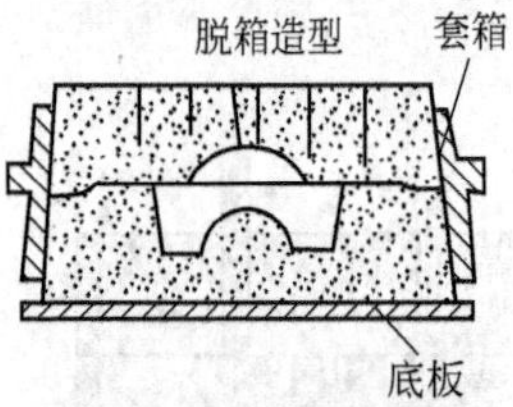 脱箱造型	铸型合型后，将砂箱脱出，重新用于造型。浇注前，须用型砂将脱箱后的砂型周围填紧，也可在砂型上加套箱	主要用在生产小铸件，砂箱尺寸较小
按模样特征区分	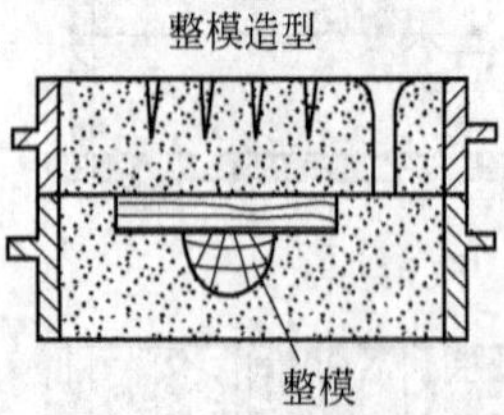 整模造型	模样是整体的，多数情况下，型腔全部在下半型内，上半型无型腔。造型简单，铸件不会产生错型缺陷	适用于一端为最大截面，且为平面的铸件
	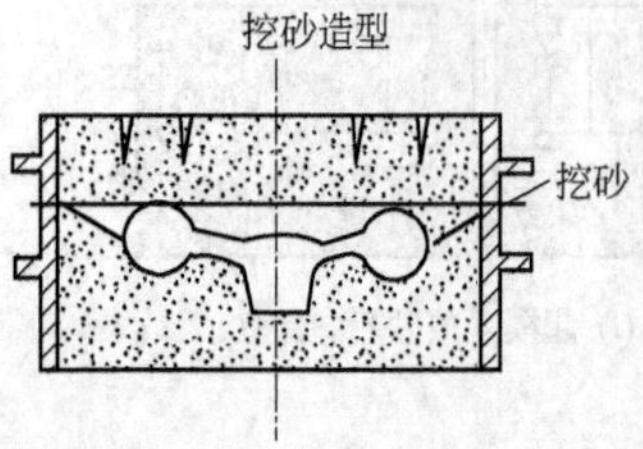 挖砂造型	模样是整体的，但铸件的分型面是曲面。为了起模方便，造型时用手工挖去阻碍起模的型砂。每造一件，就挖砂一次，费工、生产率低	用于单件或小批量生产分型面不是平面的铸件

续表

	造型方法	主要特点	适用范围
按模样特征区分	假箱造型  木模 用砂做的成型底板(假箱)	为了克服挖砂造型的缺点,先将模样放在一个预先作好的假箱上,然后放在假箱上造下型,省去挖砂操作。操作简便,分型面整齐	用于成批生产分型面不是平面的铸件
	分模造型 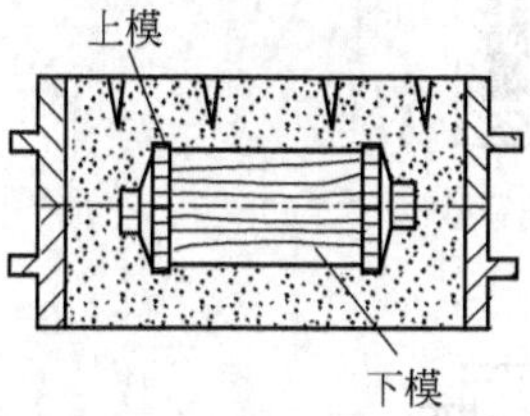 上模 下模	将模样沿最大截面处分为两半,型腔分别位于上、下两个半型内。造型简单,节省工时	常用于最大截面在中部的铸件
	活块造型 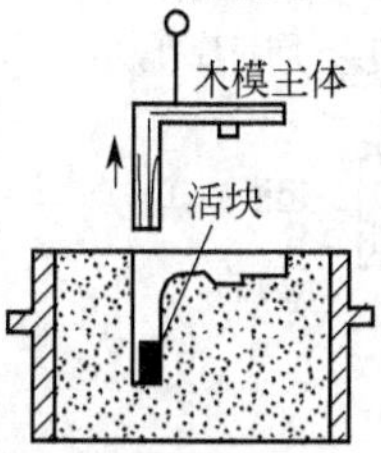 木模主体 活块	铸件上有妨碍起模的小凸台、肋条等。制模时将此部分作成活块,在主体模样起出后,从侧面取出活块。造型费工,要求操作者的技术水平较高	主要用于单件、小批量生产带有突出部分、难以起模的铸件
	刮板造型 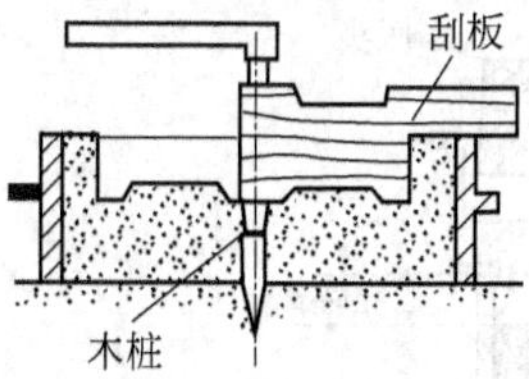 刮板 木桩	用刮板代替模样造型。可大大降低模样成本,节约木材,缩短生产周期。但生产率低,要求操作者的技术水平较高	主要用于有等截面的或回转体的大、中型铸件的单件或小批量生产

1.4.4　机器造型（芯）

手工造型中的捣箱、起模两工序不仅效率低,劳动条件差,而且铸件尺寸不准确。机器造型能较好的改变上述缺点,是大批量生产砂型（芯）的主要方法,能够显著提高劳动生产率,改善劳动条件,并提高铸件的尺寸精度、表面质量,使加工余量减小。用机器代替手工进行造型（芯）,称机器造型（芯）。造型过程包括:填砂、紧实、起模、下芯、合箱以及铸型、砂箱的运输等工艺环节。大部分造型机主要是实现型砂的紧实和起模工序的机械化,至于合箱、铸型和砂箱的运输则由辅助机械来完成。不同的紧砂方法和起模方式的组合,组成了不同的造型机。造型机的种类很多,按紧砂方法不同可分:振压式造型机、振实式造型机、压实式造型机、射压式造型机及气冲式造型机等。下面主要介绍振实式造型机、射压式造型机、压实式造型机及机器造型（芯）的工艺特点。

（1）振压式造型机

振压式造型机主要由振击机构、压实机构、起模机构和控制系统组成,一般通过振击和压实紧实型砂,绝大部分都是边振边压。振击压实都采用气动,为高频率低振幅的微振形式,铸型硬度均匀。为减轻振动,设有缓冲机构,缓冲机构有气垫式和弹簧式两种。所有机器都带有起模结构,起模比较平稳。这种造型机的特点是:机构简单、操作方便、投资较小，适用于各种材质的小件的造型。

图 1-52 所示为顶杆起模式振压造型机的工作过程。图 1-53 是气动微振压实造型机的工作过程。

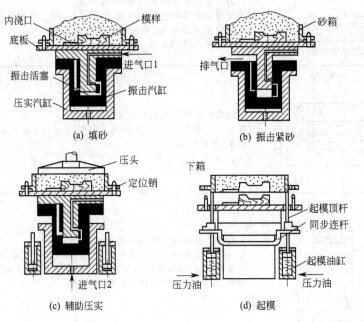

图 1-52　振压造型机的工作过程

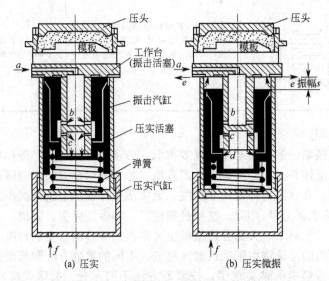

图 1-53　气动微振压实造型机的工作过程

气动微振压实造型机，它采用振击（频率 150～500 次/分，振幅 25～80mm）—压实—微振（频率 700～1000 次/分，振幅 5～10mm）来紧实造型。这种造型机噪音较小，型砂紧实度均匀，生产率高。

（2）射压式造型机

射压式造型机是利用压缩空气将型砂均匀地射入砂箱预紧实，然后再施加压力进行压实。射压式造型机有两种机型，一种是垂直分型无箱造型机，另一种是水平分型脱箱造型机。垂直分型无箱射压造型机造型不用砂箱，型砂直接射入带有模板的造型室，所造砂型尺寸精度高，因砂箱两面都有型腔，生产率很高，但下芯比较困难，对型砂质量要求严。水平分型脱箱射压造型机利用砂箱进行造型，砂型造好后合型脱箱，下芯比较方便，生产率高。

（3）压实式造型机

压实式造型机利用气压或液压通过压头或模样对砂箱内的型砂施加压力来紧实型砂。其压强一般为 0.25～0.4MPa。这种造型机，使远离施压面的砂型紧实度差。20 世纪 50 年代初出现了高压造型机，砂型平面上的压强在 0.7MPa 以上。高压造型机的压头分为平压头、成形压头和多触头压头等几种结构形式。其中以高压多触头造型机应用最为广泛。高压多触头造型机压头分割成许多可上下运动的小方块——触头，通过液压缸可获得很大的压实力。压实时，各触头按其下面的模样高度（即受压砂层厚度）施加相应的压力，使砂型获得很高的、均匀的紧实度和硬度。这类造型机都设有微振振击机构，能够适应复杂模样的造型。高压多触头造型机多采用四立柱结构，有单工位式和双工位式。为了适应中小批量铸件的生产，这种造型机多附有模板快换装置，更换模板时，造型机不必停机。采用高压多触头造型，砂型铸造能浇出薄壁、尺寸精确、表面光洁的铸件。

（4）机器造型（芯）的工艺特点

机器造型生产率高，铸件尺寸精确，光洁度高，加工余量少，劳动强度小，适合大批量生产，但对厂房、设备等要求高，投资大，批量生产才经济，只适于两箱（中箱无法紧实），不宜用活块。常用的砂型铸造机器造型特点及应用范围见表 1-17。

表 1-17　常用的砂型铸造机器造型比较

类别	紧砂原理	特点及应用范围
振击造型	借机械振动使型砂获得动能，靠惯性紧砂成型	机构简单，振击噪声大。用于要求不高的中小件生产
压式造型	靠压头压实型砂	机构简单，噪声小。用于精度要求不高的简单铸件中、小批生产
振压造型	先振击，后用较低比压压实型砂	特点与振击造型基本相同，但砂型紧实比较均匀，用于要求较高、较复杂的中小铸件大批量生产
气动微振	先预振，然后同时微振（高频率小增幅）压实或者先微振后压实	砂型紧实度高，均匀性好。用于精度要求较高和较复杂铸件的成批、大量生产
抛砂造型	靠抛砂头上高速旋转的叶片将砂团抛出，以达到填砂和紧实的目的	砂型（芯）紧实度均匀，适应性较广。适于大中型铸件的单件或中、小批生产
多触头高压造型	用许多小触头压实型砂，同时还进行微振	砂型紧实，铸件质量好，生产率高，劳动条件好，设备复杂。适用于大批量生产铸件
射砂造型	用压缩空气射砂紧实，再用压头补压成型	填砂和紧实两工序一同完成。速度快，铸件质量好。适于中小铸件大批量生产（主要用于型芯）
气流冲击造型	靠具有一定压力的气体瞬时膨胀而产生的冲击波紧砂	砂型紧实度高且均匀，生产率高，铸件质量好。用于要求高的铸件大批量生产

1.5　特种铸造

特种铸造是指与砂型铸造不同的其他铸造方法。随着现代铸造技术的发展，特种铸造在铸造生产中占有相当重要的地位。常用的特种铸造方法有金属型铸造、压力铸造、离心铸造、熔模铸造、实型铸造、低压铸造、陶瓷型铸造和磁型铸造等。特种铸造具有铸件精度和表面质量高、铸件内在性能好、原材料消耗低、工作环境好等优点。但铸件的结构、形状、尺寸、重量、材料种类往往受到一定的限制。

1.5.1　金属型铸造

金属型铸造是指在重力作用下将金属液浇注入金属铸型获得铸件的方法。铸型用金属制成，可以反复使用几百次到几千次。

(1) 金属型的结构

金属型是指用金属材料制成的铸型。根据分型面位置的不同，金属型可分为整体式、水平分型式、垂直分型式和复合分型式等，见图 1-54。

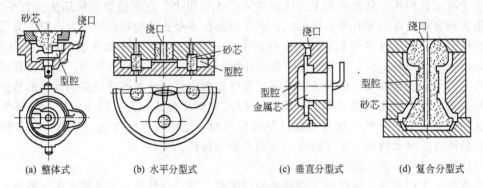

(a) 整体式　　　(b) 水平分型式　　　(c) 垂直分型式　　　(d) 复合分型式

图 1-54　金属型的种类

图 1-55 所示为铸造铝合金活塞用的垂直分型式金属型，它由两个半型组成。上面的大金属芯由三部分组成，便于从铸件中取出。当铸件冷却后，首先取出中间的楔片及两个小金属芯，然后将两个半金属芯沿水平方向向中心靠拢，再向上拔出。

制造金属型的材料的熔点一般应高于浇注合金的熔点。如浇注锡、锌、镁等低熔点合金，可用灰铸铁制造金属型；浇注铝、铜等合金，则要用合金铸铁或钢制金属型。金属型用的芯子有砂芯和金属芯两种。

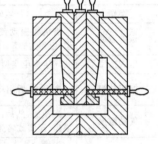

图 1-55　铸造铝合金活塞用的金属型

(2) 金属型的铸造工艺措施

由于金属型导热快，没有退让性和透气性，为了确保获得优质铸件和延长金属型的使用寿命，必须采取下列工艺措施。

① 加强金属型的排气　利用分型面或型腔零件的组合面的间隙进行排气；开排气槽，即在分型面或型腔零件的组合面上、芯座或顶杆表面上做排气槽；设排气孔，一般开设在金属型的最高处；排气塞是金属型常用的排气设施。

② 表面喷刷防黏砂涂料　金属型表面应喷刷一层耐火涂料（厚度为 0.2~0.3mm），以保护型壁表面免受金属液的直接冲蚀和热冲击。利用涂料层的厚薄可以改变铸件各部分的冷却速率，还可以起蓄气和排气的作用。

③ 预热金属型　金属型的导热性能好，使金属冷却过快，故充型能力差。另外，铸造的过程中，铸型受到强烈的热冲击，应力倍增而极易损坏，因此，金属型在浇注前要预热，一般预热温度不低于 150℃。

④ 开型、取出铸件、清理　金属液在金属型内的冷却时间不宜过长，否则因收缩量增大而使铸件取出困难，铸件因收缩受阻而产生裂纹的倾向也加大。合适的开型时间要通过试验来确定（通常铸铁件出型温度为 780~950℃左右，开型时间为 10~60s），且在铸件取出后要及时检验和清理。

(3) 金属型铸件的结构工艺性

金属型铸件的结构必须满足下述要求：

① 铸件结构一定要保证能顺利出型，铸件结构斜度应较砂型铸件为大；

② 铸件壁厚要均匀，壁厚不能过薄（Al-Si 合金 2～4mm，Al-Mg 合金为 3～5mm）；

③ 铸孔的孔径不能过小、过深，以便于金属型芯的摆放和取出。

（4）金属型的特点及应用

金属型铸造实现了"一型多铸"（几百次至几万次），节省了造型材料和工时，提高了生产率，改善了劳动条件。由于金属型本身的精度比较高，再加上其冷却快，从而使金属型铸件的精度高，力学性能好。但是金属型制造成本高，不适于小批量生产，同时，熔融金属在金属型中的流动性较差，易产生浇不到、冷隔等缺陷。金属型铸造主要适用于大批量生产形状简单的有色金属铸件和灰铸铁件，如铜合金、铝合金等铸件的大批量生产；如活塞、连杆、汽缸盖等；铸铁件的金属型铸造目前也有所发展，但其尺寸限制在 300mm 以内，质量不超过 8kg，如电熨斗底板等。

1.5.2　压力铸造

压力铸造是指熔融金属在高压下高速充型，并在压力下凝固的铸造方法。常用压射比压为 5～150MPa，充型速度为 0.5～50m/s，充型时间为 0.01～0.2s。

（1）压力铸造过程

压力铸造使用的设备是压铸机，由动型、定型以及压室等组成。可移动的压铸型部分叫动型。安装在压铸机固定板上且固定不动的压铸型部分叫定型，其中有浇注系统与压室相通。压铸型用耐热的合金工具钢制成，加工质量要求很高，需经严格的热处理。根据压室工作条件不同，分为冷压室压铸机和热压室压铸机两类。热压室压铸机的压室与坩埚连成一体，而冷压室压铸机的压室是与坩埚分开的。冷压室压铸机又可分为立式和卧式两种，目前以卧式冷压室压铸机应用较多，其工作原理如图 1-56 所示。压铸的工艺过程见图 1-57。

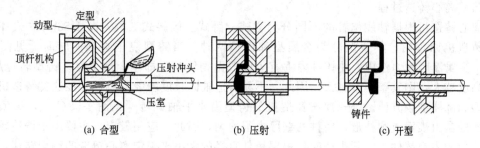

图 1-56　卧式冷压室压铸机工作原理

（a）合型　　　　（b）压射　　　　（c）开型

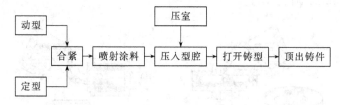

图 1-57　压铸的工艺过程

（2）压铸件的结构工艺性

压力铸造铸件的结构必须满足下述要求。

① 压铸件上应消除内侧凹，以保证压铸件从压型中顺利取出。

② 压力铸造可铸出细小的螺纹、孔、齿和文字等，但有一定的限制。

③ 应尽可能采用薄壁并保证壁厚均匀。由于压铸工艺的特点，金属浇注和冷却速度都

很快，厚壁处不易得到补缩而形成缩孔、缩松。压铸件适宜的壁厚：锌合金为 1～4mm，铝合金为 1.5～5mm，铜合金为 2～5mm。

④ 对于复杂而无法取芯的铸件或局部有特殊性能（如耐磨、导电、导磁和绝缘等）要求的铸件，可采用嵌铸法，把镶嵌件先放在压型内，然后和压铸件铸合在一起。

（3）压力铸造的特点及应用

压力铸造以金属型铸造为基础，又增加了高压下高速充型的功能，从根本上解决了金属的流动性问题。压力铸造可以直接铸出零件上的各种孔眼、螺纹、齿形等，压铸件由于是在压力下结晶，因此，铸件的组织更细腻，其力学性能比砂型铸造提高 20%～40%。压铸件的精度和表面质量较高，精度可达 IT12～IT10，粗糙度可达 R_a 3.2～0.8μm。可铸出形状复杂的薄壁件和镶嵌件。压力铸造生产率高，易实现自动化，压铸机每小时可压铸几百个零件。

但是，由于液态金属的充型速度快，排气困难，常常在铸件的表皮下形成许多小孔。这些皮下小孔充满高压气体，受热时因气体膨胀而导致铸件表皮产生突起的缺陷，甚至使整个铸件变形。因此，压力铸造的铸件不能进行热处理。

此外，压力铸造不适合高熔点合金的生产，如钢、铸铁等；另外压力铸造设备投资较大，只适于大批量生产。目前，压力铸造主要用于有色金属薄壁小铸件的大批量生产，例如，生产锌合金、铝合金、镁合金和铜合金等铸件。适用于汽车和拖拉机制造业、仪表和电子仪器工业、农业机械、国防工业、计算机、医疗器械等制造业。

1.5.3　离心铸造

离心铸造是指将金属液浇入绕着水平、倾斜或立轴旋转的铸型中，在离心力的作用下，充填铸型并凝固成铸件的铸造方法。离心铸造是在离心铸造机上进行的，其铸件轴线与铸型回转轴线重合。这类铸件多是简单的圆筒形，铸造时不用砂芯就可形成圆筒的内孔。

（1）离心铸造过程

离心铸造机根据轴线位置的不同分为立式、卧式、倾斜式三种，图 1-58 为立式和卧式离心铸造机原理图。其铸型分为金属型和砂型两种。当铸型绕垂直轴回转时 [见图 1-58(a)]，金属液因重力作用，使铸件内垂直表面成抛物线状，即壁上薄下厚。铸型转速越慢，铸件高度越大，则其壁厚差越大，因此，不易铸造轴向长度较大的铸件。在这类铸造机上固定铸型和浇注都较方便。卧式离心铸造机的铸型沿水平轴旋转 [见图 1-58(b)]，铸型中液态金属的自由表面成圆柱形，铸件的壁厚也很均匀，因此，应用较广，主要用于铸造较长的壁厚均匀的中空铸件。实际生产时应根据铸件直径的大小来确定离心铸造的铸型转速，一般在 250～1 500r/min 范围内。

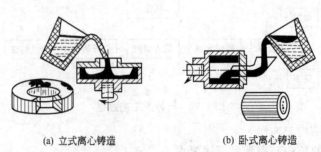

　　　(a) 立式离心铸造　　　　　　　　(b) 卧式离心铸造

图 1-58　离心铸造机原理

（2）离心铸造的特点及应用

离心铸造时，液体金属能在铸型中形成中空的自由表面，不用型芯即可铸出中空铸件，简化了套筒、管类铸件的生产过程；在离心力的作用下，金属液充型能力得到提高，可浇注流动性较差的薄壁铸件；在离心力的作用下，金属的结晶从外向内顺序进行，因而能获得组织致密的铸件，与砂型铸造相比，力学性能可提高 10%～20%；由于离心力的作用，改善了补缩条件，气体和非金属夹杂物也易于自金属液中排出，产生缩孔、缩松、气孔和夹杂等缺陷的概率较小；还可铸造双金属铸件，如钢套内镶铜；无浇注系统和冒口，节约金属。

离心铸件尺寸公差等级可达 IT14～IT12，外表面粗糙度可达 R_a 12.5～6.3 μm，但离心铸造导致铸件内表面粗糙不平，金属中的气体、熔渣等夹杂物，因密度较轻而集中在铸件的内表面上，所以内孔的尺寸不精确，质量也较差；铸件易产生成分偏析和密度偏析。离心铸造主要用于制造铸铁管、汽缸套、铜套、双金属轴承、特殊钢的无缝管坯、造纸机滚筒等铸件的生产。

1.5.4 熔模铸造（失蜡铸造）

熔模铸造是指用易熔材料（如石蜡）制成模样，在模样上涂覆若干层耐火材料制成型壳，熔出模样后经高温焙烧，即可浇注的铸造方法。由于模样常采用蜡质材料制作，故又称失蜡铸造。

1.5.4.1 熔模铸造过程

熔模铸造过程如图 1-59 所示。

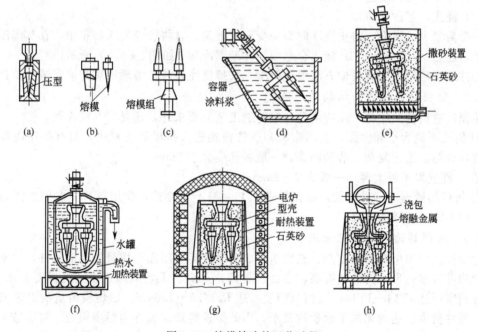

图 1-59 熔模铸造的工艺过程

(a) 制造压型；(b) 压制蜡模；(c) 组合蜡模；(d)，(e) 制造型壳；
(f) 熔化蜡模（脱蜡）；(g) 型壳的焙烧；(h) 浇注

（1）制造压型

压型是用于压制模样的模型，如图 1-59(a) 所示。为了保证蜡模的质量，压型要有很高的尺寸精度和较小的表面粗糙度值。当铸件精度不高或生产批量不大时，可用易熔合金、环氧树脂、石膏直接在母模上浇注而成；当铸件精度高或大批量生产时，压型一般用钢、铜合金、铝合金经切削加工制成。

（2）压制蜡模

将熔融的蜡料压入压型，冷凝后取出，经修整检验后，得到单个蜡模，如图 1-59（b）所示。蜡模实际上是一种压力铸造零件。蜡模材料常用 50％石蜡和 50％硬脂酸配制而成。

（3）组合蜡模

为提高生产率，可将单个蜡模熔焊在预先制好的蜡质公用浇注系统上，形成蜡模组，如图 1-59（c）所示。通常一个蜡模组上可熔焊 2～100 个蜡模。

（4）制造型壳

在蜡模外浸挂涂料（一般铸件用石英粉和水玻璃配制）后，放入硬化剂（通常为氯化铵溶液）中固化，浸入氯化铵溶液中的型壳，利用氯化铵与水玻璃发生化学反应生成的硅酸溶胶将砂粒粘牢并硬化。如此重复涂挂 3～7 次（小铸件 5～6 层，大铸件 6～9 层。前两层的砂较细，后几层的砂较粗），至涂料结成 5～18mm 的硬壳为止，这种有足够强度的硬壳铸型称为型壳，如图 1-59（d），（e）所示。

（5）熔化蜡模（脱蜡）

把型壳放入 85～95℃热水中，使蜡模熔化，并浮到热水面上流出，收取蜡料供重复使用。蜡模流出后的型壳即为铸型，如图 1-59(f) 所示。

（6）型壳的焙烧

把脱蜡后的型壳放入加热炉中，加热到 800～950℃，保温 0.5～2h，除去型壳内的残蜡和水分，并使型壳强度进一步提高，如图 1-59(g) 所示。

（7）浇注、落砂和清理

为提高型壳的强度，防止浇注时型壳变形或破裂，常将型壳放入砂箱中，在其周围用砂填紧后，趁热（600～700℃）浇入合金液，并凝固冷却，如图 1-59(h) 所示。

铸件冷凝后用人工或机械方法毁掉铸型，去掉浇注系统，清理毛刺并彻底清洗铸件。

1.5.4.2　熔模铸造铸件的结构工艺性

熔模铸造铸件的结构，除应满足一般铸造工艺的要求外，还具有其特殊性：

① 铸孔不能太小和太深，否则涂料和砂粒很难进入蜡模的空洞内，只有采用陶瓷芯或石英玻璃管芯，工艺复杂，清理困难。一般铸孔应大于 2mm；

② 铸件壁厚不可太薄，一般为 2～8mm；

③ 铸件的壁厚应尽量均匀，熔模铸造工艺一般不用冷铁，少用冒口，多用直浇口直接补缩，故不能有分散的热节。

1.5.4.3　熔模铸造的特点及应用

熔模铸造可以生产形状复杂、轮廓清晰、薄壁且无分型面、质量较高的铸件，一般的小孔凸台均可直接铸出。铸件精度高、表面质量好，是少、无切削加工工艺的重要方法之一，其尺寸精度可达 IT11～IT14，表面粗糙度可达 $R_a 12.5～1.6\mu m$。如熔模铸造的涡轮发动机叶片，铸件精度已达到无加工余量的要求，因此熔模铸造也被称为精密铸造。可制造形状复杂铸件，其最小壁厚可达 0.3mm，最小铸出孔径为 0.5mm。对由几个零件组合成的复杂部件，可用熔模铸造一次铸出。熔模铸造能铸造各种合金铸件，特别适于高熔点、难切削和采用其他加工方法难以成形的合金，如耐热合金、磁钢、不锈钢等。它的生产批量也不受限制，既可成批、大批量生产，又可单件、小批量生产，还可实现机械化流水生产。

但是，由于蜡模容易变形、型壳强度不高等原因，不易生产比较大的铸件，一般限于 25kg 以下。同时，它的工艺过程复杂，生产周期较长，原辅材料费用比砂型铸造高，生产成本较高。

熔模铸造的应用正在日益扩大，主要用于生产汽轮机、涡轮发动机的叶片或叶轮、切削刀具、运输工具以及机床上的小型零件。

1.5.5 实型铸造

实型铸造又称为气化模铸造或消失模铸造，其原理是采用聚苯乙烯泡沫塑料模样代替普通模样造型后，模样不取出就浇入金属液，在液态金属热的作用下，模样燃烧、气化而消失，金属液取代了模样所占的位置，冷却凝固后即可获得所需要的铸件，其工艺过程如图 1-60 所示。

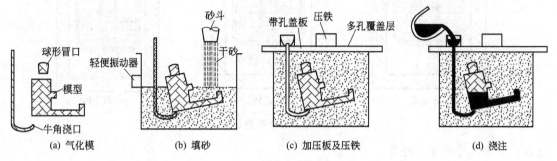

| (a) 气化模 | (b) 填砂 | (c) 加压板及压铁 | (d) 浇注 |

图 1-60 实型铸造示意

与砂型铸造相比，实型铸造有以下特点。

(1) 由于采用了遇金属液即气化的泡沫塑料模样，无需起模，无分型面，无型芯，因而无飞边毛刺，铸件的尺寸精度和表面粗糙度接近熔模铸造，但尺寸却可大于熔模铸造。

(2) 各种形状复杂铸件的模样均可采用泡沫塑料模黏合，成形为整体，减少了加工装配时间，可降低铸件成本 10%～30%，也为铸件结构设计提供充分的自由度。

(3) 简化了铸件生产工序，缩短了生产周期，使造型效率比砂型铸造提高 2～5 倍。

但实型铸造的模样只能使用一次，且泡沫塑料的密度小、强度低，模样易变形，影响铸件尺寸精度。浇铸时模样产生的气体污染环境。实型铸造主要用于不易起模等复杂铸件的批量及单件生产，如汽车覆盖件冲压模架、大型机床床身等。

1.5.6 低压铸造

低压铸造是液态金属在一定的压力下自下而上地充填铸型并凝固而获得铸件的方法。由于所用的压力较低，所以叫做低压铸造。

(1) 低压铸造的工艺过程

低压铸造装置如图 1-61(a) 所示。缓慢地向坩埚炉内通入干燥的压缩空气，金属液受气体压力的作用，由下而上沿着升液管和浇注系统充满型腔，如图 1-61(b) 所示。开启铸型，取出铸件，如图 1-61(c) 所示。

(2) 低压铸造的特点及应用

低压铸造具备下述特点。

① 浇注时的压力和速度可以调节，故可适用于各种不同铸型（如金属型、砂型等），铸造各种合金及各种大小的铸件。

② 采用底注式充型，金属液充型平稳，无飞溅现象，可避免卷入气体及对型壁和型芯的冲刷，提高了铸件的合格率。

③ 铸件在压力下结晶，铸件组织致密、轮廓清晰、表面光洁，力学性能较高，对于大薄壁件的铸造尤为有利。

④ 省去补缩冒口，金属利用率提高到 90%～98%。

⑤ 劳动强度低，劳动条件好，设备简易，易实现机械化和自动化。

低压铸造主要用于铸造质量要求较高的铝合金和镁合金铸件，可用于汽车发动机缸体、

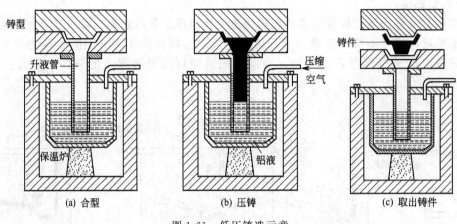

图 1-61　低压铸造示意

缸盖、活塞、叶轮等的铸造。

1.5.7　陶瓷型铸造

陶瓷型铸造是在砂型熔模铸造的基础上发展起来的一种新工艺。陶瓷型是利用质地较纯、热稳定性较高的耐火材料作造型材料；用硅酸乙酯水解液作黏结剂，在催化剂的作用下，经灌浆、结胶、起模、焙烧等工序而制成的。采用这种铸造方法浇出的铸件，具有较高的尺寸精度和表面光洁度，所以这种方法又叫陶瓷型精密铸造。

陶瓷型的制造方法可分为两大类：一类是全部采用陶瓷浆料制造铸型法；另一类就是采用底套（相当于砂型的背砂层）表面再灌陶瓷浆料以制陶瓷型的方法。

（1）陶瓷型铸造的工艺过程

陶瓷型铸造的工艺过程，如图 1-62 所示。

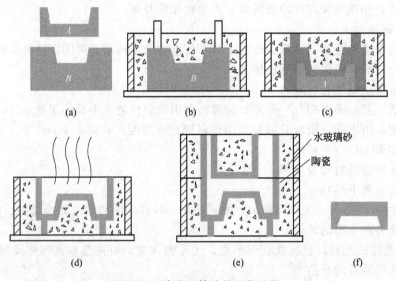

图 1-62　陶瓷型铸造的工艺过程

① 砂套造型　先用水玻璃砂制出砂套。制造砂套的模样 B 比铸件模样 A 应大一个陶瓷料厚度 ［见图 1-62(a)］。砂套的制造方法与砂型铸造相同。

② 灌浆与胶结　其过程是将铸件模样固定于模底板上，刷上分型剂，扣上砂套，将配制好的陶瓷浆料从浇注口注满砂套 ［见图 1-62(b)、图 1-62(c)］，经数分钟后，陶瓷浆料便

开始结胶。

陶瓷浆料由耐火材料（如刚玉粉、铝矾土等）、黏结剂（如硅酸乙酯水解液）等组成。

③ 起模与喷烧　浆料浇注 5～15min 后，趁浆料尚有一定弹性便可起出模样。为加速固化过程，提高铸型强度，必须用明火喷烧整个型腔 ［见图 1-62(d)］。

④ 焙烧与合型　浇注前要加热到 350～550℃ 焙烧 2～5h，烧去残存的水分，并使铸型的强度进一步提高。全部由陶瓷浆料灌制的陶瓷型，焙烧温度可高达 800℃，焙烧时间 2～3h，出炉温度应在 250℃ 以下，以防止产生裂纹。此后，合型形成陶瓷型腔 ［见图 1-62(e)］。

⑤ 浇注　陶瓷型的浇注温度可略高，以便获得轮廓清晰的铸件 ［见图 1-62(f)］。陶瓷型铸件最好待冷却至室温时再打箱，这样可防止铸件产生裂纹与变形。

(2) 陶瓷型铸造的特点及适用范围

陶瓷型铸造的特点如下。

① 陶瓷面层在具有弹性的状态下起模，同时陶瓷面层耐高温且变形小，故铸件的尺寸精度和表面粗糙度等与熔模铸造相近。

② 陶瓷型铸件的大小几乎不受限制，可从几公斤到数吨。

③ 在单件、小批量生产条件下，投资少、生产周期短，在一般铸造车间即可生产。

④ 陶瓷型铸造不适于生产批量大、重量轻或形状复杂的铸件，生产过程难以实现机械化和自动化。

陶瓷型铸造适用于厚大的精密铸件，广泛用于生产冲模、锻模、玻璃器皿模、压铸型和模板等，也可用于生产中型铸钢件等。

1.5.8　磁型铸造

磁型铸造是在实型铸造的基础上发展起来的，利用磁丸（又称铁丸）代替干砂，并微振紧实，再将砂箱放在磁型机里，磁化后的磁丸相互吸引，形成强度高、透气性好的铸型，浇注时气化模在液体金属热的作用下气化消失，金属液替代了气化模的位置，待冷却凝固后，解除磁场，磁丸恢复原来的松散状，便能方便地取出铸件。磁型铸造原理如图 1-63 所示。

磁型铸造的特点如下。

① 提高了铸件的质量。因为磁型铸造无分型面，不起模，不用型芯，造型材料不含黏结剂，流动性和透气性好，可以避免气孔、夹砂、错型和偏芯等缺陷。

② 所用工装设备少，通用性大，易实现机械化和自动化生产。

③ 节约了金属及其他辅助材料，改善了劳动条件，降低了铸件成本。

磁型铸造主要用于机车车辆、拖拉机、兵器、农业机械和化工机械等制造业。主要适用于形状不十分复杂的中、小型铸件的生产，以浇注黑色金属为主。其质量范围为 0.25～150kg，铸件的最大壁厚可达 80mm。

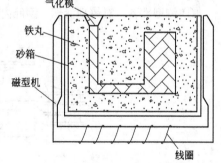

图 1-63　磁型铸造原理示意

1.5.9　挤压铸造

挤压铸造是将定量金属液浇入铸型型腔内并施加较大的机械压力，使其凝固、成形后获得毛坯或零件的一种工艺方法。

挤压铸造按液体金属充填的特性和受力情况，可分为柱塞挤压、直接冲头挤压、间接冲头挤压和型板挤压四种，如图 1-64 和图 1-65 所示。

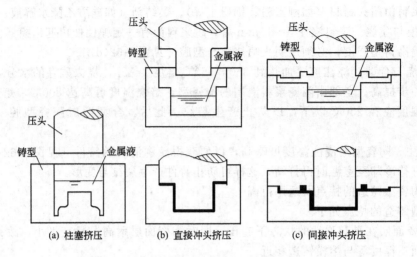

(a) 柱塞挤压　　　　(b) 直接冲头挤压　　　　(c) 间接冲头挤压

图 1-64　三种挤压铸造原理

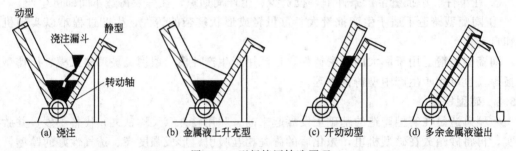

(a) 浇注　　　(b) 金属液上升充型　　　(c) 开动动型　　　(d) 多余金属液溢出

图 1-65　型板挤压铸造原理

（1）挤压铸造的工艺过程

挤压铸造的工艺过程如图 1-66 所示。

① 铸型准备　对铸型清理、型腔内喷涂料和预热等，使铸型处于待注状态，如图 1-66(a)。

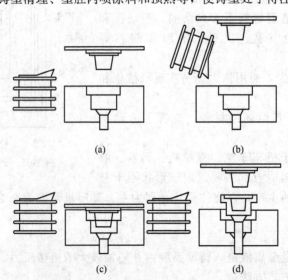

(a)　　　　　　　　(b)

(c)　　　　　　　　(d)

图 1-66　挤压铸造工艺过程示意

②　浇注　将定量的金属液浇入型腔，如图 1-66(b)。

③　合型加压　将上、下型锁紧，依靠冲头压力使金属液充满型腔，进而升压并在预定的压力下保持一定时间，使金属液凝固，如图 1-66(c)。

④　取出铸件　卸压、开型、取出铸件，如图 1-66(d)。

(2)　挤压铸造的特点及应用范围

挤压铸造的特点如下。

①　压铸件的尺寸精度高 (IT11～IT13)，表面粗糙度小 (R_a6.3～1.6μm)，铸件的加工余量小。

②　无需设浇冒口，金属利用率高。

③　铸件组织致密，晶粒细小，力学性能好。

④　工艺简单，节省能源和劳动力，易实现机械化和自动化生产，生产率比金属型铸造高 1～2 倍。

挤压铸造的缺点是浇到铸型型腔内的金属液中的夹杂物无法排出。挤压铸造要求准确定量浇注，否则影响铸件的尺寸精度。

挤压铸造主要用于生产强度要求较高、气密性好、薄板类铸件。如各种阀体、活塞、机架、轮毂、靶片和铸铁锅等。

总之，随着科学技术的飞速发展，新能源、新材料、自动化技术、信息技术以及计算机技术等高新技术成果的应用，促进了铸造技术的快速发展。目前，铸造技术正朝着优质、高效、节能、低耗、自动化和污染小的方向发展，而且一些新的科技成果正逐步走出实验室，与传统工艺结合创造出其他新的铸造方法，如连续铸造、壳型铸造、真空吸铸和冷冻铸造等。

1.6　铸件缺陷和检验

1.6.1　铸件缺陷

铸造工艺过程复杂，影响铸件质量的因素很多，往往由于原材料控制不严，工艺方案不合理，生产操作不当，管理制度不完善等原因，会使铸件产生各种铸造缺陷。常见的铸件缺陷名称、特征、产生的主要原因和预防措施，见表 1-18。

1.6.2　铸件检验

铸造生产工序多，很容易使铸件产生各种缺陷，在整个铸造过程中，都必须进行质量检验。通常落砂、清理完的铸件要进行质量检验，合格的产品入库，某些有缺陷的产品经修补后仍可使用的成为次品，严重的缺陷则使铸件成为废品。为保证铸件的质量应首先正确判断铸件的缺陷类别，并进行分析，找出原因，以采取改进措施。

铸件的检验一般分为中间技术检验和出厂前的产品质量检验。型砂、芯砂、模样、型芯的质量检验，铁水浇注温度的检测和炉前试验，都属于保证铸件质量的中间技术检验。铸件质量检验是指根据用户要求和图样技术条件要求等有关规定，用目测、量距、仪表或其他手段检验铸件是否达到合格的操作过程。其目的是找出铸件质量低于要求的原因和违反工艺规程的各种情况；制定提高产品质量的措施；调整有关工序的执行方式和顺序；仔细检验铸造装备和铸造生产的全部工艺过程等。

铸件质量检验应根据铸件的精度等级和技术要求以铸件图样为准进行检验。铸件按其质量可分为三类：合格品（符合技术要求）；返修品（虽有缺陷，但经修补矫正后可达到技术

表 1-18　铸件缺陷名称、特征、产生的主要原因和预防措施

缺陷名称	特征	产生的主要原因	预防措施
气孔	在铸件内部或表面有大小不等的光滑孔洞	①炉料不干或含氧化物、杂质多；②浇注工具或炉前添加剂未烘干；③型砂含水过多或起模和修型时刷水过多；④型芯烘干不充分或型芯通气孔被堵塞；⑤春砂过紧，型砂透气性差；⑥浇注温度过低或浇注速度太快等	降低熔炼时金属的吸气量。减少砂型在浇注过程中的发气量，改进铸件结构，提高砂型和型芯的透气性，使型内气体能顺利排出
缩孔与缩松	缩孔多分布在铸件厚断面处，形状不规则，孔内粗糙	①铸件结构设计不合理，如壁厚相差过大，厚壁处未放冒口或冷铁；②浇注系统和冒口的位置不对；③浇注温度太高；④合金化学成分不合格，收缩率过大，冒口太小或太少	壁厚小且均匀的铸件要采用同时凝固，壁厚大且不均匀的铸件采用由薄向厚的顺序凝固，合理放置冒口的冷铁。壁间连接处尽量减小热节，尽量降低浇注温度和浇注速度
砂眼	在铸件内部或表面有型砂充塞的孔眼	①型砂强度太低或砂型和型芯的紧实度不够，故型砂被金属液冲入型腔；②合箱时砂型局部损坏；③浇注系统不合理，内浇口方向不对，金属液冲坏了砂型；④合箱时型腔或浇口内散砂未清理干净	严格控制型砂性能和造型操作，合型前注意打扫型腔
黏砂	铸件表面粗糙，黏有一层砂粒	①原砂耐火度低或颗粒度太大；②型砂含泥量过高，耐火度下降；③浇注温度太高；④湿型铸造时型砂中煤粉含量太少；⑤干型铸造时铸型未刷涂斜或涂料太薄	减少砂粒间隙。适当降低金属的浇注温度。提高型砂、芯砂的耐火度
夹砂 金属片状物	铸件表面产生的金属片状突起物，在金属片状突起物与铸件之间夹有一层型砂	①型砂热湿拉强度低，型腔表面受热烘烤而膨胀开裂；②砂型局部紧实度过高，水分过多，水分烘干后型腔表面开裂；③浇注位置选择不当，型腔表面长时间受高温铁水烘烤而膨胀开裂；④浇注温度过高，浇注速度太慢	严格控制型砂、芯砂性能。改善浇注系统，使金属液流动平稳。大平面铸件要倾斜浇注
错型	铸件沿分型面有相对位置错移	①模样的上半模和下半模未对准；②合箱时，上下砂箱错位；③上下砂箱未夹紧或上箱未加足够压铁，浇注时产生错箱	采用导销—销套系统为模板和砂型的定位
冷隔	铸件上有未完全融合的缝隙或洼坑，其交接处是圆滑的	①浇注温度太低，合金流动性差；②浇注速度太慢或浇注中有断流；③浇注系统位置开设不当或内浇道横截面积太小；④铸件壁太薄；⑤直浇道（含浇口杯）高度不够；⑥浇注时金属量不够，型腔未充满	提高浇注温度和浇注速度。改善浇注系统。浇注时不断流
浇不足	铸件未被浇满		提高浇注温度和浇注速度。不要断流和防止跑火
裂纹	铸件开裂，开裂处金属表面有氧化膜	①铸件结构设计不合理，壁厚相差太大，冷却不均匀；②砂型和型芯的退让性差，或春砂过紧；③落砂过早；④浇口位置不当，致使铸件各部分收缩不均匀	严格控制铁液中的硫、磷含量。铸件壁厚尽量均匀。提高型砂和型芯的退让性。浇冒口不应阻碍铸件收缩。避免壁厚的突然改变。开型不能过早。不能激冷铸件

要求）；废品（无法修补）。铸件质量检验包括外观质量检验、内在质量检验和使用质量检验。

（1）铸件外观质量检验

铸件外观质量检验是指铸件表面状况及其达到用户要求的程度，包括表面粗糙度、表面缺陷、尺寸公差、形状和重量偏差等。一般用观察或仪器等检验，常用的方法有荧光检验、着色检验、煤油浸润检验和磁粉检验等。

（2）铸件内在质量检验

铸件内在质量检验是指不能用肉眼检查出来的铸件内部情况及其达到用户要求的程度，包括化学成分、力学性能、金相组织以及存在于铸件内部的一些缺陷。一般用化学分析、金相检验、无损探伤、材料试验等方法检验。金相检验是使用显微镜对铸件断口进行观察的一种方法。无损检验是指不损坏铸件，检验其表层和内部缺陷的方法。主要有射线探伤、超声波探伤、磁粉探伤、渗透探伤等。

（3）铸件使用质量检验

铸件使用质量检验是指铸件能否满足使用要求的性能检测方法。例如，铸件的被加工性能、焊接性能等。

1.7 常用合金铸件的生产

常用的铸造合金有铸铁、铸钢和非铁合金中的铝、铜合金等，在此主要介绍这几种合金的性能、生产特点、应用以及如何选择铸造方法等。

1.7.1 铸铁件的生产

铸铁是指含碳量大于 2.11% 的铁碳合金，是应用最广一类铸造合金。在实际应用中，铸铁是以铁、碳和硅为主要元素的多元合金。铸铁的常用成分范围见表 1-19。

表 1-19 铸铁的常用成分范围

组 元	ω_C	ω_{Si}	ω_{Mn}	ω_P	ω_S	ω_{Fe}
成分/%	2.4~4.0	0.6~3.0	0.4~1.2	≤0.3	≤0.15	其余

根据碳在铸铁中的存在形式的不同，铸铁可分为白口铸铁、灰铸铁和麻口铸铁；根据铸铁中石墨形态的不同，灰铸铁又可分为：普通灰铸铁（简称灰铸铁）、可锻铸铁、球墨铸铁和蠕墨铸铁；根据铸铁化学成分的不同，还可将铸铁分为普通铸铁和合金铸铁。下面主要介绍几种常用铸铁。

1.7.1.1 灰铸铁

（1）组织与性能

灰铸铁的显微组织如图 1-67 所示，图 1-67（a）中的基体为铁素体（F），图 1-67（b）中的基体为铁素体和珠光体（F+P）；图 1-67（c）中的基体为珠光体（P），其中的石墨（G）呈片状。

灰铸铁的抗拉强度和弹性模量均比钢低得多，通常 σ_b 约为 120~250MPa，抗压强度与钢接近，一般可达 600~800MPa，塑性和韧度近于零，属于脆性材料，不能锻造和冲压；焊接时产生裂纹的倾向大，焊接区常出现白口组织，焊后难以切削加工，焊接性差；灰铸铁的铸造性能优良，铸件产生缺陷的倾向小；由于石墨的存在切削加工性能好，切削加工时易崩碎切屑，通常不需加切削液；灰铸铁的减振能力为钢的 5~10 倍，是制造机床床身、机座

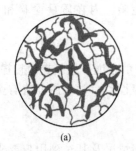 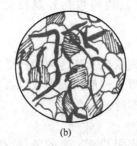 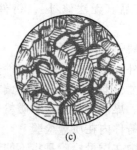

(a)　　　　　　　　　　(b)　　　　　　　　　　(c)

图 1-67　灰铸铁的显微组织

(a) 铁素体灰铸铁；(b) 铁素体＋珠光体灰铸铁；(c) 珠光体灰铸铁

的主要材料；灰铸铁的耐磨性好，适于制造润滑状态下工作的导轨、衬套和活塞环等。

影响灰铸铁性能的因素包括基体组织和石墨的分布。一般而言，珠光体越多，石墨越细小，分布越均匀，灰铸铁的强度、硬度也越高，耐磨性越好。而灰铸铁的组织和性能，主要是通过控制铸铁的石墨化程度来达到的。

影响铸铁石墨化程度的主要因素有化学成分和冷却速率，下面分述之。

① 化学成分　灰铸铁除含碳元素外，还有硅、锰、硫和磷等元素。其中，碳是形成石墨的元素，也是促进石墨化的元素。含碳量愈高，析出的石墨就愈多、愈粗大，从而使基体中的铁素体含量增多，珠光体减少；反之，石墨减少且细化。

硅是强烈促进石墨化的元素。实践证明，若铸铁中含硅量过少，即使含碳量很高，石墨也难以形成。硅除能促进石墨化外，还可改善铸造性能，如提高铸铁的流动性、降低铸件的收缩率等。

硫是严重阻碍石墨化的元素。含硫量高时，铸铁有形成白口的倾向。硫在铸铁晶界上形成低熔点（985℃）的共晶体（FeS＋Fe），使铸铁具有热脆性。此外，硫还使铸铁的铸造性变坏（如降低铁液流动性、增大铸件收缩率等），因此铸造时通常将硫含量限制在 0.1％～0.15％以下，高强度铸铁则应更低。

锰能抵消硫的有害作用，故属于有益元素。锰与硫的亲和力大，在铁液中会发生如下反应：

$$Mn＋S ＝＝ MnS$$
$$Mn＋FeS ＝＝ Fe＋MnS$$

MnS 的熔点约为 1 600℃，高于铁液温度，因它的比重较小，故上浮进入熔渣而被排出炉外，而残存于铸铁中的少量 MnS 呈颗粒状，对力学性能的影响很小。由此可见，锰可以消除灰铸铁的热脆性。另外，铸铁中的锰除与硫发生作用外，其余还可溶入铁素体和渗碳体中，提高基体的强度和硬度；但过多的锰则起阻碍石墨化的作用，故一般将铸铁中锰的含量限定在 0.6％～1.2％之间。

磷可降低铁液的黏度而提高铸铁的流动性。当铸铁中磷的含量超过 0.3％时，则形成以 Fe_3P 为主的共晶体，这种共晶体的熔点较低、硬度高（390～520HB），形成分布在晶界处的硬质点，因而提高了铸铁的耐磨性。因磷共晶体呈网状分布，故含磷过高会增加铸铁的冷脆倾向。因此，对一般灰铸铁件来说，一般应将磷含量限制在 0.5％以下，在高强度铸铁中其含量则应限制在 0.2％～0.3％以下，而在某些薄壁件或耐磨件中的磷的含量可提高到 0.5％～0.7％。

② 冷却速率　相同化学成分的铸铁，若冷却速率不同，其组织和性能也不同。从图 1-68 所示的三角形试样的断口处可以看出，冷却速率很快的下部尖端处呈银白色，属于白口组

织；其上部冷却速率较慢，为灰口组织（表层冷却较快，晶粒较细；心部冷却较慢，晶粒粗大）；在灰口和白口交界处属麻口组织。这是由于缓慢冷却时，石墨得以顺利析出；反之，石墨的析出受到了抑制。为了确保铸件的组织和性能，必须考虑冷却速率对铸铁组织和性能的影响。铸件的冷却速率主要取决于铸型材料的导热性和铸件的壁厚。

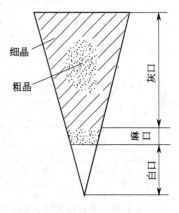

图 1-68　冷却速率对铸铁组织的影响

在同一铸件的不同部位采用不同的铸型材料，使铸件各部分的组织和性能不同。如冷硬铸造轧辊、车轮时，就是采用局部金属型（其余用砂型）以激冷铸件上的耐磨表面，使其产生耐磨的白口组织。

在铸型材料相同的条件下，壁厚不同的铸件因冷却速率的差异，铸铁的组织和性能也随之而变，因此，必须按照铸件的壁厚选定铸铁的化学成分和牌号。

（2）灰铸铁的牌号

我国灰铸铁的牌号为 HT×××，其中"HT"表示"灰铁"二字的汉语拼音字首，而后面的×××为最低抗拉强度值，单位为 MPa。灰铸铁牌号共有六种，其中 HT100、HT150、HT200 为普通灰铸铁；HT250、HT300、HT350 为孕育铸铁。表 1-20 为灰铸铁牌号和力学性能。

表 1-20　灰铸铁牌号和力学性能

牌号	抗拉强度 σ_b/MPa ≥	抗压强度 σ_{bc}/MPa	显微组织	
			基体	石墨
HT100	100	500	F+P(少)	粗片
HT150	150	650	F+P	较粗片
HT200	200	750	P	中等片
HT250	250	1 000	细 P	较细片
HT300	300	1 100	S 或 T	细小片
HT350	350	1 200	S 或 T	细片

注：F——铁素体；P——珠光体；S——索氏体；T——屈氏体。

（3）灰铸铁的用途

HT100 可用作低负荷和不重要的零件，如防护罩、小手柄、盖板和重锤等；HT150 可用作承受中等负荷的零件，如机座、支架、箱体、带轮、轴承座、法兰、泵体、阀体、管路、飞轮和电动机座等；HT200、HT250 可用作承受较大负荷的重要零件，如机座、床身、齿轮、汽缸、飞轮、齿轮箱、中等压力阀体、汽缸体和汽缸套等；HT300、HT350 可用作承受高负荷、要求耐磨和高气密性的重要零件，如重型机床床身、压力机床身、高压液压件、活塞环、齿轮和凸轮等。

（4）灰铸铁的孕育处理

向铁液中冲入硅铁合金孕育剂，然后进行浇注的处理方法称为灰铸铁的孕育处理。用这种方法制成的铸铁称为孕育铸铁。由于铁液中均匀地悬浮着外来弥散质点，增加了石墨的结晶核心，使石墨化作用骤然提高，因此石墨细小且分布均匀，并获得珠光体基体组织，使孕育铸铁的强度、硬度比普通灰铸铁显著提高，含碳量愈少、石墨愈细小，铸铁的强度、硬度愈高。

孕育铸铁的冷却速率对其组织和性能的影响甚小，因此铸件上厚大截面的性能较为均匀，如图 1-69 所示。

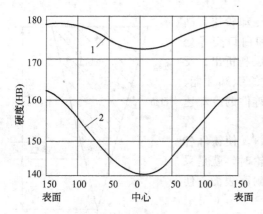

图 1-69　孕育处理对大截面（300mm×
300mm）铸件硬度的影响
1—孕育铸铁；2—普通灰铸铁

孕育铸铁可用作静载荷下要求有较高强度、较高耐磨性或气密性的铸件以及厚大铸件。铸造前先熔炼出碳、硅含量均较低的原始铁液（$\omega_C = 2.7\% \sim 3.3\%$，$\omega_{si} = 1\% \sim 2\%$）。随后加入铁液质量的 0.25%～0.60% 的含硅 75% 的硅铁孕育剂，进行孕育处理。此时，应将硅铁均匀地加入到出铁槽中，由出炉的铁液将其冲入浇包中。由于孕育处理过程中铁液温度要降低，故出炉的铁液温度必须高达 1 400～1 450℃。

灰铸铁主要在冲天炉内熔化，一些高质量的灰铸铁可用电炉熔炼。灰铸铁的铸造性能优良，铸造工艺简单，便于制造出薄而复杂的铸件，生产中多采用同时凝固原则，铸型不需要加补缩冒口和冷铁，只有高牌号铸铁才采用定向凝固原则。

灰铸铁件主要采用砂型铸造，浇注温度较低，因而对型砂的要求也较低，中小件大多采用经济简便的湿型铸造。灰铸铁件一般不需要进行热处理，或仅需时效处理即可。

1.7.1.2　球墨铸铁

（1）组织和性能

随着化学成分、冷却速率和热处理方法的不同，球墨铸铁可得到不同的基体组织，如图 1-70 所示。图 1-70(a) 中的基体为铁素体（F），图 1-70(b) 中的基体为铁素体和珠光体（F＋P）；图 1-70(c) 中的基体为珠光体（P）。

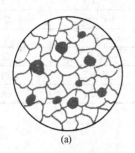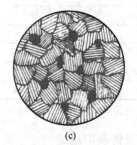

　　　　(a)　　　　　　　　　　(b)　　　　　　　　　　(c)

图 1-70　球墨铸铁的显微组织
(a) 铁素体球墨铸铁；(b) 铁素体＋珠光体球墨铸铁；(c) 珠光体球墨铸铁

球墨铸铁的石墨呈球状，它对基体的割裂作用减至最低限度，基体强度的利用率可达 70%～90%，因此球墨铸铁具有比灰铸铁高得多的力学性能，抗拉强度可以和钢媲美，塑性和韧度大大提高。通常 $\sigma_b = 400 \sim 900MPa$，$\delta = 2\% \sim 18\%$，同时，仍保持灰铸铁某些优良性能，如良好的耐磨性和减震性，缺口敏感性小，切削加工性好等。球墨铸铁的焊接性能和热处理性能都优于灰铸铁。珠光体球墨铸铁与 45 号锻钢的力学性能比较见表 1-21。

表 1-21　珠光体球墨铸铁和 45 号锻钢的力学性能比较

性　　能	45 号锻钢（正火）	珠光体球墨铸铁（正火）	性　　能	45 号锻钢（正火）	珠光体球墨铸铁（正火）
抗拉强度 σ_b/MPa	690	815	伸长率 δ/%	26	3
屈服强度 $\sigma_{0.2}$/MPa	410	640	疲劳强度(有缺口试样)σ_{-1}/MPa	150	155
屈强比 $\sigma_{0.2}/\sigma_b$	0.59	0.785	硬度/HBS	<229	229～321

（2）球墨铸铁的牌号

目前我国球墨铸铁牌号为 QT×××-××，其中"QT"表示"球铁"的拼音首字母，其后两组数字分别表示最低抗拉强度和伸长率。表 1-22 为球墨铸铁的牌号和力学性能。

表 1-22　球墨铸铁的牌号和力学性能（摘自 GB/T 1348—1988）

牌　号	抗拉强度 σ_b/MPa	屈服强度 $\sigma_{0.2}$/MPa	伸长率 δ/%	布氏硬度 /HBS	基体组织
	≥				
QT400-18	400	250	18	130～180	铁素体
QT400-15	400	250	15	130～180	铁素体
QT450-10	450	310	10	160～210	铁素体
QT500-07	500	320	7	170～230	铁素体＋珠光体
QT600-03	600	370	3	190～270	珠光体＋铁素体
QT700-02	700	420	2	225～305	珠光体
QT800-02	800	480	2	245～335	珠光体或回火组织
QT900-02	900	600	2	280～360	贝氏体或回火马氏体

（3）球墨铸铁的用途

球墨铸铁具有较高的强度和塑性，尤其是屈强比（$\sigma_{0.2}/\sigma_b$）优于锻钢，用途非常广泛，如汽车、拖拉机底盘零件，阀体和阀盖，机油泵齿轮，柴油机和汽油机曲轴、缸体和缸套，汽车拖拉机传动齿轮等。目前，球墨铸铁在制造曲轴方面正在逐步取代锻钢。

（4）球墨铸铁的生产

① 铁液生产　原始铁液要有足够高的含碳量，低的硫、磷含量，有时还要求低的含锰量。高的碳含量（3.6%～4.0%）可改善铸造性能和球化效果，低的锰、磷含量可提高球墨铸铁的塑性与韧度。硫易与球化剂化合形成硫化物，使球化剂的消耗量增大，并使铸件产生皮下气孔等缺陷。因此，原始铁液生产时要严格控制其化学成分。待化学成分检测合格后，可以进行球化和孕育处理。

② 球化处理和孕育处理　因球化处理和孕育处理会使铁水温度降低 50～100℃，为防止浇注温度过低，出炉的铁水温度必须高达 1 400℃以上。球化处理和孕育处理是制造球墨铸铁的关键，必须严格控制。

我国广泛采用的球化剂是稀土镁合金（其中镁、稀土含量均小于 10%，其余为硅和铁）。镁是重要的球化元素，但它密度小（1.73g/cm³）、沸点低（1 120℃），若直接加入铁液，镁将浮于液面并立即沸腾，这不仅使对镁的吸收率降低，也不够安全。稀土元素包括铈（Ce）、镧（La）、镱（Yb）和钇（Y）等十七种元素。稀土的沸点高于铁水温度，故加入铁水中没有沸腾现象，同时，稀土有着强烈的脱硫、去气能力，还能细化组织、改善铸造性能。但稀土的球化作用较镁弱，单纯用稀土作球化剂时，石墨球不够圆整。稀土镁合金综合了稀土和镁的优点，而且结合了我国的资源特点，用它作球化剂作用平稳、节约镁的用量，还能改善球铁的质量。球化剂的加入量一般为铁水质量的 1.0%～1.6%。

为了促进铸铁石墨化，防止球化元素造成的白口倾向，使石墨球圆整、细化，改善球铁的力学性能，通常还需要往铸铁中加入孕育剂。常用的孕育剂为含硅 75% 的硅铁，加入量为铁水质量的 0.4%～1.0%。由于球化元素有较强的白口倾向，故球墨铸铁不适合铸造薄壁小件。

球化处理方法以冲入法最为普遍，如图 1-71 所示。将球化剂放在铁液包的堤坝内，上面铺硅铁粉和稻草灰，以防球化剂上浮，并使其缓慢作用。开始时，先将铁液包容量 2/3 左右的铁液冲入包内，使球化剂与铁液充分反应。而后，将孕育剂放在冲天炉出铁槽内，用剩余的 1/3 包铁液将其冲入包内，进行孕育。球化处理后的铁液应及时浇注，以防孕育和球化作用的衰退。

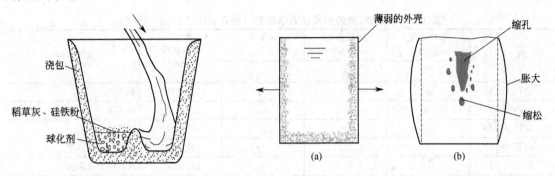

　　　　图 1-71　冲入法球化示意　　　　　　　　图 1-72　球墨铸铁件缩孔、缩松的形成

③ 铸型工艺　球墨铸铁含碳量较高，接近共晶成分，凝固收缩率低，但缩孔、缩松倾向较大，这是其凝固特性所决定的。球墨铸铁在浇注后的一个时期内，凝固的外壳强度较低，如图 1-72(a) 所示。而球状石墨析出时的膨胀力却很大，若铸型的刚度不够，铸件的外壳将向外胀大，造成铸件内部金属液的不足，于是在铸件最后凝固的部位产生缩孔和缩松，如图 1-72(b) 所示。为防止上述缺陷，可采取如下措施：在热节处设置冒口、冷铁，对铸件收缩进行补偿；增加铸型刚度，防止铸件外形扩大。如增加型砂紧实度，采用干砂型或水玻璃快干砂型，保证砂型有足够的刚度，并使上下型牢固夹紧。

球墨铸铁件容易出现皮下气孔（一般在皮下 0.5～2mm 处），直径约 1～2mm，它的产生是因铁液中过量的 Mg 或 MgS 与砂型表面水分发生如下化学反应生成气体而形成的。

$$Mg+H_2O = MgO+H_2\uparrow$$
$$MgS+H_2O = MgO+H_2S\uparrow$$

降低铁液中含硫量和残余镁量，降低型砂含水量或采用干砂型，浇注系统应使铁液平稳地导入型腔，并有良好的挡渣效果，以防止皮下气孔和铸件内夹渣的产生。

(5) 球墨铸铁铸件的热处理

球墨铸铁铸件的基体多为珠光体-铁素体混合组织，有时还有自由渗碳体，形状复杂件还存在残余内应力。因此，多数球墨铸铁件要进行热处理，以保证应有的力学性能。常用的热处理为退火和正火。退火的目的是获得铁素体基体，以提高球墨铸铁件的塑性和韧度。正火的目的是获得珠光体基体，以提高材料的强度和硬度。

1.7.1.3　可锻铸铁

可锻铸铁是白口铸铁经过石墨化退火处理得到的一种高强韧铸铁。有较高的强度、塑性和冲击韧度，故可以部分代替碳钢。可锻铸铁分为铁素体基体（黑心）可锻铸铁和珠光体基体可锻铸铁。

(1) 可锻铸铁的组织、性能及应用

可锻铸铁的显微组织为金属基体和团絮状石墨组成，如图 1-73 所示。其金属基体可以为铁素体 [见图 1-73(a)]，也可为珠光体 [见图 1-73(b)]。

可锻铸铁具有较高的冲击韧度和强度，适用于制造形状复杂、承受冲击载荷的薄壁小件，铸件壁厚一般不超过 25mm。可锻铸铁主要用于制造低动载荷及静载荷、要求气密性好的零件，如管道配件，中低压阀门，弯头，三通等；农机犁刀、车轮壳和机床用扳手等；较高的冲击、振动载荷下工作的零件，如汽车、拖拉机上的前后轮壳、制动器、减速器壳、船用电动机壳和机车附件等；承受较高载荷、耐磨和要求有一定韧度的零件，如曲轴、凸轮轴、连杆、齿轮、摇臂、活塞环、犁刀、耙片、闸、万向接头、棘轮扳手、传动链条和矿车轮等。

但可锻铸铁生产周期长、工艺复杂，应用和发展受到一定限制，某些传统的可锻铸铁零件，已逐渐被球墨铸铁所代替。

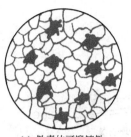

(a) 铁素体可锻铸铁　　　(b) 珠光体可锻铸铁

图 1-73　可锻铸铁的显微组织

(2) 可锻铸铁的牌号

可锻铸铁分为黑心可锻铸铁和珠光体可锻铸铁，黑心可锻铸铁因其断口为黑绒状而得名，以 KTH×××-×× 表示，其基体为铁素体；珠光体可锻铸铁以 KTZ×××-×× 表示，基体为珠光体。其中"KT"表示"可铁"的拼音字首，"H"和"Z"分别表示"黑"和"珠"的拼音字首，代号后的第一组数字表示最低抗拉强度值，第二组数字表示最低断后伸长率。表 1-23 为常用可锻铸铁（黑心可锻铸铁和珠光体可锻铸铁）牌号和性能。

表 1-23　常用可锻铸铁牌号和性能

| 牌号 | | 试样直径 d/mm | 抗拉强度 σ_b/MPa | 屈服强度 $\sigma_{0.2}$/MPa | 伸长率 δ/% | 硬度/HBS |
A	B		不小于			
KTH300-06		12 或 15	300	—	6	≤150
	KTH330-08		330	—	8	
KTH350-10			350	200	10	
	KTH370-12		370	—	12	
KTH450-06			450	270	6	150～200
KTZ550-04			550	340	4	180～230
KTZ650-02			650	430	2	210～260
KTZ700-02			700	530	2	240～290

(3) 可锻铸铁的生产

可锻铸铁的生产分为如下两个步骤。

第一步：先铸造出白口铸铁，随后退火使 Fe_3C 分解得到团絮状石墨。为保证在通常的冷却条件下铸件能得到合格的白口组织，其成分通常是 $\omega_C = 2.2\% \sim 2.8\%$，$\omega_{Si} = 1.2\% \sim 2.0\%$，$\omega_{Mn} = 0.4\% \sim 1.2\%$，$\omega_P \leqslant 0.1\%$，$\omega_S \leqslant 0.2\%$。

第二步：进行长时间的石墨化退火处理，$900 \sim 980℃$，长时间保温。其工艺如图 1-74 所示。

1.7.1.4 蠕墨铸铁

(1) 蠕墨铸铁的组织和性能

蠕墨铸铁中的石墨片比灰铸铁中的石墨片的长厚比要小，端部较钝、较圆，介于片状和球状之间的一种石墨形态，如图 1-75 所示。

蠕墨铸铁的力学性能较高，强度接近于球墨铸铁，具有一定的韧度，较高的耐磨性，同时又兼有良好的铸造性能和导热性。主要用于生产汽缸盖、汽缸套、钢锭模、轧辊模、玻璃瓶模和液压阀等铸件。

(2) 蠕墨铸铁的牌号

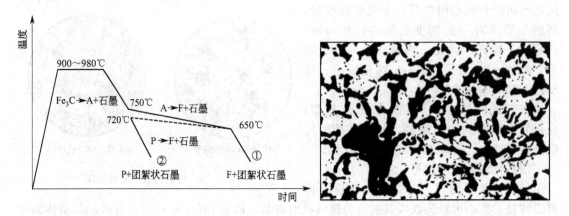

图 1-74　可锻铸铁的石墨化退火工艺　　　　　　　图 1-75　蠕墨铸铁的显微组织

根据 JB 4403−87，蠕墨铸铁的牌号以 RuT×××表示，"RuT"是"蠕铁"二字的拼音字首，所跟的数字表示最低抗拉强度。表 1-24 为蠕墨铸铁的牌号和性能。

表 1-24　蠕墨铸铁的牌号和性能

牌　号	抗拉强度 σ_b /MPa	屈服强度 $\sigma_{0.2}$ /MPa	伸长率 δ /%	硬度/HBS	蠕化率 V/%	基体组织
	不小于				不小于	
RuT420	420	335	0.75	200～280		P
RuT380	380	300	0.75	193～274		P
RuT340	340	270	1.0	170～249	50	P+F
RuT300	300	240	1.5	140～217		F+P
RuT260	260	195	3.0	121～197		F

1.7.1.5　铸铁的熔炼

铸铁熔炼的目的是高生产率、低成本地熔炼出预定成分和温度的铁液。熔炼所用的设备有冲天炉、电弧炉、工频炉等，其中以冲天炉的应用最为广泛，其组成包括炉底、炉缸、炉身和前炉四大部分，如图 1-76 所示。

（1）冲天炉的熔炼过程

用于冲天炉的燃料为焦炭，金属炉料有：铸造生铁锭、回炉料（浇冒口、废机件）、废钢、铁合金（硅铁、锰铁）等，熔剂为石灰石和氟石。

冲天炉熔炼过程中，高温炉气上升、炉料下降，在两者逆向运动中产生如下过程：底焦燃烧；金属炉料被预热、熔化和过热；冶金反应使铁液发生变化。因此，金属在冲天炉内并非简单的熔化，实质上是一种熔炼过程。

（2）铁液化学成分的控制

在熔化过程中铁料与炽热的焦炭和炉气直接接触，铁料的化学成分将发生某些变化。为了熔化出成分合格的铁液，在冲天炉配料时必须考虑化学成分的如下变化。

① 硅和锰　炉气氧化使铁液中的硅、锰产生熔炼损耗，通常的熔炼损耗为：硅 10%～20%，锰 15%～25%。

② 碳　铁料中的碳，一方面可被炉气氧化熔炼损耗，使含碳量减少；另一方面，由于铁液与炽热焦炭直接接触而吸收碳分，使含碳量增加。含碳量的最终变化是炉内渗碳与脱碳过程的综合结果。实践证明，铁液含碳量变化总是趋向于共晶含碳量（即饱和含碳量），当

铁料含碳量低于 3.6% 时，将以增碳为主；
高于 3.6% 时，则以脱碳为主。鉴于铁料的
含碳量一般低于 3.6%，故多为增碳。

　　③ 硫　铁料因吸收焦炭中的硫，使铸
铁含硫量增加 50% 左右。

　　冶炼前，应根据铁液化学成分要求和
有关元素的熔炼损耗率折算出铁料应达到
的平均化学成分、各种库存铁料的已知成
分，确定每批炉料中生铁锭、各种回炉铁、
废钢的比例。为了弥补铁料中硅、锰等元
素的不足，可用硅铁、锰铁等铁合金补足。
由于冲天炉内通常难以脱除硫和磷，因此，
欲得到低硫、磷铁液，主要依靠采用优质
焦炭和铁料来实现。

1.7.2　铸钢件的生产

　　铸钢的力学性能高，特别是塑性和韧度
比铸铁高，如 $\sigma_b = 400 \sim 650\text{MPa}$，$\delta = 10\% \sim$
25%，$\alpha_{KU} = 20 \sim 60\text{J/cm}^2$。焊接性能优良，
适于采用铸、焊联合工艺制造重型机械。
但铸造性能、减震性和缺口敏感性都比铸
铁差。

　　铸钢主要用于制造承受重载荷及冲击
载荷的零件，如铁路车辆上的摇枕、侧架、
车轮及车钩，重型水压机横梁，大型轧钢

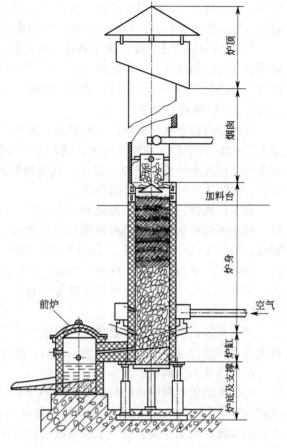

图 1-76　冲天炉结构示意

机机架、齿轮等。根据铸钢的化学成分可将铸钢分为碳素铸钢、低合金铸钢和高合金铸
钢等。

1.7.2.1　铸钢的铸造工艺特点

　　铸钢的铸造性能差，熔点高，钢液易氧化；流动性差；收缩较大，体收缩率约为灰铸铁
的三倍，线收缩率约为灰铸铁的两倍。因此铸钢较铸铁铸
造困难，为保证铸件质量，避免出现缩孔、缩松、裂纹、
气孔和夹渣等缺陷，必须采取更为复杂的工艺措施，主要
有如下措施。

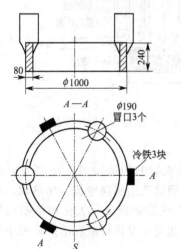

图 1-77　铸钢齿圈的铸造工艺方案

　　① 提高型砂的强度、耐火度和透气性。原砂要采用耐
火度很高的人造石英砂。中、大件的铸型一般都采用强度
较高的 CO_2 硬化水玻璃砂型和黏土干砂型。为防止黏砂，
铸型表面应涂刷一层耐火涂料。

　　② 使用补缩冒口和冷铁，实现定向凝固。补缩冒口一
般为铸件质量的 25% ~ 50%，造型和切割冒口的工作量大。
如图 1-77 所示为 ZG230-450 齿圈的铸造工艺方案。该齿圈
尽管壁厚均匀，但因壁厚较大（80mm），心部的热节处
（整圈）极易形成缩孔和缩松，铸造时必须保证对心部的充
分补缩。由于冒口的补缩距离有限，为此，除采用三个冒

口外，在各冒口间还须安放冷铁，使齿圈形成三个独立的补缩区。浇入的钢液首先在冷铁处凝固，形成朝着冒口方向的定向凝固，使齿圈上各部分的收缩都能得到金属液的补充。

③ 严格掌握浇注温度，防止其过高或过低。低碳钢（流动性较差）、薄壁小件或结构复杂不容易浇满的铸件，应取较高的浇注温度；高碳钢（流动性较好）、大铸件、厚壁铸件及容易产生热裂的铸件，应取较低的浇注温度。一般为 1 500～1 650℃。

1.7.2.2　铸钢的热处理

在铸件内部存在很多缺陷（如缩孔、缩松、裂纹、气孔等）以及金相组织缺点（如晶粒粗大和魏氏组织等），使塑性大大降低，力学性能比锻钢件差，特别是冲击韧度低。此外铸钢件内存在较大的铸造应力。因此，对铸钢件进行热处理的目的是细化晶粒、消除魏氏组织、消除铸造应力、提高力学性能。

铸钢件热处理工艺包括退火和正火处理。退火适于 $w_C \geqslant 0.35\%$ 或结构特别复杂的铸钢件。因这类铸件塑性较差，残留铸造应力较大，铸件易开裂；正火适用于 $w_C < 0.35\%$ 的铸钢件，因这类铸件塑性较好，冷却时不易开裂。铸钢正火后的力学性能较高，生产效率也较高，但残留内应力较退火后的大。为进一步提高铸钢件的力学性能，还可采用正火加高温回火。铸钢件不宜淬火，淬火时铸件极易开裂。

1.7.2.3　铸钢的熔炼

熔炼是铸钢生产中的重要环节，钢液的质量直接关系到铸钢件的质量。铸钢的冶炼设备有电弧炉和感应电炉等。电弧炉用得最多，感应电炉主要用于合金钢中、小型铸件的生产。

（1）电弧炉炼钢

电弧炉炼钢是利用电极与金属炉料间电弧产生的热量来熔炼金属，如图 1-78 所示。电弧炉的容量为 1～15t。钢液质量较高，熔炼速度快，一般为 2～3h 一炉，温度容易控制。炼钢的金属材料主要是废钢、生铁和铁合金等。其他材料有造渣材料、氧化剂、还原剂和增碳剂等。

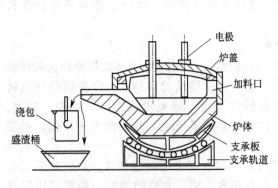

图 1-78　三相电弧炉示意

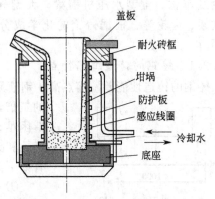

图 1-79　感应电炉炉体构造

（2）感应电炉炼钢

感应电炉炼钢普遍用于精密铸造和高合金钢铸造。感应电炉的构造如图 1-79 所示，其利用感应线圈中交流电的感应作用，使坩埚内的金属炉料及钢液产生感应电流发出热量，从而使炉料熔化。感应电炉炼钢加热速度较快，热量散失少，热效率较高，氧化熔炼损耗较小，吸收气体较少；但炉渣温度较低，化学性质不活泼，不能充分发挥炉渣在冶炼过程中的作用，基本上是炉料的重熔过程。

感应电炉的类型包括高频感应电炉、中频感应电炉和工频感应电炉。高频感应电炉的频率在 1 000Hz 以上，容量一般在 100kg 以下；中频感应电炉的频率在 500～300Hz 之间，容量一般是 60～1 000kg；工频感应电炉的频率为工业频率 50Hz，容量一般是 100～10 000kg。

1.7.3　非铁合金铸件的生产

1.7.3.1　铸造铜合金

铸造铜的分为紫铜（纯铜）、黄铜和青铜。紫铜熔点为 1 083℃，导电性、导热性、耐腐蚀性及塑性良好；强度、硬度低且价格较贵，极少用它来制造机械零件，广泛使用的是铜合金。

黄铜是铜和锌的合金，锌在铜中有较高的溶解度，随着含锌量的增加，合金的强度、塑性显著提高，但含锌量超过 47% 后黄铜的力学性能将显著下降，故铸造黄铜的含锌量应小于 47%。铸造黄铜除含锌外，还常含有硅、锰、铝和铅等合金元素。铸造黄铜有相当高的力学性能，如 $\sigma_b = 250～450MPa$，$\delta = 7\%～30\%$，硬度 $= 60～120HBS$，而价格却较青铜低。铸造黄铜的熔点低、结晶温度范围窄、流动性好、铸造性能较好。铸造黄铜常用于一般用途的轴承、衬套、齿轮等耐磨件和阀门等耐蚀件。

青铜是铜与锌以外的元素构成的合金。其中，铜和锡构成的合金称为锡青铜。锡青铜的力学性能较黄铜差，且因结晶温度范围宽容易产生显微缩松缺陷；但线收缩率较低，不易产生缩孔，其耐磨、耐蚀性优于黄铜，适于致密性要求不高的耐磨、耐蚀件。此外，还有铝青铜、铅青铜等，其中，铝青铜有着优良的力学性能和耐磨、耐蚀性，但铸造性较差，故仅用于重要用途的耐磨、耐蚀件。

1.7.3.2　铸造铝合金

铝合金密度低，熔点低，导电性和耐蚀性优良，因此也常用来制造铸件。铸造铝合金包括铝硅、铝铜、铝镁及铝锌合金。铝硅合金又称硅铝明，其流动性好、线收缩率低、热裂倾向小、气密性好，又有足够的强度，所以应用最广，约占铸造铝合金总产量的 50% 以上。铝硅合金适用于形状复杂的薄壁件或气密性要求较高的零件，如内燃机汽缸体、化油器、仪表外壳等。铝铜合金的铸造性能较差，如热裂倾向大、气密性和耐蚀性较差，但耐热性较好，主要用于制造活塞、汽缸头等。

1.7.3.3　铜、铝合金铸件的生产特点

在一般铸造车间里，铜、铝合金多采用以焦炭为燃料或以电为能源的坩埚炉来熔化。如图 1-80 和图 1-81 所示。采用该类方法熔化铜、铝合金时，金属炉料不与燃料直接接触，可减少金属的损耗、保持金属液的纯净。

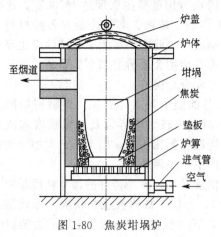

图 1-80　焦炭坩埚炉

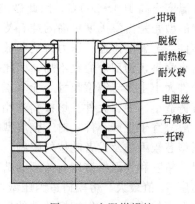

图 1-81　电阻坩埚炉

（1）铜合金的熔炼

铜合金极易氧化，形成氧化物（Cu_2O）而使合金的力学性能下降。为防止铜的氧化，熔化青铜时应加熔剂（如玻璃、硼砂等）以覆盖铜液。为去除已形成的 Cu_2O，最好在出炉前向铜液中加入 $0.3\% \sim 0.6\%$ 的磷铜（Cu_3P）来脱氧。由于黄铜中的锌本身就是良好的脱氧剂，所以熔化黄铜时，不需另加熔剂和脱氧剂。

（2）铝合金的熔炼

铝合金的氧化物 Al_2O_3 的熔点高达 $2\ 050℃$，比重稍大于铝，所以熔化搅拌时容易进入铝液，呈非金属夹渣。铝液还极易吸收氢气，使铸件产生针孔缺陷。

为了防止铝合金氧化和吸气，应向坩埚炉内加入 KCl、$NaCl$ 等作为熔剂，将铝液与炉气隔离。为驱除铝液中已吸入的氢气、防止针孔的产生，在铝液出炉之前应进行驱氢精炼。驱氢精炼较为简便的方法是用钟罩向铝液中压入氯化锌（$ZnCl_2$）、六氯乙烷（C_2Cl_6）等氯盐或氯化物，发生如下反应：

$$3ZnCl_2 + 2Al \Longrightarrow 3Zn + 2AlCl_3 \uparrow$$
$$3C_2Cl_6 + 2Al \Longrightarrow 3C_2Cl_4 + 2AlCl_3 \uparrow$$

反应生成的 $AlCl_3$ 沸点仅为 $183℃$，故形成气泡逸出，而氢在 $AlCl_3$ 气泡中的分压力等于零，所以铝液中的氢向气泡中扩散，被上浮的气泡带出液面。与此同时，上浮的气泡还将 Al_2O_3 夹杂一并带出。

（3）铸造工艺

铜、铝合金铸造生产时，为了减少机械加工余量，应选用粒度较小的细砂来造型。特别是铜合金铸件，由于合金的比重大、流动性好，若采用粗砂，铜液容易渗入砂粒间隙，产生机械黏砂，使铸件清理的工作量加大。

铜、铝合金的凝固收缩率大，除锡青铜外一般多需加冒口使铸件实现定向凝固，以便补缩。

为防止铜液和铝液的氧化，浇注时不断流，浇注系统应能防止金属液的飞溅，以便将金属液平稳地导入型腔。

1.7.4　常用铸造方法的选择

各种铸造方法都有其优缺点，分别适用于一定范围。选择铸造方法时，应从技术、经济、生产条件以及环境保护等方面综合分析比较，以确定哪种成形方法较为合理，即选用较低成本，在现有或可能的生产条件下制造出合乎质量要求的铸件。几种常用铸造方法基本特点的比较见表 1-25。

铸型的耐热状况决定了铸造合金的种类。砂型铸造所用硅砂耐火度达 $1\ 700℃$，比碳钢的浇注温度还高 $100 \sim 200℃$，因此砂型铸造可用于铸钢、铸铁、非铁合金等各种材料。熔模铸造的型壳是由耐火度更高的纯石英粉和石英砂制成，因此它还可用于生产熔点更高的合金钢铸件。金属型铸造、压力铸造和低压铸造一般都是使用金属铸型和金属型芯，即使表面刷上耐火涂料，铸型寿命也不高，因此一般只用于非铁合金铸件。

铸件大小主要与铸型尺寸、金属熔炉、起重设备的能力等条件有关。砂型铸造限制较小，可铸造小、中、大件。熔模铸造由于难以用蜡料做出较大模样以及型壳强度和刚度所限，一般只宜于生产小件。对于金属型铸造、压力铸造和低压铸造，由于制造大型金属铸型和金属型芯较困难及设备吨位的限制，一般用来生产中、小型铸件。

尺寸精度和表面粗糙度与铸型的精度和表面粗糙度有关。砂型铸件的尺寸精度最差，表面粗糙度 R_a 值最大。熔模铸造因压型加工的很精确、光洁，故蜡模也很精确，而且型壳是个无分型面的铸型，所以熔模铸件的尺寸精度很高，表面粗糙度 R_a 值很小。压力铸造由于

表 1-25　几种铸造方法的比较

比较项目 ＼ 铸造方法	砂型铸造	熔模铸造	金属型铸造	压力铸造	低压铸造	离心铸造
适用合金	各种合金	不限，以铸钢为主	不限，以非铁合金为主	非铁合金	以非铁合金为主	铸钢、铸铁、铜合金
适用铸件大小	不受限制	几十克至几十千克	中、小铸件	中、小件，几克至几千克	中、小件，有时达数百千克	零点几千克至十多吨
铸件最小壁厚/mm	铸铁＞3~4	0.5~0.7；孔 ϕ0.5~2.0	铸铝＞3 铸铁＞5	铝合金 0.5 铜合金 2	2	优于同类铸型的常压铸造
铸件加工余量	大	小或不加工	小	小或不加工	较小	外表面小，内表面较大
表面粗糙度 R_a/μm	50~12.5	12.5~1.6	12.5~6.3	6.3~1.6	12.5~3.2	决定于铸型材料
铸件尺寸公差/mm	100±1.0	100±0.3	100±0.4	100±0.3	100±0.4	决定于铸型材料
工艺出品率[①]/%	30~50	60	40~50	60	50~60	85~95
毛坯利用率[②]/%	70	90	70	95	80	70~90
投产的最小批量/件	单件	1 000	700~1 000	1 000	1 000	100~1 000
生产率（一般机械化程度）	低中	低中	中高	最高	中	中高
应用举例	床身、箱体、支座、轴承盖、曲轴、缸体、缸盖、水轮机转子等	刀具、叶片、自行车零件、刀杆、风动工具等	铝活塞、水暖器材、水轮机叶片、一般非铁合金铸件等	汽车化油器、缸体、仪表和照相机的壳体和支架等	发动机缸体、缸盖、壳体、箱体、船用螺旋桨、纺织机零件等	各种铸铁管、套筒、环叶轮、滑动轴承等

① 工艺出品率＝$\dfrac{铸件质量}{铸件质量＋浇冒口质量}$×100%。

② 毛坯利用率＝$\dfrac{零件质量}{铸件质量}$×100%。

压铸型加工的较准确，且在高压、高速下成形，故压铸件的尺寸精度也很高，表面粗糙度 R_a 值很小。金属型铸造和低压铸造的金属铸型（型芯）不如压铸型精确、光洁，且是重力或低压下成形，铸件的尺寸精度和表面粗糙度都不如压铸件，但优于砂型铸件。

　　凡是采用砂型和砂芯生产铸件，可以做出形状很复杂的铸件。但是压力铸造采用结构复杂的压铸型也能生产出复杂形状的铸件，这只有在大量生产时才是经济的。因为压铸件节省大量切削加工工时，综合计算零件成本还是经济的。离心铸造较适用于管、套等这一类特定形状的铸件。

1.8　先进铸造技术简介

1.8.1　半固态金属（SSM）铸造工艺

　　在金属凝固过程中，进行强烈搅拌，使普通铸造易于形成的树枝晶网络被打碎，得到一种液态金属母液中均匀悬浮着一定颗粒状固相组分的固-液混合浆料，采用这种既非液态、又非完全固态的金属浆料加工成形的方法，称为金属的半固态加工。

　　自 1971 年美国麻省理工学院的 D. B. Spencer 和 M. C. Flemings 发明了一种搅动铸造（Stir Cast）新工艺，即用旋转双桶机械搅拌法制备出 Sn-15％Pb 流变浆料以来，半固态金属（SSM）铸造工艺技术经历了 40 余年的研究与发展。搅动铸造制备的合金一般称为非枝晶组织合金或称部分凝固铸造合金（Partially Solidified Casting Alloys）。由于 SSM 本身具有均匀的细晶粒组织及特殊的流变特性，在压力下成形使工件具有很高的综合力学性能；成形温度比全液态成形温度低，减少液态成形缺陷，提高铸件质量，拓宽压铸合金的种类至高熔点合金；能够减轻成形件的质量，实现金属制品的近净成形；用于制造常规液态成形方法不可能制造的合金工件，例如某些金属基复合材料的制备。除军事装备上的应用外，开始主要集中用于机动车的关键部件上，例如，用于汽车轮毂，可提高性能、减轻重量、降低废品率。此后，逐渐在其他领域获得应用，生产高性能和近净成型的部件。半固态金属铸造工艺的成型机械也相继推出。目前已研制生产出从 600 吨到 2 000 吨的半固态铸造用压铸机，成形件重量可达 7kg 以上。当前，在美国和欧洲，该项工艺技术的应用较为广泛。半固态金属铸造工艺被认为是 21 世纪最具发展前途的近净成型和新材料制备技术之一。

1.8.1.1　工艺原理

在普通铸造过程中，初晶以枝晶方式长大，当固相率达到 0.2 左右时，枝晶就形成连续网络骨架，失去宏观流动性。如果在液态金属从液相到固相冷却过程中进行强烈搅拌，则使普通铸造成形时易于形成的树枝晶网络骨架被打碎而保留分散的颗粒状组织形态，悬浮于剩余液相中。这种颗粒状非枝晶的显微组织，在固相率达 0.5～0.6 时仍具有一定的流变性，从而可利用常规的成形工艺如压铸、挤压，模锻等实现金属的成形。

1.8.1.2　合金制备

制备半固态合金的方法很多，除机械搅拌法外，近几年又开发了电磁搅拌法，电磁脉冲加载法、超声振动搅拌法、外力作用下合金液沿弯曲通道强迫流动法、应变诱发熔化激活法（SIMA）、喷射沉积法（Spray）、控制合金浇注温度法等。其中，电磁搅拌法、控制合金浇注温度法和 SIMA 法，是最具工业应用潜力的方法。

（1）机械搅拌法

机械搅拌是制备半固态合金最早使用的方法。Flemings 等人用一套由同心带齿内外筒组成的搅拌装置（外筒旋转，内筒静止），成功地制备了锡-铅合金半固态浆液；H. Lehuy 等人用搅拌桨制备了铝-铜合金、锌-铝合金和铝-硅合金半固态浆液。后人又对搅拌器进行了改进，采用螺旋式搅拌器制备了 ZA22 合金半固态浆液。通过改进，改善了浆液的搅拌效果，强化了型内金属液的整体流动强度，并使金属液产生向下压力，促进浇注，提高了铸锭的力学性能。

（2）电磁搅拌法

电磁搅拌是利用旋转电磁场在金属液中产生感应电流，使金属液在洛伦磁力的作用下产生运动，从而达到对金属液搅拌的目的。目前，主要有两种方法产生旋转磁场：一种是在感应线圈内通交变电流的传统方法；另一种是 1993 年由法国的 C. Vives 推出的旋转永磁体法，其优点是电磁感应器由高性能的永磁材料组成，其内部产生的磁场强度高，通过改变永磁体的排列方式，可使金属液产生明显的三维流动，提高了搅拌效果，减少了搅拌时的气体卷入。

（3）应变诱发熔化激活法（SIMA）

应变诱发熔化激活法（SIMA）是将常规铸锭经过预变形，如进行挤压，滚压等热加工制成半成品棒料，这时的显微组织具有强烈地拉长形变结构，然后加热到固液两相区等温一定时间，被拉长的晶粒变成了细小的颗粒，随后快速冷却获得非枝晶组织铸锭。

SIMA 工艺效果主要取决于较低温度的热加工和重熔两个阶段，或者在两者之间再加一个冷加工阶段，工艺就更易控制。SIMA 技术适用于各种高、低熔点的合金系列，尤其对制备较高熔点的非枝晶合金具有独特的优越性。已成功应用于不锈钢、工具钢和铜合金、铝合金系列，获得了晶粒尺寸 20μm 左右的非枝晶组织合金，正成为一种有竞争力的制备半固态成形原材料的方法。但是，它的最大缺点是制备的坯料尺寸较小。

近几年来，东南大学及日本的 Aresty 研究所发现，通过控制合金的浇注温度，初生枝晶组织可转变为球粒状组织。该方法的特点是，不需要加入合金元素也无需搅拌。V. Dobatkin 等人提出了在液态金属中加细化剂，并进行超声处理后获得半固态铸锭的方法，称之为超声波处理法。

1.8.1.3 半固态金属的成形工艺

由原始浆料连铸或直接成形的方法被称为"流变铸造（Rheocasting）"，另一条途径用术语描述为"触变成形（Thixoforming）"。一般触变成形中半固态组织的恢复仍用感应加热的方法，然后进行压铸、锻造加工成形。

半固态金属成形工艺如图 1-82 所示。

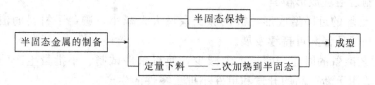

图 1-82 半固态金属成形工艺

1.8.1.4 SSM 的工业应用与开发前景

半固态成形（SSF）的铝和镁合金件已经大量地用于汽车工业的特殊零件上。生产的汽车零件主要有：汽车轮毂、主制动缸体、反锁制动阀、盘式制动钳、动力换向壳体、离合器总泵体、发动机活塞、液压管接头、空压机本体、空压机盖等。

1.8.2 快速成形技术在铸造中的应用

快速成形制造技术又称为快速原型制造技术（Rapid Prototyping Manufacturing, RPM），是一项高科技成果。它包括 SLS、SLA、SLM 等成形方法，集成了 CAD 技术、数控技术、激光技术和材料技术等现代科技成果，是先进制造技术的重要组成部分。与传统制造方法不同，快速成形从零件的 CAD 几何模型出发，通过软件分层离散和数控成形系统，用激光束或其他方法将材料堆积而形成实体零件，所以又称为材料添加制造法（Material Additive Manufacturing 或 Material Increase Manufacturing）。由于它把复杂的三维制造转化为一系列二维制造的叠加，因而可以在不用模具和工具的条件下几乎能够生成任意复杂形状的零部件，极大地提高了生产效率和制造柔性。与数控加工、铸造、金属冷喷涂、硅胶模等制造手段一起，快速自动成形已成为现代模型、模具和零件制造的强有力手段，是目前适合我国国情的实现金属零件的单件或小批量方便快捷制造的有效方法，在航空航天、汽车摩托车、家电等领域得到了广泛应用。

铸造作为一项传统的工艺，制造成本低、工艺灵活性大，可以获得复杂形状和大型的铸件。将铸造和快速成形技术结合，能够充分发挥两者的特点和优势，可以在新产品试制中取得客观的经济效益。快速成形技术能够快捷地提供精密铸造所需的蜡模或可消失熔模以及用于砂型铸造的木模或砂模，解决了传统铸造中蜡模或木模等制备周期长、投入大和难以制作曲面等复杂构件的难题。

1.8.2.1 RPM 技术的特点

快速成形的过程是首先生成一个产品的三维 CAD 实体模型或曲面模型文件，将其转换成特定的文件格式，再用相应的软件从文件中"切"出设定厚度的一系列片层，或者直接从

CAD 文件切出一系列的片层。这些片层按次序累积起来仍是所设计零件的形状。然后，将上述每一片层的资料传到快速自动成形机中去，用材料添加法并以激光为加热源，依次将每一层烧结或熔结并同时连结各层，直到完成整个零件。成形材料为各种可烧结粉末，如石蜡、塑料、低熔点金属粉末或它们的混合粉末。

快速成形技术与传统方法相比具有独特的优越性，其特点如下。

① 方便了设计过程和制造过程的集成，整个生产过程数字化，与 CAD 模型具有直接的关联性，零件所见即所得，可随时修改、随时制造，缓解了复杂结构零件 CAD/CAM 过程中 CAPP 的瓶颈问题。

② 可加工传统方法难以制造的零件材质，如梯度材质零件、多材质零件等，有利于新材料的设计。

③ 制造复杂零件毛坯模具的周期和成本大大降低，用工程材料直接成形机械零件时，不再需要设计制造毛坯成形模具。

④ 实现了毛坯的近净型成形，机械加工余量大大减小，避免了材料的浪费，降低了能源的消耗，有利于环保和可持续发展。

⑤ 由于工艺准备的时间和费用大大减少，使得单件试制、小批量生产的周期和成本大大降低，特别适用于新产品的开发和单件小批量零件的生产。

⑥ 与传统方法相结合，可实现快速铸造、快速模具制造、小批量零件生产等功能，为传统制造方法注入新的活力。

1.8.2.2　RPM 技术在铸造中的应用

（1）精密铸造

精密铸造是所有铸造方法中最精确的一种，精度一般优于 0.5%，且可重复性好，铸件只需少量的机加工就可以投入使用。由于铸模是一次性使用，使得制造内部结构复杂的零件成为了可能，能生产锻造或机加工不能生产的零件。尽管精密铸造有着很多的优越性，但其生产过程复杂且冗长。压制蜡模的铝模制作，视其复杂程度和尺寸大小，一般要花几周到几个月时间。得到铝模后，还要几周时间才能得到铸件。这几周主要是用于制作型壳。除了耗时外，精密铸造还很费工，50%～80% 的费用都出自于人工。此外，小批量生产中的模具费用分摊致使单价昂贵。

快速成形和精密铸造是互补的，这两种方法都适用于复杂形状零件的制造。如果没有快速自动成形，铸模的生产就是精密铸造的瓶颈过程；然而没有精密铸造，快速自动成形的应用也会存在很大的局限性。快速成形技术在精密铸造中的应用，可以分为三种：一是消失成形件（模）过程，用于小批量件生产；二是直接型壳法，用于小量生产；三是快速蜡模模具制造，用于大批量生产。图 1-83 为快速蜡模模具制造流程图。

（2）快速铸造

在制造业特别是航空、航天、国防、汽车等重点行业，其基础的核心部件一般均为金属零件，而且相当多的金属零件是非对称性的、有着不规则曲面或结构复杂而内部又含有精细结构的零件。这些零件的生产常采用铸造或解体加工的方法，快速铸造是所有采用快速成形件做母模或过渡模来复制金属件的方法中最具吸引力的一种。这是因为铸造工艺能生产复杂形状的零件。

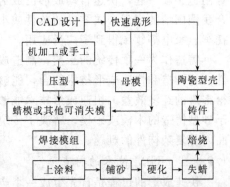

图 1-83　快速蜡模模具制造流程

　　在铸造生产中，模板、芯盒、压蜡型、压铸模的制造往往是用机加工的方法来完成的，有时还需要钳工进行修整，周期长、耗资大，从模具设计到加工制造是一个多环节的复杂过程，略有失误就可能会导致全部返工。特别是对一些形状复杂的铸件，如叶片、叶轮、发动机缸体和缸盖等，模具的制造更是一个难度非常大的过程，即使使用数控加工中心等昂贵的设备，在加工技术与工艺可行性方面仍存在很大困难。

图 1-84　采用快速铸造技术
生产的四缸发动机的蜡模

　　RPM 技术与传统工艺相结合，可以扬长避短，收到事半功倍的效果。利用快速成形技术直接制作蜡模，快速铸造过程无需开模具，因而大大节省了制造周期和费用。图 1-84 为采用快速铸造方法生产的四缸发动机的蜡模，按传统金属铸件方法制造，模具制造周期约需半年，费用几十万元；用快速铸造方法，快速成形铸造熔模 3 天，铸造 10 天，使整个试制任务比原计划提前了 5 个月。

　　(3) 石膏型铸造

　　精密铸造通常被用来从快速成形件制造钢铁件。但对低熔点金属件，如铝镁合金件，用石膏型铸造，效率更高。同时铸件质量能得到有效的保证，铸造成功率较高。在石膏型铸造过程中，快速成形件仍然是可消失模型，然后由此得到石膏模进而得到所需要的金属零件。

　　石膏型铸造的第一步是用快速成形件制作可消失模，然后再将快速成形消失埋在石膏浆体中得到石膏模，再将石膏模放进焙烧炉内焙烧。这样将快速成形消失模

图 1-85　使用石膏型铸造得到的
发动机进气歧管系列产品

通过高温分解，最终完全消失干净，同时石膏模干燥硬化，这个过程一般要两天左右。最后在专门的真空浇注设备内将熔融的金属铝合金注入石膏模，冷却后，破碎石膏模就得到金属件了。这种生产金属件的方法成本很低，一般只有压铸模生产的 2%～5%。生产周期很短，一般只需 2～3 周。石膏型铸件的性能也可与精铸件相比，由于是在真空环境下完成浇注的，所以性能甚至更优于普通精密铸造。图 1-85 为使用石膏型铸造得到的发动机进气歧管系列产品。

1.8.2.3　快速成形工艺

　　快速成形技术就是利用三维 CAD 的数据，通过快速成形机，将一层层的材料堆积成实体原型。迄今为止，国内、外已开发成功了 10 多种成熟的快速成形工艺，其中比较常用的有以下几种：

　　(1) 纸层叠法——薄形材料选择性切割 (LOM 法)

　　计算机控制的 CO_2 激光束按三维实体模样每个截面轮廓对薄形材料 (如底面涂胶的卷状纸或正在研制的金属薄形材料等) 进行切割，逐步得到各个轮廓，并将其黏结快速形成原型。用此法可以制作铸造母模或用于"失纸精密铸造"。

　　(2) 激光立体制模法——液态光敏树脂选择性固化 (SLA 法)

　　液槽盛满液态光敏树脂，它在计算机控制的激光束照射下会很快固化形成一层轮廓，新固化的一层牢固地黏结在前一层上，如此重复直至成形完毕，即快速形成原型。激光立体制模法可以用来制作消失模，在熔模精密铸造中替代蜡模。

（3）烧结法——粉末材料选择性激光烧结（SLS 法）

粉末材料可以是塑料、蜡、陶瓷、金属或它们复合物的粉体、覆膜砂等。粉末材料薄薄地铺一层在工作台上，按截面轮廓的信息，CO_2 激光束扫过之处，粉末烧结成一定厚度的实体片层，逐层扫描烧结最终形成快速原型。用此法可以直接制作精铸蜡模、实型铸造用消失模、用陶瓷制作铸造型壳和型芯、用覆膜砂制作铸型、铸造用母模等。

（4）熔化沉积法——丝状材料选择性熔覆（FDM 法）

加热喷头在计算机的控制下，根据截面轮廓信息作 X-Y 平面运动和高度 Z 方向的运动，塑料、石蜡等丝材由供丝机构送至喷头，在喷头中加热、熔化，然后选择性地涂覆在工作台上，快速冷却后形成一层截面轮廓，层层叠加最终成为快速原型。用此法可以制作精密铸造用蜡模、铸造用母模等。

此外还有粉末材料选择性黏结法（TDP 法）、直接壳型铸造法（DSPC 法）以及立体生长成形（SGC 法）等方法。快速成形技术系统的工作流程如图 1-86 所示。

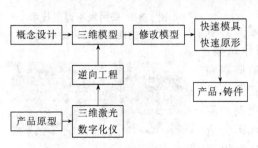

图 1-86　快速成形系统工作流程

快速成形技术不限材料，各种金属和非金属材料均可使用；原型的复制性、互换性高；制造工艺与制造原型的几何形状无关，在加工复杂曲面时更显优越；加工周期短，成本低，成本与产品复杂程度无关，一般制造费用降低 50%，加工周期缩短 70% 以上；高度技术集成，可实现设计制造一体化。

快速成形技术主要应用于铸造模具和各种铸型。可以利用快速成形技术制得的快速原型，结合硅胶模、金属冷喷涂、精密铸造、电铸、离心铸造等方法生产铸造用的模具。

1.8.3　近终形状铸造技术

近终形状铸造（Near Net Shape Casting）技术主要包括薄板坯连铸（厚度 40～100mm）、带钢连铸（厚度小于 40mm）以及喷雾沉积等技术。其中喷雾沉积技术为金属成形工艺开发了一条特殊的工艺路线，适用于复杂钢种的凝固成形。其工艺原理如图 1-87 所示。其工作原理为：液态金属的喷射流从安装在中间包底部的耐火材料喷嘴喷出，金属被强劲的气体流雾化，形成高速运动的液滴。在雾化液滴与基体接触前，其温度介于固-液相温度之间。随后液滴冲击在基体上，完全冷却和凝固，形成致密的产品。

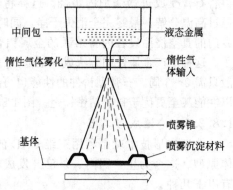

图 1-87　喷雾沉积工作原理

根据基体的几何形状和运动方式，采用此方法生产小型材、圆盘、管子和复合材料等。当喷雾锥的方向沿平滑的循环钢带移动时，便可得到扁平状的产品。多层材料可由几个雾化装置连续喷雾成形。空心的产品也可采用类似的方法制成，将液态金属直接喷雾到旋转的基体上，可制成管坯、圆坯和管子。以上讨论的各种方式均可在喷雾射流中加入非金属颗粒，制成颗粒固化材料。该工艺是可代替带钢连铸或粉末冶金的一种生产工艺。

1.8.4　计算机数值模拟技术

铸造生产中计算机可应用的领域很广，例如，在铸造工艺设计方面，计算机可模拟液态金属的流动性、收缩性；可绘制铸件图、铸造工艺图、木模图；还可进行铸造工艺参数的计算和测控等。

用计算机数值模拟技术模拟铸件凝固过程，可以模拟计算包括冒口在内的三维铸件的温度场分布，即将铸件首先剖分成六面体的网格，每一个网格单元有一初始温度。然后计算其在实际生产条件下，在各种铸型中的传热情况。算出各个时刻每个单元的温度值，分析铸件薄壁处、棱角边缘处的凝固时间，厚壁处、铸件芯部和冒口处的凝固时间，看看冒口是否能很好补缩铸件，铸件最后凝固处是否在冒口处，可预测铸件在凝固过程中是否出现缩孔、缩松缺陷，这种模拟计算可以概括为电脑试浇。由于工艺设计的不同，如砂型种类（硅砂、铬铁矿砂、锆砂），冒口大小和位置，初始浇注温度，冷铁多少、大小的不同，其电脑试浇的结果也不同，反复试浇（即反复模拟计算），总可以找到一种科学、合理的工艺，即通过电脑模拟计算优化了的工艺，进而组织生产，就可以得到优质铸件，这就是当今所说的"铸造工艺 CAD 技术"。由于电脑试浇并非真正的人力、物力投入进行热生产试验，只要有一台计算机，在一定的程序软件下进行模拟计算就行，因而可以大量节省生产试验成本，而且可以进行工艺优化，因而其经济效益十分显著。

铸造工艺计算机辅助设计系统是利用计算机协助生产工艺设计者分析铸造方法、优化铸造工艺、估算铸造成本、确定设计方案并绘制铸造图等，把计算机的快速性、准确性与设计人员的思维、综合分析能力结合起来，从而极大地提高了产品的设计质量和速度，使产品更具有竞争力。

铸造工艺 CAD 系统总流程如图 1-88 所示，与传统的铸造工艺设计方法相比，用计算机设计铸造工艺计算准确快速、减少了人为的误差；可同时对几个铸造方案进行比较、分析，选出最佳方案；能自动打印、记录计算机结果，并能绘制铸造工艺图等技术文件。

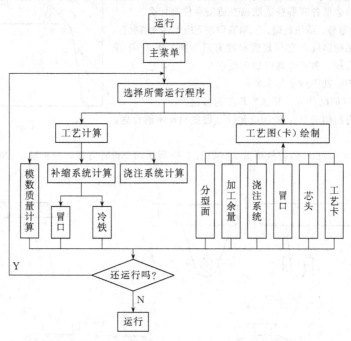

图 1-88　铸造工艺 CAD 系统总流程

习　题

1. 液态成形的特点及其存在的主要问题是什么？

2. 什么是液态合金的充型能力？它与合金的流动性有何关系？不同化学成分的合金为何流动性不同？为什

么铸钢的充型能力比铸铁差?

3. 某定型生产的薄壁铸铁件,投产以来质量基本稳定,但近期浇不足和冷隔缺陷突然增多,试分析其原因?

4. 既然提高浇注温度可提高液态合金的充型能力,但为什么又要防止浇注温度过高?

5. 合金的收缩和铸件的收缩有什么不同?合金的收缩分为几个阶段?各阶段对铸件质量有什么影响?

6. 铸件上产生缩孔和缩松的原因是什么?缩孔与缩松对铸件质量有何影响?可以采取什么措施避免缩孔和缩松的形成?

7. 减小和消除铸造应力的方法有哪些?

8. 铸件上产生变形与裂纹的原因是什么?避免变形与裂纹的方法是什么?

9. 为什么要规定最小的铸件壁厚?普通灰口铁壁厚过大或壁厚不均匀各会出现什么问题?

10. 什么是定向凝固原则?什么是同时凝固原则?各需采用什么措施来实现?上述两种凝固原则各适用于哪种场合?

11. 分析图 1-89 所示轨道铸件热应力的分布,并用虚线表示出铸件的变形方向。

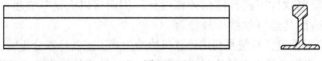

图 1-89

12. 分析下列情况产生气孔的可能性。

　①化铝时铝料油污过多;②起模时刷水过多;③春砂过紧;④型芯撑有锈。

13. 零件、模样、铸件各有什么异同之处?

14. 确定浇注位置和分型面的各自出发点是什么?相互关系如何?

15. 手工造型、机器造型各有哪些优缺点?适用条件是什么?

16. 分模造型、挖砂造型、活块造型、三箱造型各适用于哪种情况?

17. 什么是铸件的结构斜度?它与起模斜度有何不同?图 1-90 铸件的结构是否合理,若不合理应如何改正?

18. 何谓铸造工艺图?其用途是什么?

19. 图 1-91 所示铸件的结构有何缺点?该如何改进?

20. 为什么铸件要有结构圆角?图 1-92 铸件上哪些圆角不够合理,应如何修改?

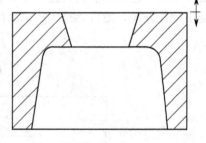

图 1-90

21. 某厂铸造一个 $\phi1\,500$mm 的铸铁顶盖,有如图 1-93 所示两个设计方案,分析哪个方案的结构工艺性好,简述理由。

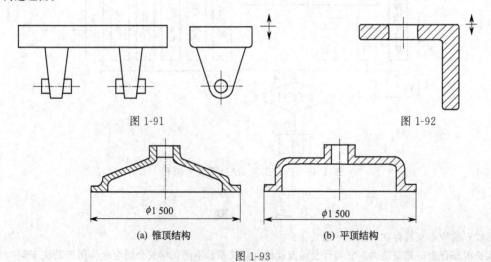

图 1-91　　　　　　　　　　　　　　图 1-92

(a) 锥顶结构　　　　　　　(b) 平顶结构

图 1-93

22. 某厂生产如图 1-94 所示支腿铸铁件，其受力方向如图中箭头所示。用户反映该铸件不仅机械加工困难，且在使用中曾发生多次断腿事故。试分析原因，并重新设计腿部结构。

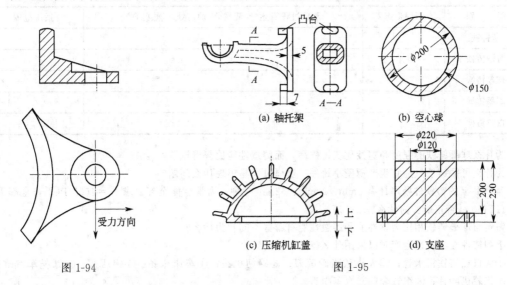

(a) 轴托架   (b) 空心球

图 1-94

(c) 压缩机缸盖   (d) 支座

图 1-95

23. 图 1-95 所示铸件结构有何值得改进之处？应怎样进行修改？

24. 一铸件如图 1-96 所示三种结构，你认为哪种更合理？为什么？

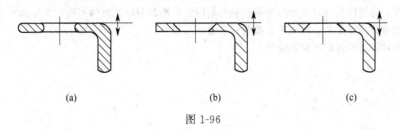

(a)   (b)   (c)

图 1-96

25. 有一端盖铸件，需大批量生产，如图 1-97 所示三个铸造方案，分别为：挖砂、假箱、分模＋活块造型，简述其优缺点及其应用。哪个方案好？

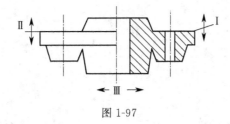

图 1-97

26. 下列铸件宜选用哪类铸造合金？说明理由。
    ①坦克履带板；②压气机曲轴；③火车轮；④车床床身；⑤摩托车发动机缸体；⑥减速器涡轮；⑦汽缸套。

27. 什么是熔模铸造？试述其工艺过程。

28. 金属型铸造有何优越性？为什么金属型铸造未能广泛取代砂型铸造？

29. 为什么用金属型生产铸铁件时常出现白口组织？该如何预防和消除已经产生的白口？

30. 低压铸造的工作原理与压铸有何不同？为什么低压铸造发展较为迅速？为何铝合金较常采用低压铸造？

31. 什么是离心铸造？它在圆筒件铸造中有哪些优越性？

32. 普通压铸件是否能够进行热处理，为什么？

33. 影响铸铁石墨化的主要因素是什么？为什么铸铁牌号不用化学成分来表示？

34. 灰铸铁最适于制造哪类铸件？试举车床上几种铸铁件名称，并说明选用灰铸铁而不采用铸钢的原因。

35. 填下表比较各种铸铁，阐述灰铸铁应用最广的原因。

类　　　别	石墨形态	制造过程简述（铁液成分、炉前处理、热处理）	适用范围
灰铸铁			
可锻铸铁			
球墨铸铁			
蠕墨铸铁			
白口铸铁			

36. 为什么球墨铸铁的强度和塑性比灰铸铁高，而铸造性能比灰铸铁差？

37. 为什么可锻铸铁只适宜生产薄壁小铸件？壁厚过大易出现什么问题？

38. 某产品上的铸铁件壁厚计有 5mm、20mm、52mm 三种，力学性能全部要求 $\sigma_b = 150$MPa，若全部采用 HT150 是否正确？为什么？

39. 铸钢与球墨铸铁相比力学性能和铸造性能有哪些不同？为什么？

40. 下列铸件在大批量生产时以采用什么铸造方法为宜？
①大口径铸铁污水管；②大模数齿轮滚刀；③缝纫机头；④车床床身；⑤铝活塞；⑥摩托车汽缸体；⑦汽轮机叶片；⑧汽缸套；⑨汽车喇叭。

41. 冲天炉化铁时加入废钢、硅铁、锰铁的作用是什么？

42. 铸造铝合金和铜合金的熔炼工艺特点是什么？各采取什么方法除气、去渣？

43. 制造铸铁件、铸钢件和铸铝件所用的熔炉有何不同？所用的型砂又有何不同？为什么？

44. 与液态成形相关的新工艺、新技术有哪些？有哪些用途？

45. 指出几种特种铸造原理的区别和应用。

第 2 章 金属塑性成形

2.1 概　述

2.1.1 金属塑性成形（压力加工）

金属塑性成形（压力加工）是指金属材料在外力作用下产生塑性变形，获得具有一定形状、尺寸和力学性能的毛坯或零件的生产方法。凡是有一定塑性的金属，均可以进行压力加工，塑性变形是压力加工的基础。压力加工在汽车、拖拉机、船舶、兵器、航空和家用电器等行业都有广泛的应用。如汽车的大梁和覆盖件是冲压出来的，曲轴、连杆和齿轮的毛坯是锻造出来。

压力加工中作用在金属坯料上的外力主要有两种力：压力和冲击力。轧机与压力机对金属坯料施加静应力使之变形。而锤类设备产生冲击使金属变形。各类钢和大多数有色金属及其合金都可以在热态或冷态下进行压力加工。

2.1.2 塑性成形的基本生产方式

金属塑性成形在工业生产中分为：轧制、挤压、拉拔、自由锻造、模型锻造、板料冲压等。它们的成形方式如图 2-1 所示。

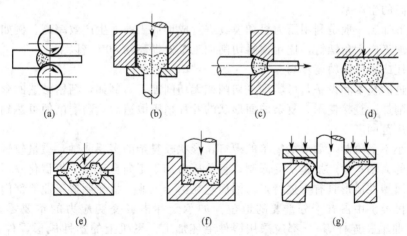

图 2-1　常用的塑性加工方法

(a) 轧制；(b) 挤压；(c) 拉拔；(d) 自由锻造；(e) 开式
模锻；(f) 闭式模锻；(g) 板料冲压

① 轧制　金属坯料在两个回转轧辊的孔隙中受压变形以获得各种产品的加工方法。用

于制造板材，棒材，型材，管材等。轧制时模具可用价廉的球墨铸铁或冷硬铸铁来制造，节约贵重的模具钢材，加工也较容易。其锻件质量好，材料利用率高，可达到90%以上，即达到少切削，甚至无切削。

② 挤压　将金属坯料放在挤压模内，从模孔的一端中挤出模孔而变形的加工方法。多用于壁厚较薄的零件以及制造无缝管材等。

③ 拉拔　将金属坯料拉过拉拔模的模孔而变形的加工方法。用于制造丝材、小直径薄壁管材等。

④ 自由锻造　使已加热的金属坯料在上下垫铁之间承受冲击力（自由锻锤）或压力（压力机）而变形的过程，用于制造各种形状比较简单的零件毛坯。

⑤ 模型锻造　使已加热的金属坯料在已经预先制好型腔的锻模间承受冲击力（自由锻锤）或压力（压力机）而变形，成为与型腔形状一致的零件毛坯，用于制造各种形状比较复杂的零件。

⑥ 板料冲压　将金属坯料放在冲模间，通过冲压使板料产生切离或变形的加工方法。

2.1.3　塑性成形（压力加工）的特点

塑性成形具有下述主要特点。

（1）改善金属的组织、提高力学性能

金属材料经压力加工后，其组织、性能都得到改善和提高，塑性加工能消除金属铸锭内部的气孔、缩孔和树枝状晶等缺陷，并由于金属的塑性变形和再结晶，可使粗大晶粒细化，得到致密的金属组织，从而提高金属的力学性能。在零件设计时，若正确选用零件的受力方向与纤维组织方向，可以提高零件的抗冲击性能；在加工过程中能消除金属遗留下来的微小裂纹、气孔和内部缺陷等，使纤维组织合理分布。因而制成的产品性能较好。

（2）节约材料

能直接使金属坯料成为所需形状和尺寸的零件，大大减少了后续的加工量，提高了生产效率，同时也因为强度、塑性等力学性能的提高而可以相对减少零件的截面尺寸和重量，从而节省了金属材料，提高了材料的利用率（与切削加工相比）。

（3）较高的生产率

塑性成形加工一般是利用压力机和模具进行成形加工的，生产效率高。例如，利用多工位冷镦工艺加工内六角螺钉，比用棒料切削加工工效提高约400倍以上。

（4）毛坯或零件的精度较高

应用先进的技术和设备，可实现少切削或无切削加工。例如，精密锻造的伞齿轮齿形部分可不经切削加工直接使用，复杂曲面形状的叶片精密锻造后只需磨削便可达到所需精度。

（5）适用范围广

零件大小不受限制，如形状简单的螺钉，形状较复杂的多拐曲轴，质量较轻的表针以及重达数百吨的大轴；生产批量不受限制，目前压力加工正向自动化、机械化发展。

由于金属塑性成形具有上述特点，因而它在冶金工业、机械制造工业等部门中得到广泛应用，在国民经济中占有十分重要的地位。如承受冲击或交变应力的重要零件（机床主轴、齿轮、曲轴、连杆等），都应采用锻件毛坯加工；飞机上的塑性成形零件的质量分数占总量的85%；汽车、拖拉机上锻件的质量分数约占总量的60%～80%。但塑性成形不能加工脆性材料（如铸铁）和形状特别复杂（特别是内腔形状复杂）或体积特别大的零件或毛坯。

2.2 金属的塑性成形原理

2.2.1 金属塑性变形的实质

2.2.1.1 单晶体的塑性变形

（1）滑移

滑移是指晶体的一部分相对另一部分沿一定的晶面和晶向发生相对滑动，即晶体的一部分沿一定的晶面和晶向相对于另一部分产生相对移动或切变，这一晶面和晶向叫滑移面和滑移方向。晶体中一个滑移面及该面上一个滑移方向的组合称为一个滑移系。在晶体中，有些晶体的滑移并不是滑移面上所有的原子一起移动的刚性滑移，而是晶体内通过大量存在的位错缺陷沿晶面的移动来实现的。

图 2-2 为单晶体滑移变形图。金属在外力作用下，其内部必产生应力使原子离开原来的平衡位置。从而改变了原子间的距离，使金属发生变形。在切应力 τ 的作用下，晶体产生剪切变形，即发生晶格扭曲。切应力较小时只发生弹性变形，因而当切应力停止作用后，应力消失，变形也随之消失；当某个晶面上的切应力超过该金属的临界切应力，该界面两侧的原子将发生相对滑移，即使切应力停止作用后，金属的变形也不会消失，这就发生了塑性变形。晶体的塑性变形的实质是晶体内部产生滑移的结果。

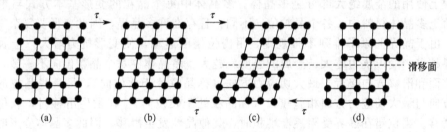

图 2-2 位错运动引起塑性变形

（a）未变形；（b）弹性变形；（c）滑移；（d）塑性变形

一般地说，滑移总是沿着原子密度最大的晶面和晶向发生。因为原子密度最大的晶面，原子间距小，原子间结合力强；而其晶面间的距离则较大，晶面与晶面之间的结合力较弱，滑移阻力当然也较小。滑移系数目也与材料塑性有关，在其他条件相同时，一般滑移系越多，塑性越好。这是因为滑移系众多，滑移过程可能采取的空间取向便众多，滑移便容易进行，因此这种金属的塑性愈好。滑移面一般是原子密排面，密排面间距比较大，沿这些面滑移比较容易。故滑移方向都是原子密排方向。

不同晶格类型的金属，滑移系和滑移数目不同。面心立方晶体的密排为 {111}，每个晶格共有四组，每组有三个滑移方向为 〈110〉 的晶向，故有滑移系数目为 4×3＝12 个滑移系。体心立方晶体的滑移面为 {110}。每个晶格共有六组，每组有两个滑移方向为 〈111〉，故有滑移系数目为 6×2＝12 个滑移系。密排六方晶体的滑移面为 {0001}，此面包括三个滑移方向 〈1120〉，故有滑移系数目为 1×3＝3 个滑移系。虽然体心立方晶体的滑移系的数目也是 12，但由于其滑移方向较少，而滑移方向对滑移的作用更大，所以面心立方金属比体心立方金属的塑性好。

（2）孪晶

晶体变形的另一方式是孪晶，见图 2-3。孪晶变形是晶体的一部分对应于一定晶面（孪

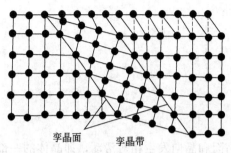

孪晶面　　孪晶带

图 2-3　孪晶粒试样拉伸时变形示意

晶面）沿一定方向进行相对移动。原子移动的距离与原子离开孪晶面的距离成正比。与滑移相比，孪晶的特点是：孪晶是一突变过程。晶体的移动量不一定是原子间距的整数倍，比滑移的移动量小；它使一部分晶体发生了均匀的切变，而不像滑移那样集中在一些滑移面上进行；孪晶变形后，晶体的变形部分与未变形部分构成了镜面对称的位向关系，而滑移变形后晶体各部分的相对位向不发生改变。

对于密排六方晶体，由于滑移系少，常以孪晶方式变形，孪晶面为 {1012}，孪生方向为 <1011>。对于体心立方晶体：如 α-Fe，在受到冲击或低温下变形时，产生孪晶，形成的孪晶带很狭长（牛曼带）；其孪晶面为 {112}，孪晶方向为 <111>。对于面心立方晶体：在低温时，孪晶面为 {111}；而退火孪晶出现在面心立方结构金属中如 Sb，Bi 等菱方结构金属几乎全为孪晶变形。

大量研究表明，孪晶变形萌发于局部应力高度集中的地方（在多晶体中则通常为晶界），其临界切应力远远高于滑移变形时的切应力。因此，只有当滑移过程极其困难时，才出现孪晶变形。孪晶变形产生后，由于变形部分位向改变，可能变得有利于滑移，晶体又开始滑移，二者交替进行。孪晶变形也会引起晶体硬化。

2.2.1.2　多晶体的塑性变形

工程上使用的金属绝大部分是多晶体。多晶体中每个晶粒的变形基本方式与单晶体相同。但由于多晶体材料中，各个晶粒位向不同，且存在许多晶界，因此变形要复杂得多。多晶体中，由于晶界上原子排列不很规则，阻碍位错的运动，使变形抗力增大。金属晶粒越细，晶界越多，变形抗力越大，金属的强度就越大。多晶体中每个晶粒位向不一致，一些晶粒的滑移面和滑移方向接近于最大切应力方向（称晶粒处于软位向），另一些晶粒的滑移面和滑移方向与最大切应力方向相差较大（称晶粒处于硬位向）。在发生滑移时，软位向晶粒先开始滑移。当位错在晶界受阻逐渐堆积时，其他晶粒发生滑移。因此多晶体变形时，晶粒分批地逐步地变形，变形分散在材料各处。晶粒越细，金属的变形越分散，减少了应力集中，推迟裂纹的形成和发展，使金属在断裂之前可发生较大的塑性变形，因此使金属的塑性提高。由于细晶粒金属的强度较高，塑性较好，所以断裂时需要消耗较大的功，因而韧性也较好。因此细晶强化是金属的一种很重要的强韧化手段。

晶界及晶粒位向差的影响。对双晶粒试样拉伸后，可以看出变形明显不均匀，靠近晶界处变形量小，远离晶界处变形量较大。这表明了晶界对塑性变形有阻碍作用。由于晶界处原子的不规则排列产生了阻碍作用，使位错难以穿过晶界。试样往往如图 2-4 所示呈竹节状，晶界处较粗，这说明晶界的变形抗力大，变形较小。在外力作用下，处在有利位向的晶粒中取向因子最大的滑移系首先滑动；位向不利的晶粒仍处在弹性形变状态。滑移时位错源不断产生大量位错，在晶界形成平面塞积群，形成应力集中；外应力的增加和应力集中使相邻晶粒的滑移系上的分切应力达到临界值，开始塑性变形；再位错的塞积，如图 2-5 所示。若要使变形继续进行，则必须增加外力，可见晶界使金属的塑性变形抗力提高。

在多晶体中，当某晶粒的滑移系上的切应力达到临界切应力，使得该滑移系上的位错运动，由于各相邻晶粒位向不同，当一个晶粒发生塑性变形时，为了保持金属的连续性，周围的晶粒若不发生塑性变形，则必以弹性变形来与之协调，这种弹性变形便成为塑性变形晶粒的变形阻力。由于晶粒间的这种相互约束，使得多晶体金属的塑性变形抗力提高。即晶粒位向差对滑移变形有阻碍作用。

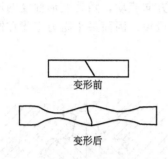

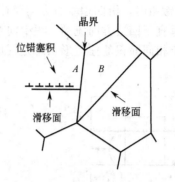

图 2-4　双晶粒试样拉伸时变形示意　　　图 2-5　位错在晶界处塞积示意

在晶体塑性变形的过程中，多晶体中首先发生滑移的是那些滑移系与外力夹角等于或接近于 45° 的晶粒，使位错在晶界附近塞积，当塞积位错前端的应力达到一定程度，加上相邻晶粒的转动，使相邻晶粒中原来处于不利位向滑移系上的位错开始滑动，从而使滑移由一批晶粒传递到另一批晶粒，当有大量晶粒发生滑移后，金属便显示出明显的塑性变形。

2.2.2　金属塑性变形的基本规律

金属塑性变形时遵循的基本规律主要有体积不变规律、最小阻力定律和加工硬化及卸载弹性恢复规律等。

（1）体积不变规律

由于塑性变形时金属密度的变化很小，所以金属塑性变形时，只发生形状的变化，而金属材料在塑性变形前、后体积变化可以忽略不计，即认为 $\varepsilon_1 + \varepsilon_2 + \varepsilon_3 = 0$，这就是塑性变形体积不变定律。据此可知，塑性变形时只可能存在三向和平面应变状态，而不存在单向应变状态。在平面应变状态下，不为零的两个正应变大小相等方向相反。根据体积不变规律，金属塑性变形时主应变状态只有三种，如图 2-6 所示。可见，塑性变形时，只有形状和尺寸的改变，而无体积的变化；不论应变状态如何，其中必有一个主应变的符号

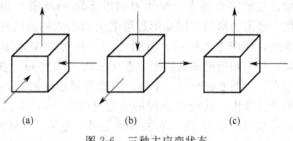

图 2-6　三种主应变状态

与其他两个主应变的符号相反，且这个主应变的绝对值最大；当已知两个主应变的数值时，第三个主应变大小也可求出。

（2）最小阻力定律

分析金属塑性成形时质点的流动规律，可以应用最小阻力定律。最小阻力定律最早由屈雷斯加在 1895 年用于塑性变形，苏联学者古布金于 1947 年将它表述为："当变形体的质点有可能沿不同方向移动时，则物体各质点将向着阻力最小的方向移动"。最小阻力定律实际上是力学的普遍原理，它可以定性地用来分析金属质点的流动方向。或者通过调整某个方向的流动阻力，来改变金属在某些方向的流动量，使得成形更为合理，消除缺陷，例如，在模锻中增大金属流向分型面的阻力，或减小流向型腔某一部分的阻力，可以保证锻件充满型腔。在模锻制坯时，可以采用闭式滚挤和闭式拔长模膛来提高滚挤和拔长的效率。

利用最小阻力定律可以推断，任何形状的物体只要有足够的塑性，都可以在平锤头下镦粗使坯料逐渐接近于圆形。这是因为在镦粗时，金属流动距离越短，摩擦阻力也越小。图

2-7 所示方形坯料镦粗时，沿四边垂直方向摩擦阻力最小，而沿对角线方向阻力最大，金属在流动时主要沿垂直于四边方向流动，很少向对角线方向流动，随着变形程度的增加，断面将趋于圆形。由于相同面积的任何形状总是圆形周边最短，因而最小阻力定律在镦粗中也称为最小周边法则。

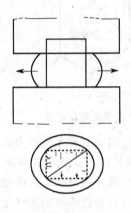

图 2-7　镦粗时的变形趋向

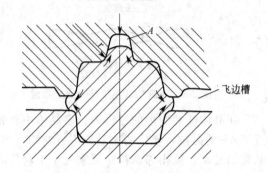

图 2-8　开式模锻的金属流动示意

图 2-8 所示的开式模锻，增加金属流向飞边的阻力，以保证金属充填模腔；或者修磨圆角 r 减少金属流向 A 腔的阻力，使金属充填得更好。根据体积不变条件和最小阻力定律，可以大体确定塑性成形时的金属流动规律。

（3）加工硬化及卸载弹性恢复规律

金属在结晶温度以下进行塑性变形，随着变形量的增加，变形抗力增大，塑性和韧度下降的现象称为加工硬化。表示变形抗力随变形程度增大而增大的曲线称为硬化曲线，如图 2-9 所示。由图可知，在弹性变形范围内卸载，没有残留的永久变形，应力、应变按照同一直线回到原点，如图 2-9 所示 OA 段。当变形超过屈服点 A 进入塑形变形范围，达到 B 点时的应力与应变分别为 σ_B、ε_B，再减小载荷，应力-应变的关系将按另一直线 BC 回到 C 点，不再重复加载曲线经过的路线。加载时的总变形量 ε_B 可以分为两部分，一部分 ε_t 因弹性恢复而消失，另一部分 ε_s 保留下来成为塑性变形。

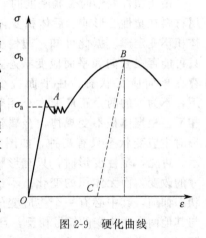

图 2-9　硬化曲线

如果卸载后再重新加载，应力应变关系将沿直线 CB 逐渐上升，到达 B 点，应力 σ_B 使材料又开始屈服，随后应力-应变关系仍按原加载曲线变化，所以 σ_B 又是材料在变形程度为 ε_B 时的屈服点。硬化曲线可以用函数式表达为：

$$\sigma = A\varepsilon^n$$

式中　A——与材料有关的系数，MPa；

　　　n——硬化指数。

硬化指数 n 越大，表明变形时硬化越显著，对后续变形越不利。例如，20 钢和奥氏体不锈钢的塑性都很好，但是奥氏体不锈钢的硬化指数较高，变形后再变形的抗力比 20 钢大得多，所以其塑性成形性也较 20 钢差。

2.2.3　影响金属塑性变形的因素

通常用金属的可锻性来衡量金属的塑性变形能力。金属的可锻性是金属材料在压力加工时成形的难易程度。金属及合金的锻造性常用其塑性及变形抗力来衡量。若金属及合金材料在锻压加工时塑性好、变形抗力小，则锻造性好；反之，则锻造性差。影响金属及合金锻造性的因素如下。

2.2.3.1　金属的本质

（1）化学成分

不同化学成分的金属其锻造性能不同。一般纯金属比合金的塑性好，变形抗力小，因此纯金属比合金的锻造性好。钢的含碳量对钢的塑性变形性影响很大，对于碳质量分数小于 0.15% 的低碳钢，主要以铁素体为主（含珠光体量很少），其塑性较好。碳素钢的锻造性能，随着含碳量的增加，钢中的珠光体量也逐渐增多，甚至出现硬而脆的网状渗碳体，锻造性能变差，因此，低、中碳钢的锻造性能优于高碳钢。

合金元素会形成合金碳化物，形成硬化相，使钢的塑性变形抗力增大，塑性下降，通常合金元素含量越高，钢的塑性变形性能也越差，相同碳含量的碳钢比合金钢的锻造性好。杂质元素磷会使钢出现冷脆性，硫会使钢出现热脆性，降低钢的塑性变形性能。

（2）组织状态

金属的组织不同，锻造性不同。由单一固溶体组成的合金，具有良好的塑性，其锻造性能较好，若金属中有化合物组织，尤其是在晶界上形成连续或不连续的网状碳化物组织时，塑性很差，锻造性能显著下降，所以纯金属和固溶体具有良好的可锻性。金属的晶粒越细，塑性越好，但变形抗力越大。金属的组织越均匀，塑性也越好。相同成分的合金，单相固溶体比多相固溶体塑性好，变形抗力小，锻造性好。

2.2.3.2　变形条件

变形条件是指变形温度、变形速率和变形时的应力状态等。

（1）变形温度

塑性变形的温度升高，塑性提高，塑性变形性能得到改善。变形温度升高到再结晶温度以上时，加工硬化不断被再结晶软化消除，金属的塑性变形性能进一步提高。但是，加热温度过高时也会产生相应的缺陷，如产生氧化、脱碳、过热和过烧现象，造成锻件的质量变差或锻件报废。加热温度过高会使晶粒急剧长大，导致金属塑性降低，塑性变形性能下降，这种现象称为"过热"。如果加热温度接近熔点，会使晶界氧化甚至熔化，导致金属的塑性变形能力完全消失，这种现象称为"过烧"，坯料如果过烧将报废。因此，在进行热加工时，必须严格控制塑性变形的加热温度范围，确定金属合理的始锻温度和终锻温度。

始锻温度指开始锻造的温度。过热可通过重新加热锻造和再结晶使金属或合金恢复原来的力学性能，但过热使锻造火次增加，而过烧则使金属或合金报废。因此，金属及合金的锻造温度必须控制在一定的温度范围内，其中碳钢的锻造温度范围可根据铁-碳平衡相图确定，如图 2-10 为碳钢的锻造温度范围，在不出现过热和过烧的前提下提高锻造温度可使金属的塑性提高，变形抗力下降，有利于锻压成形。

终锻温度指停止锻造的温度。如果终锻温度过高，则

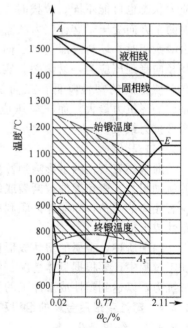

图 2-10　碳钢的锻造温度范围

在随后的冷却过程中晶粒将继续长大，得到粗大晶粒组织，这是十分不利的。终锻温度太低，则再结晶困难，加工硬化现象严重，变形抗力过大易产生锻造裂纹，同时，亦易损坏设备与工具。

变形温度是影响锻造性能的很重要的因素。提高金属的变形温度可使原子动能增加，削弱原子间的引力，滑移所需的应力下降，金属及合金的塑性增加，从而提高了金属的锻造性能。故加热是锻压加工成形中很重要的变形条件。

（2）变形速率

变形速率是指金属在锻压加工过程中单位时间内的变形量。变形速率对金属锻造性能的影响是复杂的，当变形速率增快，回复和再结晶不足以消除加工硬化现象，加工硬化逐渐积累，使金属的塑性下降，变形抗力增加，锻造性能变差；而当变形速率超过某一临界速率时，由于产生大量的变形热（塑性变形中的部分功转化为热能使金属温度升高的现象）的影响，加快了再结晶速率，使金属塑性升高，变形抗力下降。一般情况下，变形速率越小，材料的可锻性越好。因此，在一般锻造生产中，塑性较差的材料（如铜和高合金钢）宜采用较低的变形速率成形，一般常用的各种锻造方法变形速率都低于临界变形速率，以防坯料被锻裂。

变形速率的增大，金属在冷变形时的变形抗力增加；当变形速率很大时，热能来不及散发，会使变形金属的温度升高，这种现象称为"热效应"，它有利于金属的塑性提高，变形抗力下降，塑性变形能力变好。图 2-11 为变形速率与塑性的关系。

在实际的塑性变形工艺中，也会出现一些变形的均匀化问题，如在锻压加工塑性较差的合金钢或大截面锻件时，都应采用较小的变形速率，若变形速率过快会出现变形不均匀，造成局部变形过大而产生裂纹。

（3）应力状态

变形方式不同，金属在变形区内的应力状态也不同。即使在同一种变形方式下，金属内部不同部位的应力状态也可能不同。拉拔时，坯料沿轴向受拉，其他两个方向受压，这种应力状态的金属塑性较差。自由锻镦粗时，坯料内部金属三向受压，周边部分上下和径向受到压应力，易镦裂。实践表明：拉应力的存在会使金属的塑性降低，三向拉应力金属的塑性最差、变形抗力最大。而三向压应力金属的塑性最好、变形抗力最大。

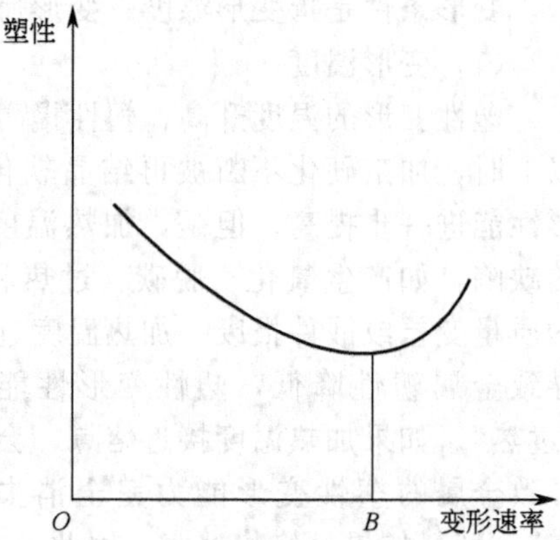

（4）其他

图 2-11　变形速率与塑性的关系

通常还有其他因素影响塑性变形，如模锻的模腔内应有圆角，这样可以减小金属成形时的流动阻力，避免锻件被撕裂或纤维组织被拉断而出现裂纹；板料拉深和弯曲时，成形模具应有相应的圆角，才能保证顺利成形；采用润滑剂可以减小金属流动时的摩擦阻力，有利于塑性成形加工。

综上所述，金属的塑性成形性能既取决于金属的本质，又取决于变形条件。在塑性成形加工过程中，要根据具体情况，尽量创造有利的变形条件，充分发挥金属的塑性，降低其变形抗力，以达到塑性成形加工的目的。

2.2.4　塑性变形后金属的组织和性能变化

2.2.4.1　组织变化

（1）纤维组织

　　多晶体经变形后，各晶粒沿变形方向伸长，当变形程度很大时，多晶体晶粒显著地沿同一方向拉长呈纤维状。

　　因此设计时，应考虑纤维组织的方向，使零件工作时正应力方向与纤维组织方向重合，切应力方向与纤维组织方向垂直。

　　(2) 变形织构

　　当变形程度很大时，各个晶粒的位向逐渐趋于一致，这种组织结构称为变形织构。根据变形的方式和织构的特点可将变形织构分为丝织构和板织构。

　　① 丝织构是在拉拔时形成的，其特点是各晶粒的某一晶向与拉拔方向平行或接近平行，如图 2-12 所示。

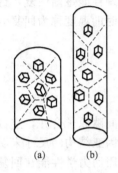
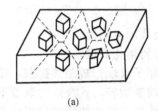
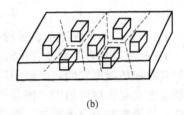

图 2-12　丝织构示意　　　　　　　　　　　图 2-13　板织构示意
(a) 拉拔前；(b) 拉拔后　　　　　　　　　(a) 轧制前；(b) 轧制后

　　② 板织构是在轧制时形成的，其特点是晶粒的某一晶面平行于轧制面，而某一晶向平行于轧制方向。如图 2-13 所示。

　　变形织构在性能上出现各向异性。用有织构的板材冲压杯状零件时，将会因各个方向变形能力的不同，使冲压出来的工件边缘不齐，壁厚不均，即产生所谓的"制耳"现象。

　　变形织构也有利作用，例如变压器用铁芯的硅钢片，沿 <100> 方向最易磁化，因此，当采用具有这种织构的硅钢片制作电机，将可以减少铁损，提高设备效率，并节约钢材，具有优良的电磁性能，铁损低，磁感应强度高。

　　(3) 变形亚晶粒

　　塑性变形可细化亚组织，亚组织的细化，可使金属强度提高。

2.2.4.2　性能变化

　　(1) 加工硬化

　　我们经常观察到这一现象：如果使铁丝反复弯曲，就会发现，要使其变形会一次比一次更费力。这说明金属材料对塑性变形的抗力越来越大。塑性变形时，随着变形的发生，不仅晶粒外形发生变化，而且晶粒内部也发生变化。在晶粒内先出现明显的滑移线和滑移带。随着变形量的增加，位错密度增加，晶粒破碎成亚晶粒。晶格产生严重畸变，使金属进一步滑移的阻力增大。

　　加工硬化是强化金属的一种重要手段之一。例如经冷轧后的带钢或冷拉后的钢丝，其抗拉强度可达 1 800～2 000MPa；自行车链条的链板，材料为 16Mn，原来的硬度为 160HB，抗拉强度为 520MPa，经过五次轧制，使钢板的厚度由 3.5mm 压缩到 1.2mm，硬度提高到 275HB，抗拉强度接近 1 000MPa。

　　对于不能用热处理方法强化的材料，用加工硬化方法提高其强度显得更加重要。如铝、铜及奥氏体不锈钢，在生产上往往制成冷拔棒材或冷轧板材供应用户。

　　加工硬化使材料塑性下降，变形抗力增加，使进一步塑性变形困难。生产中为消除其硬化现象，必须在加工过程中安排再结晶退火工序。

　　(2) 塑性变形对其他性能的影响

　　金属材料经塑性变形后，其物理性能和化学性能也将发生明显变化。如使金属及合金的电阻增加、导电性能和电阻温度系数下降、热导率下降。塑性变形提高金属内能，处于不稳定状态，使其化学活性提高、耐腐蚀性能降低。

2.2.4.3　回复和再结晶

　　冷变形金属组织发生了变化，内能增加，处于不稳定状态。经冷变形后的金属，当加热的温度较低时，金属原子的激活能升高，晶体缺陷减少，从而导致其物理性能逐渐恢复，部分内应力消除，力学性能也有不同程度的恢复，这一过程称为回复。此时的温度称为回复温度，即：

$$T_{回} = (0.25 \sim 0.3) T_{熔}(K)$$

式中　$T_{回}$——以热力学温度表示的金属回复温度；

　　　　$T_{熔}$——以热力学温度表示的金属熔化温度。

　　回复时加热温度较低，晶格中的原子仅能作短距离扩散，使空位和间隙原子合并，空位与位错发生交互作用而消失，使晶格畸变减轻，残余应力显著下降。但因亚结构的尺寸未明显改变，位错密度未显著减少，即造成加工硬化的主要原因尚未消除，因而力学性能在回复阶段变化不大。

　　回复的机制随回复温度不同而有差别。较低温度的回复，主要是点缺陷的运动和点缺陷的互相结合；加热温度稍高时，回复的主要机制是位错运动导致位错重新组合和异号位错互相抵消；当加热温度较高时，不在同一滑移面的异号位错通过攀移或交滑移等得以抵消，并同时出现亚晶粒长大和合并，位错密度降低。

　　当冷变形金属加热至较高温度时，将形成一些位错密度很低的新晶粒，这些新晶粒不断增加和扩大，逐渐全部取代已变形的高位错密度的变形晶粒，这一过程称为再结晶过程。再结晶后的金属的强度、硬度显著下降，塑性、韧性提高，内应力和加工硬化完全消除，金属恢复到冷变形前的状态。此再结晶时的温度称为最低再结晶温度，即：

$$T_{再} = (0.35 \sim 0.4) T_{熔}(K)$$

式中　$T_{再}$——以热力学温度表示的金属最低再结晶温度。

　　形核和长大是金属的再结晶过程完成的两种方式。再结晶晶核的形成与长大都需要原子的扩散，因此必须将冷变形金属加热到一定温度之上，足以激活原子，使其能进行迁移时，再结晶过程才能进行。再结晶过程首先是在晶粒碎化最严重的地方产生新晶粒的核心，然后晶核吞并旧晶粒而长大，直到旧晶粒完全被新晶粒代替为止。再结晶后的晶粒内部晶格畸变消失，位错密度下降，因而金属的强度、硬度显著下降而塑性则显著上升，使变形金属的组织和性能基本上恢复到冷塑性变形前的状态。图 2-14 为金属回复和再结晶示意图。

　　利用金属的形变强化可提高金属的强度，这是工业生产中强化金属材料的一种手段。在塑性加工生产中，加工硬化给金属继续进行塑性变形带来困难，应加以消除。常采用加热的方法使金属发生再结晶，从而再次获得良好塑性。当金属在高温下受力变形时，加工硬化和再结晶过程同时存在。由于变形中的加工硬化随时都被再结晶过程所消除，所以变形后没有加工硬化现象。

2.2.4.4　热变形及其影响

　　热变形的概念：金属的冷变形和热变形的界限是以金属的再结晶温度来区分的，凡高于

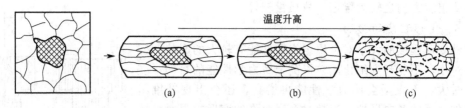

图 2-14 金属回复和再结晶示意

(a) 塑性变形后的组织；(b) 金属回复后的组织；(c) 再结晶组织

再结晶温度的加工变形称为热变形（热加工）；凡低于再结晶温度的加工叫做冷变形（冷加工）。

注意：热变形和冷变形并不是以具体的加工温度高低来划分。因为不同的金属具有不同的再结晶温度。如铁的最低再结晶温度为 450℃，所以，即使在 400℃ 的温度下加工变形，仍属于冷加工；而铅的再结晶温度在 0℃ 以下，故它在室温下进行的加工变形也属于热加工。又如钨的再结晶温度为 1 180℃，对钨来说在 1 100℃ 的高温下进行的加工属于冷加工。

金属的热变形会对金属的组织和性能产生很大的影响。金属材料热加工后，由于夹杂物、第二相、偏析、晶界、相界等沿流动方向分布形成流线。流线的存在，会使材料的力学性能呈现异向性。因此，在制定热加工工艺时，应尽量使流线与工件工作时所受的最大拉应力的方向相一致，以提高其承载能力。

热塑性变形对金属的组织和性能的影响主要表现在以下几点。

(1) 使组织得到改善，提高了力学性能

对于铸造金属，粗大的树枝状晶经过塑性变形及再结晶而变成等轴（细）晶粒组织。对于经轧制锻造或挤压的钢坯和型材，在以后的热加工中通过塑性变形与再结晶，其晶粒组织一般也可以得到改善。

(2) 压合了锻造缺陷，组织更致密

铸态金属中的疏松、空隙和微裂纹等内部缺陷被压实，从而提高了金属的致密度。内部缺陷的锻合效果与变形温度、变形程度、应力状态及缺陷表面的纯洁度有关。内部缺陷的锻造压合效果和宏观缺陷的锻造通常经历两个阶段：首先是缺陷区发生塑性变形，使空隙变形、两壁靠合，此称闭合阶段；然后在三向压应力作用下，加上高温条件，使空隙两壁金属焊合成一体，此称焊合阶段。如果没有足够大的变形程度，不能实现空隙的闭合，虽有三向压应力的作用，也很难达到宏观缺陷的焊合。对于微观缺陷只要有足够大的三向压应力，就能实现锻合。

(3) 形成纤维组织

在热变形过程中，随着变形程度的增大，钢锭内部粗大的树枝状晶逐渐沿主变形方向伸长，与此同时，晶间富集的杂质和非金属夹杂物的走向也逐渐与主变形方向一致，其中脆性夹杂物被破碎呈链状分布；而塑性夹杂物则被拉长呈条带状、线状或薄片状。于是在磨面腐蚀的试样上便可以看到顺主变形方向呈一条条断断续续的细线，具有这样细线的组织为纤维组织。

纤维组织使材料性能具有了方向性。在平行于纤维组织的方向上使材料的抗拉强度提高，而在垂直于纤维组织的方向上会使材料的抗剪强度提高。

图 2-15 是用不同方法制造螺栓的纤维组织分布情况。当采用棒料直接用切削加工方法制造螺栓时，其头部与杆部的纤维组织不连贯而被切断，切应力顺着纤维组织方向，故质量较差，如图 2-15(a) 所示。当采用局部墩粗法制造螺栓时，如图 2-15(b) 纤维组织不被切

断，纤维组织方向也较为合理，故质量较好。

2.2.4.5　变形程度的影响

塑性变形程度的大小对金属组织和性能有较大的影响。变形程度过小，不能起到细化晶粒提高金属力学性能的目的；变形程度过大，不仅不会使力学性能再增高，还会出现纤维组织，增加金属的各向异性，当超过金属允许的变形极限时，还会出现开裂等缺陷。

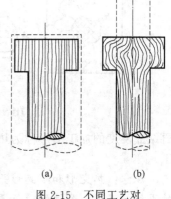

对不同的塑性成形加工工艺，可用不同的参数表示其变形程度。锻造加工工艺中，用锻造比 $Y_锻$ 来表示变形程度的大小。在拔长时，$Y_锻 = S_0/S$（S_0、S 分别表示拔长前后金属坯料的横截面积）；镦粗时，$Y_锻 = H_0/H$（H_0、H 分别表示镦粗前后金属坯料的高度）。

图 2-15　不同工艺对纤维组织形状的影响

碳素结构钢的锻造比在 2～3 范围选取，合金结构钢的锻造比在 3～4 范围选取，高合金工具钢（例如高速钢）组织中有大块碳化物，需要较大锻造比（$Y_锻 = 5～12$），采用交叉锻，才能使钢中的碳化物分散细化。以钢材为坯料锻造时，因材料轧制时组织和力学性能已经得到改善，锻造比一般取 1.1～1.3 即可。

此外，还有一些其他表示变形程度的技术参数，如相对弯曲半径（r/t）、拉深系数（m）、翻边系数（k）等。挤压成形时则用挤压断面缩减率（ε_p）等参数表示变形程度。

2.2.4.6　常用合金的压力加工性能

常用压力加工合金有各种钢材、铝、铜合金等。其中，Q195 钢、Q235 钢、10 钢、15 钢、20 钢、35 钢、45 钢、50 钢等中低碳钢，20Cr，铜及铜合金，铝及铝合金等锻造性能较好。

冷冲压是在常温下加工，对于分离工序，只要材料有一定的塑性就可以进行；对于变形工序，例如弯曲、拉深、挤压、胀形、翻边等，则要求材料具有良好的冲压成形性能，Q195 钢、Q215 钢、08 钢、08F 钢、10 钢、15 钢、20 钢等低碳钢，奥氏体不锈钢，铜，铝等都有良好的冷冲压成形性能。

2.3　自由锻造

自由锻造（自由锻）是将加热好的金属坯料，放在锻造设备的上、下砧铁之间，施加冲击力或压力，使之产生塑性变形，从而获得所需锻件的一种加工方法。坯料在锻造过程中，除与上、下砧铁或其他辅助工具接触的部分表面外，都是自由表面，变形不受限制，故称自由锻造。自由锻造时，除与上、下砧铁接触的金属部分受到约束外，金属坯料朝其他各个方向均能自由变形流动，不受外部的限制，故无法精确控制变形的发展。

自由锻分为手工锻造和机器锻造两种。手工锻造只能生产小型锻件，生产率也较低。机器锻造是自由锻的主要方法。

自由锻工具简单、通用性强，生产准备周期短。自由锻件的质量范围可由不及一千克到二三百吨，对于大型锻件，自由锻是唯一的加工方法，这使得自由锻在重型机械制造中具有特别重要的作用，例如水轮机主轴、多拐曲轴、大型连杆、重要的齿轮等零件在工作时都承受很大的载荷，要求具有较高的力学性能，常采用自由锻方法生产毛坯。

由于自由锻件的形状与尺寸主要靠人工操作来控制，所以锻件的精度较低，加工余量大，劳动强度大，生产率低。自由锻主要应用于单件、小批量生产，修配以及大型锻件的生产和新产品的试制等。

2.3.1　自由锻设备

根据自由锻对坯料作用力的性质不同，自由锻所用设备分为产生冲击力的锻锤和产生静压力的液压机两大类。锻锤产生冲击力使金属坯料变形。生产中使用的自由锻锤，主要是空气锤和蒸汽-空气锤。空气锤的吨位较小，一般为 65～750kg，用来锻造小型件。而蒸汽-空气锤的吨位稍大，可以用来生产质量为 630kg～5t 的锻件。常用的双柱拱式蒸汽-空气锤的构造如图 2-16 所示，主要组成部分有工作汽缸、落下部分、机架、砧座和操作手柄等。当操纵操作手柄使滑阀处于图示位置时，压力蒸汽（或压缩空气）由进气管经滑阀汽缸进入工作汽缸的上部空间，使活塞推动锤杆向下运动，进行锻击。工作汽缸下部的废气则由滑阀汽缸上的排气管排出。当滑阀移至气缸底部位置时，压力蒸汽则进入工作汽缸的下部，将活塞顶起。

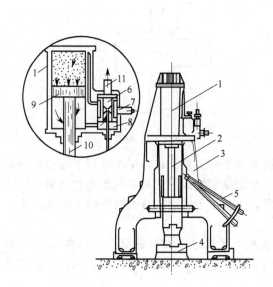

图 2-16　双柱拱式蒸汽-空气自由锻锤

1—工作汽缸；2—落下部分；3—机架；4—砧座；
5—操作手柄；6—滑阀；7—进气管；8—滑阀汽缸；
9—活塞；10—锤杆；11—排气管

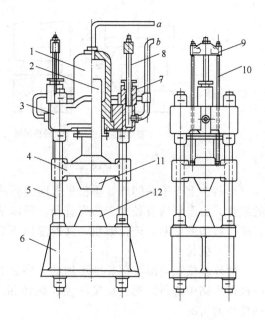

图 2-17　自由锻水压机的本体结构

1—工作缸；2—工作柱塞；3—上横梁；4—活动
横梁；5—立柱；6—下横梁；7—回程缸；8—回程柱塞；
9—回程横梁；10—拉杆；11—上砧；12—下砧

液压机产生压力使金属坯料变形。目前在大型锻件的生产中，越来越多使用的液压机主要是水压机，它的吨位较大，可以锻造质量 1～300t 的锻件。我国已经能自行设计、制造各种类型的自由锻水压机，压力机是对金属进行压力加工的机床，通过对金属坯件施加强大的压力使金属发生塑性变形和断裂来加工成零件。在使金属变形的过程中没有震动，并能很容易达到较大的锻透深度，所以水压机是巨型锻件的唯一成形设备。水压机的工作循环包括空程（充水行程）—工作行程—回程—悬空，其传动原理如图 2-17 所示。空程时，回程缸与水箱（常压）连通，活动横梁靠自重下降，充水罐向工作缸供应低压水；进入工作行程时，水泵和蓄势器同时向工作缸供应高压水，压迫工作柱塞，使活动横梁下降，对放在下砧上面的坯料施加锻造压力；回程时，高压水进入回程缸，使活动横梁上升，而工作缸的水则排入水箱，当高压水进入工作缸和回程缸的通道都封闭时，活动横梁则处于悬空位置，此时，水泵将高压水存入蓄势器备用。还有一种使用的液压机为油压机，油压机的液压传动是利用油液压力来传递动力和进行控制的一种传动方式。

2.3.2　自由锻基本工序

自由锻生产中能进行的工序很多，可分为基本工序、辅助工序、精整工序三大类。其基本工序是实现锻件变形的基本工序，如镦粗、拔长、弯曲、冲孔、切割、扭转和错移等。辅助工序是为基本工序的实现而对坯料进行的少量变形的预先工序，如压钳口、压钢锭棱边、切肩等。精整工序是在基本工序后对锻件表面缺陷进行整形的工序，如清除锻件表面凸凹不平等，一般在终锻温度以下进行。

（1）镦粗

使坯料高度减小而横截面增大的工序称为镦粗。镦粗主要应用于锻制饼块类锻件以及空心件冲孔前的预备工序。锻造轴类锻件时，镦粗可以提高后续拔长工序的锻造比，提高横向力学性能和减少异向性等。镦粗的主要方法有：全镦粗和局部镦粗，如图 2-18 所示。

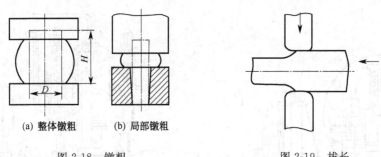

(a) 整体镦粗　　　 (b) 局部镦粗

图 2-18　镦粗　　　　　　　　　　图 2-19　拔长

坯料在上下平砧间或者镦粗平板间进行的镦粗叫平砧镦粗。垫环镦粗适用于锻造带凸肩的锻件，由于坯料直径大于凸肩直径，所以垫环镦粗是镦挤成形。局部镦粗是对坯料的局部长度（端部或中间）进行镦粗，其他部位不变形，主要用于锻制轴杆类锻件的头部或凸缘。

（2）拔长

使坯料横截面减小而长度增加的工序称为拔长。拔长可以在平砧间进行，亦可在 V 形砧或弧形砧中进行。通过反复压缩、翻转和逐步送进，使坯料变细伸长。图 2-19 表示了平砧拔长的情况。

拔长是锻造轴杆类锻件的主要工序。拔长耗时较长，对轴类锻件的质量和生产率有重要的影响。如何通过合理的拔长工艺从而较快地使锻件成形，并且尽可能提高内部质量，是轴类锻件生产中的重要问题。

（3）冲孔

在坯料上冲出通孔或不通孔的工序称为冲孔。各种空心锻件都要采用冲孔工序。常用的冲孔方法有：实心冲孔、空心冲孔和垫环冲孔三种，如图 2-20 所示。

一般用实心冲子冲孔比较方便，芯料损失也小。孔径大于 400mm 时，用空心冲子冲孔，冲孔芯料消耗较大，但能去掉钢锭芯部较差的金属。对于薄形坯料可在垫环上冲孔。

（4）芯轴拔长

使空心坯料的外径减小，壁厚减薄，而长度增加的工序称为芯轴拔长。图 2-21(a) 表示了芯轴拔长的情况。套在芯轴（拔长芯棒）上的空心坯料，在上平砧，下 V 形砧内拔长，外径逐渐减小而长度增加，变形成为一个长筒形锻件。

由于芯轴拔长时坯料与工具内外接触，温度降低快，摩擦阻力大。容易产生壁厚不均匀，两端裂纹等质量问题。为此除要求均匀加热、均匀转动、均匀压下之外，还要趁热先压

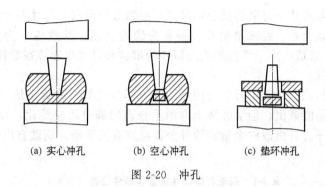

(a) 实心冲孔　　　　(b) 空心冲孔　　　　(c) 垫环冲孔

图 2-20　冲孔

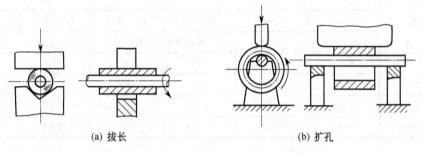

(a) 拔长　　　　　　　　　　　　(b) 扩孔

图 2-21　芯轴拔长和扩孔

两端，然后再拔长中部，这样才能保证成形质量。

（5）芯轴扩孔

使空心坯料内外径同时增大，壁厚减薄，长度略有增加的工序称为芯轴扩孔。即金属主要沿切向流动，而沿锻件轴线方向流动很少，变形实质相当于坯料沿圆周方向拔长。如图2-21（b）所示，将冲孔后的坯料，套在作为下砧用的扩孔芯棒上，芯棒支在马架上，当上砧压坯料后，转动芯棒，边压边转，使孔径越扩越大。芯轴扩孔用来制造圆环形锻件，如齿轮圈、大圆环等锻件都要采用芯轴扩孔方法锻制。

2.3.3　自由锻工艺规程的制定

制订工艺规程、编写工艺卡片是进行自由锻生产必不可少的技术准备工作，是组织生产、规范操作、控制和检查产品质量的依据。制订工艺规程，必须结合生产条件、设备能力和技术水平等实际情况，力求技术上先进、经济上合理、操作上安全，以达到正确指导生产的目的。

自由锻件的锻造工艺设计主要包括锻件图的绘制、坯料重量和尺寸的计算、确定变形工序、确定锻造温度范围及锻后处理规范等。

2.3.3.1　绘制锻件图

锻件图是工艺规程中必不可少的工艺技术文件，它是计算坯料、确定变形工艺、设计工具和检验零件的基础。锻件图是根据零件图，并考虑加工余量、锻造公差和余块等因素绘制而成。

（1）机械加工余量

因自由锻件的精度及表面质量较差，表面应留有供机械加工的金属层，即机械加工余量，其大小与零件的形状、尺寸等因素有关。零件越大，形状越复杂，则余量越大。具体数值结合生产的实际条件查表确定。

（2）锻件公差

　　由于锻件的实际尺寸不可能达到公称尺寸，根据锻件形状、尺寸并考虑到生产的具体情况选取。为了限制其误差，经常给出其公差称为锻造公差。其数值约为加工余量的 1/4～1/3。同一个坯料上锻造出用于性能检验的试样的形状和尺寸也应该在锻件图上表示出来。

　　（3）余块（敷料）

　　为了简化锻件形状、便于进行锻造而增加的一部分金属，称为余块（敷料）。零件上不能锻出的部分，或虽能锻出，但从经济上考虑不合理的部分均应简化，如某些台阶、凹档、小孔、斜面、锥面等。自由锻件余量和锻件公差可查有关手册。钢轴自由锻件的余量和锻件公差，见表 2-1。

表 2-1　钢轴自由锻件余量和锻件公差（双边）　　　　　　单位：mm

零件长度	零件直径					
	＜50	50～80	80～120	120～160	160～200	200～250
	锻件余量和锻件公差					
＜315	5±2	6±2	7±2	8±3	—	—
315～630	6±2	7±2	8±3	9±3	10±3	11±4
630～1 000	7±2	8±3	9±3	10±3	11±4	12±4
1 000～1 600	8±3	9±3	10±3	11±4	12±4	13±4

　　在锻件图上，锻件的外形用粗实线，如图 2-22 所示。为了使操作者了解零件的形状和尺寸，在锻件图上用双点划线画出零件的主要轮廓形状，并在锻件尺寸线的上方标注锻件尺寸与公差，尺寸线下方用圆括弧标注出零件尺寸。对于大型锻件，还必须在同一个坯料上锻造出供性能检验用的试样来，该试样的形状与尺寸也在锻件图上表示。

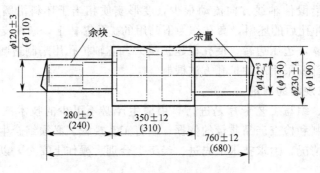

图 2-22　余量、余块及锻件图的画法

2.3.3.2　坯料质量和尺寸的计算

　　（1）坯料质量计算

　　自由锻所用坯料的质量为锻件的质量与锻造时各种金属消耗的质量之和，坯料质量可按下式计算：

$$G_坯 = G_锻 + G_{料头} + G_烧$$

式中　$G_坯$——坯料质量；

　　　$G_锻$——锻件质量；

　　　$G_{料头}$——锻造时被切掉的金属质量及修切端部时切掉的料头的质量，如冲孔时坯料中部的料芯，修切端部产生的料头等；

　　　$G_烧$——加热过程中坯料表面氧化烧损的那部分金属的质量，与加热火次有关，第一次加热取被加热金属的 2%～3%，以后各次加热取 1.5%～2.0%。

对于大型锻件，当采用钢锭作坯料进行锻造时，还要考虑切掉的钢锭头部和尾部的质量。

（2）坯料尺寸计算

根据塑性加工过程中体积不变原则和采用的基本工序类型（如拔长、镦粗等）的锻造比、高度与直径之比等计算出坯料横截面积、直径或边长等尺寸。确定坯料尺寸时，应考虑坯料在锻造过程中的变形程度，即锻造比的问题。若采用镦粗工序，为防止墩弯和便于下料，坯料的高度与直径之比应为 1.25～2.5。若采用拔长工序，也应满足锻造比要求。典型锻件的锻造比见表 2-2。

表 2-2　典型锻件的锻造比

锻件名称	计算部位	锻造比	锻件名称	计算部位	锻造比
碳素钢轴类锻件	最大截面	2.0～2.5	锤头	最大截面	≥2.5
合金钢轴类锻件	最大截面	2.5～3.0	水轮机主轴	轴身	≥2.5
热轧辊	辊身	2.5～3.0	水轮机立柱	最大截面	≥3.0
冷轧辊	辊身	3.5～5.0	模块	最大截面	≥3.0
齿轮轴	最大截面	2.5～3.0	航空用大型锻件	最大截面	6.0～8.0

对于圆截面坯料第一道工序通常都是墩粗，为了避免墩弯和便于操作，坯料的高径比（局部镦粗时为镦粗部分的高径比）应不超过 2.5～3。

因此，坯料的直径可按下式计算：

$$V_坯 = \frac{\pi}{4} D_坯^2 \ H \leqslant 2.5 \times \frac{\pi}{4} D_坯^3$$

$$D_坯 \geqslant 0.8 \sqrt[3]{V_坯}$$

式中　　$V_坯$——坯料镦粗部分的体积；

　　　　$D_坯$——坯料的计算直径；

　　　　H——坯料的高度。

对于长轴类锻件的第一道工序一般是拔长，拔长后的最大面积部分应达到规定的锻造比要求，即：

$$F_坯 \geqslant Y F_{锻max}$$

式中　　$F_坯$——坯料的横截面积；

　　　$F_{锻max}$——经过拔长后的最大横截面积；

　　　　Y——所规定的锻造比。

同时　　　　　　　　　　　$$D_坯 \geqslant \sqrt{Y} D_{max}$$

式中　　D_{max}——拔长后的最大直径。

应当注意，有些锻件，如齿轮轴，其最大直径部分在轴的一端，其轴杆部分由拔长制出，面轴头部分则通过局部墩粗完成。坯料尺寸应按上述两类锻件的公式计算两次，取其中的较大值。但应注意，此时计算的坯料体积应为局部镦粗的那一部分，$F_{锻max}$ 为拔长部分的最大截面积，而不是整个锻件的最大截面积。算出坯料的计算直径（或边长）后，应参照有关标准，最后确定坯料的实际直径（或边长），然后再算出坯料的长度。

2.3.3.3 锻造工序的选择

自由锻的锻造工序，是根据工序特点和锻件形状来确定的。一般情况下，对于盘类锻件常选用镦粗（或拔长及镦粗）、冲孔等工序；而轴类锻件常选用拔长（或镦粗及拔长）、切肩和锻台阶工序；筒类锻件选用镦粗（或拔长及镦粗）、冲孔、在心轴上拔长工序；环类锻件选用镦粗（或拔长及镦粗）、冲孔、在心轴上扩孔等工序；曲轴类锻件选用拔长（或镦粗及拔长）、错移、锻台阶、扭转等工序；弯曲类锻件选用拔长，弯曲工序。

工艺规程的内容还包括锻造温度范围及加热火次的确定、锻造设备的选择、确定工时、填写工艺卡。一般锻件的分类及所需锻造工序见表 2-3。自由锻工序的选择与整个锻造工艺过程中的火次（即坯料加热次数）和变形程度有关。所需火次与每一火次中坯料成形所经历的工序都应明确规定出来，写在工艺卡片上。

表 2-3　锻件分类及所需锻造工序

锻件类别	图 例	锻 造 工 序
盘类零件		镦粗（或拔长—镦粗），冲孔等
轴类零件		拔长（或镦粗—拔长），切肩，锻台阶等
筒类零件		镦粗（或拔长—镦粗），冲孔，在芯轴上拔长等
环类零件		镦粗（或拔长—镦粗），冲孔，在芯轴上扩孔等
弯曲类零件		拔长，弯曲等

2.3.3.4 选择设备

选定锻造设备的依据是锻件的材料、尺寸和重量。同时也要考虑车间现有的设备条件。设备吨位太小，锻件内部锻不透，质量不好，生产率低；吨位太大，不仅造成设备和动力浪费，而且操作不便，也不安全。例如，用铸锭或大截面毛坯作为大型锻件的坯料，可能需要多次镦、拔操作，在锻锤上操作比较困难，并且心部不易锻透，而在水压机上因其行程较大，下砧可前后移动，镦粗时可换用镦粗平台，所以大多数大型锻件都在水压机上生产。

2.3.3.5 确定锻造温度范围

锻造温度范围是指始锻温度和终锻温度之间的温度范围。锻造温度范围应尽量选宽一些，以减少锻造火次，提高生产率。加热的始锻温度一般取固相线以下 $100\sim200℃$，以保证金属不发生过热与过烧。终锻温度一般高于金属的再结晶温度 $50\sim100℃$，以保证锻后再结晶完全，锻件内部得到细晶粒组织。碳素钢和低合金结构钢的锻造温度范围，一般以铁碳平衡相图为基础，且其终锻温度选在高于 A_3 点（见图 2-10），以避免锻造时相变引起裂纹。高合金钢因合金元素的影响，始锻温度下降，终锻温度提高，锻造温度范围变窄。部分金属材料的锻造温度范围见表 2-4。此外，锻件终锻温度还与变形程度有关，变形程度较小时，终锻温度可稍低于规定温度。

表 2-4　部分金属材料的锻造温度范围

材料类型	锻造温度/℃		保温时间 /min·mm⁻¹
	始锻	终锻	
10、15、20、25、30、35、40、45、50	1200	800	0.25～0.7
15CrA、16Cr₂MnTiA、38CrA、20MnA、20CrMnTiA	1200	800	0.3～0.8
12CrNi₃A、12CrNi₄A、38CrMoAlA、25CrMnNiTiA、30CrMnSiA、50CrVA、18Cr₂Ni₄WA、20CrNi₃A	1180	850	0.3～0.8
40CrMnA	1150	800	0.3～0.8
铜合金	800～900	650～700	—
铝合金	450～500	350～380	—

2.3.3.6　填写工艺卡片

半轴的自由锻工艺卡片见表 2-5。

表 2-5　半轴自由锻工艺卡

锻件名称	半　轴	图　例
坯料质量	25kg	
坯料尺寸	φ130×240	
材料	18CrMnTi	
火次	工序	图例
1	锻出头部	
	拔长	
	拔长及修整台阶	
	拔长并留出台阶	
	锻出凹档及拔长端部并修整	

$\phi 55\pm 2(\phi 48)$　$\phi 70\pm 2(\phi 60)$　$\phi 60^{+1}_{-2}(\phi 50)$　$\phi 80\pm 2(\phi 70)$　$\phi 105\pm 15$　(98)　$\phi 123^{+2}_{0}$　$(\phi 114.8)$

90^{+3}_{-2}　102 ± 2　(92)　$287^{+2}_{-3}(297)$　$45\pm 2(38)$　$150\pm 2(140)$　$690^{+3}_{-5}(672)$

锻出头部：$\phi 108$　$\phi 125$　47

拔长：$\phi 108$

拔长及修整台阶：$\phi 81$　104

拔长并留出台阶：$\phi 70$　152

锻出凹档及拔长端部并修整：$\phi 60$　$\phi 55$　90　287

2.3.4　自由锻件结构工艺性

自由锻是在固态下成形的，锻件所能达到的复杂程度不高。而自由锻所使用的工具一般又都是简单的和通用的，锻件的形状和尺寸要求，主要由工人操作技术来保证。因此，对于自由锻件结构总的要求是：在满足使用性能要求的前提下，锻件形状应尽量简单和规则，使锻造方便，节约金属和提高效率，具体要求如下。

（1）应该尽量避免斜面和锥度

锻造具有锥体或斜面结构的锻件，需制造专用工具，锻件成形也比较困难，从而使工艺过程复杂，不便于操作，影响设备使用效率，应尽量避免，如图 2-23（a）所示锥形、楔形等倾斜结构锻造成形困难；图 2-23（b）所示改进的圆柱形、方形结构具有较好的锻造工艺性。

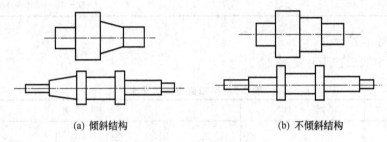

(a) 倾斜结构　　　　　　　　　　　　(b) 不倾斜结构

图 2-23　避免倾斜结构

（2）应该尽量避免曲面相交

如图 2-24（a）所示圆柱面与圆柱面的相贯结构难以锻出，图 2-24（b）所示改进结构（圆柱面与平面交接）具有较好的锻造工艺性，故容易锻出。

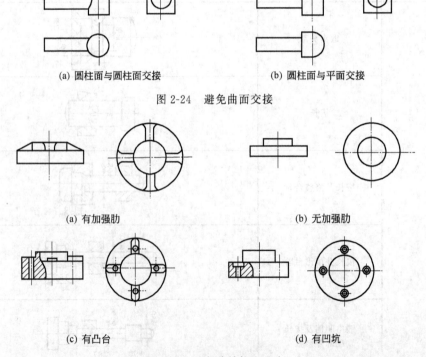

(a) 圆柱面与圆柱面交接　　　　　　　　(b) 圆柱面与平面交接

图 2-24　避免曲面交接

(a) 有加强肋　　　　　　　　　　　　(b) 无加强肋

(c) 有凸台　　　　　　　　　　　　　(d) 有凹坑

图 2-25　避免肋结构和凸台

（3）应该尽量避免加强肋和凸台，工字形、椭圆形或其他非规则截面及外形

如图 2-25（b）无肋结构相对于图 2-25（a）有肋结构具有较好的锻造工艺性；如图 2-25（c）锻件上的凸台难以锻出，改成无凸台的底座［如图 2-25（d）］就容易锻出。

（4）合理采用组合结构

锻件的横截面积有急剧变化或形状较复杂时，可设计成由数个简单件构成的组合体，如图 2-26 所示。每个简单件锻造成形后，再用焊接或机械联结方式构成整体零件。

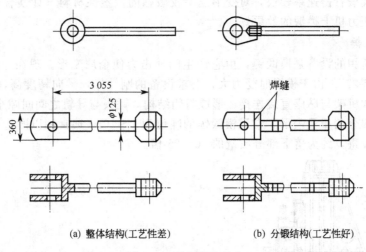

(a) 整体结构(工艺性差)　　　　　(b) 分锻结构(工艺性好)

图 2-26　分段锻造组合

2.4　模型锻造

在模锻设备上，利用高强度锻模，使金属坯料在模膛内受压产生塑性变形，而获得所需形状、尺寸以及内部质量的锻件加工方法称为模型锻造。在变形过程中由于模膛对金属坯料流动的限制，因而锻造终了时可获得与模膛形状相符的模锻件。模型锻造（模锻）有以下特点。

① 操作简单，易于实现机械化，生产率高，模锻时，金属的变形是在模膛内进行的，故能较快获得所需形状。

② 锻件内部的锻造流线较完整，可提高零件的力学性能和使用寿命。

③ 锻件的尺寸精度和表面质量高；锻件表面比较光洁，模锻件尺寸精确，从而可以减少加工余量和减少切削加工工作量。

④ 材料利用率高，节约金属材料，在批量生产时能降低成本。

⑤ 由于有模膛引导金属的流动，因此可锻造形状比较复杂的零件。

⑥ 模具设计、制造周期长，成本高、设备投资大；由于模锻是整体成形，并且金属流动时与模膛之间产生很大的摩擦阻力，因此所需设备吨位大，设备投资费用高。

⑦ 锻件不能太大，锻件质量一般在 150kg 以下。

模锻分为锤上模锻、压力机上模锻、胎模锻等。

2.4.1　锤上模锻

锤上模锻是将上模固定在锤头上，下模紧固在模垫上，通过随锤头作上下往复运动的上模，对置于下模中的金属坯料施以直接锻击，来获取锻件的锻造方法。

锤上模锻的工艺特点如下。

① 金属在模膛中是在一定速率下，经过多次连续锤击而逐步成形的。

② 锤头的行程、打击速率均可调节，能实现轻重缓急不同的打击，因而可进行制坯工作。

③ 由于惯性作用，金属在上模模膛中具有更好的充填效果。

④ 锤上模锻的适应性广，可生产多种类型的锻件，可以单膛模锻，也可以多膛模锻。

由于锤上模锻打击速率较快，对变形速率较敏感的低塑性材料（如镁合金等），进行锤上模锻不如在压力机上模锻的效果好。

2.4.1.1　模锻锤

锤上模锻所用的设备是模锻锤，由它产生的冲击力使金属变形。现在一般用蒸汽-空气模锻锤（见图 2-27）。由于模锻时受力大，要求设备的刚性好，导向精度高，以保证上下模对准。模锻锤的机架与砧座直接连接，形成封闭结构，锤头与导轨之间间隙小。模锻锤的吨位以锤杆落下部分的质量表示。常用模锻锤的吨位为 $1\sim16t$，通常用以锻造 $0.5\sim150kg$ 的模锻件。砧座较重，约为落下部分质量的 $20\sim25$ 倍。

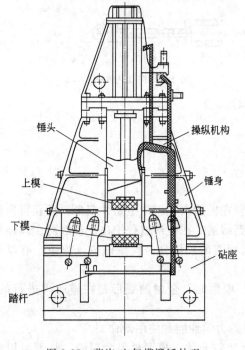

图 2-27　蒸汽-空气模锻锤外观

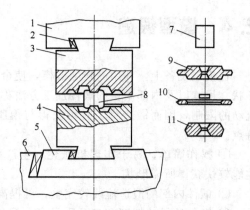

图 2-28　模锻过程示意

1—锤头；2—镆铁；3—上模；4—下模；
5—模垫；6—砧铁；7—坯料；8—锻造中的坯料分
模面；9—带飞边槽及冲孔连皮的锻件；
10—飞边及连皮；11—锻件

2.4.1.2　锻模结构

锻模（见图 2-28）由上、下模组成。上模和下模分别安装在锤头下端和模座上的燕尾槽内，用镆铁紧固。上、下模合在一起，其中部形成完整的模膛。

根据模膛功能不同，可分为制坯模膛和模锻模膛两大类。

（1）制坯模膛

对于形状复杂的锻件，为了使坯料形状、尺寸尽量接近锻件，使金属能合理分布及便于充满模锻模膛，就必须让坯料预先在制坯模膛内制坯。制坯模膛主要有如下几种。

① 拔长模膛 用来减小坯料某部分横截面，以增加该部分的长度，见图 2-29。

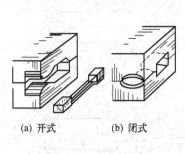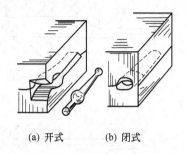

(a) 开式   (b) 闭式   (a) 开式   (b) 闭式

图 2-29 拔长模膛   图 2-30 滚压模膛

② 滚压模膛 其作用是使金属作轴向流动，使坯料更接近锻件，同时长度略有增加，见图 2-30。

③ 弯曲模膛 对于弯曲的杆类锻件，需用弯曲模膛来弯曲坯料（见图 2-31）。坯料可以是原毛坯或经过其他制坯后的毛坯。弯曲模膛操作不需翻转坯料，但放到下一模锻模膛锻造时，需要翻转 90°。

图 2-31 弯曲模膛   图 2-32 切断模膛

④ 切断模膛 是利用上模和下模的角部的一对刃口来切断金属，见图 2-32，可用于从坯料上切下锻件或从锻件上切钳口，也可用于多件锻造后分离成单个锻件。

此外，还有成形模膛、镦粗台和击扁面等类型的制坯模膛。

(2) 模锻模膛

锻模上进行最终锻造以获得锻件的工作部分称为模锻模膛。模锻模膛分为预锻模膛和终锻模膛两种。所有模锻件都要使用终锻模膛，预锻模膛则要根据实际情况决定是否采用。

① 终锻模膛 作用是使坯料最后变形到锻件所要求的形状和尺寸，因此它的形状应和锻件的形状相同。但因锻件冷却时要收缩，终锻模膛的尺寸应比锻件尺寸放大一个钢件收缩量，钢件收缩量可取 1.5%。

终锻模膛沿模膛四周有飞边槽（见图 2-33），用以增加金属从模膛中流出的阻力，促使金属充满模膛，同时容纳多余的金属，还可以起到缓冲作用，减弱对上下模的打击，防止锻模开裂。图 2-33(a) 为最常用的飞边槽形式，图 2-33(b) 用于不对称锻件，切边时须将锻件翻转 180°。图 2-33(c) 用于锻件形状复杂，坯料体积偏大的情况，图 2-33(d) 设有阻力沟，用于锻件难以充满的局部位置。飞边槽在锻后利用压力机上的切边模去除。

对于具有通孔的锻件，由于不可能靠上、下模的突起部分把金属完全挤压掉，故终锻后在孔内留下一薄层金属，称为冲孔连皮，见图 2-34。把冲孔连皮和飞边冲掉后，才能得到有通孔的模锻件。

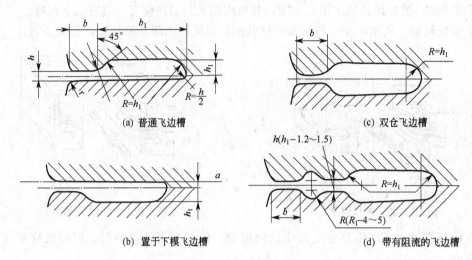

(a) 普通飞边槽　　　　　　　　　　(c) 双仓飞边槽

(b) 置于下模飞边槽　　　　　　　　(d) 带有阻流的飞边槽

图 2-33　飞边槽形式

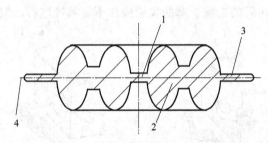

图 2-34　带有飞边槽与冲孔连皮的模锻件
1—冲孔连皮；2—锻件；3—飞边；4—分模面

② 预锻模膛　用于预锻的模膛称为预锻模膛。终锻时常见的缺陷有折迭和充不满等，工字形截面锻件的折迭如图 2-35 所示。这些缺陷都是由于终锻时金属不合理的变形流动或变形阻力太大引起的。为此，对于外形较为复杂的锻件，常采用预锻工步，使坯料先变形到

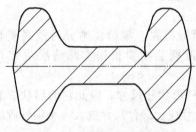

图 2-35　工字形截面锻件的折叠

接近锻件的外形与尺寸，以便合理分配坯料各部分的体积，避免折迭的产生，并有利于金属的流动，易于充满模膛，同时可减小终锻模膛的磨损，延长锻模的寿命。预锻模膛和终锻模膛的主要区别是前者的圆角和模锻斜度较大，高度较大，一般不设飞边槽。只有当锻件形状复杂、成形困难，且批量较大的情况下，设置预锻模膛才是合理的。

根据模锻件的复杂程度不同，所需的模膛数量不等，可将锻模设计成单膛锻模或多膛锻模。弯曲连杆模锻件所用多膛锻模如图 2-36 所示。

2.4.1.3　模锻工艺规程的制订

锤上模锻工艺规程的制订主要包括绘制模锻件图、计算坯料质量与尺寸、确定模锻工序、选择锻造设备、确定锻造温度范围等。

(1) 绘制锻件图

锻件图是制订变形工艺、设计锻模、计算坯料和检验锻件的依据。制定模锻件因应考虑

下述几个方面。

① 分模面的选择　模锻件分模面位置的选择，对于锻件质量、模具加工、工序安排和金属材料的消耗等，都有很大影响。要保证模锻件能从模膛中顺利取出，并使锻件形状尽可能与零件形状相同，一般分模面应选在模锻件最大水平投影尺寸的截面上。如图 2-37 所示，若选 a—a 面为分模面，则无法从模膛中取出锻件。

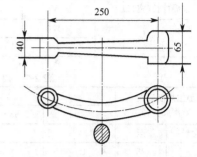

按选定的分模面制成锻模后，应使上下模沿分模面的模膛轮廓一致，以便在安装锻模和生产中容易发现错模现象。如图 2-37 所示，若选 c—c 面为分模面，就不符合此原则。

最好使分模面为一个平面，并使上下锻模的模膛深度基本一致，差别不宜过大，以便于均匀充型。

选定的分模面应使零件上所加的敷料最少。如图 2-37 所示，若将 b—b 面选作分模面，零件中间的孔不能锻出，其敷料最多，既浪费金属，降低了材料的利用率，又增加了切削加工工作量，所以该面不宜选作分模面。

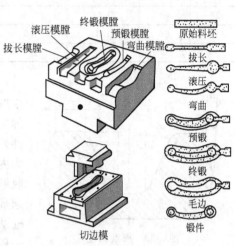

图 2-36　弯曲连杆的锻模及成形过程示意

最好把分模面选取在能使模膛深度最浅处，这样可使金属很容易充满模膛，便于取出锻件，如图 2-37 所示的 b—b 面就不适合做分模面。

按上述原则综合分析，选用如图 2-37 所示的 d—d 面为分模面最合理。

② 确定加工余量、公差和敷料　模锻件的加工余量和锻造公差比自由锻小得多。确定的方法有两种，一种是按照零件的形状尺寸和锻件的精度等级确定，一般加工余量为 1～4mm，公差为 0.3～3mm；另一种是按照锻锤的吨位确定。后者比较简便，可查相关的手册。

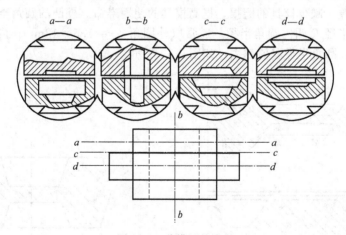

图 2-37　分模面的选择

模锻件水平方向尺寸公差见表 2-6。模锻件内、外表面的加工余量见表 2-7。

表 2-6　锤上模锻水平方向尺寸公差　　　　　　　　　　单位：mm

模锻件长（宽）度	<50	50～120	120～260	260～500	500～800	800～1 200
公差	+1.0	+1.5	+2.0	+2.5	+3.0	+3.5
	-0.5	-0.7	-1.0	-1.5	-2.0	-2.5

表 2-7　内、外表面的加工余量 Z1（单面）　　　　　　　单位：mm

加工表面最大宽度或直径		加工表面的最大长度或最大高度					
		≤63	>63～160	>160～250	>250～400	>400～1 000	>1 000～2 500
大于	至	加工余量 Z1					
—	25	1.5	1.5	1.5	1.5	2.0	2.5
25	40	1.5	1.5	1.5	1.5	2.0	2.5
40	63	1.5	1.5	1.5	2.0	2.5	3.0
63	100	1.5	1.5	2.0	2.5	3.0	3.5

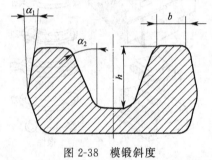

图 2-38　模锻斜度

③ 设计模锻斜度　为便于金属充满模膛及从模膛中取出锻件，锻件上与分模面垂直的锻件表面必须附加斜度，这个斜度称为模锻斜度，如图 2-38 所示。锻件外壁上的斜度 α_1 称外模锻斜度，内壁上的斜度 α_2 称为内模锻斜度。模锻斜度应选标准度数。锻件的冷却收缩使其外壁离开模膛，但内壁收缩会把模膛内的凸起部分夹得更紧。因此，内模锻斜度 α_2 比外模锻斜度 α_1 大。所以：外模锻斜度一般为 5°～7°；内模锻斜度一般为 7°～12°。生产中金属材料常用的模锻斜度范围见表 2-8。

表 2-8　各种金属锻件常用的模锻斜度

锻件材料	外壁斜度	内壁斜度
铝、镁合金	3°～5°	5°～7°
钢、钛、耐热合金	5°～7°	7°、10°、12°

④ 设计模锻圆角　锻件上所有面与面的相交处，都必须采取圆角过渡。这样在锻造时，金属易于充满模膛，减少模具的磨损，提高模具的使用寿命。外凸的圆角半径 r 叫外圆角半径，内凹的圆角半径 R 叫内圆角半径。通常取外圆角：$r=1.5～12mm$；内圆角：$R=(2～3)r$。模膛越深，圆角半径取值越大，如图 2-39 所示。

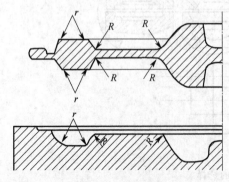

图 2-39　模锻圆角

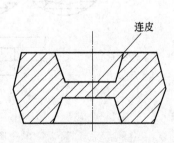

图 2-40　连皮

⑤ 确定冲孔连皮　锤上模锻不能直接锻出通孔，孔内必须留有一定厚度的金属层，即冲孔连皮（如图 2-40 所示），锻后冲去冲孔连皮。冲孔连皮的厚度应适当，连皮太薄，则加大了锤击力，会导致模膛加速磨损或压塌；反之，连皮太厚，不仅浪费金属，而且冲除时会造成锻件的变形。连皮的厚度通常在 4～8mm 的范围内，可按下式计算：

$$t=0.45(d-0.25h-5)^{0.5}+0.6h^{0.5}(mm)$$

式中　d——锻件内孔直径，mm；

　　　h——锻件内孔深度，mm。

连皮上的圆角半径 R_1，可按下式确定：

$$R_1=R+0.1h+2 \quad (mm)$$

孔径 $d<25mm$ 或冲孔深度大于冲头直径的 3 倍时，只在冲孔处压出凹穴。

⑥ 绘锻件图并制定锻件技术条件　将上述内容确定之后，就可以绘制锻件图。图 2-41 所示是一个齿轮坯模锻锻件图。分模面处于锻件高度方向的中间位置。零件轮廓形状用双点划线画在锻件图内，可以清楚地看出轮毂外径和轮辐不必加工。

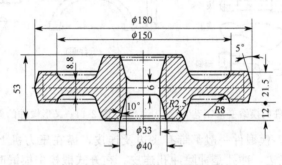

图 2-41　齿轮坯料模锻

（2）计算坯料质量与尺寸

坯料质量包括锻件、飞边、连皮、钳口料头以及氧化皮等的质量。通常，氧化皮约占锻件和飞边总和质量分数的 2.5%～4%。根据塑性加工过程中体积不变原则和采用基本工序类型的锻造比、高度与直径之比等计算出坯料横截面积、直径或边长等尺寸。

（3）确定模锻工序

模锻工序的确定与锻件的形状尺寸有关。由于每类锻件都必须有终锻工序，所以工序的选择，实质上是选择制坯工序和预锻工序的问题。这主要取决于锻件的形状、尺寸和现有模锻设备的类型。

① 基本工序　对于不同形状的锻件采用不同的工序。

（i）圆盘类零件。一般的圆盘类锻件，采用镦粗和终锻工序，而高轮毂、薄轮辐的锻件则采用镦粗—预锻—终锻。如图 2-42 所示为高轮毂的变形工艺。

（ii）长杆类零件。对于轴线是平直的锻件，制坯后得到的中间毛坯，在金属体积的分配上应满足下列要求：长度等于终锻模膛的长度，沿轴线的每一截面积，等于相应处锻件的截面积与飞边截面积之和。对于轴线是弯曲的锻件，中间毛坯除应满足上述要求外，还要对毛坯轴线进行弯曲，使其外形轮廓接近终锻（或预锻）模膛在分模面上的轮廓形状。其工序为制坯—预锻—终锻，该类零件变形工艺见图 2-43 和图 2-44。

② 修整工序　终锻并不是模锻过程的终结，只是完成了锻件最主要的成形过程，还需要经过一系列精整工序，才能得到合格的锻件。模锻的修正工序有切边、冲孔、校正、热处理、清理、精压。

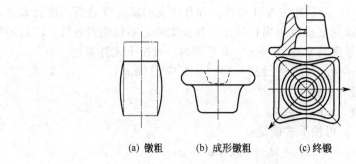

(a) 镦粗　　　(b) 成形镦粗　　　(c) 终锻

图 2-42　高轮毂的变形工艺

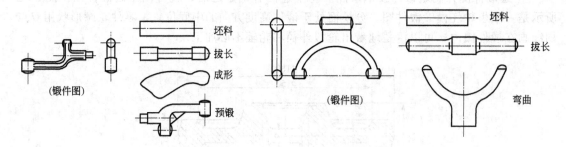

图 2-43　带枝丫的长轴锻件的模锻变形工艺　　　　图 2-44　叉形锻件的模锻变形工艺

（ⅰ）切边与冲孔。模锻件一般都带有飞边及连皮，需在压力机上进行切除。切边是切除锻件分模面四周的飞边，冲孔是冲除冲孔连皮。在开式锻模中模锻时，模锻件的周围有横向飞边。切边和冲孔常在切边压力机或螺旋压力机上进行。特别大的模锻件可采用液压机切边。切边模如图 2-45(a) 所示，由活动凸模和固定凹模组成。凹模的通孔形状与锻件在分模面上的轮廓一致，凸模工作面的形状与锻件上部外形相符。冲孔模如图 2-45(b) 所示，凹模作为锻件的支座，冲孔连皮从凹模孔中落下。

（ⅱ）校正。切边及其他工序都会导致锻件的变形。因此，许多锻件，特别是形状复杂的锻件，在切边后都需进行校正，校正可在终锻模膛或专门的校正模内进行。

（ⅲ）热处理。其目的在于消除模锻件的过热组织或加工硬化，提高模锻件的力学性能，模锻件的热处理一般采用正火或退火。

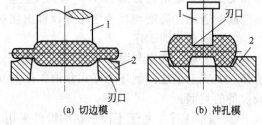

(a) 切边模　　　　　　(b) 冲孔模

图 2-45　切边模及冲孔模
1—凸模；2—凹模

（ⅳ）清理。对锻件表面上在锻造后和热处理时所形成的氧化皮以及所沾油污，残余毛刺等进行清洗，以提高模锻件的表面质量，改善模锻件的切削加工性能，清理方法包括下列四种：滚筒打光、喷丸清理、喷砂清理和酸洗。

（ⅴ）精压。对于要求尺寸精度高和表面粗糙度小的模锻件，还应在压力机上进行精压。精压分为平面精压和体积精压两种。

平面精压如图 2-46(a) 所示，用来获得模锻件某些平行平面间的精确尺寸。体积精压如图 2-46(b) 所示，主要用来提高锻件所有尺寸的精度、减小模锻件的质量差别。精压模锻件的尺寸精度偏差可达 $\pm(0.1 \sim 0.25)$ mm，表面粗糙度 R_a 可达 $0.8 \sim 0.4 \mu m$。

（4）选择锻造设备

锤上模锻的设备：蒸汽-空气锤、无砧座锤、高速锤等。

（5）确定锻造温度范围

模锻件的生产也在一定温度范围内进行，与自由锻生产相似。

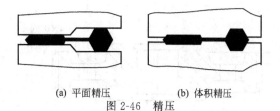

(a) 平面精压　　(b) 体积精压

图 2-46　精压

2.4.1.4　模锻件结构工艺性

设计模锻零件时，应根据模锻特点和工艺要求，使结构符合下列原则。

① 锻件应满足制模方便，具有合理的分模面，以使金属易于充满模膛，易于从锻模中取出锻件，且敷料最少，锻模容易制造。

② 模锻零件上，除与其他零件配合的表面外，均应设计为非加工表面。模锻件的非加工表面之间形成的角应设计模锻圆角，与分模面垂直的非加工表面，应设计出模锻斜度。

③ 零件的外形应力求简单、平直、对称，避免零件截面间差别过大，或具有薄壁、高肋等不良结构。一般说来，零件的最小截面与最大截面之比不要小于 0.5，如图 2-47(a) 所示零件的凸缘太薄、太高，中间下凹太深，则金属不易充型。如图 2-47(b) 所示零件过于扁薄，薄壁部分金属模锻时容易冷却，不易锻出，对保护设备和锻模也不利。如图 2-47(c) 所示零件有一个高而薄的凸缘，使锻模的制造和锻件的取出都很困难。改成如图 2-47(d) 所示形状则较易锻造成形。

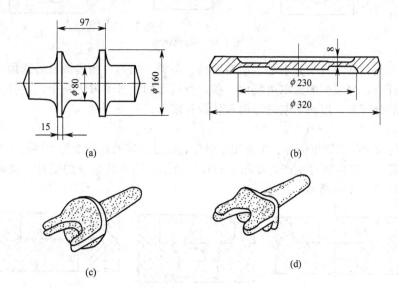

图 2-47　模锻件结构工艺性

④ 避免设计深孔、多孔结构，以便于模具制造和延长模具寿命；孔径小于 30mm 或孔深大于直径两倍时，锻造困难。如图 2-48 所示齿轮零件，为保证纤维组织的连贯性以及更好的力学性能，常采用模锻方法生产，但齿轮上的四个 ϕ20mm 的孔不方便锻造，只能采用机加工成形。

⑤ 对复杂锻件，为减少敷料，简化模锻工艺，在可能条件下，应采用锻造-焊接或锻造-机械联结组合工艺，如图 2-49 所示。

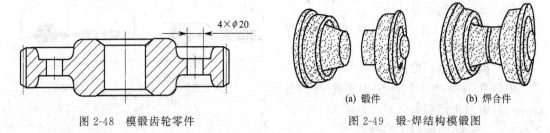

图 2-48　模锻齿轮零件　　　　　　　(a) 锻件　　　　　(b) 焊合件

图 2-49　锻-焊结构模锻图

2.4.2　胎模锻造

利用自由锻设备在活动模具上生产模锻件的方法称为胎膜锻造。这些设备包括扣模、筒模和合模等。

(1) 扣模

由上、下扣组成，或只有下扣，上扣由锻锤的上砧铁代替，如图 2-50 所示。扣模锻造时，工件不转动，它常用于非回转锻件的整体成形成和局部成形。胎模锻是在自由锻设备上用胎模生产模锻件的工艺方法，因此胎模锻兼有自由锻和模锻的特点。胎模锻适合于中、小批量生产小型多品种的锻件，特别适合于没有模锻设备的工厂。

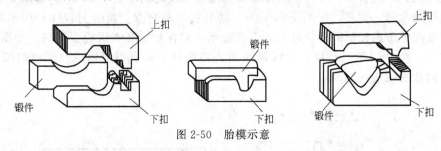

图 2-50　胎模示意

胎模锻工艺包括制订工艺规程、制造胎模、备料、加热、胎模锻及后续加工工序等。在工艺规程制订中，分模面的选取可灵活一些，分模面的数量不限于一个，而且在不同工序中可选取不同的分模面，以便于制造胎模和使锻件成形。

(2) 筒模

有开式筒模和闭式筒模两种。主要用于齿轮、法兰盘等回转体盘类锻件的生产。形状简单的锻件，只用一个筒模就可生产，如图 2-51(a) 所示；而形状复杂的锻件，则需要用组合筒模，如图 2-51(b)、(c) 所示。

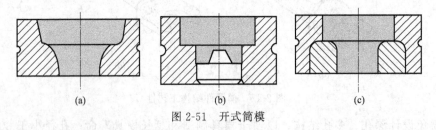

(a)　　　　　　　　　(b)　　　　　　　　　(c)

图 2-51　开式筒模

(3) 合模

合模由上模和下模两部分组成，如图 2-52 所示。为防止上、下模间错移，模具上设有导销、导套或导锁等导向定位装置，在模膛四周设飞边槽。合模的通用性强，适用于各种锻件，尤其是形状复杂的连杆、叉形等非回转体锻件的成形。

2.4.3　其他设备上的模锻

由于锤上的模锻具有工艺适应性广的特点，在锻压生产中应用广泛。但是，模锻锤在工作中存在一些缺点，例如：震动和噪声大、劳动条件差、热效率低、能源消耗多等。因此，近年来大吨位模锻锤有逐步被压力机取代的趋势。压力机上的模锻主要为热模锻压力机、平锻机和摩擦压力机上的模锻。

（1）热模锻压力机

热模锻压力机是一种比较先进的模锻工具。按结构可分为连杆式、双滑块式、锲式等。如图 2-53 所示为连杆式热模锻压力机。曲柄连杆机构将曲柄的旋转运动转换成滑块的上下往复运动，从而实现锻压加工。热模锻压力机的规格为 $10^4 \sim 1.2 \times 10^5 \mathrm{kN}$。

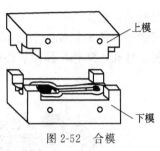

图 2-52　合模

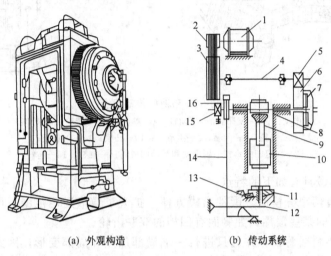

(a) 外观构造　　　　(b) 传动系统

图 2-53　热模锻压力机

1—电动机；2—小带轮；3—大带轮（飞轮）；4—传动轴；5—小齿轮；6—大齿轮；
7—离合器；8—偏心轴（曲轴）；9—连杆；10—滑块；11—锲形工作台；
12—下顶杆；13—锲铁；14—顶出机构；15—制动器；16—凸轮

与锤上的模锻比较，热模锻压力机上的模锻具有如下特点。

① 由于滑块行程固定不变，滑块的一次行程即可完成一个变形工步，便于实现机械化和自动化。

② 滑块具有良好的导向装置，滑块运动精度高，并具有锻件顶件机构，因此锻件的余量、公差和模锻斜度都比锤上模锻小，锻件精度高。

③ 热模锻压力机作用于金属上的变形力是静压力，不是冲击力，坯料的变形速度慢，有利于低塑性材料的锻造。

④ 由于工作时的震动和噪声小，劳动条件得以改善。

⑤ 坯料表面的氧化皮不易被清除掉，影响锻件表面质量。热模锻压机也不适宜进行拔长和滚挤制坯。

由于热模锻压力机上的模锻具有上述特点，因此这种锻造方法具有生产率高、锻件精度高、劳动条件好和节省材料等优越性，适合于大批量生产中、小型锻件。但热模锻压力机设备复杂、造价高，其应用受到限制。

（2）平锻机上的模锻

平锻机的主传动机构也是曲柄连杆机构，平锻机相当于卧式模锻压力机，除主滑块外还有夹紧滑块，只因滑块是作水平运动，故称平锻机。如图 2-54 是平锻机的传动示意图，平

锻机的规格为 $5\times10^3\sim3.15\times10^4\,kN$，可加工直径 25～230mm 的棒料。最适合在平锻机上模锻的锻件是长杆大头件和带孔环形件，如汽车半轴、倒车齿轮等。主要模锻工序有：锯料、冲孔、穿孔、预锻、终锻、弯曲、切断、切飞边等。

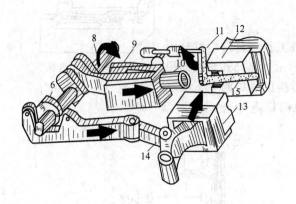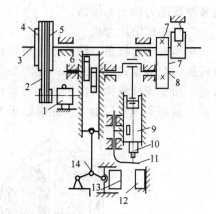

图 2-54　平锻机传动示意

1—电动机；2—V 带；3—传动轴；4—离合器；5—带轮；6—凸轮；

7—齿轮；8—曲轴；9—主滑块；10—凸模；11—挡料板；

12—固定凹模；13—副滑块和活动凹模；14—杠杆；15—坯料

平锻机上的模锻具有如下的特点。

① 平锻模具有两个分模面，锻件出模方便，扩大了模锻适用范围，可以锻出在其他锻压设备上无法锻出的某些锻件，如侧面有凹档的双联齿轮。

② 坯料均为棒料或管料，并且只进行一端局部加热和局部变形，因此可以锻出在立式锻压设备上无法锻出的某些长杆类锻件。

③ 锻件尺寸精确，表面质量好，生产率高，易于实现机械化操作。

④ 材料利用率高，除有毛边开式模锻外，还可以进行无飞边闭式模锻。

⑤ 需要配备对棒料局部加热的专用加热炉。

⑥ 平锻机设备复杂，造价昂贵。

（3）摩擦压力机上的模锻

摩擦压力机的示意图如图 2-55 所示。在摩擦压力机上进行模锻主要是靠飞轮、螺杆和滑块向下运动时所积蓄的能量来实现的。使用较多的摩擦压力机为 $3\times10^3\sim4\times10^3\,kN$，最大吨位可达 $1.6\times10^4\,kN$。

摩擦压力机本身具有如下特点：工作过程中滑块速度为 0.5～1.0m/s，使坯料变形具有一定的冲击作用，且滑块行程可以调节，这与锻锤相似，坯料变形中的抗力由机架承受，形成封闭力系，这又是压力机的特点，因此，摩擦压力机具有锻锤和压力机的双重工作特性；其次，摩擦压力机带有下顶料装置，使下模取件容易，但摩擦压力机滑块打击速度不高，每分钟行程次数少，传动效率低（仅为 10%～15%），锻造能力有限，故多用于中小锻件成形。

摩擦压力机上的模锻的特点如下。

① 摩擦压力机的滑块行程可以自由调节，并具有一

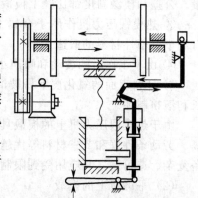

图 2-55　摩擦压力机的示意图

定的冲击作用，因而可实现轻打、重打，可在一个型腔内进行多次锻打。不仅能满足模锻各种主要成形工序的要求，如可进行镦粗、成形、弯曲、预锻、终锻，还可以进行校正、切边、压印、热压、精压和精密模锻。

②　由于滑块运动速度低，金属在两次锤击之间有充分时间进行再结晶，因而特别适合于锻造对变形速率敏感的低塑性金属材料和非铁（如铜合金）等。但也因此其生产效率低。

③　由于工作速度慢，设备本身又具有下顶料装置，生产中可以采用特殊结构的组合式模具，锻制出形状更为复杂，余量和模锻斜度都很小的锻件，并可将杆类锻件直立起来进行局部镦锻。

④　螺杆与滑块之间为非刚性连接，摩擦压力机承受偏心载荷能力差，通常只适用于单型腔多击模锻。

⑤　摩擦传动的效率低，因而设备吨位受到限制，适用于中、小型锻件生产。

综上所述，摩擦压力机具有结构简单、成本低、投资小、使用维修方便、工艺用途广泛等优点，主要适用结构简单的中、小批模锻生产，如螺栓、铆钉、汽配阀、齿轮、三通阀体等。

摩擦压力机、曲柄压力机、平锻机、水压机等模锻生产工艺特点的比较见表 2-9。

表 2-9　压力机上的模锻方法的工艺特点比较

锻造方法	设备类型		工 艺 特 点	应 用
	结构	构造特点		
摩擦压力机上的模锻	摩擦压力机	滑块行程可控，速度为 0.5～1.0m/s，带有顶料装置，机架受力，形成封闭力系，每分钟行程次数少，传动效率低	特别适合于锻造低塑性合金钢和非铁金属；简化了模具设计与制造，同时可锻造更复杂的锻件；承受偏心载荷能力差；可实现轻、重打，能进行多次锻打，还可进行弯曲、精压、切飞边、冲连皮、校正等工序	中、小型锻件的小批和中批生产
曲柄压力机上的模锻	曲柄压力机	工作时，滑块行程固定，无震动，噪声小，合模准确，有顶杆装置，设备刚度好	金属在模膛中一次成形，氧化皮不易除掉，终锻前常采用预成形及预锻工步，不宜拔长、滚挤，可进行局部镦粗，锻件精度较高，模锻斜度小，生产率高，适合短轴类锻件	大批量生产
平锻机上的模锻	平锻机	滑块水平运动，行程固定，具有互相垂直的两组分模面，无顶出装置，合模准确，设备刚度好	扩大了模锻适用范围，金属在模膛中一次成形，锻件精度较高，生产率高，材料利用率高，适合锻造带头的杆类和有孔的各种合金锻件，对非回转体及中心不对称的锻件较难锻造	大批量生产
水压机上的模锻	水压机	行程不固定，工作速度为 0.1～0.3m/s，无震动，有顶杆装置	模锻时一次压成，不宜多膛模锻，适合于锻造镁铝合金大锻件，深孔锻件，不太适合于锻造小尺寸锻件	大批量生产

2.5　板料冲压成形工艺

板料冲压是利用冲模使板料产生分离或变形，从而获得毛坯或零件的加工方法。这种加工方法通常是在常温下进行的，所以又叫冷冲压或板料冲压。只有当板料厚度超过 8～10mm 时，才采用热冲压。

板料冲压的坯料一般是 1～2mm 厚度的金属板料，必须是具有塑性的金属材料，如低碳钢、奥氏体不锈钢、铜或铝及其合金等，也可以是非金属材料，如胶木、云母、纤维板、皮革等。

板料冲压具有下列特点与应用。

① 板料冲压生产过程的主要特征是依靠冲模和冲压设备完成加工，操作简便，工艺过程便于实现机械化和自动化，生产率很高。

② 可以冲压出形状复杂的零件，废料较少。冲压件一般不需再进行切削加工，因而节省原材料，节省能源消耗和机械加工工时。

③ 板料冲压常用的原材料必须有足够的塑性和低的变形抗力，如低碳钢以及塑性高的合金钢和铜、铝等有色金属，从外观上看多是表面质量好的板料或带料，金属板料经过冷变形强化作用，所以具有产品重量轻、强度和刚度好的优点。

④ 因冲压件的尺寸公差由冲模来保证，所以产品有足够的精度和较低的表面粗糙度，零件的互换性好，一般只需要进行一些钳工修整即可作为零件使用。

⑤ 冲压模具复杂，模具精度高，制造成本高，适合大批量生产。

因此，板料冲压是一种质量高、精度高、成本低的加工方法，在机械制造生产中得到广泛的应用。几乎在一切有关制造金属制品的工业部门中，都广泛地应用着板料冲压。特别是在汽车、拖拉机、电机、航空、电器、仪器仪表、国防以及日用品工业中，冲压件占有极其重要的地位。

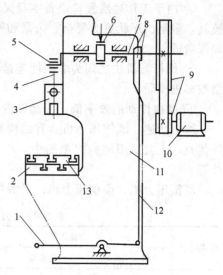

图 2-56　开式冲床
1—脚踏板；2—工作台；3—滑块；4—连杆；
5—偏心套；6—制动器；7—偏心轴；
8—离合器；9—皮带轮；10—电动机；
11—床身；12—操作机构；13—垫板

冲压设备主要有剪床和冲床两大类。剪床是完成剪切工序，为冲压生产准备原料的主要设备。冲床是进行冲压加工的主要设备，按其床身结构不同，有开式和闭式两类冲床。按其传动方式不同，有机械式冲床与液压压力机两大类。图 2-56 所示为开式机械式冲床的工作原理及传动示意图。冲床的主要技术参数是以公称压力来表示的，公称压力（kN）是以冲床滑块在下止点前工作位置所能承受的最大工作压力来表示的。我国常用开式冲床的规格为 63～2 000kN，闭式冲床的规格为 1 000～5 000kN。

冲压生产可以进行很多种工序，如冲裁、弯曲、拉深、成形等，其基本工序有分离工序和变形工序两大类。

2.5.1　冲压工序

2.5.1.1　分离工序

分离工序是使坯料的一部分与另一部分相互分离的工序。如落料、冲孔、修整等。

（1）落料及冲孔

落料及冲孔（统称冲裁）是使坯料按封闭轮廓线分离的工序。落料和冲孔这两个工序中的操作方法和模具结构相同，只是用途不同，二者区别在于落料是被分离的部分为成品，而周边是余料或废料；而冲孔则相反，即冲孔是被分离的部分为废料，以得到孔的成品。例如冲制平面垫圈，制取外形的冲裁工序称为落料，而制取内孔的工序称为冲孔（图 2-57）。

冲裁的应用十分广泛，它既可直接冲制成品零件，又可为其他成形工序制备坯料。

① 冲裁变形过程　冲裁件质量、模具结构与冲裁时板料变形过程有密切关系。图 2-58 是简单冲裁模。凸模与凹模都是具有与工件轮廓一样的形状的锋利的刃口，凸凹模之间存在一定的间隙，当凸模向下运动压住板料时，板料受到凸凹模的作用力，板料受到挤压，产生

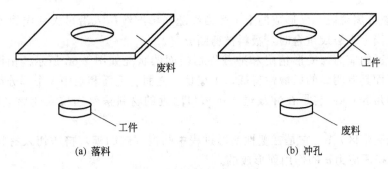

图 2-57　落料与冲孔示意

弹性变形并进而产生塑性变形，凸模继续下压，当上、下刃口附近材料内的应力超过一定极限后，即开始出现裂纹。随着凸模继续下压，板料受剪而互相分离。板料的分离是在瞬时完成的，其过程可分为如下三个阶段（见图 2-59）。

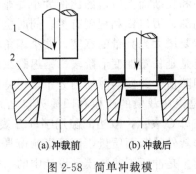

(a) 冲裁前　　(b) 冲裁后

图 2-58　简单冲裁模
1—凸模；2—凹模

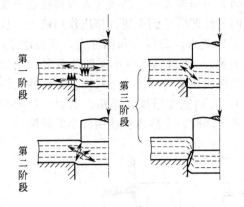

图 2-59　冲裁变形过程

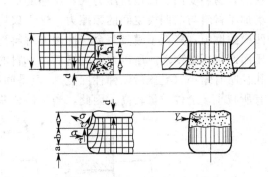

图 2-60　冲裁区应力、应变情况及冲裁断面状态

（ⅰ）弹性变形阶段。冲裁开始时，板料在凸模压力下，使板料产生弹性压缩、拉伸和弯曲等变形，板料中的应力迅速增大，凹模上的材料则向上翘曲，间隙越大，弯曲和上翘越明显。同时，凸模稍许挤入板料上部，板料的下部则略挤入凹模洞口，但材料的内应力未超过材料的弹性极限。

（ⅱ）塑性变形阶段。凸模继续压入，压力增加，当材料内的应力达到屈服极限时，便开始产生塑性变形。随凸模挤入板料深度的增大，塑性变形程度增大，变形区材料硬化加剧，冲裁变形力不断增大，直到刃口附近侧面的材料由于拉应力的作用出现微裂纹时，塑性变形阶段结束。

（ⅲ）断裂分离阶段。已形成的上下微裂纹随凸模继续压入沿最大剪应力方向不断向材料内部扩展，当上下裂纹重合时，板料被剪断分离。

冲裁变形区的应力与变形情况和冲裁件切断面的状况如图 2-60 所示。由图 2-60 可知，冲裁件的切断面具有明显的区域性特征，由塌角、光面、毛面和毛刺 4 个部分组成。

塌角（塌角区）a：它是在冲裁过程中刃口附近的材料被牵连拉入变形（弯曲和拉伸）的结果。

光面（光亮带区）b：它是在塑性变形过程中凸模（或凹模）挤压切入材料，使其受到剪切应力 τ 和挤压应力 σ 的作用而形成的。

毛面（剪裂带区）c：它是由于刃口处的微裂纹在拉应力 σ 作用下不断扩展断裂而形成的。

毛刺 d：冲裁毛刺是在刃口附近的侧面上材料出现微裂纹时形成的。当凸模继续下行时，便使已形成的毛刺拉长并残留在冲裁件上。

冲裁件 4 个特征区的大小和在断面上所占的比例大小并非一成不变，冲裁件断面质量主要与材料力学性能、凸凹模间隙、刃口锋利程度有关。同时也受模具结构及板厚等因素的影响。要提高冲裁件的质量，就要增大光亮带的宽度，缩小塌角和毛刺高度，并减少冲裁件翘曲。增加光亮带的宽度的关键是延长塑性变形阶段，推迟裂纹的产生，这就要求材料的塑性好；同时要选择合理的模具间隙值，并使间隙均匀分布，保持模具刃口锋利。

② 冲裁间隙　冲裁间隙是指冲裁模的凸模和凹模刃口之间的间隙。冲裁间隙分单边间隙和双边间隙，单边间隙用字母 C 表示，双边间隙用字母 Z 表示。

冲裁间隙不仅严重影响冲裁件的断面质量，而且影响模具寿命、卸料力、推件力、冲裁力的大小和冲裁件的尺寸精度。是冲压工艺与模具设计中的一个非常重要的工艺参数。

当间隙过小时，如图 2-61(a) 所示，上、下裂纹向外错开。两裂纹之间的材料，随着冲裁的进行将被第二次剪切，在断面上形成第二光面。因间隙太小，凸模压入板料接近于挤压状态，材料受凸、凹模挤压力大，压缩变形大，同时凸凹模受到金属的挤压作用增大，从而增加了材料与凸凹模之间的摩擦力。这不仅增大了冲裁力、卸料力和推件力，还加剧了凸、凹模的磨损，降低了模具寿命（冲硬质材料更为突出）。因材料在过小间隙冲裁时，受到挤压而产生压缩变形，所以冲裁完毕后，材料的弹性恢复使落料件尺寸略有增大，而冲孔件的孔径略有缩小（受压后，弹性回复）。但是间隙小，光面宽度增加，塌角、毛刺、斜度等都有所减小，工件质量较高。因此，当工件公差要求较严时，仍然需要使用较小的间隙。

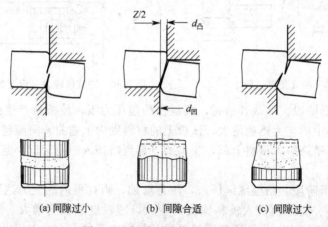

(a) 间隙过小　　　　(b) 间隙合适　　　　(c) 间隙过大

图 2-61　间隙对冲裁断面的影响

当间隙过大时，如图 2-61(c) 所示，上、下裂纹向内错开。材料的弯曲与拉伸增大，拉应力增大，易产生剪裂纹，塑性变形阶段较早结束，致使断面光面减小，塌角与斜度增大，形成厚而大的拉长毛刺，且难以去除，同时冲裁的翘曲现象严重。由于材料在冲裁时受拉伸变形较大，所以冲裁完毕后，材料的弹性恢复，冲裁件尺寸向实体方向收缩，使落料件尺寸小于凹模尺寸，而冲孔件的孔径则大于凸模尺寸。同时推件力与卸料力大为减小，甚至为零，材料对凸、凹模的摩擦作用大大减弱，因此模具寿命较高。对于批量较大而公差又无特殊要求的冲裁件，可采用大间隙冲裁，以保证较高的模具寿命。

当间隙合适时，如图 2-61(b) 所示，上、下裂纹重合一线，毛刺最小。冲裁力、卸料力和推件力适中，模具有足够的寿命。这时光面约占板厚的 1/2～1/3，切断面的塌角、毛刺和斜度均很小。零件的尺寸几乎与模具一致，完全可以满足使用要求。

合理的间隙值可按表 2-10 选取。对于冲裁件断面质量要求较高时，可将表中数据减小 1/3。

表 2-10　冲裁模合理间隙值（双边）

材料种类	材料厚度 t/mm				
	0.2～0.4	0.4～1.2	1.2～2.5	2.5～4	4～6
软钢、黄铜	0.01～0.02mm	7%～10%t	9%～12%t	12%～14%t	15%～18%t
硬钢	0.01～0.05mm	10%～17%t	18%～25%t	25%～27%t	27%～29%t
磷青钢	0.01～0.04mm	8%～12%t	11%～14%t	14%～17%t	18%～20%t
铝及铝合金(软)	0.01～0.03mm	8%～12%t	11%～12%t	11%～12%t	11%～12%t
铝及铝合金(硬)	0.01～0.03mm	10%～14%t	13%～14%t	13%～14%t	13%～14%t

③ 凸凹模刃口尺寸的确定　冲裁件尺寸和冲模间隙都取决于凸模和凹模刃口的尺寸，因此必须正确设计冲模刃口尺寸。

在冲裁件尺寸的测量和使用中，都是以光面的尺寸为基准。落料件的光面是因凹模刃口挤切材料产生的，而孔的光面是凸模刃口挤切材料产生的。故计算刃口尺寸时，应按落料和冲孔两种情况分别进行。

设计落料模时，应先按落料件确定凹模刃口尺寸，取凹模作设计基准件，然后根据间隙 Z 确定凸模尺寸（即用缩小凸模刃口尺寸来保证间隙值）。

$$D_{凹}=d_{落}；D_{凸}=D_{凹}-Z$$

设计冲孔模时，先按冲孔件确定凸模尺寸，取凸模作设计基准件，然后根据间隙 Z 确定凹模尺寸（即用扩大凹模刃口尺寸来保证间隙值）。

$$D_{凸}=d_{孔}；D_{凹}=D_{凸}+Z$$

冲模在工作过程中必然有磨损，落料件尺寸会随凹模刃口的磨损而增大，而冲孔件尺寸则随凸模的磨损而减小。为了保证零件的尺寸要求，并提高模具的使用寿命，落料凹模基本尺寸应取工件尺寸公差范围内的较小的尺寸。而冲孔时，选取凸模刃口的基本尺寸应取工件尺寸公差范围内的较大尺寸。

④ 冲裁力的计算　计算冲裁力的目的是为了合理选用压力机和检验模具强度的一个重要依据。计算准确，有利于发挥设备的潜力。压力机的吨位必须大于所计算的冲裁力，计算不准确，有可能使设备超载而损坏，甚至造成严重事故。

平刃冲模的冲裁力按下式计算：

$$P=KLt\tau$$

式中　P——冲裁力，N；

　　L——冲裁周边长度，mm；

　　t——坯料厚度，mm；

　　K——系数，常取 1.32；

　　τ——材料抗剪强度（可查手册或取 $\tau = 0.8\sigma_b$），MPa。

　　⑤ 冲裁件的排样　冲裁件在板、条等材料上的合理布置的方法称为排样。排样合理与否，影响到材料的利用率，还会影响到模具结构、生产率、冲压件质量、生产操作是否方便及安全等。因此，排样是冲压工艺中非常重要的工作。排样合理可使废料最少，材料利用率大为提高。图 2-62 为同一个冲裁件采用四种不同的排样方式材料消耗对比。

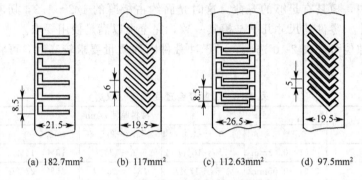

(a) 182.7mm²　　　(b) 117mm²　　　(c) 112.63mm²　　　(d) 97.5mm²

图 2-62　不同排样方式材料消耗对比

　　落料件的排样有两种类型：无搭边排样和有搭边排样。

　　无搭边排样是用落料件形状的一个边作为另一个落料件的边缘［图 2-62(d)］，这样排样材料利用率很高。但毛刺不在同一个平面上，而且尺寸不容易准确，因此只有在对冲裁件质量要求不高时才采用。

　　有搭边排样即是在各个落料件之间均留有一定尺寸的搭边。其优点是毛刺小，而且在同一个平面上，冲裁件尺寸准确，质量较高，但材料消耗多。

　　(2) 修整

　　修整是利用修整模沿冲裁件外缘或内孔刮削一薄层金属，以切掉普通冲裁时在冲裁件断面

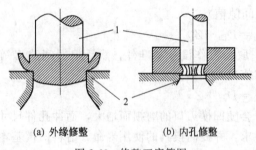

(a) 外缘修整　　　(b) 内孔修整

图 2-63　修整工序简图

1—凸模；2—凹模

上存留的剪裂带和毛刺，从而提高冲裁件的尺寸精度和降低表面粗糙度。修整在专用的修整模上进行，模具间隙大约为 0.006～0.01mm。

　　修整冲裁件的外形称外缘修整，修整冲裁件的内孔称内孔修整，如图 2-63 所示。修整的机理与冲裁完全不同，与切削加工相似。修整时应合理确定修整余量及修整次数。对于大间隙落料件，单边修整量一般为材料厚度的 10%，对于小间隙落料件，单边修整量在材料厚度的 8% 以下。当冲裁件的修整总量大于一次修整量时，或材料厚度大于 3mm 时，均需多次修整，但修整次数越少越好。

　　外缘修整模的凸凹模间隙，单边约取 0.001～0.01mm。也可以采用负间隙修整，即凸模大于凹模的修整工艺。

　　修整后冲裁件公差等级达 IT6～IT7，表面粗糙度 R_a 为 0.8～1.6μm。

　　(3) 精密冲裁（简称精冲）

精冲是当今冲压工艺中的尖端成形技术。精冲工艺对冲压零件冲裁面光洁度的精度要求较高，最早应用于仪器仪表行业的薄料平面零件的落料与冲孔加工，如今其越来越多地与其他冷成形加工工艺相结合，而广泛应用于各工业领域，特别是汽车工业所需的厚板、冷轧卷料加工成的多功能复杂零部件。

采用精冲加工的零件质量与普通冲压工件相比，具有明显的优势，具有冲裁面光洁、尺寸精度高、平面度高等优点。经过去毛刺处理后可直接进行装配，无需普通冲压后所需的切、削、磨、矫平等工序，节省了大量的辅助设备投资、人力、物力、运营成本，不仅提高了生产效率，更重要的是避免了各工序的精度损失，保证了批量生产零件的重复精度和生产可靠性。

普通冲裁获得的冲裁件，由于公差大，断面质量较差，只能满足一般产品的使用要求。利用修整工艺可以提高冲裁件的质量，但生产率低，不能适应大批生产的要求。在生产中采用精密冲裁工艺，可以直接从板料中获得公差等级高（可达 IT6～IT8 级）、表面粗糙度小（可达 0.8～0.4μm）的精密零件，生产率高，可以满足精密零件批量生产的要求。精密冲裁法的基本出发点是改变冲裁条件，以增大变形区的静水压作用，抑制材料的断裂，使塑性剪切变形延续到剪切的全过程，在材料不出现剪裂纹的冲裁条件下实现材料的分离，从而得到断面光滑而垂直的精密零件。

精冲加工的显著特点：三个力（冲裁力、压边力、反顶力）共同作用，凸凹模之间冲裁间隙仅为料厚的 0.5%，是普通冲压间隙的十分之一。

图 2-64(a) 是带齿压料板精冲落料模的工作结构，它由普通冲模、凹模、带齿压料板和顶板组成。它与普通冲裁的弹性落料模 [图 2-64(b)，(c)] 之间的差别在于精冲模压料板上带有与刃口平面形状近似的齿形凸梗（称齿圈），凹模刃口带圆角，凸、凹模间隙极小，带齿压料板的压力和顶板的反压力较大。所以，它能使材料的冲裁区处于三向压应力状态，形成精冲的必要条件。冲裁过程是压边圈 V 形齿首先压入板料，在 V 形齿内侧产生向中心的侧向压力，同时，凹模中的反压顶杆向上以一定压力顶住板料，当凸模下压时，使 V 形齿圈以内的材料处于三向压应力状态。为避免出现剪裂状态，凹模刃口一般做成 R 0.01～0.03mm 的小圆角，凸、凹模间的单面间隙小于板厚的 0.5%，这样便使冲裁过程完全成为塑性剪切变形，不再出现断裂阶段，从而得到全部为平直光洁剪切面的冲裁件。

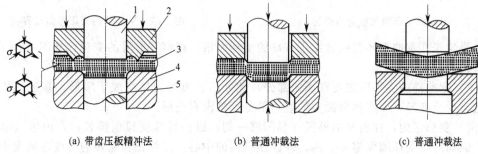

(a) 带齿压板精冲法   (b) 普通冲裁法   (c) 普通冲裁法

图 2-64　精冲法与普通冲裁法所用模具的比较

1—凸模；2—带齿压料板；3—坯料；4—凹模；5—顶板

但是精冲需要专用的精冲压力机，模具加工要求高，同时对精冲件材料和精冲件的结构工艺性有一定要求。只有具备了这些条件，才能达到精冲的目的。

2.5.1.2　变形工序

变形工序是使坯料的一部分相对于另一部分产生位移而不破裂的工序。如弯曲、拉深、翻边、胀型、旋压等。

(1) 弯曲

弯曲是将金属材料弯成一定角度、曲率和一定形状的
零件的工艺方法,如图 2-65 所示。弯曲成形的应用相当广
泛,在冲压生产中占很大比重。弯曲所用的材料有板料、
棒料、管材和型材。

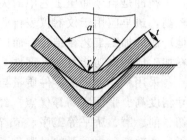

图 2-65　弯曲过程

① 弯曲变形过程　图 2-66 所示为板料在 V 形压弯模
受力变形的基本情况。在板料的 A 处,凸模施加外力 p
(U 形) 或 $2p$ (V 形),则在凹模的支承点 B 处引起反力
p,并形成弯曲力矩 $M=pa$,这个弯曲力矩使板料产生弯曲。在弯曲过程中,随着凸模下
压,凹模的支承点的位置及弯曲圆角半径 r 发生变化,使支承点距离 l 和 r 逐渐减小,而外
力 p 逐渐加大,同时弯矩增大。当弯曲半径达到一定值后,毛坯开始出现塑性变形,随着
弯曲半径的减小,塑性变形由毛坯表面向内部扩展,最后将板料弯曲成与凸模形状一致的工
件。图 2-67 所示为板料在 V 形弯曲模中校正弯曲的过程:开始为自由弯曲,随着凸模的下
压,板料的弯曲半径 r 和支承点距离 l 逐渐减小;接近行程终了时,弯曲半径 r 继续减小,
而直边部分反而向凹模方向变形,最后板料与凸模和凹模完全贴合。

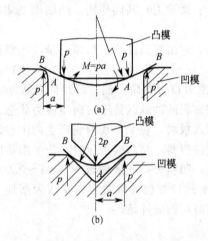

图 2-66　弯曲毛坯受力情况

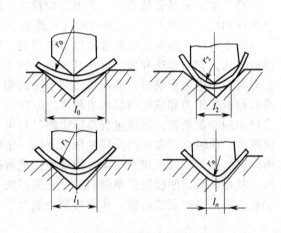

图 2-67　V 形模内校正弯曲过程

如果预先在弯曲毛坯侧壁做出正方形的坐标网格,观察变形后的变化,如图 2-68 所示,
可以看到如下两点。

(ⅰ) 弯曲件的变形区主要在圆角部分,此处的正方形网格变成了扇形,靠近圆角部分
的直边有少量变形,而在远离圆角的直边部分,则没有变形。

(ⅱ) 变形区内,在板料的外区 (靠凹模一侧) 纵向纤维受拉而伸长;在内区 (靠凸模
一侧) 纵向纤维受压缩而缩短。内、外区至板料的中心,其伸长和缩短的程度逐渐变小。由
外区向内区过渡时,其间有一层金属纤维变形前后长度不发生变化,此金属纤维层称为应变
中性层。

显然,板料内侧的金属在切向压应力作用下产生压缩变形,外侧金属在切向拉应力作用
下产生拉伸变形。板料的外表面层金属产生的拉伸应变量最大,所受的拉应力也最大,当外
侧拉应力超过坯料的抗拉强度极限时,即会造成金属破裂。弯曲应力的数值与弯曲半径、弯
曲角度、板料厚度及板料的金属力学性能等因素有关。坯料越厚、内弯曲半径越小,则压缩

及拉伸应力越大，越容易弯裂。为防止破裂，弯曲的最小半径应为 $r_{min}=(0.25\sim1)\,t$，t 为金属板料的厚度。材料塑性好，则弯曲半径可小些。

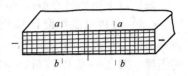

为防止拉裂，弯曲时还应尽可能使弯曲线与坯料纤维方向垂直。若弯曲线与纤维方向一致，则容易产生破裂。此时可用增大最小弯曲半径来避免。

在弯曲结束后，由于弹性变形的恢复，坯料略微弹回一点，使被弯曲的角度增大，此现象称为回弹现象。一般回弹角为 $0°\sim10°$。因此，在设计弯曲模时必须使模具的角度比成品件角度小一个回弹角，以便在弯曲后得到准确的弯曲角度。

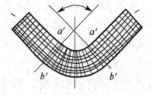

图 2-68　弯曲前后坐标网格的变化

② 弯曲力　弯曲力是拟定弯曲工艺和选择设备的重要依据之一。板料首先发生弹性弯曲，之后变形区内外层纤维进入塑性状态，并逐渐向板料的中心扩展，进行自由弯曲，最后是凸、凹模与板料（全）接触并冲击零件，进行校正弯曲。

弯曲力的大小与板料尺寸（b、t）、板料力学性能及模具结构参数等因素有关。最大自由弯曲力 $p_{自}$ 的经验公式：

$$p_{自}=\frac{kbt^2}{r+t}\sigma_b$$

式中　r——弯曲半径，mm；

　　　t——板料厚度，mm；

　　　b——弯曲板料的宽度，mm；

　　　σ_b——弯曲板料的抗拉强度极限，MPa；

　　　k——安全系数，对于 U 形件，k 取 0.91；对于 V 形件，k 取 0.78。

③ 弯曲件的回弹　塑性弯曲与任何塑性变形一样，在外加载荷的作用下，板料产生的变形由弹性变形和塑性变形两部分组成，当外载荷去除后，总变形中的弹性部分立即恢复，引起零件的回弹，其结果表现在弯曲件曲率和角度的变化，如图 2-69 所示。图中 ρ_0 和 ρ_0' 分别为卸载前后的中性层半径；α_0 和 α 分别为卸载前后的弯曲角。

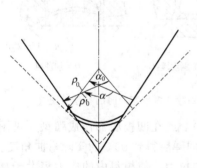

图 2-69　弯曲件卸载后的回弹

显然，回弹现象会影响弯曲件的尺寸精度，回弹角的大小与下列因素有关。

（ⅰ）材料的力学性能。材料屈服极限愈高，弹性模量愈小，回弹角越大，即弯曲后回弹角 $\Delta\alpha=\alpha-\alpha_0$ 愈大。

（ⅱ）相对弯曲半径 r/t 值。相对弯曲半径越大，则在整个弯曲过程中弹性回弹所占比例越大，回弹角也越大，相对弯曲半径越小，则回弹角越小。这也是曲率半径大的冲压件不易弯曲成形的原因。

（ⅲ）弯曲角中心角 α 值。中心角 α 越大，则变形区域的 $r\alpha$ 越大，回弹积累值越大，弯曲后回弹角 $\Delta\alpha$ 也愈大。

（ⅳ）零件形状。形状复杂的弯曲件，弯曲后回弹角 $\Delta\alpha$ 较小。

（ⅴ）弯曲方式。校正弯曲的回弹较自由弯曲的小。

弯曲件的回弹除与上述因素有关外，还与模具结构有密切的关系。

采取以下措施可克服或消除回弹的影响。

（ⅰ）改进弯曲件设计和合理选材。改进弯曲件结构，如在弯曲件变形处压制加强筋，可使回弹角减小，并提高弯曲件的刚度。对于一些硬材料，弯曲前采用退火处理，也可减少回弹。

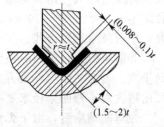

图 2-70　用校正法减小回弹

（ⅱ）采用校正法。塑性弯曲时，中性层外侧纤维拉伸，内层纤维压缩。卸载后，内、外层纤维回弹方向与其相反，即外层缩短，内层伸长，总回弹趋势都是使板料复直，所以回弹量较大。针对上述特征，在弯曲行程结束时，对板料施加一定的校正压力，迫使变形处内层纤维产生切向拉伸应变，那么板料经校正以后，内、外层纤维都要伸长，结果卸载后都要缩短，内、外层回弹趋势相反，因此回弹量将会减小，达到克服或减少回弹的目的。如图2-70所示，即减小凸模与板料的接触面积，使冲压力集中在弯曲变形区，改变变形区的金属内侧受压，外侧受拉的应力状态，而变成三向受压的应力状态，可以大大减小或消除回弹现象。

（ⅲ）补偿法。利用回弹规律，改变弯曲件的角度，设计模具时，使凸模和凹模工作面的夹角等于板料弯曲后的夹角减去回弹角，称补偿法。补偿法是消除弯曲件回弹的最简单方法，因而应用广泛。它是根据弯曲件的回弹趋势和回弹量大小，修正凸模或凹模工作部分形状和尺寸，使零件的回弹量得到补偿。图 2-71 所示为单角弯曲时补偿情况，图 2-72 所示为双角弯曲时的补偿情况。

单角弯曲时，根据估算的回弹量，将凸模圆角半径 r_p，顶角 a 预先做小些，经调试修磨补偿回弹，对于有压板的单角弯曲，回弹角做在凹模上（见图2-71），并使凸凹模间隙为最小料厚。

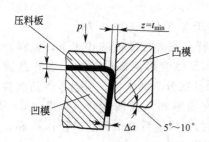

图 2-71　带压料板的单角弯曲

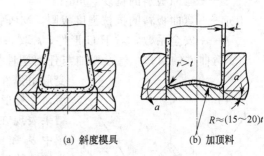

（a）斜度模具　　　（b）加顶料

图 2-72　多角弯曲时的补偿情况

双角弯曲时，可在凸模两侧作出回弹角［见图2-72(a)］或在凹模底部作成弧型［见图2-72(b)］，凹模内的弧形顶板使弯曲时的角度小于90℃，回弹后得到90℃的实际弯曲角度。

（ⅳ）采用拉弯工艺　如图2-73，拉弯时先加一个纵向拉力，使板料内的应力稍大于材

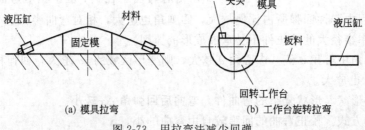

（a）模具拉弯　　　　　　（b）工作台旋转拉弯

图 2-73　用拉弯法减少回弹

料的屈服强度，然后在拉力作用下进行弯曲，由于板料的整个板料剖面上都处于拉应力状态。应力分布与均匀拉伸近似，卸载后，因内、外层纤维的回弹趋势相互抵消，从而可减少回弹。拉弯工艺既可在专用的拉弯机上进行，也可用模具实现。

（2）拉深

拉深是将平面板料变形为中空形状冲压件的冲压工序，拉深又称拉延。拉深可以制成筒形、阶梯形、盒形、球形、锥形及其他复杂形状的薄壁零件。

① 拉深过程及变形特点　拉深过程如图 2-74 所示，其凸模和凹模与冲裁模不同，它们都有一定的圆角而不是锋利的刃口，其间隙一般稍大于板料厚度。在凸模的压力下，板料被拉进凸、凹模之间的间隙里形成圆筒的直壁。拉深件的底部的金属在整个拉深过程中基本上不变形，只起传递拉力的作用，厚度基本不变，拉深后成为拉深件的底部。而冲头周围环形区的金属，则变成拉深件的筒壁。由于主要受拉力作用，厚度有所减小。而直壁与底之间的过渡圆角部被拉薄最严重。拉深件的法兰部分，切向受压应力作用，厚度有所增大。拉深时，金属材料产生很大的塑性流动，坯料直径越大，拉深后筒形直径越小，变形程度越大，其变形程度有一定限度。

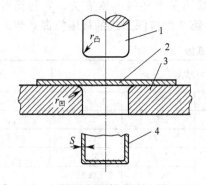

图 2-74　圆筒形零件的拉深
1—凸模；2—毛坯；3—凹模；4—工件

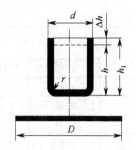

图 2-75　拉深件毛坯尺寸计算

② 拉深过程的相关计算　包括圆筒形件拉深毛坯尺寸、拉深系数和拉深次数的确定、拉深力的计算。

（ⅰ）拉深件毛坯尺寸。对于旋转体零件，采用圆形板料（见图 2-75）。其直径按面积相等的原则计算（不考虑板料的厚度变化）。图 2-75 中所示的板料直径可按下式计算：

拉深前面积：$1/4\pi D^2$

拉深后面积：$1/4\pi(d-2r)^2$（圆底面积）$+\pi d\ (h_1-r)$（侧壁面积）$+1/2\pi r\ [\pi(d-2r)+4r]$（1/4 凸球带面积）

$$D=\sqrt{(d-2r)^2+2\pi r(d-2r)+8r+4d(h_1-r)}\quad(\text{mm})$$

拉深零件一般需要修边。圆筒形件的修边余量 Δh 按表 2-11 确定。计算板料直径，应考虑修边余量。

表 2-11　圆筒形件拉深的修边余量 Δh　　　　　　　　　　　　　单位：mm

零件高度	修边余量 Δh	零件高度	修边余量 Δh
10~50	1~4	100~200	3~10
50~100	2~6	200~300	5~12

（ⅱ）拉深系数和拉深次数的确定。板料拉深的变形程度称拉深系数。制定拉深工艺时，必须预先确定该零件是一次拉成还是多次才能拉成，拉深的次数与拉深系数有关。

圆筒形件的拉深系数用 m 表示

$$m = d/D$$

圆筒形件第 n 次拉深系数为

$$m_n = d_n/d_{n-1}$$

式中　d——拉深后的工件直径，mm；

　　　D——板料直径或前一次拉深后的半成品直径，mm；

　　d_{n-1}——第 $n-1$ 次拉深后的圆筒直径，mm；

　　　d_n——第 n 次拉深后的圆筒直径，mm。

深度小的工件可以一次拉深就完成，深度大的则需要两次或多次拉深。为提高生产效率，总是希望采取尽可能小的拉伸系数，但拉深系数取得过小，拉深应力越大，同时使拉深件起皱、断裂或严重变薄。因此，拉深系数的减小有一个界限，能保证拉深过程正常进行的最小拉深系数称为极限拉深系数。每次拉深系数应大于极限拉深系数。极限拉深系数与材料的力学性能、板料相对厚度（t/D）、模具间隙及冲模圆角半径等因素有关。它与相对厚度的关系示于表 2-12。其中，m_1、m_2 分别为第 1 次、第 2 次拉深工序的极限拉深系数。

表 2-12　极限拉深系数

拉深系数	板料的相对厚度 $\frac{t}{D} \times 100$					
	0.08～0.15	0.15～0.30	0.15～0.60	0.60～1.0	1.0～1.5	1.5～2.0
m_1	0.63	0.60	0.58	0.55	0.53	0.50
m_2	0.82	0.80	0.79	0.78	0.76	0.75
m_3	0.84	0.82	0.81	0.80	0.79	0.78
m_4	0.86	0.85	0.83	0.82	0.31	0.80
m_5	0.88	0.87	0.86	0.85	0.84	0.82

圆筒形件需要的拉深系数 $m > m_1$，则可一次拉深成形。

（ⅲ）拉深力计算。

常用下列公式计算拉深力

$$P_1 = \pi d_1 t \sigma_b K_1$$

式中　P_1——第一次拉深时的拉深力，N；

　　　K_1——修正系数，$K_1 = 0.4 \sim 1.0$。

$$P_n = \pi d_n t \sigma_b K_2$$

式中　P_n——第二次及以后各次拉深时的拉深力，N；

　　　K_2——修正系数，$K_2 = 0.5 \sim 1.0$。

③ 拉深件的常见缺陷及预防措施　其常见缺陷包括起皱和拉裂。

（ⅰ）起皱。拉深过程中常见缺陷是起皱（见图 2-76）。这是由于拉深时，法兰处受压应力作用而增厚。当拉深变形程度较大，压应力增大，板料又比较薄时，则可使法兰部分材料失稳而拱起，产生起皱现象。拉深件严重起皱后，法兰部分的金属不能通过凸凹模间隙，致使坯料被拉断而成废品。轻微起皱，法兰部分勉强通过间隙，但也会在产品侧壁留下起皱痕迹，影响产品质量。因此，拉深过程中不允许出现起皱现象，通常采用设置压边圈将板料压住（见图 2-77），但压边圈上的压力不宜过大，能压住工件不致起皱即可。也可以通过增加毛坯的相对厚度（t/D）或拉深系数的途径来解决。

　　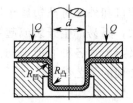　　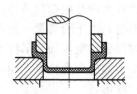

图 2-76　起皱拉深件　　　　　　　　图 2-77　有压边圈的拉深

（ⅱ）拉裂。筒壁底部内圆角稍上的部位，是拉深件最薄弱部位，因为此处参与变形的金属较少，冷作硬化程度小，变薄又最严重。此部位称为危险断面。若此处径向拉应力大于板料的抗拉强度，拉深件就会破裂。除此之外，压边力太大和突缘起皱均会导致拉深零件断裂。

防止拉裂的措施一方面是正确选择拉深系数，另一方面是合理设计拉深模工作零件，此外还可以采用添加润滑剂的方法。

拉深系数越小，表明拉深件直径越小，变形程度越大，坯料被拉入凹模越困难，因此越容易产生拉裂废品（见图 2-78）。一般情况下，拉深系数不小于 0.5～0.8。坯料的塑性差取上限值，塑性好取下限值。

　　　　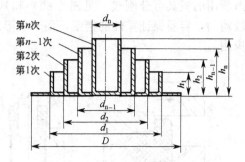

图 2-78　拉裂废品　　　　　图 2-79　多次拉深时圆筒直径的变化

如果拉深系数过小，不能一次拉深成形时，则可采用多次拉深工艺（图 2-79）。

多次拉深过程中，必然产生加工硬化现象。为了保证坯料具有足够的塑性，生产中坯料经过一两次拉深后，应安排工序间的退火处理。其次，在多次拉深中，拉深系数应一次比一次略大些，确保拉深件质量和生产顺利进行。

合理设计拉深模工作零件包括拉深模具的工作部分必须加工成圆角和控制凸凹模间隙。材料为钢的拉深件，凸凹模的圆角半径取 $r_{凹}=10t$，而 $r_{凸}=(0.6\sim1)\,r_{凹}$。这两个圆角半径过小，产品易拉裂。

凸凹模间隙一般取 $Z=(1.1\sim1.2)\,t$，比冲裁模的间隙大。间隙过小，模具与拉深件间的摩擦力增大，容易拉裂工件，擦伤工作表面，降低模具寿命。间隙过大，又容易使拉深件起皱，影响拉深件的精度。

为了减小由于摩擦引起的拉伸件内应力的增加及减少模具的磨损，拉深前通常要在板料上加润滑剂。

2.5.1.3　其他冲压成形

其他冲压成形指除弯曲和拉深以外的冲压成形工序，包括起伏、胀形、翻边、缩口、旋压和校形等。它们大都是对经过冲裁、弯曲或拉深后的半成品进行局部的变形加工，使冲压件具有更好的刚性和更合理的结构形状。不同点是：胀形和圆内孔翻边属于伸长类成形，常因拉应变过大而产生拉裂破坏；缩口和外缘翻凸边属于压缩类成形，常因坯料失稳起皱而失败；校形时，由于变形量一般不大，不易产生开裂或起皱，但需要解决弹性恢复影响校形的精确度等问题；旋压的变形特点又与上述各种有所不同。因而在制订工艺和设计模具时，一定要根据不同的成形特点，确定合理的工艺参数。

（1）胀形

胀形是将板料或空心半成品的局部表面胀大的工序，如压制凹坑，加强筋，起伏形的花

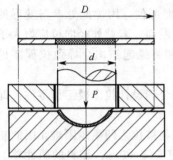

图 2-80　刚模胀形

纹及标记等。另外，管类毛坯的胀形（如波纹管）、平板毛坯的拉形等，均属胀形工艺。胀形也可采用刚模或软模进行。

胀形与拉伸不同，胀形时，只有冲头下的这一小部分金属在双向拉应力作用下产生塑性变形并变薄，其周围的金属并不发生变形。变形仅局限于一个固定的变形区范围之内，通常材料不从外部进入变形区内。胀形的极限变形程度，主要取决于材料的塑性。材料的塑性越好，可能达到的极限变形程度就越大。

由于胀形时毛坯处于两向拉应力状态，因此，变形区的毛坯不会产生失稳起皱现象，冲压成形的零件表面光滑，质量好。胀形所用的模具可分刚模（见图 2-80）和软模（见图 2-81）两类。软模胀形时材料的变形比较均匀，容易保证零件的精度，便于成形复杂的空心零件，因此软模胀在生产中得到了广泛应用。

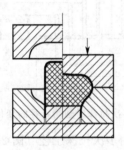
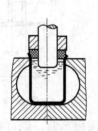
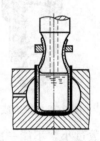

(a) 用橡皮凸模胀形　　(b) 用倾注液体的方法胀形　　(c) 用充液橡皮囊胀形

图 2-81　用软凸模的胀形

（2）翻边

翻边是在板料或半成品上沿一定的曲线翻起竖立边缘的成形工序，翻边在生产中应用较广。按变形的性质，可分为内孔翻边（见图 2-82）和外缘翻边（见图 2-83）。根据竖边壁厚的变化情况，可分为不变薄翻边和变薄翻边。圆孔翻边，主要的变形是坯料受切向和径向拉伸，越接近预孔边缘变形越大。因此，圆孔翻边的失败往往是边缘拉裂，拉裂与否主要取决于拉伸变形的大小。圆孔变形程度用翻边前预孔直径 d_0 与翻边后的平均直径 D 的比值 K_0 表示，即

$$K_0 = d_0 / D$$

K_0 称为翻边系数，显然 K_0 值越小，变形程度越大。翻边时孔边不破裂所能达到的最小 K 值，称为极限翻边系数。对于镀锡铁皮 K_0 不小于 $0.65 \sim 0.7$；对于酸洗钢 K_0 不小于 $0.68 \sim 0.72$。

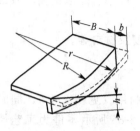

图 2-82　内凹外缘翻边

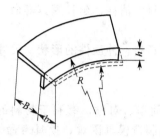

图 2-83　外凸外缘翻边

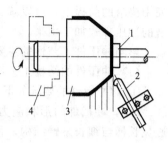

图 2-84　用圆头赶棒的旋压程序
1—顶块；2—赶棒；
3—模具；4—卡盘

当零件所需凸缘的高度较大，一次翻边成形有困难时，可采用先拉深，后冲孔（按 K_0 计算得到的容许孔径），再翻边的工艺来实现。

（3）旋压

图 2-84 是旋压过程示意图。顶块把坯料压紧在模具上，机床主轴带动模具和坯料一同旋转，手工操作赶棒加压于坯料反复赶辗，于是由点到线，由线及面，使坯料逐渐贴于模具上而成形。

旋压的基本要点如下。

① 合理的转速　主轴转速如果太低，坯料将不稳定；若转速太高，则材料与赶棒的接触次数太多，容易过度辗薄。合理的转速一般是：软钢 $400 \sim 600 \mathrm{r/min}$；铝 $800 \sim 1\,200 \mathrm{r/min}$。当坯料直径较大，厚度较薄时取小值，反之，则取较大值。

② 合理的过渡形状　先从毛坯的内缘（即靠近芯模底部圆角半径）开始，由内向外起辗，逐渐使毛坯转为浅锥形，然后再由浅锥形向圆筒形过渡。

③ 合理加力　赶棒的加力一般凭经验，加力不能太大，否则容易起皱，同时赶棒着力点必须不断转移，使坯料均匀延伸。

旋压成形虽然是局部成形，但是，如果材料的变形量过大，也易产生起皱甚至破裂，所以变形量大的工件需要多次旋压成形。对于圆筒旋压件，其一次旋压成形的许用变形量大约为

$$d/D \geqslant 0.6 \sim 0.8$$

式中　　d——工件直径，mm；

　　　　D——毛坯直径（按等面积法求出，因旋压时材料变薄，所以应将理论值减小 $5\% \sim 7\%$），mm；

　$0.6 \sim 0.8$——旋压系数，相对厚度小时取大值，反之取小值。

由于旋压件加工硬化严重，多次旋压时必须经过中间退火。

2.5.2　冲压工艺规程的制定

冲压件的生产过程包括备料、各种冲压工序和必要的辅助工序。有时，还需要配合一些非冲压工序，才能完成一个冲压零件的全部制造过程。编制冲压工艺规程的任务，是根据冲压件的特点、生产批量、现有设备和生产能力等，对以上这些工序做出合理的安排，找出一种技术上可行，经济上合理的工艺方案。以下叙述制订冲压工艺方案包含的主要内容。

2.5.2.1　分析冲压件的工艺性

冲压件的结构设计不仅应保证它具有良好的使用性能，而且也应具有良好的工艺性能。冲压件的工艺性是指冲压件对冲压加工工艺的适应性。良好的冲压工艺性，是指在满足零件

使用要求的前提下，可以减少材料的消耗、延长模具寿命、提高生产率、能以最简单及最经济的冲压方式加工出来。

影响冲压件工艺性的主要因素有：冲压件的形状、尺寸、精度及材料等。

(1) 冲压件的结构工艺性

① 对冲裁件的要求如下。

（ⅰ）冲裁件的形状应力求简单、对称，有利于材料的合理利用（见图 2-85），同时应避免长槽与细长悬臂结构，否则制造模具困难，模具寿命短。图 2-86 所示零件为工艺性很差的落料件。

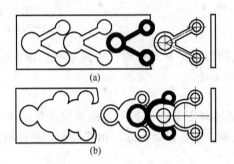

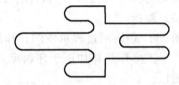

图 2-85　零件形状与节约材料的关系　　　　图 2-86　不合理的落料件外形

（ⅱ）冲孔件或落料件上直线与直线、曲线与直线的交接处，应以圆弧连接。要尽量避免尖角，以避免尖角处应力集中被冲模冲裂。最小圆角半径数值如表 2-13 所示。

表 2-13　落料件、冲孔件的最小圆角半径

工序	圆弧角	最小圆角半径/mm		
		黄铜、紫铜、铝	低碳钢	合金钢
落料	$\alpha \geqslant 90°$	0.18t	0.25t	0.35t
	$\alpha < 90°$	0.35t	0.50t	0.70t
冲孔	$\alpha \geqslant 90°$	0.20t	0.30t	0.45t
	$\alpha < 90°$	0.40t	0.60t	0.90t

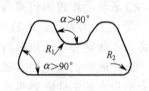

（ⅲ）孔及其有关尺寸如图 2-87 所示。为避免工件变形，孔间距和孔边距以及外缘凸出或凹进的尺寸都不能过小，不能小于板料厚度。冲孔时，因受凸模强度的限制，孔的尺寸也不应太小。在弯曲件或拉伸件上冲孔时，孔边与直壁之间应保持一定距离。

② 对弯曲件的要求如下。

（ⅰ）弯曲件形状应尽量对称，弯曲半径不

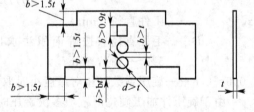

图 2-87　冲孔件尺寸与厚度的关系

能小于材料允许的最小弯曲半径，并应考虑材料纤维方向，以免成形过程中弯裂。

（ⅱ）弯曲边过短不易弯成形，故应使弯曲边高度 $H > 2t$。若 $H < 2t$，则必须压槽，或增加弯曲边高度，然后加工去掉多余材料（见图 2-88）。

（ⅲ）弯曲带孔件时，为避免孔的变形，孔的边缘距弯曲中心应有一定的距离（见图 2-89）。图中 $L > (1.5 \sim 2) t$。当 L 过小时，可在弯曲线上冲工艺孔（见图 2-89）。如对零件孔的精度要求较高，则应弯曲后再冲孔。

③ 对拉深件的要求如下。

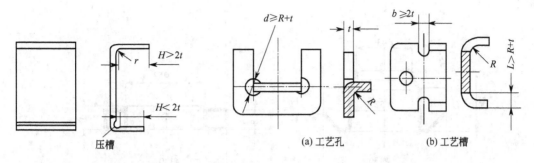

图 2-88　弯曲件直边高度　　　　　　图 2-89　弯曲件孔边距离

（ⅰ）拉深件外形应简单、对称，且不宜太高。以便使拉深次数尽量少，并容易成形。

（ⅱ）拉深件的圆角半径（见图 2-90）应满足：$r_d \geqslant s$，$R \geqslant 2s$，$r \geqslant 3s$。否则必须增加拉深次数和增加整形工序、增加模具的数量，同时容易产生废品和提高成本。

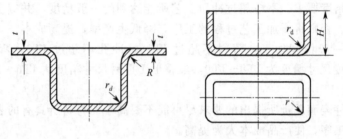

图 2-90　拉深件的圆角半径

（ⅲ）拉深件的壁厚变薄量一般要求不应超出拉伸工艺壁厚变化的规律（最大变薄率约 $10\% \sim 18\%$）。

（2）改进结构可以简化工艺及节省材料

① 采用冲焊结构　对于形状复杂的冲压件，可先分别冲制若干个简单件，然后再焊成整体件（见图 2-91）。

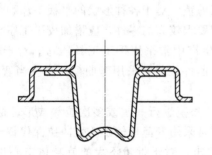
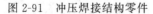
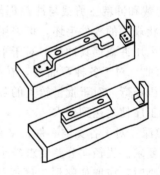

图 2-91　冲压焊接结构零件　　　　图 2-92　冲口工艺的应用

② 采用冲口工艺　以减少组合件数量，如图 2-92 所示，原设计用三个件铆接或焊接组合，现采用冲口工艺（冲口、弯曲）制成整体零件，可以节省材料，简化工艺过程。

③ 简化拉深件结构　在使用性能不变的情况下，应尽量简化拉深件结构，以便减少工序，节省材料，降低成本。如消声器后盖零件结构，原设计如图 2-93（a）所示，经过改进后如图 2-93（b）所示。结果冲压加工由 8 道工序降为 2 道工序，材料消耗减

少 50%。

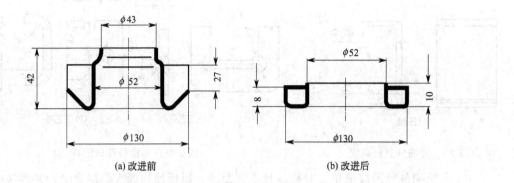

(a) 改进前　　　　　　　　　　　(b) 改进后

图 2-93　消声器后盖零件结构

(3) 冲压件的精度和表面质量

对冲压件的精度要求，不应超过冲压工艺所能达到的一般精度，并应在满足需要的情况下尽量降低要求。否则将增加工艺过程的工序，降低生产率，提高成本。

冲压工艺的一般精度如下：落料不超过 IT10，冲孔不超过 IT9，弯曲不超过 IT9～IT10；拉深件高度尺寸精度为 IT8～IT9，经整形工序后尺寸精度达 IT6～IT7；拉深件直径尺寸精度为 IT9～IT10。

一般对冲压件表面质量所提出的要求尽可能不要高于原材料所具有的表面质量。否则要增加切削加工等工序，使产品成本大为提高。

(4) 冲压件的厚度

在强度、刚度允许的条件下，应尽量采用较薄的材料来制作零件，以减少金属的消耗。对局部刚度不够的地方，可采用加强筋措施，以实现薄材料代替厚材料。

2.5.2.2　拟订冲压工艺方案

(1) 选择冲压基本工序

冲压基本工序的选择，主要是根据冲压件的形状、尺寸、公差及生产批量确定的。

① 剪裁和冲裁　剪裁与冲裁都能实现板料的分离。在少量生产中，对于尺寸和公差大而外形形状规则的板件毛坯，可采用剪床剪裁。对于各种形状的平板毛坯和零件，在批量生产中通常采用冲裁模具冲裁。对于平面度要求较高的零件，应增加校平工序。

② 弯曲　对于各种弯曲件，在少量生产中常采用手工工具压弯。对于窄长的大型件，可用折弯机压弯。对于批量较大的各种弯曲件，通常采用弯曲模压弯。当弯曲半径过小时，应加整形工序使之达到要求。

③ 拉深　对于各类空心件，多采用拉深模进行一次或多次拉深成形，最后用修边工序达到高度要求。当径向公差要求较小时，常采用变薄量较小的变薄拉深代替末次拉深。当圆角半径太小时，应增加整形工序以达到要求。对于批量不大的旋转体空心件，当工艺允许时，用旋压加工代替拉深更为经济，例如对于带凸缘的无底空心件，当直壁口部要求不严，且工艺允许时，采用旋压较为经济。对于大型空心件的少量生产，当工艺允许时，可用焊接代替拉深，这更为经济。

(2) 确定冲压工序的顺序与数目

冷冲压工序的顺序，主要是根据零件的形状而确定的，确定其顺序的一般原则如下。

①　对于有孔或有切口的平板零件，当采用单工序模冲裁时，一般应先落料，后冲孔（或切口）；当采用连续模冲裁时，则应先冲孔（或切口）后落料。

②　对于多角弯曲件，当采用简单弯曲分次弯曲成形时，应先弯外角，后弯内角。对于孔位于变形区（或靠近变形区）或孔与基准面有较高的要求时，必须先弯曲，后冲孔。否则，都应先冲孔，后弯曲。这样安排工序可使模具结构简化。

③　对于旋转体复杂拉深件，一般是由大到小的顺序进行拉深，或先拉深大尺寸的外形，后拉深小尺寸的内形；对于非旋转体复杂拉深件，则应先拉深小尺寸的内形，后拉深大尺寸的外形。

④　对于有孔或缺口的拉深件，一般应先拉深，后冲孔（或缺口）。对于带底孔的拉深件，有时为了减少拉深次数，当孔径要求不高时，可先冲孔，后拉深。当底孔要求较高时，一般应先拉深后冲孔，也可先冲孔，后拉深，再冲切底孔边缘达到要求。

⑤　校平、整形、切边工序，应分别安排在冲裁、弯曲拉深之后进行。工序数目主要是根据零件的形状与公差要求、工序合并情况、材料极限变形参数（如拉深系数、翻边系数、延伸率、断面缩减率等）来确定的。其中工序合并的必要性主要取决于生产批量。一般在大批量生产中，应尽可能把冲压基本工序合并起来，采用复合模或连续模冲压，以提高生产率，减少劳动量，降低成本；反之以采用单工序模分散冲压为宜。但是有时为了保证零件公差的较高要求，保障安全生产，批量虽小，也需要把工序作适当的集中，用复合模或连续模冲压。工序合并的可能性主要取决于零件尺寸的大小、冲压设备的能力和模具制造的可能性与使用的可靠性。

在确定冲压工序顺序及数目的同时，还要确定各中间工序的形状和半成品尺寸。

2.5.3　冲模模具及其结构

2.5.3.1　冲模的分类

冲压模具简称冲模，是冲压生产中必不可少的工艺装备。冲模的结构合理与否对冲压件的表面质量、尺寸精度、生产率以及模具使用寿命有很大影响。因此，了解模具结构，研究和提高模具的各项技术指标，对模具设计和发展冲压技术是十分必要的。

冲模的结构形式很多，可以按以下方法进行分类。

①　按冲压工序性质分，有落料模、冲孔模、弯曲模、拉深模等。

②　按冲压工序的集中程度分，有简单冲模、连续模、复合模和连续复合模等。

③　按模具的结构形式分，有无导向模、导柱模、导板模、固定卸料板冲模和弹性卸料板冲模等。

④　按采用的凸凹模材料分，有工具钢冲模、硬质合金冲模、钢结硬质合金冲模（这是一种以合金钢为基体，以碳化钨或碳化钛为硬质相，用烧结的方法制造的一种材料）、聚氨酯冲模等。

2.5.3.2　冲模的典型结构

（1）简单冲模

在压力机的一次行程中只完成一道工序的模具称为简单冲模。如落料模、冲孔模、弯曲模和拉深模等。

如图 2-94 所示为落料用的简单冲模。其模具结构及工作过程如下，凹模 2 用压板 7 固定在下模板 4 上，下模板用螺栓固定在冲床的工作台上，凸模 1 用压板 6 固定在上模板 3 上，上模板则通过模柄 5 与冲床的滑块连接。因此，凸模可随滑块作上下运动。为了使凸模向下运动能对准凹模孔，并在凸凹模之间保持均匀间隙，通常用导柱 12 和套筒 11 的结构。条料在凹模上沿两个导板 9 之间送进，碰到定位销 10 为止。凸模向下冲压时，冲下的零件

（或废料）进入凹模孔，而条料则夹住凸模并随凸模一起回程向上运动。条料碰到卸料板 8时（固定在凹模上）被推下，这样，条料继续在导板间送进。重复上述动作，冲下第二个零件。

（2）复合模

复合模是在压力机的一次行程内，模具同一部位同时完成两道以上冲压工序的模具，因而是一种多工序冲压模。常见的有落料冲孔复合模（见图 2-95）和落料拉深复合模。

图 2-95 是电机定子落料冲孔复合模，电机定子零件的冲孔、落料两道工序在模具的同一位置一次即可完成，如果采用简单冲模进行冲裁，则需要两道模具。复合模结构上的特点是有凸凹模零件 8，在冲压过程中，凸凹模 8 在两道工序中即落料和冲孔中分别起到凸模和凹模的作用。复合模结构复杂，制造成本高；但是冲压件的精度好，生产效率高，适合于大批量生产。

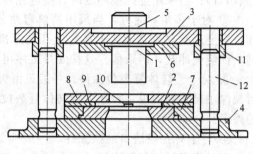

图 2-94　简单冲模

1—凸模；2—凹模；3—上模板；4—下模板；5—模柄；
6,7—压板；8—卸料板；9—导板；
10—定位销；11—套筒；12—导柱

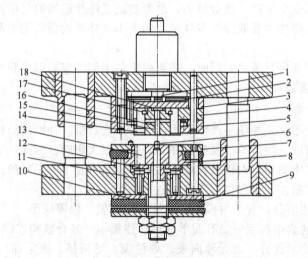

图 2-95　电机定子落料冲孔复合模

1—打料杆；2,16—打料板；3—垫板；4—固定板；
5—凹模；6—挡料钉；7—卸料板；8—凸凹模；
9—橡皮；10—压板；11,13—顶杆；12—托板；
14,18—凸模；15—缺口凸模；17—卡环

（3）连续模

在压力机的一次行程中，模具的不同部位同时完成数道冲压工序，这种模具称为连续模，如图 2-96 所示。模具工作时定位销 2 对准预先冲出的定位孔，上模向下运动，凸模 1 进行落料，凸模 4 进行冲孔。当上模回程时，卸料板 6 从凸模上推下残料。这时再将坯料 7 向前送进，执行第二次冲裁。如此循环进行，每次送进距离由挡料销控制。

连续模可以集几十道工序于一体，与简单模和复合模相比可以减少模具和设备的数量，生产效率高，而且容易实现生产自动化。但是连续模制造难度高，成本高。

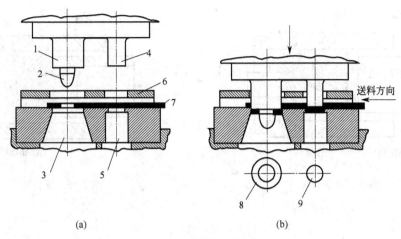

图 2-96 连续冲模

1—落料凸模；2—定位销；3—落料凹模；
4—冲孔凸模；5—冲孔凹模；6—卸料板；7—坯料；8—成品；9—废料

2.6 其他塑性成形方法

随着工业的不断发展，人们对金属塑性成形加工生产提出了越来越高的要求，不仅要求生产各种毛坯，而且要求能直接生产出更多的具有较高精度与质量的成品零件。其他塑性成形方法在生产实践中也得到了迅速发展和广泛的应用，例如挤压、拉拔、辊轧等。

2.6.1 挤压

挤压是指对挤压模具中的金属锭坯施加强大的压力作用，使其发生塑性变形从挤压模具的模口中流出，或充满凸、凹模型腔，而获得所需形状与尺寸的制品的塑性成形方法。挤压法的特点如下。

① 三向压应力状态，能充分提高金属坯料的塑性，不仅有铜、铝等塑性好的非铁金属，而且碳钢、合金结构钢、不锈钢及工业纯铁等也可以采用挤压工艺成形。在一定变形量下，某些高碳钢、轴承钢、甚至高速钢等也可以进行挤压成形。对于要进行轧制或锻造的塑性较差的材料，如钨和钼等，为了改善其组织和性能，也可采用挤压法对锭坯进行开坯。

② 挤压法可以生产出断面极其复杂的或具有深孔、薄壁以及变断面的零件。

③ 可以实现少、无屑加工，一般尺寸精度为 IT8~IT9，表面粗糙度为 $R_a 3.2 \sim 0.4 \mu m$。

④ 挤压变形后零件内部的纤维组织连续，基本沿零件外形分布而不被切断，从而提高了金属的力学性能。

⑤ 材料利用率、生产率高；生产方便灵活，易于实现生产过程的自动化。

根据金属流动方向和凸模运动方向的不同可将挤压分为以下四种方式。

① 正挤压 金属流动方向与凸模运动方向相同，如图 2-97 所示。

② 反挤压 金属流动方向与凸模运动方向相反，如图 2-98 所示。

③ 复合挤压 金属坯料的一部分流动方向与凸模运动方向相同，另一部分流动方向与凸模运动方向相反，如图 2-99 所示。

④ 径向挤压 金属流动方向与凸模运动方向成 90°角，如图 2-100 所示。

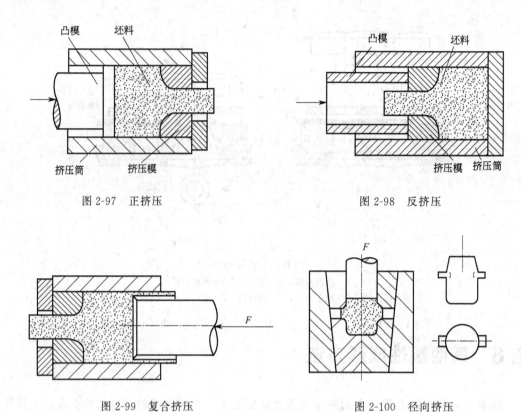

图 2-97　正挤压　　　　　　　　　　　　　　图 2-98　反挤压

图 2-99　复合挤压　　　　　　　　　　图 2-100　径向挤压

　　按照挤压时金属坯料所处的温度不同，可分为热挤压、冷挤压和温挤压三种方式。

　　① 热挤压　变形温度高于金属材料的再结晶温度。热挤压时，金属变形抗力较小，塑性较好，允许每次变形程度较大，但产品的尺寸精度较低，表面较粗糙。应用于生产铜、铝、镁及其合金的型材和管材等，也可挤压强度较高、尺寸较大的中碳钢、高碳钢、合金结构钢、不锈钢等零件。目前，热挤压越来越多地用于机器零件和毛坯的生产。

　　② 冷挤压　变形温度低于材料再结晶温度（通常是室温）的挤压工艺。冷挤压时金属的变形抗力比热挤压大得多，但产品尺寸精度较高，可达 IT8～IT9，表面粗糙度为 $R_a3.2～0.4\mu m$，而且产品内部组织为加工硬化组织，提高了产品的强度。目前可以对非铁金属及中、低碳钢的小型零件进行冷挤压成形，为了降低变形抗力，在冷挤压前要对坯料进行退火处理。

　　冷挤压时，为了降低挤压力，防止模具损坏，提高零件表面质量，必须采取润滑措施。由于冷挤压时单位压力大，润滑剂易于被挤掉失去润滑效果，所以对钢质零件必须采用磷化处理，使坯料表面呈多孔结构，以存储润滑剂，在高压下起到润滑作用。常用润滑剂有矿物油、豆油、皂液等。

　　冷挤压生产率高，材料消耗少，在汽车、拖拉机、仪表、轻工、军工等部门广为应用。

　　③ 温挤压　将坯料加热到再结晶温度以下高于室温的某个合适温度下进行挤压的方法，是介于热挤压和冷挤压之间的挤压方法。与热挤压相比，坯料氧化脱碳少，表面粗糙度较小，产品尺寸精度较高；与冷挤压相比，降低了变形抗力，增加了每个工序的变形程度，提高了模的使用寿命。温挤压材料一般不需要进行预先软化退火、表面处理和工序间退火。温挤压零件的精度和力学性能略低于冷挤压零件，表面粗糙度为 $R_a6.5～3.2\mu m$。温挤压不仅适用于挤压中碳钢，而且也适用于挤压合金钢零件。

　　挤压在专用挤压机上进行，也可在油压机及经过适当改进后的通用曲柄压力机或摩擦压力机上进行。

2.6.2　拉拔

拉拔是在拉力作用下，迫使金属坯料通过拉拔模孔，以获得相应形状与尺寸制品的塑性加工方法，如图 2-101 所示。拉拔是管材、棒材、异型材以及线材的主要生产方法之一。

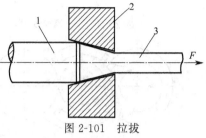

图 2-101　拉拔
1—坯料；2—拉拔模；3—制品

拉拔方法按制品截面形状可分为实心材拉拔与空心材拉拔。实心材拉拔主要包括棒材、异型材及线材的拉拔。空心材拉拔主要包括管材及空心异型材的拉拔。

拉拔的特点如下。

① 制品的尺寸精确，表面粗糙度小。

② 设备简单、维护方便。

③ 受拉应力的影响，金属的塑性不能充分发挥。拉拔单次变形量和两次退火间的总变形量受到拉拔应力的限制，一般单次伸长率在 20%～60% 之间，过大的单次伸长率将导致拉拔制品形状、尺寸、质量不合格，过小的单次伸长率将降低生产率。

④ 最适合于连续高速生产断面较小的长制品，例如丝材、线材等。

拉拔一般在冷态下进行，但是对一些在常温下塑性较差的金属材料则可以采用加热后温拔。采用拉拔技术可以生产直径大于 500mm 的管材，也可以拉制出直径仅 0.002mm 的细丝，而且性能符合要求，表面质量好。拉拔制品被广泛应用在国民经济各个领域。

2.6.3　辊轧

金属坯料在旋转轧辊的作用下产生连续塑性变形，从而获得所要求截面形状并改变其性能的加工方法，称为辊轧。常采用的辊轧工艺有辊锻、横轧、斜轧、旋压等。

（1）辊锻

辊锻是指使坯料通过装有圆弧形模块的一对相对旋转的轧辊，受压产生塑性变形，从而获得所需形状的锻件或锻坯的锻造工艺方法，如图 2-102 所示。它既可以作为模锻前的制坯工序也可以直接辊锻锻件。

目前，成形辊锻适用于生产以下三种类型的锻件。

① 扁断面的长杆件，如扳手、链环等。

② 带有头部，且沿长度方向横截面面积递减的锻件，如叶片等。叶片辊锻工艺和铣削旧工艺相比，材料利用率可提高 4 倍，生产率提高 2.5 倍，而且叶片质量大为提高。

③ 连杆，采用辊锻方法锻制连杆，生产率高，简化了工艺过程。但锻件还需其他锻压设备进行精整。

（2）横轧

横轧是轧辊轴线与轧件轴线互相平行，且轧辊与轧件作相对转动的轧制方法，如齿轮轧制等。

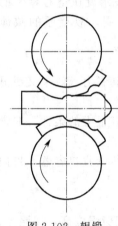

图 2-102　辊锻

齿轮轧制是一种少、无切屑加工齿轮的新工艺。直齿轮和斜齿轮均可用横轧方法制造，齿轮的横轧如图 2-103 所示。在轧制前，齿轮坯料外缘被高频感应加热，然后将带有齿形的轧辊作径向进给，迫使轧辊与齿轮坯料对辊。在对辊过程中，毛坯上一部分金属受轧辊齿顶挤压形成齿谷，相邻的部分被轧辊齿部"反挤"而上升，形成齿顶。

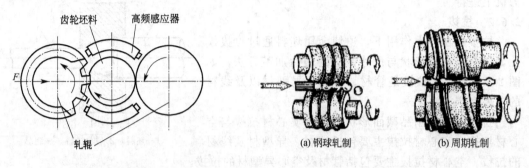

图 2-103　热轧齿轮示意　　　　　　　　图 2-104　斜轧示意

（3）斜轧

斜轧又称螺旋斜轧。斜轧时，两个带有螺旋槽的轧辊相互倾斜配置，轧辊轴线与坯料轴线相交成一定角度，以相同方向旋转。坯料在轧辊的作用下绕自身轴线反向旋转，同时还做轴向向前运动，即螺旋运动，坯料受压后产生塑性变形，最终得到所需制品。例如钢球轧制、周期轧制均采用了斜轧方法，如图 2-104 所示。斜轧还可直接热轧出带有螺旋线的高速钢滚刀、麻花钻、自行车后闸壳以及冷轧丝杠等。

如图 2-104（a）所示钢球斜轧，棒料在轧辊间螺旋形槽里受到轧制，并被分离成单个球，轧辊每转一圈，即可轧制出一个钢球，轧制过程是连续的。

（4）旋压

旋压是利用旋压机使毛坯和模具以一定的速度共同旋转，并在滚轮的作用下，使毛坯在与滚轮接触的部位产生局部塑性变形，由于滚轮的进给运动和毛坯的旋转运动，使局部的塑性变形逐步扩展到毛坯的全

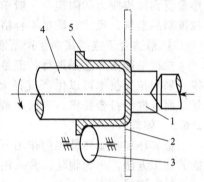

图 2-105　旋压示意图
1—顶杆；2—毛坯；3—滚轮；
4—模具；5—加工中的毛坯

部所需表面，从而获得所需形状与尺寸零件的加工方法。图 2-105 表示旋压空心零件的过程。旋压基本上是靠弯曲成形的，不像冲压那样有明显的拉深作用，故壁厚的减薄量小。

旋压的工艺特点如下。

① 局部连续成形，变形区很小，所需要的成形力小。旋压是一种既省力，效果又明显的压力加工方法，可以用功率和吨位都非常小的旋压机加工大型的工件。

② 工具简单、费用低，而且旋压设备的调整、控制简便灵活，具有很大的柔性，非常适合于多品种小批量生产。

③ 对冲压难以成形的复杂零件，如头部很尖的火箭弹药锥形罩、薄壁收口容器，带内螺旋线的猎枪管等。

④ 旋压件尺寸精度高，甚至可与切削加工相媲美。

⑤ 旋压零件表面粗糙度容易保证。此外，经旋压成形的零件，抗疲劳强度高，屈服点、抗拉强度、硬度都大幅度提高。

⑥ 只适用于轴对称的回转体零件；对于大量生产的零件，它不如冲压方法高效、经济；材料经旋压后塑性指标下降，并存在残余应力。

2.7　先进塑性成形工艺

随着工业的不断发展，对塑性成形工艺提出了越来越高的要求，不仅应能生产各种毛坯，更需要直接生产更多的零件。近年来，在塑性成形生产方面出现了许多特种工艺方法，并得到迅速发展，如超塑性成形、粉末锻造、液态模锻、精密模锻、高能高速成形等先进成形工艺。

2.7.1　超塑性成形

超塑性是指金属或合金在特定条件下，即低的变形速率（$\varepsilon = 10^{-2} \sim 10^{-4}/\mathrm{s}$）、一定的变形温度（约为熔点一半）和均匀的细晶粒度（晶粒平均直径为 $0.2 \sim 5\mu\mathrm{m}$），其相对延伸率 δ 超过 100% 以上。

超塑性变形具有以下特点。

① 大变形　其相对伸长率 δ 可超过 100% 以上，如钢 $\delta > 500\%$，纯铁 $\delta > 300\%$，锌铝 $\delta > 1\,000\%$。

② 低应力　变形应力仅为常态下金属变形应力的几分之一至几十分之一。

③ 无缩颈　超塑性状态下的金属在拉伸变形中不出现缩颈现象。

④ 易成形　这类金属极易成形，可采用多种工艺制备出复杂零件。

目前常用的超塑性成形材料主要是锌铝合金、铝基合金、钛合金及高温合金。

2.7.1.1　超塑性的分类

目前，超塑性分成两类。

(1) 结构超塑性或微细晶粒超塑性

实现这类超塑性需要具备三个条件，即细小的等轴晶粒、适当的变形温度和极低的应变速率。细小的晶粒是指晶粒直径在 $5\mu\mathrm{m}$ 以下的稳定超细晶粒，可通过冶金的方法（如快速凝固或添加一些促使金属早期形核的元素）、塑性变形的方法（冷、温、热轧或锻造）或热处理方法（反复淬火、形变热处理、球化退火）来获得；适当的变形温度是指变形温度在 $0.5T_\text{熔}$ 附近；极低的应变速率是指应变速率在 $10^{-2} \sim 10^{-1}\mathrm{s}^{-1}$ 的范围内，即可得到超塑性，因而又称为恒温超塑性或细晶超塑性。

(2) 动态超塑性或相变超塑性

这类超塑性不一定要求金属具有超细晶粒组织，但是要求金属具有相变或同素异构转变，在低载荷作用下，使金属在相变点附近反复加热冷却，经过一定次数的温度循环后，即可以获得很大的延伸率，因而也称为相变超塑性。例如，将碳素钢加以一定的载荷，同时在相变点上下进行多次温度循环，每次循环发生一次 $\alpha \sim \gamma$ 的转变，获得一定量的均匀拉伸。开始时每一循环下的变形量比较小，多次循环后则变形量明显地上升，并累积成大的延伸率。普通碳钢在 160 次循环后，其延伸率可达 500% 以上。

2.7.1.2　超塑性成形工艺的应用

超塑性成形的主要工艺方法有拉深、气压成形、挤压、模锻、无模拉拔等。目前，国内外已经采用超塑性挤压工艺制造出一些具有复杂形状和高精度的零件。

(1) 板料拉深

如图 2-106 所示是在室温下利用径向辅助压力模具进行薄板超塑性拉深成形。零件直径较小，但很高。在拉深过程中，由高压油产生的径向压力将板料推向凹模中心，对引导材料进入凹模起辅助作用。超塑性拉深一次拉深高径（H/d_0）可达 11。选用超塑成形，拉深件质量很好，零件性能无方向性。

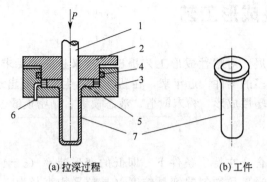

图 2-106　超塑性板料拉深
1—冲头（凸模）；2—压板；3—凹模；4—电热元件；
5—板坯；6—高压油孔；7—工件

（2）板料气压成形

气压成形法又称吹塑成形法。如图 2-107 所示，超塑性金属料放于模具中，把板料与模具一起加热到规定温度，向模具内吹入压缩空气或抽出模具内的空气形成负压，板料将贴紧在凹模或凸模上，获得所需形状的工件。该法可加工的板料厚度为 0.4～4mm。

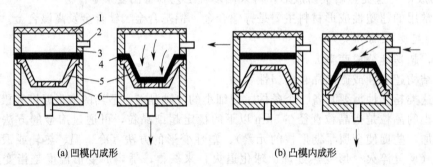

图 2-107　板料气压成形
1—电热元件；2—进气孔；3—板料；4—工件；5—凹（凸）模；6—模框；7—抽气孔

（3）挤压和模锻

高温合金及钛合金在常态下塑性很差，变形抗力大，不均匀变形引起各向异性的敏感性强，用通常的成形方法较难于成形，材料损耗极大。如采用普通热模锻毛坯，再进行机械加工，金属损耗达 80% 左右，致使产品成本很高。如果在超塑性状态下进行模锻，就完全克服了上述缺点，节约材料，降低成本。

（4）无模拉拔

如图 2-108 所示为无模拉拔及其制件示意图。采用感应圈对坯料进行局部加热，使其局部处于超塑性状态并沿轴向逐步进行拉拔。可加工不等截面的零件，截面收缩率可达 83%。加工精度可达 ±0.13mm，但无模拉拔不适合加工截面形状过于复杂的零件。

2.7.1.3　超塑性模锻工艺特点

超塑性模锻工艺特点如下。

① 扩大了可锻金属材料的种类，如过去只能采用铸造成形的镍基合金，也可以进行超塑性模锻成形。

② 金属填充模膛的性能好，金属在超塑性状态下具有极好的固态流动性，因而具有良

好的充型能力，可锻出尺寸精度高，机械加工余量很小，为少、无切削加工和精密成形开辟了又一新的途径。

③ 能获得均匀细小的晶粒组织，零件力学性能均匀一致，其制件比普通锻件的强度更高，塑性、韧性更好。

④ 金属的变形抗力小，一般只有常规塑性成形抗力的 $1/3 \sim 1/5$，甚至更低，因此可充分发挥中、小设备的作用，大大降低设备的吨位和节省动力消耗。

总之，利用金属及合金的超塑性，为制造少、无屑零件开辟了一条新的途径。

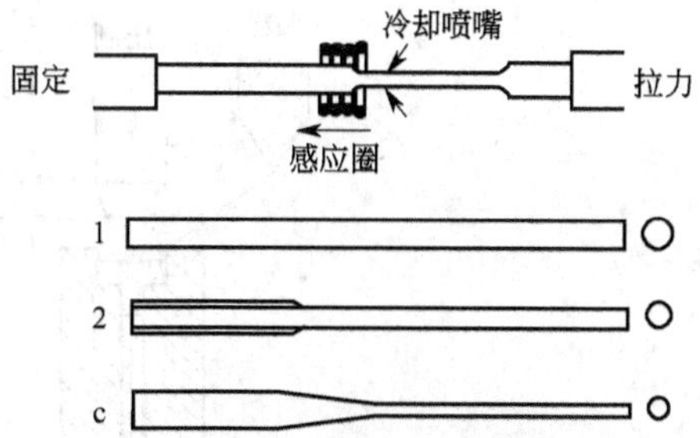

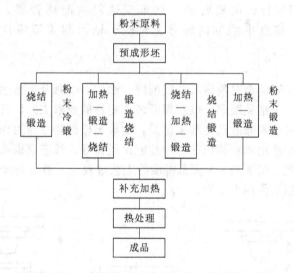

图 2-108 超塑性无模拉拔
装置及其制件示意
1,2—钛合金
管坯；3—拉拔制件

2.7.2 粉末锻造

（1）粉末锻造的原理

粉末锻造是粉末冶金成形方法和锻造相结合的一种金属加工方法。普通的粉末冶金件，其尺寸精度高，而塑性与冲击韧性差。锻件的力学性能虽好，但精度低。将二者取长补短，产生了粉末锻造方法。它是将粉末预压成形后，在充满保护气体的炉子中烧结制坯，将坯料加热至锻造温度后模锻而成。其工艺方法分类及工艺过程如图 2-109 所示，图中所示的锻造烧结、烧结锻造和粉末锻造统称为粉末热锻。

图 2-109 粉末锻造工艺方法分类及工艺过程

（2）粉末锻造的优点

粉末锻造工序如图 2-110 所示。

与模锻相比，粉末锻造具有以下优点。

① 材料利用率高 材料利用率可达 $80\% \sim 90\%$ 以上。而模锻的材料利用率只有 50% 左右。

② 力学性能高 内部组织无偏析，材质均匀无各向异性，强度、塑性和冲击韧性都较高。

③ 锻件精度高 表面光洁，是一种少、无切削生产结构零件的工艺方法。

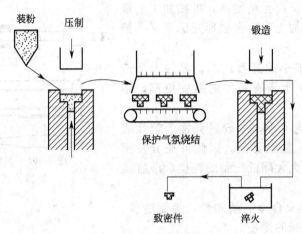

图 2-110　粉末锻造工序

④ 生产率高　每小时产量可达 500~1 000 件。

⑤ 锻造压力小　如 130 汽车差速器行星齿轮，钢坯锻造需用 2 500~3 000kN 压力机，粉末锻造只需 800kN 压力机。

⑥ 可以加工热塑性差的材料　如难于变形的高温铸造合金可用粉末锻造方法锻出形状复杂的零件。

粉末锻造已在许多领域得到应用，尤其是在汽车制造中应用较多。汽车发动机中的齿轮、连杆、气门顶杆、电机转子、汽车变速箱中的离合器、内外座圈、差动齿轮及其他齿轮，汽车底盘中的方向轴节、轮毂、轴承端盖等零件都可采用粉末锻造生产。

2.7.3　液态模锻

液态模锻是将一定量的金属液注入金属模腔，然后对熔融及半熔融状态的金属液施以机械静压力，使其在压力下结晶凝固，以获得毛坯或零件的成形工艺，又称挤压铸造。它与压铸不同之处是，压铸时金属靠散热冷却来结晶，而液态模锻是在压力作用下结晶并产生小量的塑性变形，因此其结晶组织和相应的力学性能比压铸好。液态模锻实际上是铸造和锻压相结合的半固态成形工艺。图 2-111 为液态模锻的工艺过程，一般分为金属液和模具准备、浇注、合模施压以及开模取件四个步骤。

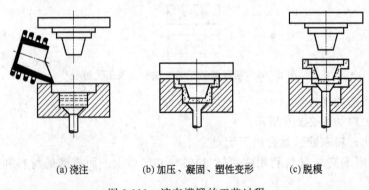

(a) 浇注　　　　　(b) 加压、凝固、塑性变形　　　　　(c) 脱模

图 2-111　液态模锻的工艺过程

液态模锻设备采用液压机，能够平稳加压并保压，液态模锻时，先将金属熔化后，将金属液浇入模腔内，由于金属液体温度很高，在模具中需要停留一段时间，然后冲

头向下运动，首先使金属液充满模腔，液态金属在稳定的静压力下金属液由表层向内层逐步凝固，同时，已凝固的制件外壳在压力作用下发生少量塑性变形，并压迫心部未凝固的金属填充枝晶间隙，使制件体积除冷却自然收缩外还有少量压缩，将制件及时脱模取出。

　　液态模锻的工艺方法可分为直接加压和间接加压两类。图 2-112 所示为直接加压方式，即冲头的压力直接作用在制件上。冲头除起加压作用外，还与凹模形成一定形状和尺寸的模腔，起成形作用。直接加压方式一般用于生产回转体形制件，可成形实心件、杯形件、筒形件、盘形件等。图 2-113 所示为间接加压方式。模具由凸模、凹模和冲头三个主要部分组成。冲头加压前先使凸模与凹模合模，形成所需要的模腔。冲头只起加压作用，压力通过内浇道传到制件上。这种加压方式更接近压力铸造，但其浇道比压铸的浇道短而宽，液态金属进入模腔的速率也较低。这种工艺方式一般适用于一模多件的小型生产。

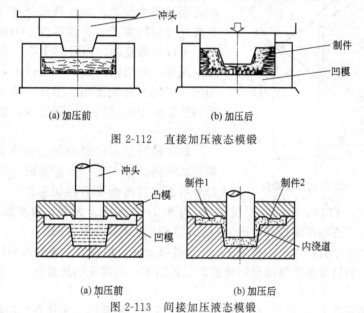

(a) 加压前　　　　　　　　　　　　(b) 加压后

图 2-112　直接加压液态模锻

(a) 加压前　　　　　　　　　　　　(b) 加压后

图 2-113　间接加压液态模锻

　　液态模锻工艺的主要特点如下。

　　① 成形过程中，液态金属自始至终承受等静压，在压力下完成结晶凝固。

　　② 已凝固金属在压力作用下产生塑性变形，使制件外表面紧贴模腔，保证尺寸精度。

　　③ 液态金属在压力作用下，凝固过程中能得到强制补缩，比压铸件组织致密。

　　④ 成形能力高于固态金属热模锻，可成形形状复杂的锻件。

　　液态模锻技术体现了加压铸造技术与热模锻技术的结合，兼有两者的优点。由于液态模锻的成形方式基本上仍属于液态成形，因而形状复杂的制件可以方便顺利地制造出来；由于成形过程中发生塑性变形，液态模锻件的内部组织致密，晶粒较细，因而力学性能较好。在大多数情况下，液态模锻件的强度都达到甚至超过同种材料的铸件、锻件甚至轧材的强度；非铁合金液态模锻制件的塑性一般也好于同种材料铸件和锻件的塑性，而液态模锻的钢制件塑性稍差。

　　适用于液态模锻的材料非常多，不仅是铸造合金，而且变形合金，有色金属及黑色金属的液态模锻也已大量应用。特别是对于非铁金属及其合金熔点不高的材料，更容易实现液态模锻，如液态模锻汽车铝活塞，经济效益显著。

液态模锻适用于各种形状复杂、尺寸精确的零件制造，在工业生产中应用广泛。如活塞、压力表壳体、汽车油泵壳体、摩托车零件等铝合金零件；齿轮、蜗轮、高压阀体等铜合金零件；钢法兰、钢弹头、凿岩机缸体等碳钢、合金钢零件。

2.7.4　精密模锻

精密模锻是一种先进的锻造方法。是在一般模锻基础上逐步发展起来的一种少、无切削加工新工艺。能够提高锻件的复杂程度和精度、降低表面粗糙度、机械加工余量最少，从而能提高材料利用率，可使金属流线沿零件轮廓合理分布，提高零件的承载能力。因此，对于生产批量大的中、小型锻件，若能采用精密模锻成形方法生产，则可显著提高生产率，降低产品成本和提高产品质量。特别是对一些材料贵重并难以进行切削加工的工件，其技术经济效果更为显著。如精密模锻圆锥齿轮，其齿形部分可直接锻出而不需要再经过切削加工。有些零件，例如汽车的同步齿圈，不仅齿形复杂，而且其上有一些盲槽，切削加工很困难，而用精密模锻方法成形后，只需少量的切削加工便可装配使用。因此，精密模锻是现代机器制造工业中的一项重要新技术，也是锻压技术发展方向之一。

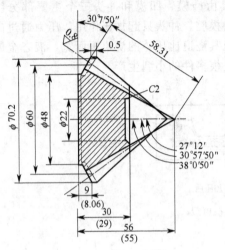

图 2-114　TS12 差速齿轮锻件

精密模锻是在模锻设备上锻造出形状复杂，高精度锻件的锻造工艺。如精密锻造锥齿轮，其齿形部分可直接锻出而不必再切削加工。精密模锻件尺寸精度可达 IT15～IT12；表面粗糙度值 R_a 为 3.2～1.6μm。无疑，随着加工技术的发展，精锻件的精度水平还将不断提高。图 2-114 是 TS12 差速齿轮锻件图。

根据技术经济分析，零件的批量在 2 000 件以上时，精密模锻将显示其优越性，如果现有的锻造设备和加热设备均能满足精密模锻工艺要求，则零件的批量在 500 件以上，便可采用精密模锻生产。

目前，精密模锻主要应用于精化坯料和精锻零件。用精锻工序代替粗切削加工工序，即将精锻件直接进行精切削加工而得到成品零件的方法称为精化坯料。随着数控加工设备的大量采用，对坯料精化的需求越来越迫切。精锻零件一般用于精密成形零件上难切削加工的部位，而其他部位仍需进行少量切削加工，有时，则直接用于生产成品零件。

（1）精密模锻的工艺特点

精密模锻的工艺特点如下。

① 需要精确计算原始坯料的尺寸，严格按坯料质量下料。否则会增大锻件尺寸公差，降低精度。

② 精细清理坯料表面，去除冷坯料表面的氧化皮、脱碳层及其他缺陷等。

③ 精密锻造要求毛坯采用无氧化或少氧化加热法，尽量减少坯料表面形成的氧化皮。这样才能保证锻件的尺寸精度和降低表面粗糙度。

④ 精密模锻的锻件精度在很大程度上取决于锻模的加工精度。因此，精锻模膛的精度必须很高。一般要比锻件精度高两级。精锻模一定有导柱导套结构，保证合模准确。为排除模膛中的气体，减小金属流动阻力，使金属更好地充满模膛，在凹模上应开排气小孔。

⑤ 模锻时要很好地进行润滑和冷却锻模。精密锻造一般都在刚度大、运动精度高的设备（如曲柄压力机、摩擦压力机、高速锤等）上进行，它具有精度高、生产率高、成本低等优点。

由于精锻件形状复杂（对同一零件而言，普通锻造锻不出的部分，可能要求用精锻加工），与一般模锻件相比可能需要增加一些成形工序，或需采用新的成形方法。另外，由于精锻件的高度（厚度）、肋宽和壁厚比一般模锻件小（对同一零件而言），材料充满高而窄的模膛需要更大的冲模力，因此，无论是采用镦粗成形、压入成形或挤压成形都将使变形抗力增大，尤其是室温或中温成形时，都可能使模具的强度满足不了要求，这就需要采用一些可以降低变形抗力的工艺措施。例如采用局部塑性变形工序或等温模锻新工艺等。由于精锻件的尺寸精度和表面质量要求高，常常在初步成形后，还要再增加一道精整工序。

(2) 精密模锻的成形方法

精密模锻中常用的成形方法有：小飞边开式模锻、闭式模锻、闭塞式锻造、等温锻造和体积精压等。

精密模锻时由于采用的坯料的体积较精确，因此小飞边模锻和闭式模锻应用较多。闭塞式锻造是近年来发展十分迅猛的一种精密成形方法，其成形过程是先将可分凹模闭合形成一个封闭模膛，同时对闭合的凹模施以足够的压力，然后用一个冲头或多个冲头，从一个方向或多个方向，对模膛内的坯料进行挤压成形（见图 2-115）。

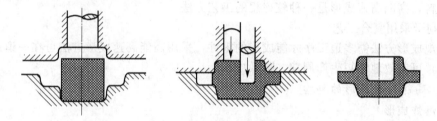

图 2-115　闭塞式精密模锻

一般精密模锻的工艺过程大致是：先将原始坯料普通模锻成中间坯料；再对中间坯料进行严格的清理，除去氧化皮或缺陷；最后采用无氧化或少氧化加热后精锻（见图 2-116）。为了最大限度地减少氧化，提高精锻件的质量，精锻的加热温度较低，对碳钢锻造温度在450～900℃之间，称为温模锻。精锻时需在中间坯料上涂润滑剂以减少摩擦，提高锻模寿命和降低设备的功率消耗。

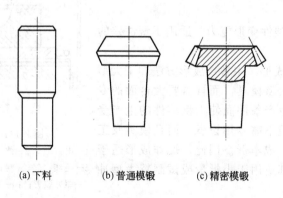

(a) 下料　　　　(b) 普通模锻　　　　(c) 精密模锻

图 2-116　精密模锻的大致工艺过程

2.7.5 高能高速成形

高能高速成形是通过适当的方法获得高速度和高能量（如化学能、冲击能、电能等），使坯料在极短的时间内快速成形的一种加工方法。高能高速成形的历史可追溯到一百多年前，但由于成本太高及当时工业发展的局限，该工艺并未得到应用。随着航空及导弹技术的发展，高能高速成形方法才进入到生产实践中。

常见的高能高速成形主要包括高速锤成形、爆炸成形、电磁成形、电液成形等。

2.7.5.1 高能高速成形的特点

与常规成形方法相比，高能高速成形具有以下特点。

（1）模具简单

高能高速成形仅用凹模便可以实现。因此，节省模具材料，缩短模具制造周期，降低模具成本。

（2）零件精度高，表面质量好

高能高速成形时，零件以很高的速度贴模，在零件与模具之间发生很大的冲击力，这不但有利于提高零件的贴模性，而且可有效地减小零件弹复现象。高能高速成形时，毛坯变形不是由于刚体凸模的作用，而是在液体、气体等传力介质作用下实现的（电磁成形则无需传力介质）。因此，毛坯表面不受损伤，而且可提高变形的均匀性。

（3）可提高材料的塑性变形能力

与常规成形方法相比，高能高速成形可提高材料的塑性变形能力。因此，对于塑性差的难成形材料，高能高速成形是一种较理想的工艺方法。

（4）利于采用复合工艺

用常规成形方法需多道工序才能成形的零件，采用高能高速成形方法可在一道工序中完成。因此，可有效地缩短生产周期，降低成本。

2.7.5.2 高能高速成形的类型

（1）爆炸成形

爆炸成形是将板料置于凹模上，在板料上方一定距离合理布放炸药，利用爆炸在爆炸瞬间释放出巨大的能量产生的冲击波使板料成形的高能高速成形方法。除高能高速成形共有的特点外，爆炸成形还具有以下特点。

① 模具简单　仅用凹模即可，节省模具材料，降低成本。

② 简化设备　一般情况下，爆炸成形无需使用冲压设备。这不仅省去了设备费用，而且也使生产条件得到简化。

③ 能提高材料的塑性变形能力　适用于塑性差的难成形材料。

④ 适于大型零件成形　用常规成形方法加工大型零件，不但需要制造大型模具，而且需要大台面的专用设备，因此，由于生产条件而使大型零件的生产受到限制。爆炸成形不但不需专用设备，而且模具及工装制造简单，周期短，成本低。因此，爆炸成形适于大型零件的成形，尤其适用于小批量或试制特大型冲压件。

爆炸成形主要用于板材的拉深、胀形、校形等成

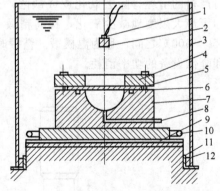

图 2-117　爆炸拉深装置

1—电雷管；2—炸药；3—水筒；4—压边圈；
5—毛坯；6—密封；7—凹模；8—真空管道；
9—缓冲装置；10—压缩空气管路；11—垫环；
12—密封

形工艺。此外还常用于爆炸焊接、表面强化、管件结构的装配、粉末压制等。

图 2-117 为爆炸拉深示意图。爆炸成形时，爆炸物质的化学能在极短时向内转化为周围介质（空气或水）中的高压冲击波，并以脉冲波的形式作用于坯料，由于冲击波压力大大超过毛坯塑性变形抗力，毛坯开始产生塑性变形并以一定速度贴模，完成成形过程。冲击波对坯料的作用时间为微秒级，仅占坯料变形时间的一小部分。这种高速变形条件，使爆炸成形的变形机理及过程与常规冲压加工有着根本性的差别。

（2）电液成形

电液成形是利用液体中强电流脉冲放电所产生的强大冲击波对金属进行加工的一种高能高速成形方法。与爆炸成形相比，电液成形时能量易于控制，成形过程稳定，操作方便，生产率高，便于组织生产。但由于受到设备容量限制，电液成形还只限于中、小型零件的加工。主要用于板材的拉深、胀形、翻边、冲裁等。

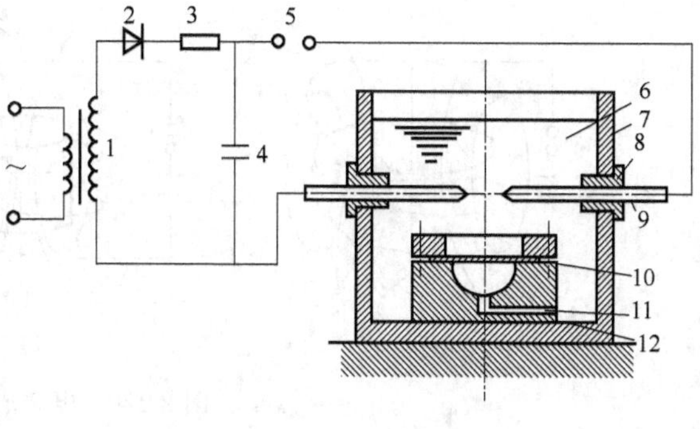

图 2-118　电液成形原理图
1—升压变压器；2—整流器；3—充电电阻；4—电容器；
5—辅助间隙；6—水；7—水箱；8—绝缘；9—电极；
10—毛坯；11—抽气孔；12—凹模

电液成形装置的基本原理如图 2-118 所示。该装置主要由两部分组成，即充电回路及放电回路。充电回路主要由升压变压器 1、整流器 2 及充电电阻 3 组成。放电回路主要由电容器 4、辅助间隙 5 及电极 9 组成。

来自网路的交流电经变压器及整流器后变为高压直流并向电容器充电。当充电电压达到所需值后，点燃辅助间隙，高电压瞬时地加到两放电电极所形成的主放电间隙上，并使主间隙击穿，在其间产生高压放电，在放电回路中形成非常强大的冲击电流，结果在电极周围介质中形成冲击波及液流冲击而使金属毛坯成形。

（3）电磁成形

电磁成形是利用脉冲磁场对金属坯料进行高能成形的一种加工方法。电磁成形除具有前述的高能高速成形特点外，还具有无需传压介质，可以在真空或高温条件下成形，能量易于控制，成形过程稳定，再现性强，生产效率高，易于实现机械化、自动化等特点。

电磁成形适于板材，尤其是管坯的胀形、管坯缩颈、管材的缩口、翻边、压印、剪切及装配、联结等。

电磁成形装置原理如图 2-119 所示。与电液成形装置比较可见，除放电元件不同外，其他都是相同的。电液成形的放电元件为水介质中的电极，而电磁成形的放电元件为空气中的线圈。

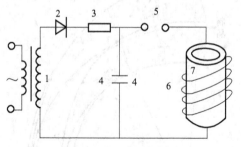

图 2-119　电磁成形装置原理
1—升压变压器；2—整流器；3—限流电阻；
4—电容器；5—辅助间隙；6—工作线圈；7—毛坯

电磁成形原理如图 2-120 所示，当工作线圈 1 通过强脉冲电流 i 时，线圈空间就产生一均匀的强脉冲磁场 2 [见图 2-120(a)]。如果将管状金属坯料 3 放在线圈内，则在管坯外表面就会产生感应脉冲电流 i'（由楞次定律可知），该电流在管坯空间产生感应脉冲磁场 $2'$ [见图 2-120(b)]。放电瞬间在管坯内部的空间，放电磁场与感应磁场方向相反而相互抵消，在管坯与线圈之间，放电磁场与感应磁场方向相同而得到加强。其结果是使管坯外表面受到很大的磁场压力 p 的作用 [见图 2-120(c)]。如果管坯受力达到屈服点，就会引起缩径变形。如将线圈放到管坯内部，放电时，管坯内表面的感应电流 i' 与线圈内的放电电流 i 方向相反，这两种电流产生的磁力线，在线圈内部空间方向相反而互相抵消，在线圈与管坯之间方向相同而加强。其结果是使管坯内表面受到强大的磁场压力，驱动管坯发生胀形变形。

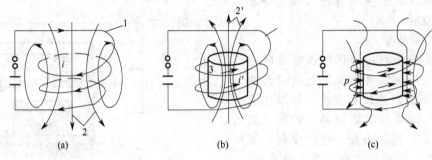

图 2-120　电磁成形原理图

电磁成形不但能提高变形材料的塑性和成品零件的成形精度，而且模具结构简单，生产率高，具有良好的可控性和重复性，生产过程稳定，零件中的成形残余应力低。

电磁成形的毛坯应具有好的导电性，如铝、铜、不锈钢、低碳钢等；对导电性能差的材料，在工件表面涂敷一层导电性能优良的材料即可。用这种方法甚至可以将电磁成形方法扩展到非导电材料的成形。

2.7.6　连续挤压与连续包覆

常规挤压工艺的最大缺点是生产的不连续性。在一个挤压周期中非生产性间隙时间长，对挤压生产效率的影响较大。况且由于这种间隙性生产的缘故，使得挤压生产的废料比例大为增加，成品率下降。连续挤压是 20 世纪 70 年代初出现的一种有色金属塑性加工技术，这种技术被誉为有色金属加工的一次革命。

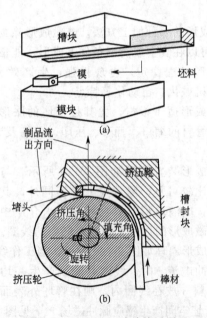

图 2-121　Conform 连续挤压原理

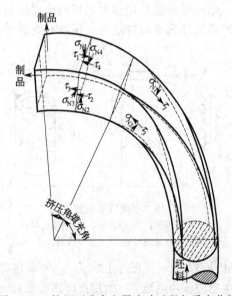

图 2-122　挤压型腔内金属流动过程与受力分析

2.7.6.1　连续挤压原理

由于在常规的挤压工艺中，变形是通过挤压轴和垫片将所需的挤压力直接作用于坯料之上来实现的，在挤压筒的长度有限、需要通过挤压轴和垫片直接对坯料施加挤压力来进行挤压的前提下，要实现无间隙的连续挤压是不可能的。一般来讲，为了实现连续挤压，必须满足以下两个基本条件：

① 不需借助挤压轴和垫片的直接作用，即可对坯料施加足够的力实现挤压变形；

② 挤压筒应具有无限长连续工作长度，以便使用无限长的坯料。

为了满足第一个条件，其方法之一是采用如图 2-121(a) 所示的方法，用带矩形截面槽的运动槽块和挤压模固定在其上的固定矩形块（简称模块）构成一个方形挤压筒，以代替常规的圆形挤压筒。当运动槽块沿图中箭头所示方向连续向前运动时，坯料在槽内接触面摩擦力的作用下向前运动而实现挤压。但由于运动槽块长度有限，仍无法实现连续挤压。

为了满足第二个条件，其方法之一是采用槽轮（习惯上称其为挤压轮）来代替槽块，如图 2-121(b) 所示。随着挤压轮的不断旋转，即可获得"无限"工作长度的挤压筒。挤压时，借助于挤压轮凹槽表面的主动摩擦力作用，坯料（一般为连续线杆）连续不断地被送入，通过安装在挤压靴上的模具挤出所需断面形状的制品。这一方法称为 Conform 连续挤压法，是由英国原子能局（UKAEA）斯普林菲尔德研究所的格林（D. Green）于 1971 年提出的。

2.7.6.2　Conform 连续挤压过程

Conform 连续挤压时，由挤压轮、挤压模、挤压靴构成大约为 $\frac{1}{5} \sim \frac{1}{4}$ 圆周长的半封闭圆环形空间（该长度可根据需要进行调整），以实现常规挤压法中挤压筒的功能。为区别于常规挤压法的情形，一般将这种具有特殊结构和形状的挤压筒称为挤压型腔。

如图 2-122 所示，稳定挤压阶段挤压型腔内的金属流动变形过程可以分为两个阶段：填充变形阶段和挤压变形阶段。在填充变形阶段，圆形坯料在外摩擦力的作用下被连续拽入挤压型腔。随着挤压轮的转动，圆形坯料与凹槽的侧壁和槽封块的接触面积逐渐增加，金属逐渐向型腔的角落部位填充，直至矩形截面被完全充满，填充过程完成。从坯料入口至型腔完全被充满的区段称为填充段（或填充区），所对应的圆心角称为填充角。

填充完成后，金属继续向前流动，到达堵头附近时受到的压应力（平行于挤压轮切向的应力）达到最大。当挤压型腔足够长时，模孔入口附近的压力值（可高达 1 000MPa 以上）足以迫使金属流入设在堵头或槽封块上的进料孔，最终被迫通过安装在挤压靴内的模具实现挤压变形。由于挤压变形所需的变形功主要来自从型腔被完全充满到进料孔之间的区域内作用在金属表面的摩擦力所做的功，故将该区域称为挤压段（或称挤压区），所对应的圆心角称为挤压角。

2.7.6.3　Conform 连续挤压特点

与常规的挤压方法比较，Conform 连续挤压有如下几个方面的优点。

① 由于挤压型腔与坯料之间的摩擦大部分得到有效利用，挤压变形的能耗大大降低。常规正挤压法中，用于克服挤压筒壁上的摩擦所消耗的能量可达整个挤压变形消耗的 30% 以上，有的甚至可达 50%。据计算，在其他条件相同的条件下，Conform 连续挤压相比常规正挤压的能耗降低 30% 以上。

② 可以省略常规热挤压中坯料的加热工序，节省加热设备投资，可以通过有效利用摩擦发热而节省能耗。Conform 连续挤压时，作用于坯料表面上的摩擦所产生的摩擦热，连同塑性变形热，可以使挤压坯料上升到 400～500℃（铝及铝合金）甚至更高（铜及铜合金），

以至于坯料不需加热或采用较低温度预热即可实现热挤压，从而大大节省挤压生产的能耗。

此外，常规挤压生产中，不但摩擦发热消耗了额外的能量，而且还可能给挤压生产效率与制品质量带来不利影响。例如，在铝及铝合金工业材料的挤压生产中，一般需要加热到400～500℃进行热挤压，而由于挤压坯料与挤压筒壁之间的剧烈的摩擦发热，往往导致变形区温度的显著升高，使挤压速率的提高受到限制。

③ 可以实现真正意义上的无间断连续生产，获得长度达到数千米甚至更长的成卷制品，如小尺寸薄壁铝合金盘管、铝包钢导线等。这一特点可以给挤压生产带来如下几个方面的效益：

ⅰ 显著减少间隙性非生产时间，提高劳动生产率；

ⅱ 对于细小断面尺寸制品，可以大大简化生产工艺、缩短生产周期；

ⅲ 大幅度地减少挤压压余、切头尾等几何废料，可将挤压制品的成品率提高到90%以上，甚至可以达到95%～98.5%；

ⅳ 大大提高制品沿长度方向组织性能的均匀性。

④ 具有较为广泛的适用范围。从材料种类来看，Conform 连续挤压法已成功地应用于铝及软铝合金、铜及部分铜合金的挤压生产；坯料的形状可以是杆状、颗粒状，也可以是熔融状态；制品种类包括管材、线材、型材，以及以铝包钢线为典型代表的包覆材料。

⑤ 设备紧凑，占地面积小，设备造价及基建费用较低。

由上所述可知，Conform 连续挤压法具有许多常规挤压法所不具备的优点，尤其适合于热挤压温度较低（如软铝合金）、小断面尺寸制品的连续成形。然而，由于成形原理与设备构造上的原因，Conform 连续挤压法也存在以下几个方面的缺点。

① 对坯料预处理（除氧化皮、清洗、干燥等）的要求高。生产实际表明，线杆进入挤压轮前的表面清洁程度，直接影响挤压制品的质量，严重时甚至会产生夹杂、气孔、针眼、裂纹、沿焊缝破裂等缺陷。

② 尽量采用扩展模挤压等方法，Conform 连续挤压法也可生产断面尺寸较大、形状较为复杂的实心或空心型材，但不如生产小断面型材时的优势大。这主要是由于坯料尺寸与挤压速率的限制，生产大断面型材时 Conform 连续挤压单台设备产量远低于常规挤压法。

③ 虽然如前所述 Conform 连续挤压制品沿长度方向的组织、性能均匀性大大提高，但是由于坯料的预处理效果、难以获得大挤压比等原因，采用该法生产的空心制品在焊缝质量、耐高压性能等方面不如常规正挤压-拉拔法生产的制品好。

④ 挤压轮凹槽表面、槽封块、堵头等始终处于高温高摩擦状态，因而对工模具材料的耐磨耐热性能要求高。

⑤ 由于设备结构与挤压工作原理上的特点，工模具更换比常规挤压困难。

⑥ 对设备液压系统、控制系统的要求高。

2.7.6.4　Conform 连续挤压的应用

Conform 连续挤压技术在铝及铝合金、铜及铜合金等有色金属加工上具有较为广泛的应用范围，主要体现在以下几个方面。

（1）合金品种

采用 Conform 连续挤压法可挤压的合金品种主要有：1000 系列纯铝、3000 系、5000系、6000 系、7000 系铝合金，电工（EC）级铜，黄铜（H60，H70 等），各种铝基复合材料等。

（2）挤压坯料

挤压坯料可以是熔融金属，连续杆状坯料，或粉末、碎屑等颗粒料。常用的铝及铝合金

连续坯料为直径 $\phi 9.5 \sim 25\text{mm}$ 的盘杆，最大坯料横截面积可达 $1\,200\text{mm}^2$（连铸坯，C1000-H 连续挤压机用），铜及铜合金坯料一般为 $\phi 8 \sim 15\text{mm}$。粉末原料的粒度可小到几个微米，碎屑等颗粒料的直径为 $\phi 1 \sim 3\text{mm}$。

（3）制品种类、规格范围与用途

采用 Conform 连续挤压法挤压纯铝及软铝合金时，最大挤压比可达 200，挤压铜及铜合金的最大挤压比可达 20。Conform 连续挤压制品的种类、规格及用途如表 2-14 所示。

表 2-14　Conform 连续挤压制品的种类、规格与用途

品种	尺寸规格	主要特征与用途
线材	$\phi 1 \sim 6\text{mm}$	导线、线圈绕组、焊丝、高性能复合材料线材
棒材	$\phi 10 \sim 13\text{mm}$	以粉末或颗粒为原料直接成形的铝基、铜基复合材料，微晶、结晶材料
管材	$\phi 5\text{mm} \times 0.4\text{mm} \sim \phi 55\text{mm} \times 2\text{mm}$	冰箱、空调用管，电视天线，石油化工、交通运输热交换用管
型材	截面积 $20 \sim 500\text{mm}^2$；最大外接圆直径 $\phi 200\text{mm}$	建筑型材、热交换器用多孔扁管、异型（空心）导体
包覆线材	最大芯材直径 $\phi 8.5\text{mm}$；最小包覆层厚度 $0.15 \sim 0.2\text{mm}$	同轴电缆、高压架空导线、防护栏网、载波导体、超导包覆材料

由于铜及铜合金的热挤压温度较高（$600 \sim 800^\circ\text{C}$），而一般的工模具材料不允许在 550°C 以上的高温下长时间连续工作，因而必须将铜及铜合金的连续挤压温度控制在 500°C 以下，但这又导致金属的变形抗力大大高于挤压铝及铝合金时的情形，影响工模具（尤其是挤压模）的寿命。因此，对于铜及铜合金制品，连续挤压法一般限于各种焊丝、$\phi 5\text{mm}$ 以下的线材以及小尺寸（断面积 20mm^2 以下）简单断面形状的实心异型材。

（4）制品质量与经济效益

实践经验表明，连续挤压法生产小规格管材时，产品的尺寸精度及其沿长度方向的均匀性可达到或优于拉伸管材的要求。通过合理设计模具，采用适当的模具材料（如碳化钨），可以获得非常理想的管材内外表面光洁度。由于 Conform 连续挤压具有能耗小、成材率高（可达 $95\% \sim 98.5\%$）、设备结构紧凑、投资规模小、可以获得长尺寸连续产品等一系列优点，因而采用该法生产线材、棒材、管材和各种型材具有很好的经济效益，特别是对于采用常规的挤压法不能直接成形的线材、小断面尺寸的管材和型材，经济效益尤为显著。

2.7.6.5　连续包覆

连续包覆是在 Conform 连续挤压基础上发展起来的一种新型技术，其工作原理如图 2-123 所示。两根铝杆料（图中因前后重叠，只示出一根）被挤压轮圆周上的轮槽咬入，在摩擦力的作用下，杆料的温度和应力升高，呈塑性流动状态，并进入挤压轮上方的靴座包覆腔内，包覆在芯线外面，同芯线共同挤出模孔，形成包覆产品。挤压轮不断旋转，就能连续加工出各种包覆产品。如果芯线是耐高温的金属线（如钢丝），铝便可以直接包覆在芯线上，构成铝包钢线这类双金属材料；如果芯线是不能承受高温的电缆或光纤，则铝管可以空套在芯线上，同芯线保持一定的间隙，然后将铝管迅速冷却，经在线拉拔后，使铝管包套在电缆或光纤的外面，用这种方法可以制造电缆护套、光纤护套或同轴电缆等。图 2-124 为铝包钢绞线断面图。

2.7.6.6　Conform 连续挤压连续包覆设备

普通 Conform 连续挤压机的设备结构形式主要有立式（挤压轮轴铅直配置）和卧式（挤压轮轴水平配置）两种，其中以卧式占大多数。根据挤压轮上凹槽的数目和挤压轮的数

目，挤压机的类型又分为单轮单槽、单轮双槽、双轮单槽等几种。世界上 Conform 连续挤压设备的生产厂家主要是英国的公司，近年来也实现了国产化。图 2-125 为线材连续挤压生产线示意图，图 2-126 为连续包覆生产线示意图。

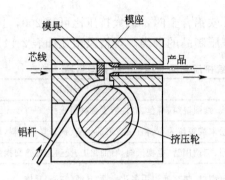
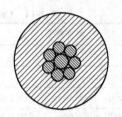

图 2-123　连续包覆工作原理　　　　　图 2-124　铝包钢绞线断面

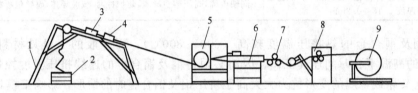

图 2-125　线材连续挤压生产线示意

1—放线架；2—坯料卷；3—坯料矫直机；4—坯料清刷装置；5—连续挤压机；
6—冷却槽；7—导线装置；8—张力调节装置；9—卷取装置

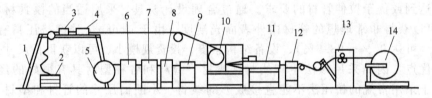

图 2-126　连续包覆生产线示意

1—放线架；2—铝杆卷；3—铝杆矫直机；4—铝杆清刷装置；5—钢丝卷；6—钢丝矫直机；
7—钢丝超声清洗装置；8—钢丝喷丸装置；9—钢丝感应加热；10—连续挤压机；
11—冷却槽；12—尺寸检测和超声探伤；13—张力调节装置；14—卷取装置

2.8　常用塑性成形方法的选择

　　每种金属塑性成形方法都有其工艺特点和使用范围，生产中应根据零件所承受的载荷情况和工作条件、材料的塑性成形性能、零件结构的复杂程度、轮廓尺寸大小、制造精度和各种塑性成形方法的生产总费用等，进行综合比较，合理选择加工方法。选择塑性成形方法的原则为：

　　① 塑性成形方法应保证零件或毛坯的使用性能；

　　② 要依据生产批量大小和工厂设备能力、模具装备条件；

③ 在保证零件技术要求前提下，尽量选用工艺简便、生产率高、质量稳定的塑性成形方法，并应力求生产成本低廉。

几种常用的塑性成形方法对比见表 2-15。

表 2-15　几种常用塑性成形方法对比

加工方法		使用设备	适用范围	生产效率	加工精度	表面粗糙度	模具特点	机械化与自动化	劳动条件
自由锻		空气锤	小型锻件、单件小批生产	低	低	大	不用模具	难以实现	差
		蒸汽-空气锤	中型锻件、单件小批生产						
		水压机	大型锻件、单件小批生产						
模锻	胎模锻	空气锤；蒸汽-空气锤	中小型锻件、中小批量生产	较高	中	中	模具简单，不固定在设备上，换取方便	较易	差
	锤上模锻	蒸汽-空气锤；无砧座锤	中小型锻件、大批量生产	高	中	中	模具固定在锤头和砧铁上，模膛复杂，造价高	较难	差
	曲柄压力机模锻	曲柄压力机	中小型锻件、大批量生产、不易进行拔长和滚挤工序，可用于挤压	很高	高	小	组合模具，有导柱导套和顶出装置	易	好
	平锻机模锻	平锻机	中小型锻件、大批量生产，适合锻造带法兰的盘类零件和带孔的零件	高	较高	较小	三块模组成，有两个分模面，可锻出侧面有凹槽的锻件	较易	较好
	摩擦压力机模锻	摩擦压力机	中小型锻件、中批量生产，可进行精密模锻	较高	较高	较小	一般为单腔锻模，多次锻造成形，不宜多腔模锻	较易	好
挤压	热挤压	机械压力机；液压挤压机	适合各种等截面型材的大批量生产	高	较高	较小	由于变形力较大，要求凸、凹模要有很高的强度、硬度，表面粗糙度小	较易	好
	冷挤压	机械压力机	适合塑性好的金属小型零件，大批量生产	高	高	小	变形力很大，凸、凹强度、硬度很高，表面粗糙度小	较易	好
轧制	纵轧	辊锻机	适合大批加工连杆、扳手、叶片类零件，也可为曲柄压力机模锻制坯	高	高	小	在轧辊上固定有两个半圆形的模块（扇形模块）	易	好
		扩孔机	适合大批量生产环套类零件，如滚动轴承圈	高	高	小	金属在具有一定孔形的碾压辊和芯辊间变形	易	好
	横轧	齿轮轧机	适合各种模数较小齿轮的大批量生产	高	高	小	模具为与零件相啮合的同模数齿形轧轮	易	好
	斜轧	斜轧机	适合钢球、丝杠等零件的大批量生产，也可为曲柄压力机制坯	高	高	小	两个轧辊为模具，轧辊带有螺旋形槽	易	好
板料冲压		冲床	各种板类零件的大批量生产	高	高	小	模具较复杂，凸、凹模固定在有导向的模架上，模具精度高	易	好

习　　题

1. 塑性成形的基本方式有哪些？各有何特点？

2. 单晶体和多晶体的塑性变形是如何进行的？在塑性成形过程中遵循哪些规律？

3. 什么是最小阻力定律？为什么闭式滚挤或拔长模膛可以提高滚挤或拔长效率？

4. 什么是冷变形和热变形？它们有什么区别？各有何特点？"趁热打铁"含义何在？

5. 纤维组织是怎样形成的？它的存在有何利弊？

6. 硬化指数对冷塑性成形有何影响？

7. 判断以下说法是否正确？为什么？

　　(1) 金属的塑性越好，变形抗力越大，金属可锻性也越好。

　　(2) 为了提高钢材的塑性变形能力，可以采用降低变形速率或在三向压应力下变形等工艺。

　　(3) 为了消除锻件中的纤维组织，可以用热处理的方法达到。

8. 自由锻工艺规程的内容有哪些？编制自由锻工艺的步骤如何？

9. 锻造起模时，将长度为 75mm 的圆钢拔长到 165mm，此时锻造比是多少？将直径为 50mm、高 120mm 的圆棒锻到 60mm 高，其锻造比是多少？能将直径为 50mm 高 180mm 的圆钢镦粗到 60mm 高吗？为什么？

10. 许多重要的工件为什么要在锻造过程中安排镦粗工序？

11. 如图 2-127 所示带头部的轴类零件，其生产方法很多，在单件小批量生产条件下，若法兰头直径 D 较小，轴杆 L 较长时，应如何锻造？若法兰头直径 D 较大，轴杆 L 较短时，又应如何锻造？

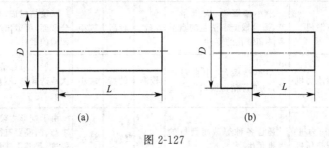

(a)　　　　　　　　　　　(b)

图 2-127

12. 图 2-128 所示锻件，在单件小批量生产时，其结构是否适于自由锻的工艺要求？请修改不当之处？

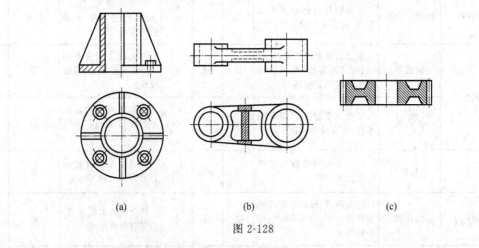

(a)　　　　　　　(b)　　　　　　　(c)

图 2-128

13. 产生如图 2-129 所示的镦粗裂纹是什么原因？应如何避免？

14. 锻造为什么要进行加热？如何选择锻造温度范围？

15. 与自由锻锤相比，模锻锤的结构有何特点？

16. 模锻时，如何合理确定分模面的位置？

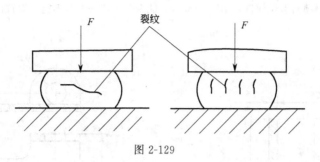

图 2-129

17. 模锻与自由锻有何区别?

18. 预锻模膛与制坯模膛有何不同? 什么情况下需要预锻模膛? 飞边槽的作用是什么?

19. 改正图 2-130 模锻零件结构的不合理处。

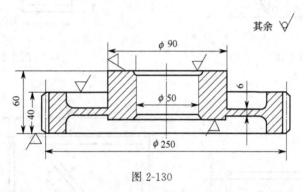

图 2-130

20. 图 2-131 所示三种不同结构的连杆, 当采用锤上模锻制造时, 请确定最合理的分模面位置, 并画出模锻件图。

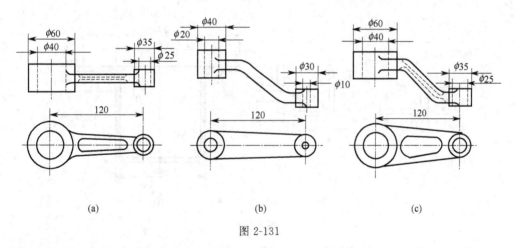

(a)　　　　　　　　　　(b)　　　　　　　　　　(c)

图 2-131

21. 板料冲压有哪些特点? 主要的冲压工序有哪些?

22. 间隙对冲裁件断面质量有何影响? 间隙过小会对冲裁产生什么影响?

23. 分析图 2-132 所示冲压件结构是否合理? 并提出改进建议。

24. 整修、精密冲裁与普通冲裁相比, 主要优点是什么?

25. 分析冲裁模与拉深模和弯曲模的凸、凹模有何区别?

26. 表示弯曲与拉深变形程度大小的物理量是什么? 生产中如何控制?

27. 图 2-133 所示的冲压件, 采用 1.5mm 厚的低碳钢板, 大批量加工, 试确定冲压基本工序, 并绘出工序简图。

28. 图 2-134 所示 08 钢圆筒形拉深件，壁厚 1.5mm，能否一次拉深？若不能一次拉深，确定拉深次数，并画出相应工序图。

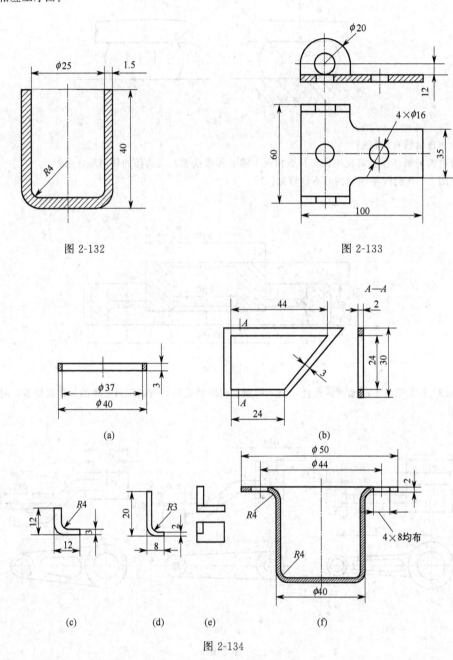

图 2-132　　　　　　　　　　　图 2-133

图 2-134

29. 塑性成形先进技术有哪些，各有何特点？

30. 何谓超塑性？超塑性成形有何特点？常用的超塑性成形工艺方法有哪些？

第 3 章 连接成形

3.1 概　述

常见的材料连接成形工艺包括焊接、胶接和机械联结等，其中焊接是最主要的一种连接成形方法。焊接是指通过加热或加压（或者两者并用）的手段，并且使用或不用填充焊接材料，使两个分离的构件（同种金属或异种金属，或非金属材料）产生原子（分子）间结合而连接成一体的连接方法。

焊接是一种先进的制造技术，它已从单一的加工工艺发展成为现代科技多学科互相交融的新学科，成为一种综合的工程技术，它涉及材料、结构设计、焊接预处理、焊接工艺装备、焊接材料、下料、成形、焊接生产过程控制及机械化自动化、焊接质量控制、焊后热处理等诸多技术领域。焊接技术已广泛地应用于工业生产的各个部门，在推动工业的发展和产品的技术进步以及促进国民经济的发展等方面都发挥着重要作用。

焊接不仅可以解决各种钢材的连接问题，而且还可以解决铝、铜等有色金属及钛、锆等特种金属材料的连接问题，因而已广泛应用于机械制造、造船、海洋开发、汽车制造、石油化工、航天技术、原子能、电力、电子技术及建筑等部门。焊接技术是机械制造关键技术之一，是许多高新技术产品制造不可缺少的加工方法。例如，世界上最大的 1 200MW 火电机组、700MW 水电机组、1 300MW 的核电设备、重达 1 200t 的加氢反应器、航天飞船的运载火箭、宇宙飞船、太空站以及微电子技术的元器件都是采用焊接技术完成制造的。不采用焊接技术这些高新技术产品的制造将很难完成。

随着现代工业生产的需要和科学技术的蓬勃发展，焊接技术不断进步。仅以新型焊接方法而言，到目前为止，已达数十种之多，而且新的方法仍在不断涌现，因此如何对焊接方法进行科学的分类是一个十分重要的问题。正确的分类不仅可以帮助了解、学习各种焊接方法的特点和本质，而且可以为科学工作者开发新的焊接技术提供有力根据。目前，国内外著作中焊接方法分类法种类甚多，各有差异。焊接方法的归纳如图 3-1 所示。

焊接方法具有以下优点。

① 结构设计灵活性大　焊接结构形式可以多样化、复杂化，结构的变更与改型快而易，成品率高。

② 具有高的气密性　焊接方法是原子（分子）间结合而连接成一体的连接方法，具有接头强度高、气密性好、耐高压的特性。例如高压压力容器只有采用焊接方法才能加工，具有较高的安全性。

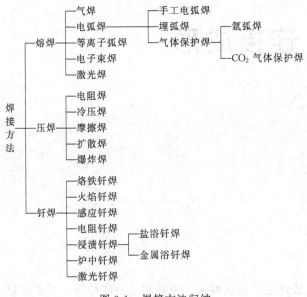

图 3-1　焊接方法归纳

③ 异种材料之间可以实现一体连接　采用焊接方法可以方便地实现碳钢与不锈钢的连接，各种有色金属之间的连接。

④ 成本低　采用焊接方法生产的焊接结构与铆接的相同结构相比，一般可以节省金属材料 15％左右。焊前准备工作简单，制造工序也比较简单。耗费工时少，生产周期短。采用焊接方法可以制成双金属结构，如双金属模具、堆焊轧辊等，既可获得优良的使用性能，又能节约大量的贵重合金元素。此外，采用堆焊方法还可以方便地维修损坏的工件，通过将特殊填充金属熔敷在金属材料或零件表面的技术，可以获得特定的表面性能和表面尺寸。这种工艺大大增加了零件的耐磨、耐热及耐腐蚀等性能。不仅可以显著提高工件的使用寿命，节省制造及维修费用，还可以减少修理和更换零件的时间，从而提高生产效率，减少停机停产的损失，降低生产成本。例如举世瞩目的三峡工程水电机组，单机容量为 70 万千瓦，其水轮机转轮直径为 9.8 米，重达 500 吨，采用异种钢拼接而成，与整体不锈钢转轮相比，每台可节省材料 2 000 万元，三峡共有 26 台机组，可节省人民币达 5.2 亿元，其经济效益是十分可观的。

⑤ 质量轻　采用焊接方法制造载运工具，可以大大减轻载运工具自身的重量，提高承载能力，降低燃油消耗，具有较大的社会意义和经济价值，符合可持续发展理念。

然而焊接方法也具有一些缺点，主要包括如下几点。

① 容易产生焊接缺陷，如焊接裂纹、夹渣、气孔、未焊透、咬肉等，从而导致应力集中，降低承载能力，裂纹容易扩展。

② 容易产生焊接变形、残余应力。不仅降低零件的尺寸精度，还会降低构件的承载能力，特别是疲劳强度。

③ 由于焊接结构的整体性，除了不便于维修拆卸零部件外，还容易导致结构的整体脆性断裂。

④ 由于焊接加热的不均匀性，容易引起接头力学性能不均匀，通常焊接接头是焊接结构的薄弱环节。

因此，在焊接结构的生产过程中，如何减少焊接缺陷、减小焊接应力和变形，成为了焊接结构生产的关键问题。

目前，世界现代焊接技术以高效、节能、优质及其工艺过程数字化、自动化、智能化控制为特征。在国内，无论是从目前焊接设备和材料产量构成比的发展趋势，还是从焊接设备和材料的制造技术和发展方向上看，我国现代焊接技术已有很大发展，部分产品技术已达到或接近国外先进水平，特别是逆变式焊机技术。今后我国现代焊接技术将继续向着高效、节能、机电一体化和成套焊接设备以及规模生产方面发展。但就整个焊接行业来看，我国焊接技术与工业发达国家相比，还存在较大的差距，目前我国焊接行业有以下特点。

(1) 焊接结构与钢材产量的比例偏低

目前世界工程技术界已公认将焊接结构用钢量作为衡量一个国家工业发达及焊接技术先进的主要指标。焊接已成为制造业，尤其是装备制造业中的重要加工手段，全世界平均45%的钢用于焊接结构，而工业发达国家焊接结构用钢量已达到钢总产量的60%~70%。近些年来，随着我国工业现代化的高速发展，许多重型结构如电站锅炉、压力容器、重型机械、船舶等结构大型化，使焊接结构用钢量大幅度上升，目前我国焊接结构用钢量已达到钢总产量的40%左右，与工业发达国家相比，还有一定的差距。

(2) 焊接生产机械化、自动化水平低

为提高生产效率，降低工人劳动强度，国外焊接生产机械化、自动化已达到很高的程度。按熔敷金属量计算，工业发达国家，焊接机械化、自动化程度已达到65%以上，而我国仅为30%左右。

(3) 焊接生产工艺落后，手工焊比重过大

手工焊条电弧焊是传统的焊接方法，耗能耗材大、效率低，在工业发达国家已很少应用，但在我国仍在大量应用，按熔敷金属量计算，2001年我国达71.4%，而1998年日本仅占15.5%。气体保护焊是高效优质节能节材的焊接方法，在国外已得到广泛应用，日本1998年按熔敷金属量计算达77.6%，而我国2001年仅占20%。其他一些高效优质的焊接方法如电子束焊、激光焊、等离子焊、焊接机器人工作站、焊接柔性生产系统、窄间隙焊接技术、双丝高效气体保护焊技术等在国内已经得到运用，但应用的广度和水平与工业发达国家相比尚有一定的差距。

(4) 电焊机产品结构不合理，自动、半自动焊机所占比例低

2001年我国电焊机行业生产的焊机中，手弧焊机占78.2%，而自动、半自动焊机仅占15.6%。而日本1997年手弧焊机占40%，而自动半自动焊机达29%。逆变焊机是一种性能优良的焊接电源，在国外已得到大量应用，在美国逆变焊机产量已占弧焊机总产量的30%以上，2001年我国逆变焊机产量仅占弧焊机总产量的4%。

(5) 焊接材料产品结构不合理，品种少

目前我国已成为世界第一的焊接材料生产大国，焊接材料年总产量已超过120万吨，其总产量已是美国、日本、德国三国焊接材料生产的总和。但我国焊接材料产品结构不合理，2001年我国焊条产量占焊接材料总产量的75%，气体保护实芯焊丝产量占焊材总产量12.9%，药芯焊丝产量占焊材总产量的0.96%，埋弧焊材料（包括焊丝和焊剂）约占焊材总产量的10.5%。而日本1999年焊条产量仅占焊接材料总产量的19%，气体保护实芯焊丝占焊材总产量的38%，药芯焊丝占31%，埋弧材料占12%。相比之下，我国焊条产量所占比例过高，而自动化焊接材料所占比例过低。另外，我国焊接材料品种单一，如在焊条生产中90%为结构钢焊条，而一些特殊需要的不锈钢焊条、耐热钢焊条、低温钢焊条以及管道工程中使用的纤维素型焊条等高品位的焊条十分缺乏，尚不能满足生产需要。气体保护实芯焊丝收入到《焊接材料产品样本》的只有8个品种，而日本神钢有38个品种，美国林肯公司有11个品种，瑞典伊萨公司有18个品种。药芯焊丝品种，

我国主要有 500MPa 级几种结构钢气体保护药芯焊丝，而日本神钢有药芯焊丝 79 个品种，美国麦凯公司有 93 个品种。由于我国焊接材料品种规格不全，每年尚需从国外进口大量的焊接材料。

(6) 焊接企业厂家多，规模小

目前我国焊接企业很多，但规模很小。例如，电焊机行业 1995 年全行业有各类焊机制造厂和兼业制造厂、焊接辅具、元器件配套件厂约 1 500 家。在以后几年内，随着国民经济的调整和市场竞争，企业数有所减少，到 2001 年底，电焊机行业各类企业仍有 900 家，其中电焊机专业和兼业生产企业约有 400 家，而在工业发达国家，专业的电焊机制造企业规模较大，在美国、日本各仅有 3～5 家。在焊接材料行业中，我国焊接材料生产厂有 700 多家，其中焊条生产厂就有 400 多家，气体保护焊实芯焊丝生产厂有 150 多家。我国焊接企业在规模上无法与世界大焊接公司相比，以药芯焊丝生产企业为例，我国截止到 2002 年已经有 29 家生产药芯焊丝企业，在国外，如美国仅有 12 家，日本有 18 家，韩国有 8 家；而我国 29 家企业中，年产量超过 1 000 吨的只有 4 家，而形成年产 3 000 吨以上规模的，仅有三英公司一家。而韩国现代公司 1997 年月产药芯焊丝就达 3 750 吨，年产达 4.5 万吨。

(7) 焊接企业生产技术落后，产品质量还有待提高

目前我国焊接企业因隶属关系比较复杂，大多数企业规模都比较小，生产技术和设备以及检测手段都比较落后。在焊条生产中，使用的螺旋机、油压机、切丝机，还都与几十年前的一样，由于自动化水平低，影响了焊条质量的提高，例如药皮外观质量、偏心度、焊接工艺性等方面与国外相比还有较大的差距。在焊机制造企业中有相当多的企业仍停留在手工作坊和组装加工阶段或停留在简单的指数检测阶段，没有完善的检测设备，使得国产焊机的使用性能，质量还不能满足国内大多数用户的要求。2001 年对 ZX 系列弧焊整流器，WS 系列 TIG 焊机，NB 系列 MIG/MAG 焊机和 LG 系列空气等离子切割机进行抽查，其产品抽查合格率仅为 56.5%，表明我国焊机产品质量还有待进一步提高。

(8) 产品开发投入不足，科研力量薄弱

焊接产业尽管是国民经济中不可缺少的一部分，但焊接产业不是重要的支柱产业，企业规模不大，而且近年我国有些焊接企业经济效益较差，难以自筹经费开发新产品，企业也很少能够获得国家或政府的科研经费资助，完全靠自身的科研实力进行科研开发有一定困难。因此，产品老化，严重缺乏竞争力。另外近几年，我国一些科研院所进行了体制改革，使原来从事焊接技术研究的事业单位变成了科技型企业，改变了原来从事焊接研究的工作方向，这对我国焊接科研力量有一定程度的削弱。

除了焊接以外，胶接技术和机械联结也广泛应用于工业生产各个部门。胶接技术是使用胶黏剂来连接各种材料。与其他连接方法相比，胶接不受材料类型的限制，能够实现各种材料之间的连接（例如各种金属、各种非金属和金属与非金属之间的连接），而且具有工艺简单，应力分布均匀，密封性好，防腐节能，应力和变形小等特点，已被广泛用于现代化生产的各个领域。胶接的主要缺点是固化时间长，胶黏剂易老化，耐热性差等。

机械联结有螺纹联结、销钉联结、键联结和铆钉联结，其中铆钉联结为不可拆连接，其余均为可拆连接。机械联结的主要特点是所采用的连接件一般为标准件，具有良好的互换性，选用方便，工作可靠，易于检修，其不足之处是增加了机械加工工序，结构重量大，密封性差，影响外观，且成本较高。

3.2 熔焊过程与接头的组织与性能

3.2.1 熔焊过程

熔焊的焊接过程一般是利用热源将工件局部加热至熔化状态，形成焊接熔池，最后通过液体金属结晶凝固而连接成不可拆卸的整体。熔焊主要包括电弧焊、气焊和激光焊等。焊缝金属的结晶是从熔池底壁上许多未熔化的晶粒开始，垂直熔合线向熔池中心生长，一般呈柱状树枝晶。

熔焊过程一般包括焊接热过程、焊接熔池的化学冶金过程和焊缝结晶过程。

3.2.1.1 焊接熔池的化学冶金过程

(1) 熔焊过程中杂质的熔入及其有害作用

由于金属熔焊过程是在高温、局部熔化、空气环境中进行的，焊接过程会给焊缝金属带来一些有害元素。高温下氧和氮分解成的氧原子和氮原子可以和钢中的铁及其他元素发生如下反应：

$$Fe + O \longrightarrow FeO$$
$$4Fe + N \longrightarrow Fe_4N$$
$$C + O \longrightarrow CO$$
$$Si + 2O \longrightarrow SiO_2$$
$$Mn + O \longrightarrow MnO$$
$$2Cr + 3O \longrightarrow Cr_2O_3$$
$$2Al + 3O \longrightarrow Al_2O_3$$

氧化不仅会使焊缝金属中的合金元素烧损，还会增加焊缝中的含氧量。而焊缝金属中的氧又会使焊缝金属的强度、塑性和韧性下降，特别是会引起冲击韧性急剧下降，从而导致冷脆等严重问题。

有的氧化物能溶解在液态金属中，冷凝时因溶解度下降而析出，成为焊缝中的杂质，影响焊缝质量，是一种有害的冶金反应物；大部分金属氧化物则不溶于液态金属，生成后会浮在熔池表面进入渣中。

硫和磷是钢中有害的杂质，焊缝中的硫和磷主要来源于母材、焊芯和药皮。硫在钢中以FeS形式存在，与FeO等形成低熔共晶聚集在晶界上，增加焊缝的裂纹倾向，同时降低焊缝的冲击韧度和抗腐蚀性。磷与铁、镍等也可形成低熔点共晶，促进热裂纹的产生，磷化铁硬而脆，会使焊缝的冷脆性加大。

焊条、焊剂以及铁锈中的结晶水在高温作用下也会分解出氮、氢、氧等原子，由于氮、氢元素在高温金属液体中的溶解度较高，而在低温时的溶解度较低，加之焊接后熔池金属冷却速度非常快，氮、氢原子来不及逸出而进入焊缝。

氮和铁可以形成针状Fe_4N化合物，分布在晶界和固溶体内。氮不仅大大增加了焊缝金属形成气孔的概率，而且使焊缝的强度和硬度增加，塑性和韧性下降。氢如同氮一样，除产生气孔外，还会引起氢脆和冷裂纹。氮、氢对低碳钢力学性能的影响如图 3-2、图3-3 所示。

(2) 对熔化金属的保护和冶金处理

对焊接区采取机械保护，如采用焊条药皮、埋弧焊焊剂、保护气体等，隔绝空气与熔化区域金属的接触。焊前还要严格清理，包括清除坡口及附近的水、铁锈、油污等。焊接前焊条应在一定温度下烘干，去除水分等。

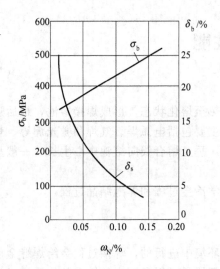

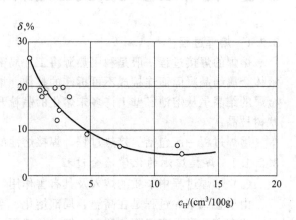

图 3-2　氮含量对低碳钢力学性能的影响　　　　图 3-3　氢含量对低碳钢塑性的影响

对熔池采用冶金处理，清除已经进入熔池中的有害杂质，增添合金元素。通过在焊条药皮、焊剂中加铁合金等，进行脱氧、去氢、去硫、渗合金等，以保证焊缝的化学成分满足设计要求。

脱氧反应　　　　　　　　　$Mn + FeO \longrightarrow Fe + MnO$

　　　　　　　　　　　　　$Si + 2FeO \longrightarrow 2Fe + SiO_2$

脱硫反应　　　　　　　　　$Mn + FeS \longrightarrow Fe + MnS$

　　　　　　　　　　　　　$MnO + FeS \longrightarrow FeO + MnS$

　　　　　　　　　　　　　$CaO + FeS \longrightarrow FeO + CaS$

3.2.1.2　焊接熔池化学冶金的特点

金属熔焊时焊接熔池及其附近区域温度很高，金属元素发生强烈的蒸发和烧损，焊缝区冶金反应激烈，焊后熔池金属冷却速度快，属于非平衡凝固，各种化学冶金反应难以充分进行。

（1）熔焊的热过程

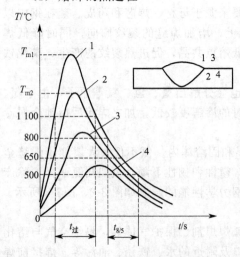

图 3-4　低碳钢焊接热循环曲线

在焊接加热和冷却过程中，焊件上某点的温度随时间变化的过程成为焊接热循环。焊接热循环的参数包括加热速度，最高加热温度 T_m，在过热温度停留时间 $t_{过}$ 和冷却速度等。对焊缝质量起重要影响的是冷却速度。特别是从 800℃ 冷却到 500℃ 的冷却速度，该冷却速度通常用从 800℃ 冷却到 500℃ 的时间 $t_{8/5}$ 表示。焊接热循环的特点是加热速度、冷却速度很快（>10℃/s），温度不均匀。因此对于焊接后空冷能够形成马氏体的材料要格外注意，要采取适当措施，譬如焊后缓冷，以避免焊接裂纹的产生。

低碳钢焊接热循环见图 3-4 所示。理想的焊接热循环是在过热温度停留时间尽量要短一些，焊后在 650℃ 附近（低碳钢件）的冷却速度要慢一些。

过热温度停留时间越短，焊缝外侧母材的晶粒长大倾向就越小；焊后冷却速度慢可以避免产生淬应组织。

（2）焊接熔池的结晶特点及过程

焊接熔池的结晶过程与一般冶金和铸造时液态金属的结晶过程并无本质上的区别，也服从液相金属凝固理论的一般规律，但与炼钢和铸造冶金过程相比，它有以下特点。

① 熔池金属体积很小，周围是冷金属、气体等，故金属处于液态的时间很短，手工电弧焊从加热到熔池冷却往往只有十几秒，各种冶金反应进行得不充分。

② 熔池中反应温度高，往往高于炼钢炉温 200℃，使金属元素强烈地烧损和蒸发。

③ 熔池的结晶是一个连续熔化、连续结晶的动态过程。

在焊接熔池金属结晶时，由于熔池各部位的晶粒生长速度和熔池中的温度梯度并不一致，因此，在焊缝边缘，晶粒开始生长的熔合线附近，平面晶得到生长，随着远离熔

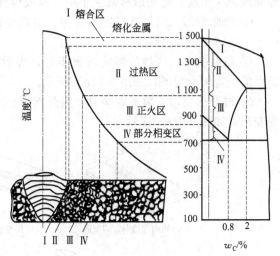

图 3-5　低碳钢焊接接头的组成

化边界，结晶形态向胞状晶、胞状树枝晶、树枝晶和等轴树枝晶发展，如图 3-5 所示。在实际的焊缝中，不一定具有上述全部结晶形态。焊缝组织是从液态结晶的铸态组织，存在着各种铸造缺陷，但由于冷却快，通过渗合金等还可以满足使用要求。焊缝结晶过程要产生偏析，宏观偏析与焊缝成形系数有关（即焊道的宽度与厚度之比），成形系数小，形成中心线偏析，易产生热裂纹。

3.2.1.3　焊接应力与变形

（1）焊接变形和残余应力的不利影响

焊接残余应力是焊接过程中焊件内产生的应力，它将使焊件的许用应力降低，降低承载能力；严重时将导致焊件的开裂。

焊接变形是焊接过程中焊件产生的变形，它可造成焊件结构形状和尺寸的改变。矫正变形会使性能降低，成本增加；此外，应力衰减还会引起焊件结构产生后续变形。

（2）焊接变形和残余应力产生原因

在焊接过程中，对焊件进行局部的不均匀加热，会产生焊接应力和变形。图 3-6 为平板对接焊缝的应力和变形过程示意图。

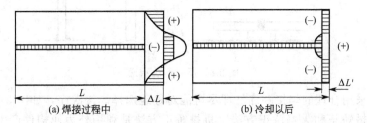

图 3-6　平板对接焊缝的应力和变形过程

（3）焊接变形的基本形式

焊接变形的基本形式主要有以下几种。

① 收缩变形　焊接后金属构件纵向和横向尺寸的缩短，这是由于焊缝纵向和横向收缩引起的，如图 3-7(a) 所示。

② 角变形　由于焊缝截面上下不对称，焊缝横向收缩沿板厚方向分布不均匀，使板绕焊缝轴转一角度。此变形易发生于中、厚板焊件中，如图 3-7(b) 所示。

③ 弯曲变形　因焊缝布置不对称，引起焊缝的纵向收缩沿焊件高度方向分布不均匀而产生，如图 3-7(c) 所示。

④ 扭曲变形　当焊前装配质量不好，焊后放置不当或焊接顺序和施焊方向不合理时，都可能产生扭曲变形，如图 3-7(d) 所示。

⑤ 波浪形变形　薄板焊接时，因焊缝区的收缩产生的压应力，使板件失稳而形成波浪形变形，如图 3-7(e) 所示。

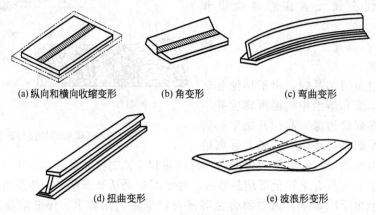

(a) 纵向和横向收缩变形　　　　(b) 角变形　　　　(c) 弯曲变形

(d) 扭曲变形　　　　　　(e) 波浪形变形

图 3-7　焊接变形示意

(4) 减少焊接变形的措施

① 合理的结构及接头设计　设计结构时，尽可能减少焊缝数量，焊缝的布置和坡口形式尽可能对称，焊缝的截面和长度尽可能小。

② 合理的焊接工艺设计　焊前组装时，采用反变形法，如图 3-8 所示。一般按测定和经验估计的焊接变形方向和数量，组装时使工件反向变形，以抵消焊接变形。同样，也可采用预留收缩余量来抵消尺寸收缩。另外，还可采用焊接前刚性固定法能限制焊接变形的产生，如图 3-9 所示，但应注意刚性固定会产生较大的焊接应力。

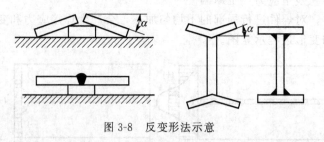

图 3-8　反变形法示意

③ 工艺上采用合理的焊接顺序　即尽可能对称地选择焊接次序，如图 3-10 所示。

④ 采用机械矫正和火焰矫正方法　机械矫正方法是利用外力使构件产生与焊接变形方向相反的塑性变形，使两者相互抵消，如图 3-11(a) 所示。火焰矫正方法是利用火焰局部加热焊件的适当部位，使其产生压缩塑性变形，以抵消焊接变形，如图 3-11(b) 所示。

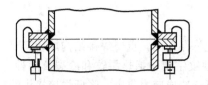

图 3-9　刚性固定法示意

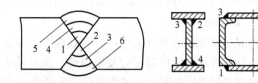

图 3-10　合理的焊接顺序

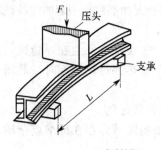

(a) 机械矫正

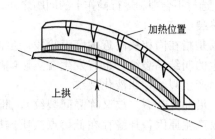

(b) 火焰矫正

图 3-11　机械矫正和火焰矫正方法示意

（5）焊接应力的调节和消除

调节焊接应力的措施如下。

① 尽量减少焊缝数量和尺寸并避免焊缝密集和交叉。尽可能采用型材、冲压件或铸件，薄板结构采用电阻焊代替熔焊。

② 采用刚性较小的接头，变形大，应力小。

③ 采用合理的焊接顺序，使焊缝收缩较为自由。如图 3-12 所示，宜先焊错开的短焊缝，再焊直通的长焊缝。

④ 降低焊接接头的刚度。

⑤ 采用加热减应区法，以便焊后收缩时，加热区与焊缝一起收缩，减少焊缝的约束。

⑥ 锤击焊缝以使之产生塑性变形（伸长），以抵消受热时的压缩塑变。

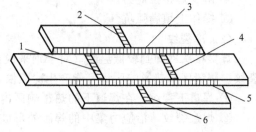

图 3-12　拼板焊缝的焊接顺序

1，2，4，6—短焊缝；3，5—直通的长焊缝

⑦ 预热和后热，即焊前或焊后对焊件全部（或局部）进行适当加热以减少温差，只适用于塑性差，易产生裂纹的材料。

焊接应力的消除方法如下。

① 去应力退火　又称高温回火，焊后钢件加热温度为 500～650℃，可进行整体去应力退火，也可以局部退火。

② 机械拉伸法　即对焊件施加载荷，使焊缝区产生塑性拉伸，以减少其原有的压缩塑变，从而降低或消除应力。如压力容器的水压试验。

③ 温差拉伸法　利用温差使焊缝两侧金属受热膨胀以对焊缝区进行拉伸，使其产生拉伸塑变以抵消原有的压缩塑变，从而减少或消除应力，该法适用于焊缝较规则，厚度在 40mm 以下的板壳结构。

④ 振动法　通过激振器使焊接结构发生共振产生循环应力来降低或消除内应力。该法

设备简单、成本低，处理时间短且无加热缺陷，值得推广。

3.2.1.4　焊接裂纹

焊接裂纹是最严重的焊接缺陷之一，在焊接产品中是不允许存在的，重要焊接结构焊后需要采用探伤方法检测裂纹，发现裂纹应及时返修。常见的焊接裂纹主要包括热裂纹和冷裂纹两种。焊接应力超过材料的强度极限时，将使焊件产生裂纹。它不仅会造成应力集中，降低焊接接头的静载强度，更严重的是它是导致疲劳和脆性破坏的重要诱因。所以，焊接裂纹给生产带来许多困难，而且可能带来灾难性的事故。据统计，世界上焊接结构所出现的各种事故中，除少数是由于设计不当、选材不合理和运行操作上的问题之外，绝大多数是由裂纹而引起的脆性破坏。

（1）热裂纹

热裂纹是指在固相线附近的高温阶段产生的裂纹。热裂纹常发生在焊缝区，在焊缝结晶过程中产生的叫结晶裂纹；也有发生在热影响区中，在加热到过热温度时，晶间低熔点杂质发生熔化，产生裂纹，叫液化裂纹。

特征：沿晶界开裂（故又称晶间裂纹），断口表面有氧化色。

热裂纹产生原因：焊缝存在低熔点杂质偏析；热影响区晶界存在低熔点杂质；焊接接头附近存在焊接拉应力。

热裂纹的防止措施：

① 限制钢材和焊材的低熔点杂质，如 S、P 含量；

② 控制焊接规范，适当提高焊缝成形系数（即焊道的宽度与计算厚度之比），如焊缝成形系数太小，易形成中心线偏析，易产生热裂纹；

③ 调整焊缝化学成分，避免低熔点共晶物，缩小结晶温度范围，改善焊缝组织，细化焊缝晶粒，提高塑性，减少偏析；

④ 减少焊接拉应力；

⑤ 操作上填满弧坑。

（2）冷裂纹

焊接接头冷却到较低温度（对于钢来说在 M_s 温度以下）时产生的焊接裂纹，称之为冷裂纹。焊缝区和热影响区都可能产生冷裂纹，常见冷裂纹形态有如下三种。

① 焊道下裂纹　在焊道下的热影响区内形成的焊接冷裂纹，常平行于熔合线。

② 焊趾裂纹　沿应力集中的焊趾处形成的冷裂纹，在热影响区内扩展。

③ 焊根裂纹　沿应力集中的焊缝根部所形成的冷裂纹，向焊缝或热影响区发展。

其特征是无分支、穿晶开裂、断口表面无氧化色。

最主要、最常见的冷裂纹为延迟裂纹。所谓延迟裂纹，即在焊后延迟一段时间（几小时、几天、甚至十几天）才发生的裂纹——因为氢是最活跃的诱发因素，而氢在金属中扩散、聚集和诱发裂纹需要一定的时间。

延迟裂纹的产生原因如下。

① 焊接接头存在淬硬组织，性能脆化。

② 扩散氢含量较高，使接头性能脆化，并聚集在焊接缺陷处形成大量氢分子，造成非常大的局部压力（氢是诱发延迟裂纹的最活跃因素，故有人将延迟裂纹又称氢致裂纹）。

③ 存在较大的焊接拉应力。

防止延迟裂纹的措施如下。

① 选用碱性焊条，减少焊缝金属中氢含量，提高焊缝金属塑性。

② 减少氢来源，焊材要烘干，接头要清洁（无油、无锈、无水）。

③ 避免产生淬硬组织，焊前预热、焊后缓冷（可以降低焊后冷却速度）。

④ 降低焊接应力，采用合理的工艺规范，焊后热处理等。

⑤ 焊后立即进行消氢处理（即加热到 250℃，保温 2～6h 左右，使焊缝金属中的扩散氢逸出金属表面）。

3.2.2　焊接接头的组织与性能

（1）焊接接头

焊接接头包括焊缝、熔合区和焊接热影响区，如图 3-5 所示。焊接过程中，焊缝金属熔化，靠近焊缝金属的母材发生组织和性能的变化，这一区域称为焊接热影响区。焊缝与热影响区的过渡区称熔合区，也称半熔化区。现以低碳钢为例，根据焊接接头的温度分布曲线，讨论熔合区与热影响区的组织性能变化，其中，热影响区按加热温度的不同，可划分为过热区、正火区、不完全重结晶区等区域。

① 熔合区　温度处于液相线与固相线之间，是焊缝金属到母材金属的过渡区域，宽度只有 0.1～0.4mm。焊接时，该区内液态金属与未熔化的母材金属共存，冷却后，其组织为部分铸态组织和部分过热组织，化学成分和组织极不均匀，是焊接接头中力学性能最差的薄弱部位。

② 过热区　温度在固相线至 1 100℃ 之间，宽度约 1～3mm。焊接时，该区域内奥氏体晶粒严重长大，冷却后得到晶粒粗大的过热组织，塑性和韧度明显下降。

③ 正火区　温度在 1 100℃～A_{c_3} 之间，宽度约 1.2～4.0mm。焊后空冷使该区内的金属相当于进行了正火处理，故其组织为均匀而细小的铁素体和珠光体，力学性能优于母材。

④ 不完全重结晶区　也称部分正火区，加热温度在 A_{c_3}～A_{c_1} 之间。焊接时，只有部分组织转变为奥氏体；冷却后获得细小的铁素体和珠光体，其余部分仍为原始组织，因此晶粒大小不均匀，力学性能也较差。

⑤ 再结晶区　温度在 A_{c_1}～450℃ 之间。只有焊接前经过冷塑性变形（如冷轧、冷冲压等）的母材金属，才会在焊接过程中出现再结晶现象。该区域金属的力学性能变化不大，只是塑性有所增加。如果焊前未经冷塑性变形，则热影响区中就没有再结晶区。

一般焊接热影响区宽度愈小，焊接接头的力学性能愈好。影响热影响区宽度的因素有加热的最高温度、相变温度以上的停留时间等。如果焊件大小、厚度、材料、接头形式一定时，焊接方法的影响也是很大的，表 3-1 将电弧焊与其他熔焊方法的热影响区作了比较。

表 3-1　焊接低碳钢时热影响区的平均尺寸　　　　单位：mm

焊接方法	各区平均尺寸			总宽度
	过热区	正火区	部分正火区	
手工电弧焊	2.2～3.0	1.5～2.5	2.2～3.0	5.9～8.5
埋弧焊	0.8～1.2	0.8～1.7	0.7～1.0	2.3～3.9
电渣焊	18～20	5.0～7.0	2.0～3.0	25～30
气焊	21	4.0	2.0	27
电子束焊	—	—	—	0.05～0.75

（2）焊缝的组织与性能

焊缝金属是由母材和焊条（丝）熔化形成的熔池冷却结晶而成的。焊缝金属在结晶时，是以熔池和母材金属的交界处的半熔化金属晶粒为晶核，沿着垂直于散热面方向反向生长为柱状晶，最后这些柱状晶在焊缝中心相接触而停止生长。焊缝属于铸造组织，晶粒呈垂直于熔池底壁的柱状晶，硫、磷等形成的低熔点杂质容易在焊缝中心形成偏析，使焊缝塑性降低，易产生热裂纹。由于按等强度原则选用焊条，通过渗合金实现合金强化，因此，焊缝的化学成分是比较合理的，其强度一般不低于母材，可以满足对接头性能的要求。

（3）熔合区的组织与性能

　　焊接接头中，焊缝向热影响区过渡的区域，称为熔合区。该区很窄，成分及组织极不均匀，晶粒长大严重，冷却后为粗晶粒，强度下降，塑性和冲击韧度很差，往往成为裂纹的发源地。虽然熔合区只有 $0.1\sim1mm$，但它对焊接接头的性能有很大影响。

　　（4）热影响区的组织与性能

　　焊接过程中，材料因受热的影响（但未熔化）而发生金相组织和力学性能变化的区域，称为热影响区。它包括过热区、相变重结晶区、不完全重结晶区。

　　① 过热区　焊接热影响区中，具有过热组织或晶粒显著粗大的区域称为过热区。此区的温度范围为固相线至 1 100℃，宽度约 $1\sim3mm$。由于温度高，晶粒粗大，使塑性和韧性降低。焊接刚度大的结构时，常在过热区产生裂纹。

　　② 相变重结晶区　此区的温度范围为 1 100℃ 至 A_{c_3} 之间，宽度约为 $1.2\sim4.0mm$。由于金属发生了重结晶，随后在空气中冷却，因此可以得到均匀细小的正火组织。相变重结晶区的金属力学性能良好。

　　③ 不完全重结晶区　此区的温度范围在 $A_{c_1}\sim A_{c_3}$ 之间，只有部分组织发生相变。由于部分金属发生了重结晶，冷却后可获得细化的铁素体和珠光体，而未重结晶的部分金属则得到粗大的铁素体。由于晶粒大小不一，故力学性能不均匀。

　　焊缝及热影响区的大小和组织性能变化的程度取决于焊接方法、焊接规范、接头形式等因素。在热源集中、焊接速度快时，热影响区就小。实际上，接头的破坏常常是从热影响区开始的。为消除热影响区的不良影响，焊前可预热工件，以降低焊件上的温差及冷却速度或采用其他措施。

3.2.3　焊接缺陷与检验

3.2.3.1　焊接缺陷

　　在焊接生产过程中，由于设计、工艺、操作中的各种因素的影响，往往会产生各种焊接缺陷。焊接缺陷不仅会影响焊缝的美观，还有可能减小焊缝的有效承载面积，造成应力集中引起断裂，直接影响焊接结构使用的可靠性。表 3-2 列出了常见的焊接缺陷及其产生的原因。

表 3-2　常见焊接缺陷及其产生的原因

缺陷名称	示意图	特　征	产生原因
气孔		焊接时，熔池中的过饱和 H_2、N_2 以及冶金反应产生的 CO，在熔池凝固时未能逸出，在焊缝中形成的空穴	焊接材料不清洁；弧长太长，保护效果差；焊接规范不恰当；冷速太快；焊前清理不当
裂纹		热裂纹：沿晶开裂，具有氧化色泽，多在焊缝上，焊后立即开裂。 冷裂纹：穿晶开裂，具有金属光泽，多在热影响区，有延时性，可发生在焊后任何时刻	热裂纹：母材硫、磷含量高；焊缝冷速太快，焊接应力大；焊接材料选择不当。 冷裂纹：母材淬硬倾向大；焊缝含氢量高；焊接残余应力较大
夹渣		焊后残留在焊缝中的非金属夹杂物	焊道间的熔渣未清理干净；焊接电流太小，焊接速度太快；操作不当
咬边		在焊缝和母材的交界处产生的沟槽和凹陷	焊条角度和摆动不正确；焊接电流太大、电弧过长
焊瘤		焊接时，熔化金属流淌到焊缝区之外的母材上所形成的金属瘤	焊接电流太大、电弧过长、焊接速度太慢；焊接位置和运条不当
未焊透		焊接接头的根部未完全熔透	焊接电流太小、焊接速度太快；坡口角度太小、间隙过窄、钝边太厚

3.2.3.2　焊接质量检验

在焊接之前和焊接过程中，应对影响焊接质量的因素进行认真检查，以防止和减少焊接缺陷的产生；焊后应根据产品的技术要求，对焊接接头的缺陷情况和性能进行成品检验，以确保使用安全。

焊后成品检验可以分为破坏性检验和非破坏性检验两类。破坏性检验主要包括焊缝的化学成分分析、金相组织分析和力学性能试验，主要用于科研和新产品试生产；非破坏性检验的方法很多，由于不对产品产生损害，因而在焊接质量检验中占有很重要的地位。

常用的非破坏性检验方法如下。

（1）外观检验

用肉眼或借助样板、低倍放大镜（5～20 倍）检查焊缝成形、焊缝外形尺寸是否符合要求，焊缝表面是否存在缺陷，所有焊缝在焊后都要经过外观检验。

（2）致密性检验

对于贮存气体、液体、液化气体的各种容器、反应器和管路系统，都需要对焊缝和密封面进行致密性试验，常用方法如下。

① 水压试验　检查承受较高压力的容器和管道。这种试验不仅用于检查有无穿透性缺陷，同时也检验焊缝强度。试验时，先将容器中灌满水，然后将水压提高至工作压力的 1.2～1.5 倍，并保持 5min 以上，再降压至工作压力，并用圆头小锤沿焊缝轻轻敲击，检查焊缝的渗漏情况。

② 气压试验　检查低压容器、管道和船舶舱室等的密封性。试验时将压缩空气注入容器或管道，在焊缝表面涂抹肥皂水，以检查渗漏位置。也可将容器或管道放入水槽，然后向焊件中通入压缩空气，观察是否有气泡冒出。

③ 煤油试验　用于不受压的焊缝及容器的检漏。方法是在焊缝一侧涂上白垩粉水溶液，待干燥后，在另一侧涂刷煤油。若焊缝有穿透性缺陷，则会在涂有白垩粉的一侧出现明显的油斑，由此可确定缺陷的位置。如在 15～30min 内未出现油斑，即可认为合格。

（3）磁粉检验

用于检验铁磁性材料的焊件表面或近表面处缺陷（裂纹、气孔、夹渣等）。将焊件放置在磁场中磁化，使其内部通过分布均匀的磁力线，并在焊缝表面撒上细磁铁粉，若焊缝表面无缺陷，则磁铁粉均匀分布，若表面有缺陷，则一部分磁力线会绕过缺陷，暴露在空气中，形成漏磁场，则该处出现磁粉集聚现象。根据磁粉集聚的位置、形状、大小可相应判断出缺陷的情况。

（4）渗透探伤

该法只适用于检查工件表面难以用肉眼发现的缺陷，对于表层以下的缺陷无法检出。常用荧光检验和着色检验两种方法。

① 荧光检验　是把荧光液（含 MgO 的矿物油）涂在焊缝表面，荧光液具有很强的渗透能力，能够渗入表面缺陷中，然后将焊缝表面擦净，在紫外线的照射下，残留在缺陷中的荧光液会显出黄绿色反光。根据反光情况，可以判断焊缝表面的缺陷状况。荧光检验一般用于非铁合金工件表面探伤。

② 着色检验　是将着色剂（含有苏丹红染料、煤油、松节油等）涂在焊缝表面，遇有表面裂纹，着色剂会渗透进去。经一定时间后，将焊缝表面擦净，喷上一层白色显像剂，保持 15～30min 后，若白色底层上显现红色条纹，即表示该处有缺陷存在。

（5）超声波探伤

该法用于探测材料内部缺陷。当超声波通过探头从焊件表面进入内部遇到缺陷和焊件底面时，分别发生反射。反射波信号被接收后在荧光屏上出现脉冲波形，根据脉冲波形的高低、间隔、位置，可以判断出缺陷的有无、位置和大小，但不能确定缺陷的性质和形状。超声波探伤主要用于检查表面光滑、形状简单的厚大焊件，且常与射线探伤配合使用，用超声波探伤确定有无缺陷，发现缺陷后用射线探伤确定其性质、形状和大小。

(6) 射线探伤

利用 X 射线或 γ 射线照射焊缝，根据底片感光程度检查焊接缺陷。由于焊接缺陷的密度比金属小，故在有缺陷处底片感光度大，显影后底片上会出现黑色条纹或斑点，根据底片上黑斑的位置、形状、大小即可判断缺陷的位置、大小和种类。X 射线探伤宜用于厚度 50mm 以下的焊件，γ 射线探伤宜用于厚度 50～150mm 的焊件。

3.3 常用焊接方法

常用的焊接方法有气焊、焊条电弧焊、埋弧自动焊、气体保护电弧焊、等离子弧焊与切割、电阻焊、摩擦焊和钎焊等。气焊虽然焊接变形较大，生产效率较低，但在焊接场所无电源，维修以及 1～2mm 厚的薄板结构焊接时经常采用。利用电流通过液体熔渣所产生的电阻热进行焊接的方法，称为电渣焊，目前有些重型机械厚大截面还采用电渣焊，但电渣焊有被窄间隙埋弧自动焊取代的趋势。

3.3.1 气焊与气割

3.3.1.1 气焊

(1) 气焊的基本原理

气焊是利用可燃气体与助燃气体，通过焊炬进行混合后喷出，经点燃而发生剧烈的氧化燃烧，以此燃烧所产生的热量去熔化工件接头部位的母材和焊丝而达到金属牢固连接的方法。反应方程式如下：

$$C_2H_2 + O_2 \longrightarrow 2CO + H_2 + 448kJ/mol$$

(2) 气焊应用的设备和工具

气焊应用的设备包括氧气瓶、乙炔发生器或其他可燃气体供气源以及回火防止器等。应用的工具包括焊炬、减压器以及胶管等，如图 3-13 所示。

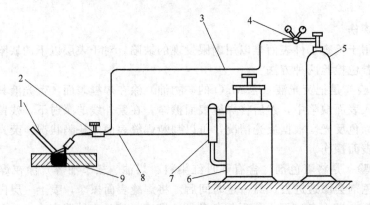

图 3-13 气焊所用设备

1—焊丝；2—焊炬；3—氧气橡胶软管；4—氧气减压阀；5—氧气瓶；
6—乙炔发生器；7—回火保险器；8—乙炔橡胶软管；9—焊件

（3）常用的气体及氧炔火焰

气焊使用的气体包括助燃气体和可燃气体。助燃气体是氧气；可燃气体有乙炔、液化石油气和氢气等。

乙炔与氧气混合燃烧的火焰叫做氧炔焰。按氧与乙炔的不同比值，可将氧炔焰分为中性焰、碳化焰（也叫还原焰）和氧化焰三种。火焰分焰心区、内焰区及外焰区三层，如图3-14所示。

① 中性焰　中性焰燃烧后无过剩的氧和乙炔。它由焰芯、内焰和外焰三部分组成。焰芯呈尖锥形，色白而明亮，轮廓清楚。离焰芯尖端2～4mm处化学反应最激烈，因此温度最高，为 3 100～3 200℃。内焰呈蓝白色，有深蓝色线条；外焰的颜色从里向外由淡紫色变为橙黄色。火焰呈中性。

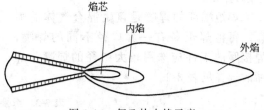

图 3-14　氧乙炔火焰示意

② 碳化焰　碳化焰燃烧后的气体中尚有部分乙炔未燃烧。它的最高温度为 2 700～3 000℃。火焰明显，分为焰芯、内焰和外焰三部分。

③ 氧化焰　氧化焰中有过量的氧，一般氧乙炔的混合比大于1.2。由于氧化焰在燃烧中氧的浓度极大，氧化反应又非常剧烈，因此焰芯、内焰和外焰都缩短，而且内焰和外焰的层次极为不清，可以把氧化焰看作由焰芯和外焰两部分组成。它的最高温度可达 3 100～3 300℃。由于火焰中有游离状态的氧，因此整个火焰有氧化性。气焊时，火焰的选择要根据焊接材料而定。

（4）气焊丝

气焊用的焊丝起填充金属的作用，焊接时与熔化的母材一起组成焊缝金属。常用气焊丝有碳素结构钢焊丝、合金结构钢焊丝、不锈钢焊丝、铜及铜合金焊丝、铝及铝合金焊丝、铸铁焊丝等。在气焊过程中，气焊丝的正确选用十分重要，应根据工件的化学成分、力学性能选用相应成分或性能的焊丝，有时也可用被焊板材上切下的条料作焊丝，焊丝的选取原则如下：

① 焊丝的化学成分应基本上与焊件相符合，以保证焊缝具有足够的力学性能；

② 焊丝表面应无油脂、锈斑及油漆等污物；

③ 焊丝应能保证焊缝具有必要的致密性，即不产生气孔及夹渣等缺陷；

④ 焊丝的熔点应等于或略低于被焊金属的熔点；焊丝熔化时应平稳，不应有强烈的飞溅和蒸发。

（5）气焊熔剂（焊粉）

为了防止金属的氧化以及消除已经形成的氧化物和其他杂质，在焊接有色金属材料时，必须采用气焊熔剂。常用的气焊熔剂有不锈钢及耐热钢气焊熔剂、铸铁气焊熔剂、铜气焊熔剂、铝气焊熔剂。气焊时，熔剂的选择要根据焊件的成分及其性质而定。

气焊熔剂的作用如下：

① 驱除焊接时熔池中形成的高熔点氧化物杂质，并形成熔渣覆盖在熔池表面，使熔池与空气隔离，防止熔池金属的氧化；

② 改善润湿性能和精炼作用，促使获得致密的焊缝组织。

（6）气焊工艺

① 气焊接头形式　气焊常用的接头形式有对接、角接和卷边接头，如图 3-15 所示。气焊的焊接规范主要是确定焊丝的直径、焊嘴的大小以及焊嘴对工件的倾斜角度。

② 焊丝直径和焊嘴尺寸的选择　焊丝的直径是根据工件的厚度而定。焊接厚度为 3mm 以下的工件时，所用的焊丝直径与工件的厚度基本相同。焊接较厚的工件时，焊丝直径应小于工件厚度。焊丝直径一般不超过 6mm。

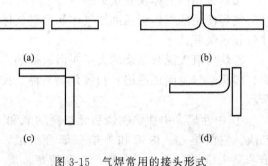

图 3-15　气焊常用的接头形式

焊炬端部的焊嘴是氧炔混合气体的喷口。每把焊炬备有一套口径不同的焊嘴，焊接厚的工件应选用较大口径的焊嘴。焊嘴的选择见表 3-3。

表 3-3　焊接钢材用的焊嘴

焊嘴号	1	2	3	4	5
工件厚度/mm	<1.5	1～3	2～4	4～7	7～11

③ 左向焊与右向焊　气焊的方向可有两种，分别为左向焊和右向焊。左向焊是指焊丝和焊炬从焊缝的右端向左端移动，焊丝在焊炬前面，火焰指向焊件的待焊部分。其特点是操作简单方便，适于焊接较薄和熔点较低的工件。右向焊是指焊丝与焊炬从焊缝的左端向右端移动，焊丝在焊炬后面，火焰指向焊件的已焊部分。其特点是焊接过程中火焰始终笼罩着已焊的焊缝金属，使熔池冷却缓慢，有助于改善焊缝的金属组织，并且热量集中，熔深大，适用于焊接厚度较大的工件，但操作较难掌握。

④ 焊嘴倾斜角度　焊接时焊嘴中心线与工件表面之间夹角（θ）的大小，将影响到火焰热量的集中程度。焊嘴倾角大，火焰热量散失小，工件加热快，温度高。所以，焊接厚件时，应采用较大的夹角，使火焰的热量集中，以获得较大的熔深；焊接薄件时则相反，夹角的选择见表 3-4。气焊低碳钢时，左向焊焊嘴倾角约 30°～50°，右向焊焊嘴倾角约 50°～60°。开始焊接时，为了加热快，焊嘴倾角要大，可达 80°～90°。焊接结束时，为了填满焊坑，避免烧穿，焊嘴倾角应适当减小。气焊导热性强的紫铜时，焊嘴倾角为 60°～80°，气焊熔点低的铝及铝合金时，焊嘴倾角要小。

表 3-4　焊嘴与工件的夹角

夹角	30°	40°	50°	60°
工件厚度/mm	1～3	3～5	5～7	7～10

⑤ 点火、调节火焰与灭火　点火时，先微开氧气阀门，再打开乙炔阀门，随后点燃火焰。这时的火焰是碳化焰。然后，逐渐开大氧气阀门，将碳化焰调整成中性焰。同时，按需要把火焰大小也调整合适。灭火时，应先关乙炔阀门，后关氧气阀门。

气焊时，一般用左手拿焊丝，右手拿焊炬，两手的动作要协调，沿焊缝向左或向右焊接。焊嘴轴线的投影应与焊缝重合，同时要注意掌握好焊嘴与焊件的夹角。焊炬向前移动的速度应能保证焊件熔化并保持熔池具有一定的大小。焊件熔化形成熔池后，再将焊丝适量地点入熔池内熔化。

3.3.1.2　气割

(1) 气割的基本原理

气割是利用可燃气体与氧气混合燃烧的预热火焰，将金属加热到燃烧点，并在氧气射流中剧烈燃烧而将金属分开的加工方法。可燃气体与氧气的混合及切割氧的喷射是利用割炬来完成的，割炬比焊炬多一根氧气导管。气割所用的可燃气体主要是乙炔、液化石油气和氢气等。切割时，当氧乙炔火焰把钢加热到 870℃ ，被切割钢材将会与氧发生如下反应，并放出大量的热，有利于切割的顺利进行。

$$3Fe+2O_2 \longrightarrow Fe_3O_4+6.67MJ/kg \text{ 铁}$$
$$2Fe+O_2 \longrightarrow 2FeO+3.18MJ/kg \text{ 铁}$$
$$4Fe+3O_2 \longrightarrow 2Fe_2O_3+4.9MJ/kg \text{ 铁}$$

低碳钢的氧炔焰切割过程一般有三个阶段，分别为预热、燃烧和熔化与吹除。

（2）气割的要求

并不是所有金属都能被气割，只有符合下列条件的金属才能被气割：

① 金属能同氧剧烈反应，并放出足够的热量；

② 金属导热性不应太高；

③ 金属燃烧点要低于它的熔点；

④ 金属氧化物的熔点要低于金属本身的熔点；

⑤ 生成的氧化物应该易于流动。

符合上述条件的金属有：纯铁、低碳钢、中碳钢和低合金钢以及钛等。其他常用的金属材料如：铸铁、不锈钢及耐酸钢、铝和铜等则必须采用特殊的气割方法（如等离子切割等）。

（3）气割的特点

气割的优点如下：

① 切割钢铁的速度比刀片移动式机械切割工艺快；

② 对于机械切割法难于产生的切割形状和达到的切割厚度，气割可以很经济地实现；

③ 设备费用比机械切割工具低；

④ 设备是便携式的，可在现场使用；

⑤ 切割过程中可以在一个很小的半径范围内快速改变切割方向；

⑥ 通过移动切割器而不是移动金属块来现场快速切割大金属板；

⑦ 过程可以手动或自动操作。

气割的缺点如下：

① 尺寸公差要明显低于机械工具切割；

② 尽管也能切割像钛这样的易氧化金属，但该工艺在工业上基本限于切割钢铁等；

③ 预热火焰及发出的红热熔渣对操作人员可能造成着火和烧伤的危险；

④ 燃料燃烧和金属氧化需要适当的烟气控制和排风设施；

⑤ 切割高合金钢铁和铸铁需要对工艺流程进行改进；

⑥ 切割高硬度钢铁可能需要割前预热，割后继续加热来控制割口边缘附近钢铁的金相结构和力学性能；

⑦ 气割不推荐用于大范围的远距离切割。

3.3.1.3　气焊与气割的安全特点

（1）火灾、爆炸和灼烫

气焊与气割所应用的乙炔、液化石油气、氢气等都是易燃易爆气体；氧气瓶、乙炔瓶、液化石油气瓶都属于压力容器。在焊补燃料容器和管道时，还会遇到其他许多易燃易爆气体及各种压力容器，同时又使用明火，如果设备和安全装置有故障或者操作人员违反安全操作规程等，都有可能造成爆炸和火灾事故。

在气焊与气割的火焰作用下，氧气射流的喷射，使火星、熔珠和铁渣四处飞溅，容易造成灼烫事故。较大的熔珠和铁渣能引着易燃易爆物品，造成火灾和爆炸。因此防火防爆是气焊、气割的主要任务。

（2）金属烟尘和有毒气体

气焊与气割的火焰温度高达 3 000℃以上，被焊金属在高温作用下蒸发、冷凝成为金属烟尘。在焊接铝、镁、铜等有色金属及其他合金时，除了这些有毒金属蒸气外，焊粉还散发出燃烧物；黄铜、铅的焊接过程中都会散发有毒蒸气。在补焊操作中，还会遇到其他毒物和有害气体。尤其是在密闭容器、管道内的气焊操作，可能造成焊工中毒事故。

3.3.2 焊条电弧焊

焊条电弧焊是用手工操纵焊条进行焊接的一种电弧焊。该方法是利用焊条和工件之间产生的电弧将焊条和工件局部加热到熔化状态，焊条端部熔化后的熔滴和熔化的母材融合一起形成熔池。随着电弧向前移动，熔池金属逐步冷却结晶，形成焊缝。

3.3.2.1 电焊条

（1）焊条的组成和作用

焊条由专用焊接金属丝（焊芯）和药皮两部分组成。

熔化焊用钢丝牌号和化学成分应按 GB/T 14957—1994 标准规定，其中常用钢号有 H08A、H08E、H08C、H08MnA、H15A、H15Mn 等。焊芯直径称为焊条直径，从 $\phi 1.6mm \sim 8mm$，生产中多用 $\phi 3.2mm$、$\phi 4mm$ 和 $\phi 5mm$。焊芯的作用一是作为电极传导电流，产生电弧，产生焊接热源；二是作为填充金属（调整成分），与母材共同组成焊缝金属。

药皮由多种矿石粉和铁合金配成。药皮的主要作用如下：

① 利用药皮熔化后产生的熔渣和气体，隔绝焊接熔池与空气的接触，起机械保护作用；

② 进行冶金处理，反应除杂质（脱氧、去硫等），补充合金元素，保证焊缝的成分和力学性能；此外，碱性焊条药皮里含有大量的萤石（CaF_2），氟能与氢结合形成稳定气体 HF，从而防止氢溶入熔池金属；

③ 改善工艺性能，易于引弧和再引弧，稳定电弧燃烧、减少飞溅、使焊缝成形美观、易脱渣等。

根据药皮组成物在焊接中的作用可分为稳弧剂、造气剂、造渣剂、脱氧剂、合金剂、增塑剂、黏结剂和成形剂等。并将药皮分为若干类型，如钛钙型、低氢钠型、低氢钾型等。各种原材料粉末按一定比例（称为配方）配成涂料，利用焊条压涂机压涂在焊芯上。

（2）焊条的种类、型号与牌号

焊条的种类按用途分有碳钢焊条、低合金钢焊条、不锈钢焊条、铸铁焊条、堆焊焊条、镍和镍合金焊条、铜和铜合金焊条、铝和铝合金焊条等。

焊条按熔渣性质分为酸性焊条和碱性焊条两大类。

酸性焊条的熔渣以酸性氧化物为主（SiO_2、MnO 等）；碱性焊条的熔渣以碱性氧化物为主（CaO、FeO 等）。

根据 GB/T 5117—1995《碳钢焊条》标准规定，碳钢焊条型号根据熔敷金属的力学性能、药皮类型、焊接位置和焊接电流种类进行划分。碳钢焊条型号编排以字母 E 后加四位数字表示，碳钢焊条型号举例如图 3-16 所示。

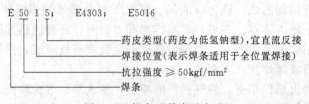

E 50 1 5； E4303； E5016

药皮类型（药皮为低氢钠型），宜直流反接
焊接位置（表示焊条适用于全位置焊接）
抗拉强度 $\geqslant 50kgf/mm^2$
焊条

图 3-16 焊条型号表示方法

其中 "E" 表示焊条；前两位数字表示熔敷金属抗拉强度的最小值，单位为 kgf/mm²（×9.81MPa）；第三位数字表示焊条的焊接位置，"0" 及 "1" 表示焊条适用于全位置焊接，"2" 表示适用于平焊及平角焊，"4" 表示焊条适用于向下立焊；第三位、第四位数组合表示电流种类和药皮类型，见表 3-5 所示。如 "03" 表示钛钙型药皮，交流或直流正、反接，"15" 表示药皮，直流反接，"16" 表示药皮，交流或直流反接。

表 3-5　碳钢焊条型号中第三位、第四位数字的含义

焊条型号	第三位数字代表的焊接位置	第三位、第四位数字组合代表的含义	
		药皮类型	焊接电流种类
E××00	各种位置（平、立、横、仰）	特殊型	交流或直流正、反接
E××01		钛铁矿型	
E××03		钛钙型	
E××10		高纤维素钠型	直流反接
E××11		高纤维素钾型	交流或直流反接
E××12		高钛钠型	交流或直流正接
E××13		高钛钾型	交流或直流正、反接
E××14		铁粉钛型	交流或直流正、反接
E××15		低氢钠型	直流反接
E××16		低氢钾型	交流或直流反接
E××18		铁粉低氢型	
E××20	平角焊	氧化铁型	交流或直流正接
E××22	平焊		交流或直流正、反接
E××23	平焊、平角焊	铁粉钛钙型	交流或直流正、反接
E××24		铁粉钛型	
E××27		铁粉氧化铁型	交流或直流正接
E××28		铁粉低氢型	交流或直流反接
E××48	平、立、仰、立向下	铁粉低氢型	交流或直流反接

焊条的牌号是焊条行业统一的焊条编号。焊条牌号用一个大写汉语拼音字母和三个数字表示，如 J422，J506 等。拼音字母表示焊条的大类，如 "J" 表示结构钢焊条（碳钢焊条和低合金钢焊条），"A" 表示奥氏体不锈钢焊条，"D" 表示堆焊焊条，"Z" 表示铸铁焊条等；前两位数字表示各大类中的若干小类，如结构钢焊条前两位数字表示焊缝金属的抗拉强度数值，单位为 kgf/mm²（×9.81MPa）；最后一个数字表示药皮类型和电流种类（如表 3-6 所示），其中 1～5 为酸性焊条，6 和 7 为碱性焊条。焊条型号与牌号之间的关系是：一种牌号的焊条符合国家标准中某种型号焊条的性能等各项技术要求。例如，J422 符合国标 E4303，J506 符合国标 E5-16。

表 3-6　焊条药皮类型和电源种类编号

编号	1	2	3	4	5	6	7	8
药皮类型	钛型	钛钙型	钛铁矿型	氧化铁型	纤维素型	低氢钾型	低氢钠型	石墨型
电源种类	直或交流	交、直流	交、直流	交、直流	交、直流	交、直流	直　流	交、直流

（3）碱性焊条和酸性焊条的特性

在焊条药皮中，如果含有以酸性氧化物（如氧化钛、硅砂）为主的涂料成分，这种焊条称为酸性焊条；如钛铁矿型焊条、钛钙型焊条、高钛型焊条、氧化铁型焊条和纤维素型焊条，如果含有以碱性氧化物（如氧化钙）为主的涂料成分，这种焊条称为碱性焊条，如含碳酸盐和氟石为主的低氢型焊条。酸性焊条和碱性焊条特性的比较如下。

① 酸性焊条药皮组分氧化性强；而碱性焊条药皮组分氧化性弱。

② 酸性焊条对水、锈产生气孔的敏感性不大，焊条在使用前经 75～150℃烘焙 1h；而碱性焊条对水、锈产生气孔的敏感性较大，焊条在使用前经 350～400℃烘焙 1～2h，工件坡口及其两侧要清除锈、油、水。

③ 酸性焊条电弧稳定，可用交流或直流施焊；而碱性焊条由于药皮中含有氟化物，恶化电弧稳定性，必须用直流施焊，只有当药皮中加稳弧剂后才可交、直流两用。

④ 酸性焊条焊接电流大；而碱性焊条焊接电流较小，较同规格的酸性焊条小 10％左右。

⑤ 酸性焊条宜长弧操作；而碱性焊条宜短弧操作，否则易引起气孔。

⑥ 酸性焊条合金元素过渡效果差；而碱性焊条合金元素过渡效果好。

⑦ 酸性焊条焊缝成形较好，熔深较浅；而碱性焊条焊缝成形尚好，容易堆高，熔深稍深。

⑧ 酸性焊条熔渣结构呈玻璃状，脱渣较方便；而碱性焊条熔渣结构呈结晶状，脱渣较困难。

⑨ 酸性焊条焊缝常、低温冲击性能一般；而碱性焊条焊缝常、低温冲击性能较高。

⑩ 酸性焊条抗裂性能较差；而碱性焊条抗裂性能好。

⑪ 酸性焊条焊缝中的含氢量高，易产生"白点"，影响塑性；而碱性焊条焊缝中的含氢量低。

⑫ 酸性焊条焊接时烟尘较少；而碱性焊条焊接时烟尘较多。这是因为碱性焊条中含有大量 HF 等有毒气体和烟尘，对人体危害较大。焊接场地要通风良好。

由于用碱性焊条焊接的焊缝力学性能性能好、抗裂性好，所以碱性焊条适用于裂纹倾向大、塑性和韧性要求高的重要焊接结构，如锅炉、压力容器、桥梁、船舶等。

（4）焊条的选用

焊条的种类繁多，每种焊条均有一定的特性和用途。选用焊条是焊接准备工作中很重要的一个环节。在实际工作中，除了要认真了解各种焊条的成分、性能及用途外，还应根据被焊焊件的状况、施工条件及焊接工艺等综合考虑。选用焊条一般应考虑以下原则。

① 焊接材料的力学性能和化学成分　对于普通结构钢，通常要求焊缝金属与母材等强度，应选用抗拉强度等于或稍高于母材的焊条。例如焊接 16Mn 钢，抗拉强度 520MPa，可选用 E5003（J502），E5015（J507），E5016（J506）。再如焊接 Q235A 钢，抗拉强度为 420MPa，则焊条应选用 E43 系列的焊条。对于合金结构钢，通常要求焊缝金属的主要合金成分与母材金属相同或相近。在被焊结构刚性大、接头应力高、焊缝容易产生裂纹的情况下，可以考虑选用比母材强度低一级的焊条。当母材中 C 及 S、P 等元素含量偏高时，焊缝容易产生裂纹，应选用抗裂性能好的低氢型焊条。

② 焊件的使用性能和工作条件　对承受动载荷和冲击载荷的焊件，除满足强度要求外，还要保证焊缝具有较高的韧性、抗裂性能高和塑性，低温性能好，应选用塑性和韧性指标较高的碱性焊条。接触腐蚀介质的焊件，应根据介质的性质及腐蚀特征，选用相应的不锈钢焊条或其他耐腐蚀焊条。在高温或低温条件下工作的焊件，应选用相应的耐热钢或低温钢焊条。

③ 焊件的结构特点和受力状态　对结构形状复杂、刚性大及大厚度焊件，由于焊接过程中产生很大的应力，容易使焊缝产生裂纹，应选用抗裂性能好的低氢型焊条。焊接薄板时，采用小电流进行焊接，因为交流电小电流的电弧稳定性差，引弧比较困难，所以应选用直流电源进行焊接。对焊接部位难以清理干净的焊件，应选用氧化性强，对铁锈、氧化皮、油污不敏感的酸性焊条。对受条件限制不能翻转的焊件，有些焊缝处于非平焊位置，应选用全位置焊接的焊条。

④ 施工条件及设备　在没有直流电源，而焊接结构又要求必须使用低氢型焊条的场合，应选用交、直流两用低氢型焊条。在狭小或通风条件差的场所，应选用酸性焊条或低尘焊条。

⑤ 工艺性能　在满足产品性能要求和的条件下，尽量选用电弧稳定，飞溅少，焊缝成形均匀整齐，容易脱渣的工艺性能好的酸性焊条。焊条工艺性能要满足施焊操作需要。如在非水平位置施焊时，应选用适于各种位置焊接的焊条。如在向下立焊、管道焊接、底层焊接、盖面焊、重力焊时，可选用相应的专用焊条。酸性焊条（如 E4303）是交流、直流两用焊条，但通常采用交流电源进行焊接，因为交流弧焊电源价格便宜。而碱性焊条中的低氢钠型焊条（如 E5015），由于药皮中含有一定量的氟石（CaF_2），所以电弧稳定性差，因此必须采用直流弧焊电源进行焊接；碱性焊条中的低氢钾型焊条（如 E5016），由于药皮的黏结剂采用钾水玻璃，含有一定量的稳弧剂钾，电弧的稳定性比低氢钠型焊条好，可以选用交流电源进行焊接。

⑥ 合理的经济效益　在满足使用性能和操作工艺性的条件下，尽量选用成本低、效率高的焊条。对于焊接工作量大的结构，应尽量采用高效率焊条，如铁粉焊条、高效率不锈钢焊条及重力焊条等，以提高焊接生产率。

3.3.2.2　焊条电弧焊的特点及应用范围

焊条电弧焊与埋弧自动焊相比具有以下特点：操作灵活，设备比较简单，适应性强。焊条电弧焊适用于焊接单件或小批量的产品，短的和不规则的、空间任意位置的以及其他不易实现机械化焊接的焊缝。凡焊条能够达到的地方都能进行焊接。价格相对便宜并且轻便。焊条电弧焊使用的交流和直流焊机都比较简单，焊接操作时不需要复杂的辅助设备，只需配备简单的辅助工具。购置设备的投资少，而且维护方便。适用于大多数工业用的金属和合金的焊接。焊条电弧焊选用合适的焊条不仅可以焊接碳素钢、低合金钢，而且还可以焊接高合金钢及有色金属，不仅可以焊接同种金属，而且可以焊接异种金属，还可以进行铸铁焊补和各种金属材料的堆焊等。

与气体保护电弧焊相比，不需要辅助气体防护。焊条不但能提供填充金属，而且在焊接过程中能够产生在熔池和焊接处避免氧化的保护气体，并且具有较强的抗风能力。

焊条电弧焊的焊接质量，除了合适的焊条、焊接工艺参数和焊接设备外，主要靠焊工的操作技术和经验保证，即焊条电弧焊的焊接质量在一定程度上决定于焊工的操作技术，因此必须经常进行焊工培训，所需要的培训费用很大。焊条电弧焊主要靠焊工的手工操作和眼睛观察完成全过程，焊工的劳动强度大，生产效率低。并且始终处于高温烘烤和有毒的烟尘环境中，劳动条件比较差，因此要加强劳动保护。焊条电弧焊主要靠手工操作，并且焊接工艺参数选择范围较小，另外，焊接时要经常更换焊条，并要经常进行焊道熔渣的清理，与自动焊相比，焊接生产率低。但与气焊相比起焊接速率和生产效率还是比较高的，且焊接变形相对较小。对于活泼金属（如 Ti、Nb、Zr 等）和难熔金属（如 Ta、Mo 等），由于这些金属对氧的污染非常敏感，焊条的保护作用不足以防止这些金属氧化，保护效果不够好，焊接质量达不到要求，所以不能采用焊条电弧焊；对于低熔点金属如 Pb、Sn、Zn 及其合金等，由于电弧的温度对其来讲太高，所以也不能采用焊条电弧焊焊接。另外，焊条电弧焊的焊接工件厚度一般在 1.5mm 以上，1mm 以下的薄板不适于焊条电弧焊。

由于焊条电弧焊具有设备简单、操作方便、适应性强，能在空间任意位置焊接的特点，所以被广泛应用于各个工业领域，是应用得最广泛的焊接方法之一。

3.3.3　埋弧自动焊

埋弧焊也是利用电弧作为热源的焊接方法，埋弧焊时电弧是在一层颗粒状的可熔化焊剂覆盖下燃烧，电弧不外漏，所用的金属电极是不间断送进的裸丝焊。

3.3.3.1　电弧焊的工作原理

图 3-17 是埋弧焊焊缝形成过程示意图。在焊丝与工件之间燃烧的焊接电弧完全淹埋在一定厚度的焊剂层下，电弧将焊丝端部及焊缝附近的母材和焊剂熔化，电弧力将熔池中的金属推向熔池后方，在随后的冷却过程中，熔化的金属形成熔池，熔融的焊剂成为熔渣覆盖在焊缝上。熔池受颗粒状焊剂、熔渣和焊剂蒸气的保护，使之与外界空气隔绝。熔渣除了对熔池和焊缝金属起机械保护作用外，焊接过程中还与熔化的金属发生冶金反应，起到调整焊缝化学成分，补充合金元素的作用。

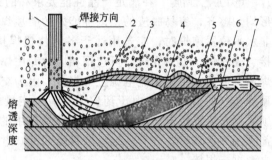

图 3-17　埋弧焊时焊缝的形成
1—焊丝；2—焊件；3—焊剂；4—液态金属；
5—液态焊剂；6—焊缝；7—焊渣

3.3.3.2　埋弧焊过程及设备

埋弧自动焊的焊接过程如图 3-18 所示。焊件待焊部位开坡口（30mm 以下可不开坡口）后，先进行定位焊，并在焊件下面垫金属板，以防止液态金属的流出。接通焊接电源开始焊接时，送丝轮由电机传动，将焊丝从焊丝盘中拉出，并经导电器而送向电弧燃烧区，焊完后便形成焊缝与焊渣。焊剂也从焊剂斗送到电弧区的前面。在焊剂的两侧装有挡板以免焊剂向两面散开。部分未熔化的焊剂，由焊剂回收器吸回到焊剂斗中，以备继续使用。

埋弧焊焊机如图 3-19 所示。老式埋弧自动焊设备由弧焊电源、控制箱和焊车三部分组成。新的埋弧焊焊机把弧焊电源和控制系统做成了一个箱体。当焊接过程受到外界干扰时，焊接电弧靠自动调节系统来消除或减

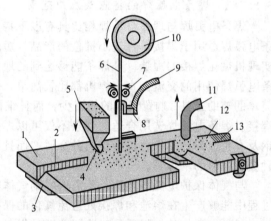

图 3-18　埋弧自动焊的焊接过程
1—焊件；2—V 形坡口；3—垫板；4—焊剂；5—焊剂斗；
6—焊丝；7—送丝轮；8—导电器；9—电缆；10—焊丝盘；
11—焊剂回收器；12—焊渣；13—焊缝

弱外界干扰的影响。熔化极焊接电弧的自动调节系统一般有两类：电弧自身调节系统；电弧电压自动调节系统。

埋弧焊调节途径是要保证焊丝熔化速率与焊丝送进速率相等。系统在工作时，焊丝以预定的速率恒速送进，所以也称为等速送丝系统。弧长变化导致焊接电流变化，进而导致焊丝熔化速率的变化而使得弧长恢复。电弧自身调节系统无法消除网络电压波动对于焊接参数的影响。为了减小电网电压波动对工艺参数的影响，同时为了提高电弧自身调节作用的调节速

图 3-19 埋弧自动焊机

度，这种系统一般采用具有缓降外特性的电源。

埋弧焊通常采用比较粗的焊丝，直径一般在 4mm 以上的居多，如果仍然依靠电弧自身的调节保证弧长的稳定，则由于系统对粗丝的调节灵敏度低，反应慢，无法满足参数的稳定调节；另外，弧长变化和调节过程中，电流的变动比较大，焊缝成形不均匀（宽度、深度方向）。

利用电弧电压作为反馈量，通过转速调节机构（调节器），迫使送丝速率改变，把焊接规范调节到原来的数值。电压反馈调节系统对于电源外特性的要求是陡降特性的焊接电源。同时为了易于引弧和使电弧稳定燃烧，焊接电源应有较高的空载电压。埋弧焊一般使用电弧电压自动调节系统，两种电弧调节系统的比较如表 3-7 所示。

表 3-7 两种电弧调节系统的比较

比 较 内 容	调 节 方 法	
	电弧自身调节系统	电弧电压自动调节系统
控制电路及机构	简单	复杂
采用的送丝方式	等速送丝	变速送丝
采用的电源外特性	平特性或缓降特性	陡降或垂降特性
电弧电压调节方法	改变电源外特性	改变送丝系统的给定电压
焊接电流调节方法	改变送丝速率	改变电源外特性
控制弧长恒定的效果	好	好
网络电压波动的影响	产生静态电弧电压误差	产生静态焊接电流误差
适用的焊丝直径/mm	0.8～3.0	3.0～6.0

常用的埋弧焊焊机有 MZ-1000 型和 MZ1-1000 型等。MZ-1000 型是一种电弧电压自动调节式埋弧焊机，变速送丝，型号中 MZ 表示埋弧焊自动焊机，"1000" 表示额定焊接电流为 1 000 安培。

3.3.3.3 埋弧焊的分类

埋弧焊按焊丝的移动方式可分为半自动焊和自动焊两类。半自动焊由焊工操作焊枪，使电弧相对于工件移动，并保持一定的电弧长度，多采用细焊丝。半自动焊枪上装有焊剂漏斗，焊丝和焊剂同时向焊接区输送。因存在很多不方便，被 CO_2 焊代替，目前很少应用。

按照送丝方式可划分为等速送丝和变速送丝埋弧自动焊，按照焊丝数目可划分为单电极和多电极埋弧自动焊，按照电极形状可划分为焊丝电极、卷带电极和板状电极埋弧自动焊。埋弧自动焊按照行走装置方式可划分为牵引式小车行走方式、侧挂导轨式行走方式和导轨方式。

3.3.3.4　焊接材料

埋弧焊所用的焊接材料包括焊丝和焊剂。由于埋弧焊时焊丝和焊剂直接参与焊接过程的冶金反应，所以它们的化学成分和物理特性都会影响焊接的工艺过程，并通过焊接过程对焊缝金属的化学成分、组织和性能产生影响。

（1）焊丝

焊丝有实心焊丝和药心焊丝两类。生产中普遍使用的是实心焊丝。焊丝包括碳素结构钢、合金结构钢、高合金钢和各种有色金属焊丝以及堆焊用的特殊合金焊丝等。焊丝除了作为电极和填充金属外，还可以起到渗合金、脱氧、去硫等作用。

焊丝的直径一般为 1.6～6.0mm。自动焊时应选用 3～6mm 的焊丝，以充分发挥埋弧焊大电流和高熔敷率的优点。同一电流使用较小直径的焊丝时，可加大焊缝熔深、减小熔宽的效果。焊丝表面应当干净光滑，以保证焊接时能够顺利送进。除不锈钢和有色金属焊丝外，各种低碳钢和低合金钢焊丝的表面应该镀铜，不仅可以起到防锈的效果，同时可以改善焊丝与导电嘴的电接触状况。

（2）焊剂

埋弧焊所用的焊剂是可熔化的颗粒状物质，其作用相当于焊条的药皮，起到保护电弧、稳定电弧、保证焊缝成形、过渡合金元素等作用。

埋弧焊所用的焊剂按制造方法通常可以分为熔炼焊剂、烧结焊剂和陶质焊剂三类。目前我国使用的绝大多数焊剂为熔炼焊剂。按照化学成分划分，可以分为氧化性焊剂、弱氧化性焊剂和惰性焊剂三类。按照焊剂的酸碱性可以划分为碱性焊剂、酸性焊剂和中性焊剂三类。

焊剂熔化成为熔渣，熔渣呈碱性还是酸性，对焊缝金属的性能、焊接操作性都有很大的影响。一般酸性焊剂的焊接操作性好，能得到漂亮的焊缝，但焊缝冲击值低。而碱性焊剂得到的焊缝冲击值高，抗裂纹能力强，但焊接操作性不太好。

（3）焊剂型号表示方法

熔炼焊剂由 HJ 表示，后面加三位数字组成。第一位数字表示焊剂中氧化锰的含量，第二位数字表示二氧化硅、氟化钙的含量，第三位数字表示同一类焊剂的不同牌号，按 0、1、2、…、9 顺序排列。对同一牌号焊剂生产两种颗粒度时，在细颗粒焊剂牌号后面加"×"表示。例如：HJ431×。

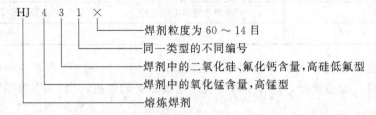

低合金高强钢的焊接可选用中锰中硅型焊剂，配用适当的低合金高强钢焊丝。耐热钢、低锰钢、耐蚀钢的焊接可选用中硅或低硅型焊剂，配用相应的合金钢焊丝。铁素体、奥氏体钢一般选用碱度较高的焊剂，以降低合金元素的烧损及掺加较多的合金元素。

焊丝与焊剂的组配对埋弧焊焊缝金属的性能有着决定作用。低碳钢的焊接可选用高锰高硅型焊剂，配用 H08MnA 焊丝，或选用低锰低硅型焊剂，配用 H08MnA、H10Mn2 焊丝。

常用熔炼型焊剂用途及配用焊丝如表 3-8 所示。

表 3-8 常用熔炼型焊剂用途及配用焊丝

焊剂型号	用　途	焊剂颗粒度/mm	配用焊丝	电流种类
HJ130	低碳钢,低合金结构钢	0.45~2.5	H10Mn2	交、直流
HJ131	镍基合金	0.3~2	镍基焊丝	交、直流
HJ150	轧辊堆焊	0.45~2.5	2Cr13、3Cr2W8	直流
HJ172	高 Cr 铁素体钢	0.3~2	相应钢种焊丝	直流
HJ173	Mn-Al 高合金钢	0.25~2.5	相应钢种焊丝	直流
HJ230	低碳钢,低合金结构钢	0.45~2.5	H08MnA、H10Mn2	交、直流
HJ250	低合金高强度钢	0.3~2	相应钢种焊丝	直流
HJ251	珠光体耐热钢	0.3~2	Cr-Mo 钢焊丝	直流
HJ260	不锈钢,轧辊堆焊	0.3~2	不锈钢焊丝	直流
HJ330	低碳及低合金结构钢重要结构	0.45~2.5	H08MnA、H10Mn2	交、直流
HJ350	低合金高强度钢重要结构	0.45~2.5;0.2~1.4	Mn-Mo、Mn-Si 及含镍高强钢用焊丝	交、直流
HJ430	低碳及低合金结构钢重要结构	0.45~2.5	H08 A、H08MnA	交、直流
HJ431	低碳及低合金结构钢重要结构	0.45~2.5	H08 A、H08MnA	交、直流
HJ432	低碳及低合金结构钢重要结构(薄板)	0.2~1.4	H08A	交、直流
HJ433	低碳钢	0.45~2.5	H08A	交、直流

3.3.3.5 埋弧自动焊工艺

(1) 工艺参数

埋弧焊的工艺参数主要包括焊丝直径、焊接电流、电弧电压、焊接速率、焊丝伸出长度等。确定焊接工艺参数的主要依据是焊件厚度、接头形式与坡口尺寸。电流、电压和焊速,三者决定着焊接线能量的大小,同时也对焊缝外观成形起至关重要的作用,是保证焊接质量的首要因素。

焊接电流增大时 (其他条件不变),焊缝的熔深和余高均增大,熔宽没多大变化 (或略微增大)。电流增大时,工件上的电弧力和热输入均增大,热源位置下移,熔深增大。熔深与焊接电流近于成正比关系,比例系数 (K_m) 与焊丝直径、电流种类、极性以及焊剂的化学成分等有关。

在其他条件不变时,电弧电压增大时,焊缝熔深略有减小而熔宽增大,余高减小。这是因为电压增大,电弧功率加大,工件热输入有所增大,同时弧长拉长,斑点移动范围变大,电弧分布半径增大,导致电弧集中系数 k 减小,$r=1.73/\sqrt{k}$。因此熔深略有减小,而熔宽增大。此外,熔宽增大,焊丝熔化量却稍有减小,因此余高减小。埋弧焊时,电弧电压是根据焊接电流确定的。即一定的焊接电流时要保持一定范围的弧长,以保证电弧的稳定燃烧,因此电弧电压的变动范围是有限的。

焊接速率提高时,焊接线能量减小,熔宽和熔深都减小,余高也减小。但是在焊接速率较小 (如单丝埋弧焊焊接速率小于 67cm/min) 时,随焊接速率的增加,弧柱倾斜,有利于金属向后流动,熔深反而有所增加。实际生产中为了提高生产率,同时保持一定的焊接线能量,在提高焊接速率的同时必须加大电弧功率,从而保证一定的熔深和熔宽。

上述三个参数是互相关联的,需综合考虑各方面的影响与要求来确定,才能得到良好的焊缝成形，接头性能才能满足要求，生产效率才能得到提高。

（2）工艺因素

埋弧自动焊常用的接头形式是对接接头和 T 形接头。埋弧自动焊一次可以焊透 20mm 以下的工件，但要求预留 5～6mm 的间隙。但一般要求 14～16mm 的板料必须开坡口才能用单面焊一次焊透，开坡口不但为了保证熔深，有时还为达到其他的工艺目的。如焊接合金钢时，可以控制熔合比；而在焊接低碳钢时，可以控制焊缝余高，减小应力集中。

埋弧焊对接时一般能采用双面焊的均采用双面焊，以便易于焊透，减小焊接变形。采用单面焊时，为了防止烧穿，埋弧自动焊对接焊的第一道焊缝焊接时常采用焊剂垫，如图 3-20 所示。

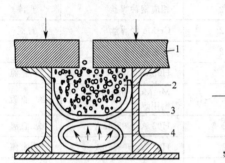

图 3-20　焊接垫上的对接焊
1—焊件；2—焊剂；3—帆布；4—充气软管

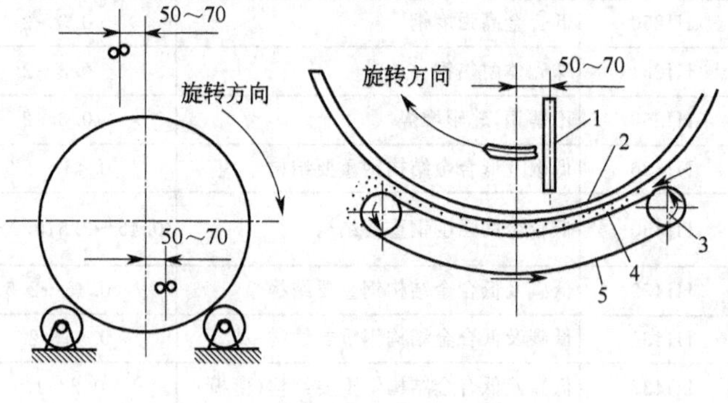

图 3-21　筒体内外环缝的焊接示意
1—焊丝；2—焊件；3—导轮；4—焊剂；5—导轨

埋弧自动焊对下料和坡口加工要求很严，要保证组装间隙均匀。埋弧焊要清除坡口及其两侧的锈、油、水，以防止气孔产生。

当采用埋弧自动焊焊接筒体时，为了防止熔池金属和熔渣从筒体表面流失，保证焊缝成形良好，焊丝的固定位置要偏离中心线一定距离，如图 3-21 所示。不同直径的筒体应根据焊缝成形情况确定偏离距离。考虑焊缝成形问题，直径小于 250mm 的筒体一般不采用埋弧自动焊。

T 形接头或搭接接头的角焊缝埋弧自动焊时，通常采用船形焊和横角焊两种方法，如图 3-22 所示。

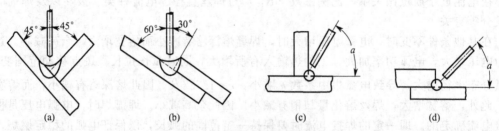

图 3-22　角焊缝埋弧焊示意

所谓船形焊是将工件角焊缝的两边置于与垂直线各成 45°的位置，见图 3-22（a）、（b），这种焊接位置可为焊缝成形提供最有利的条件，这种焊接方式要求接头的装配间隙不超过 1～1.5mm。否则，必须采取措施，防止液态金属流失。

当工件不可能或不便于采用船形焊时，可采用横角焊来焊接角焊缝，见图 3-22（c）、（d），这种焊接方式对接头装配间隙不敏感，即使间隙达到 2～3mm 时，也不必采取防止液态金属流失的措施。焊丝与焊缝的相对位置对横角焊的质量有重大的影响。焊丝偏角 α 一般在 $20°\sim30°$ 之间。

3.3.3.6　埋弧自动焊的优缺点及适用范围

（1）埋弧自动焊的优点

① 生产效率高。埋弧自动焊的生产率比手工焊高 $5\sim10$ 倍。因为埋弧自动焊时焊丝上无药皮，焊丝可很长，并能连续送进而无需更换焊条。故可采用大电流焊接（比手工焊大 $6\sim8$ 倍），电弧热量大，焊丝熔化快，熔深也大，焊接速度比手工焊快得多。板厚 30mm 以下的自动焊可不开坡口，而且焊接变形小。

② 焊剂层对焊缝金属的保护好，所以焊缝质量好。

③ 节约钢材和电能。钢板厚度一般在 30mm 以下时，埋弧自动焊可不开坡口，这就大大节省了钢材，而且由于电弧被焊剂保护着，使电弧的热得到充分利用，从而节省了电能。

④ 改善了劳动条件。除减少劳动量之外，由于自动焊时看不到弧光，焊接过程中产生的气体量少，这对保护焊工眼睛和身体健康是很有益的。

（2）埋弧自动焊的缺点

① 适应能力差，只能在水平位置焊接长直焊缝或大直径的环焊缝。

② 不能直接观察电弧与坡口的相对位置，如果没有采用焊缝自动跟踪装置，则容易焊偏。

③ 埋弧自动焊的焊接电流小于 100A 时电弧不稳定，因此不适于焊接薄板。

（3）埋弧自动焊的适用范围

由于埋弧自动焊熔深大、生产率高、机械化操作程度高，因而适合于焊接中厚板结构的长焊缝。在造船、锅炉与压力容器、桥梁、起重机械、铁路车辆、工程机械等制造部门有着广泛的应用，是当今焊接生产中最普遍使用的方法之一。

埋弧自动焊除了用于金属结构的连接外，还可在基体金属表面上堆焊耐磨或耐腐蚀的合金层，例如轧辊的堆焊。

3.3.4　气体保护电弧焊

气体保护焊是用外加气体作为保护介质，保护电弧区的熔滴和熔池及焊缝的电弧焊。常用保护气体有惰性气体（氩气、氦气和混合气体）和活性气体（二氧化碳气）两种，分别称为惰性气体保护焊和 CO_2 焊。本小节主要介绍氩气作为保护气体的氩弧焊和 CO_2 气体保护焊。

3.3.4.1　氩弧焊

氩弧焊技术是在普通电弧焊的原理的基础上，利用氩气对金属焊材的保护，通过高电流使焊材在被焊基材上融化成液态形成溶池，使被焊金属和焊材达到冶金结合的一种焊接技术，由于在高温熔融焊接中不断送上氩气，使焊材不与空气中的氧气接触，从而防止了焊材的氧化，因此可以焊接铜、铝、合金钢等有色金属。

（1）氩弧焊的分类

根据焊接过程中电极是否熔化，氩弧焊可以分为非熔化极氩弧焊（钨极氩弧焊）和熔化极氩弧焊两种，分别简称为 TIG 焊和 MIG 焊，如图 3-23 所示。

钨极氩弧焊常用的电极材料为纯钨、钍钨极和铈钨极三类。其中铈钨极无射线，一般大多采用铈钨极，其在焊接过程中不熔化，故需采用焊丝。焊接电流较小，适于薄板焊接。

熔化极氩弧焊采用焊丝作为电极，可使用大电流，适于中厚板焊接。

（2）氩弧焊设备

钨极氩弧焊设备由弧焊电源、控制系统、焊枪、供气系统及冷却系统组成。供气系统包

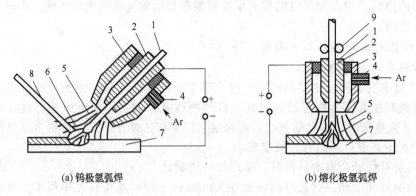

(a) 钨极氩弧焊　　　　　　　　　　(b) 熔化极氩弧焊

图 3-23　氩弧焊示意图
1—焊丝或电极；2—导电嘴；3—喷嘴；4—进气管；5—氩气流；6—电弧；
7—焊件；8—填充焊丝；9—送丝滚轮

括氩气瓶、电磁气阀和流量计等。

　　熔化极氩弧焊设备由送丝系统、主电路系统、供气系统、水冷系统、控制系统、焊枪等组成。

　　(3) 电源种类和极性

　　钨极氩弧焊一般采用直流正接，以减少钨极烧损。焊接铝、镁金属及其合金和易氧化的铜合金时，可形成一层致密的高熔点氧化膜覆盖在熔池表面和焊口边缘。该氧化膜如不及时清除，就会妨碍焊接正常进行。当工件为负极时，表面氧化膜在电弧作用下可以被清除掉而获得表面光亮美观，成形良好的焊缝。这是因为金属氧化膜逸出功小，在质量很大的氩正离子的高速撞击下，表面氧化膜被破坏、分解，从而被清除掉。这就是"阴极破碎"作用，所以焊接铝、镁金属及其合金时，可采用直流反接。

　　为了同时兼顾阴极破碎作用和两极发热量的合理配合，对于铝、镁、铜金属及其合金一般都采用具有正接和反接特点的交流钨极氩弧焊机。

　　为了得到稳定而且熔滴尺寸细小的熔滴过渡，熔化极氩弧焊一般采用直流反接。

　　(4) 氩弧焊焊接工艺

　　钨极氩弧焊的焊接工艺一般包括接头形式、坡口形式、工件和填充焊丝的焊前清理、工艺参数的选择等。

　　钨极氩弧焊的接头形式有对接、搭接、角接、T 形接和端接五种基本形式。坡口的形状和尺寸取决于工件的材料、厚度和工作要求。

　　钨极氩弧焊时，对材料的表面质量要求很高，焊前必须经过严格清理，清除焊丝及工件坡口及其两侧表面至少 20mm 范围内的油污、水分、灰尘、氧化膜等，否则在焊接过程中将影响焊接电弧的稳定性，恶化焊缝成形，并可能导致气孔、夹杂、未熔合等缺陷。

　　钨极氩弧焊的工艺参数一般包括焊接电流的种类及大小、钨极直径及端部形状、气体流量和喷嘴直径、焊接速率、喷嘴与工件的距离等。

　　影响熔化极氩弧焊焊缝成形和工艺性能的参数主要包括：焊接电流、电弧电压、焊接速率、焊丝伸出长度、焊丝的倾角、焊丝直径、焊接位置、极性、氩气流量等。

　　(5) 氩弧焊的特点及应用

　　① 钨极氩弧焊的特点及应用如下：

　　Ⅰ 可焊化学性质活泼的非铁金属及其合金或特殊性能钢；

ⅰ 电弧燃烧稳定、飞溅小，表面无熔渣，焊缝成形美观，质量好。

适用于焊接各种薄板结构以及薄板与较厚材料的焊接。

② 熔化极氩弧焊的特点及应用如下：

ⅰ 惰性气体保护，焊缝纯净度高，力学性能好，电弧燃烧稳定，熔滴细小，过渡稳定，飞溅小；

ⅱ 与钨极氩弧焊相比生产效率高，焊接板厚比 TIG 焊大，焊接电流大，焊接热输入大，熔深大；与 SAW 埋弧焊比焊缝的氢含量低，抗冷裂能力高；与 CO_2 焊比成本高。

熔化极氩弧焊主要用于有色金属及其合金、不锈钢的焊接。

3.3.4.2　CO_2 气体保护焊

目前 CO_2 气体保护焊广泛应用于机车制造、船舶制造、汽车制造、采煤机械制造等领域。CO_2 气体保护电弧焊适用于焊接低碳钢、低合金钢、低合金高强钢。由于 CO_2 气体在高温电弧作用下能分解（$CO_2 \rightarrow CO + O_2$），有氧化性，会烧损合金元素，因此，不能用来焊接有色金属。焊接不锈钢可能导致焊缝增碳，对不锈钢的耐腐蚀性能造成影响。CO_2 气体保护焊示意图如图 3-24 所示。

（1）CO_2 气体保护焊的分类

① 按焊丝粗细分类　按焊丝粗细可以划分为细丝 CO_2 焊（$d_s \leqslant 1.6mm$）和粗丝 CO_2 焊（$d_s > 1.6mm$）。

② 按焊丝类型分类　按焊丝类型可以划分为实芯焊丝 CO_2 焊和药芯焊丝 CO_2 焊。

③ 按自动化程度分类　按自动化程度可以划分为半自动 CO_2 焊和自动 CO_2 焊，半自动 CO_2 焊适用于焊缝不够规则的场合，自动 CO_2 焊适用于焊缝长而且规则的场合。

（2）CO_2 气体保护电弧焊所用的设备

CO_2 气体保护电弧焊所用的设备包括：焊接电源、送丝系统、焊枪和行走机构、供

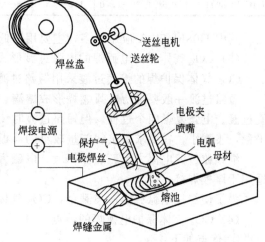

图 3-24　CO_2 气体保护焊示意

气和冷却水系统、控制系统等。供气系统包括气瓶气路及相应的阀、计量装置、加热装置等。半自动焊枪有鹅颈式和手枪式两种。焊枪冷却方式有气冷、水冷。自动焊焊枪载流容量较大（可达 1 500A），采用内部循环水冷却。控制系统包括焊接电源输出调节系统、送丝速度调节系统、小车或工作台行走速度调节系统、气体流量调节系统，主要控制焊接过程中的各种动作，如电源启动停止、送气送水、熄弧引弧、小车行走等。瓶装 CO_2 为液态，焊接用 CO_2 要求纯度高于 99.8%，用前排水（倒置 48h，开阀放水）。由于液态的 CO_2 气化过程吸热，可能导致其中的水分结冰，需在减压前加热，一般采取电阻加热的方式。焊丝直径一般在 1.0~1.6mm 范围内，小的有 0.5mm、大的有 3.2mm。焊丝应有足够的脱氧元素 Mn、Si，以保证焊缝脱氧充分，脱氧反应式如下：

$$2FeO + Si \longrightarrow 2Fe + SiO_2$$
$$FeO + Mn \longrightarrow Fe + MnO$$

含碳量一般低于 0.14%，最好为 0.03%~0.06%。焊丝应防锈，如镀铜，焊前要清理，焊丝盘绕整齐，确保送丝顺利。国产焊丝牌号、化学成分和使用性能如表 3-9 所示。

表 3-9　常用国产焊丝牌号、化学成分和使用性能

焊丝牌号	合金元素的质量分数 ω/%								用途
	C	Si	Mn	Cr	Ni	其他	S 不大于	P 不大于	
H10MnSi	≤0.14	0.60~0.90	0.80~1.10	≤0.20	≤0.30	—	0.030	0.040	焊接低碳钢,低合金钢
H10MnSi	≤0.10	0.70~1.0	1.00~1.30	≤0.20	≤0.30	—	0.030	0.040	
H08MnSiA	≤0.10	0.60~0.85	1.40~1.70	≤0.02	≤0.25		0.030	0.035	
H08Mn2SiA	≤0.10	0.70~0.95	1.80~2.10	≤0.02	≤0.25		0.030	0.035	
H04Mn2SiTiA	≤0.04	0.40~0.80	1.40~1.80	—	—	钛 0.65~0.95;铝 0.20~0.40	0.025	0.025	焊接低合金高强度钢
H10MnSiMo	≤0.14	0.70~1.10	≤0.02	≤0.30	钼 0.15~0.25		0.030	0.040	
H04Mn2SiTiA	≤0.04	0.70~1.10	1.80~2.10	—	—	钛 0.2~0.4	0.025	0.025	
H08Cr3Mn2MoA	≤0.10	0.30~0.50	2.00~2.50	2.5~3.0		钼 0.35~0.50	0.030	0.030	焊接贝氏体钢
H18CrMnSiA	0.15~0.22	0.90~1.10	0.80~1.10	0.80~1.10	—		0.025	0.030	焊接高强度钢
H1Cr18Ni9	≤0.14	0.50~1.0	1.0~2.0	18~20	8.0~10.0		0.020	0.030	焊 1Cr18Ni9Ti 薄板
H1Cr18Ni9Ti	≤0.10	0.30~0.70	1.0~2.0	18~20	8.0~10.0	钛 0.50~0.80	0.030		

　　其中 H08Mn2SiA 应用最多,主要用于低碳钢;H10MnSiMo 用于低合金高强钢。

　　(3) CO_2 气体保护电弧焊的电弧过渡形式与特点

　　CO_2 气体保护焊的熔滴过渡采用短路过渡和细颗粒过渡。

　　短路过渡一般要经历电弧燃烧形成熔滴、熔滴长大并与熔池短路熄弧、液桥颈缩断开熔滴过渡、电弧复燃四个过程。但短路过渡时负载变化较大,对电源动特性要求高。短路过渡平稳,飞溅小,在要求焊接线能量较小的薄板焊接生产中应用广泛,适合于全位置焊接。

　　细颗粒过渡电流大,斑点面积大,电磁力增加,熔滴过渡频率加快,形成细颗粒过渡,适用于厚板焊接。

　　为了使焊接电弧稳定,飞溅小,CO_2 气体保护焊采用直流反接。

　　(4) CO_2 气体保护电弧焊的特点

　　① 优点如下:

　　ⅰ 生产效率高;

　　ⅱ 焊接成本低;

　　ⅲ 能耗低;

　　ⅳ 适用范围广,易进行全位置焊接;

　　ⅴ 对水、油、锈不敏感,焊缝中含氢少,抗氢脆能力强,抗冷裂纹能力高;

　　ⅵ 明弧焊接,便于监测控制,且不用清渣。

　　② 缺点如下:

　　ⅰ 材料的适用范围较窄;

　　ⅱ 焊接过程飞溅大,不仅降低焊丝的熔敷系数,使焊缝成形不良,而且飞溅金属会黏着导电嘴端面和喷嘴内壁,导致送丝不畅,使电弧燃烧不稳定。

　　ⅲ 焊接明弧造成弧光辐射,紫外线强烈,抗风能力差。

　　为减少焊接飞溅,应采取以下措施:降低焊丝含 C 量;保护气体中加入 Ar,改善电弧形态及熔滴过渡形式;正确选择工艺参数;采用波形控制的方法控制熔滴过渡,减小飞溅;采用短路电流控制器,使过桥始末电流小,中期电流大,短路前期,抑制短路电流的上升速

度，减小正常短路的峰值电流，降低短路电流上升速度，短路后期迅速降低短路电流，靠金属表面张力拉断小桥，实现无飞溅过渡。

3.3.5　等离子弧焊与切割

借助水冷喷嘴等对电弧的拘束与压缩作用，获得较高能量密度的等离子弧进行焊接的方法称为等离子弧焊。

3.3.5.1　等离子弧的产生

一般焊接电弧为自由电弧，电弧区只有部分气体被电离，温度不够集中。当自由电弧压缩成高能量密度的电弧，弧柱气体被充分电离，成为只含有正离子和负离子的状态时，即出现物质的第四态——等离子体。等离子弧具有高温（15 000～30 000K）、高能量密度（480kW/cm^2）和等离子流高速运动（最大可数倍于声速）。等离子弧是通过以下三种压缩效应获得的。

（1）机械压缩效应

在等离子枪中，当高频震荡引弧以后，气体电离形成的电弧通过焊嘴细小喷孔，受到喷嘴内壁的机械压缩。

（2）热压缩效应

由于喷嘴内冷却水的作用，使靠近喷嘴内壁处的气体温度和电离度急剧降低，迫使电弧电流只能从弧柱中心通过，使弧柱中心电流密度急剧增加，电弧截面进一步减小，这是对电弧的第二次压缩。

（3）电磁收缩效应

因为弧柱电流密度大大提高而伴生的电磁收缩力使电弧得到第三次压缩。

因三次压缩效应，使等离子弧直径仅有 3mm 左右，能量密度、温度及气流速度大为提高。

3.3.5.2　等离子弧焊接设备

和钨极氩弧焊一样，按操作方式，等离子弧焊接设备可分为手工焊和自动焊两类。手工焊设备由焊接电源、焊枪、控制电路、气路和水路等部分组成。自动焊设备则由焊接电源、焊枪、焊接小车（或转动夹具）、控制电路、气路和水路等部分组成。

3.3.5.3　等离子弧焊接基本方法

等离子弧焊通常分为大电流等离子弧焊和微束等离子弧焊两类。

（1）大电流等离子弧焊

大电流等离子弧焊是指电流在 30A 以上（尤其是 100A 以上）的离子弧焊。它有两种工艺：一种是小孔型等离子弧焊，另一种是熔透型等离子弧焊。

小孔型等离子弧焊接是在大电流（100～300A）和大的离子气流量的工艺参数条件下，将工件完全熔透并产生一个贯穿工件的小孔。被熔化的金属在电弧吹力、液体金属重力与表面张力相互作用下保持平衡。焊枪前进时，小孔在电弧后方锁闭，形成完全熔透的焊缝。利用小孔焊接可在不用衬垫的情况下实现单面焊双面成形，因而受到特别重视。

穿孔型等离子弧焊接最适用于焊接 3～8mm 不锈钢，12mm 以下钛合金，2～6mm 低碳钢或低合金钢，以及铜、黄铜、镍及镍基合金的对接缝。可实现不开坡口，不加填充金属，不用衬垫的单面焊双面型。厚度大于上述范围时可采用 Y 形坡口多层焊。

熔透型等离子弧焊接是指等离子弧的离子气流量较小时，穿孔效应消失，等离子弧焊接同钨极氩弧焊相似，称为熔透型等离子弧焊。熔透型等离子弧焊适用薄板，多层焊缝的盖面及角焊缝的焊接，填加或不加填充焊丝，优点是焊速较快。

由于喷嘴的拘束作用和维弧电流的同时存在，小电流的等离子弧可以十分稳定，目前已成为焊接金属薄箔的有效方法。

（2）微束等离子弧焊

30A 以下的熔透型等离子弧焊接通常称为微束等离子弧焊接。微束等离子弧焊又称为真叶状等离子弧焊。由于焊接电流小于 1A 时，等离子弧仍有很好的稳定性，仍能保持良好的电弧挺度和方向性。特别适合焊接细丝和箔材。

3.3.5.4 等离子弧焊的特点

等离子弧焊的特点如下。

① 能量密度大，温度梯度大，热影响区小，可焊接热敏感性强的材料或制造双金属件。

② 电弧稳定性好，焊接速度高，可用穿透式焊接，使焊缝一次双面成形，表面美观，生产率高。

③ 气流喷速高，机械冲刷力大，可用于焊接大厚度工件或切割大厚度不锈钢、铝、铜、镁等合金。

④ 电弧电离充分，电流下限达 0.1A 以下仍能稳定工作，适合于用微束等离子弧（0.2～30A）焊接超薄板（0.01～2mm），如膜盒、热电偶等。

3.3.5.5 等离子弧切割

用等离子弧作为热源、借助高速热离子气体熔化和吹除熔化金属而形成切口的热切割。等离子弧切割的工作原理与等离子弧焊相似，但电源有 150V 以上的空载电压，电弧电压也高达 100V 以上。割炬的结构也比焊炬粗大，需要水冷。等离子弧切割一般使用高纯度氮作为等离子气体，但也可以使用氩或氩氮、氩氢等混合气体。一般不使用保护气体，有时也可使用二氧化碳作保护气体。等离子弧切割有 3 类：小电流等离子弧切割使用 70～100A 的电流，电弧属于非转移弧，用于 5～25mm 薄板的手工切割或铸件刨槽、打孔等；大电流等离子弧切割使用 100～200A 或更大的电流，电弧多属于转移弧，用于大厚度（12～130mm）材料的机械化切割或仿形切割；喷水等离子弧切割，使用大电流，割炬的外套带有环形喷水嘴，喷出的水罩可减轻切割时产生的烟尘和噪声，并能改善切口质量。等离子弧可切割不锈钢、高合金钢、铸铁、铝及其合金等，还可切割非金属材料，如矿石、水泥板和陶瓷等。等离子弧切割的切口细窄、光洁而平直，质量与精密气割相似。同样条件下等离子弧的切割速度大于气割，且切割材料范围也比气割更广。

3.3.6 压力焊

压力焊是利用加热或加压的方法，使两工件接合面达到塑性或半熔化状态，使接触面上的原子形成新的结晶，将两工件焊接起来的过程。包括电阻焊和摩擦焊。

3.3.6.1 电阻焊

电阻焊是利用电流通过焊接接头的接触面及邻近区域产生的电阻热，把焊件加热到塑性或局部熔化状态，再在电极压力作用下形成接头的一种焊接方法。电阻焊可分为点焊、缝焊、对焊，如图 3-25 所示。

（1）点焊

点焊是利用电流通过两圆柱形电极和搭接的两焊件产生电阻热，将焊件加热并局部熔化，形成一个熔核（其周围为塑性状态），然后在压力下熔核结晶，形成一个焊点的焊接方法，如图 3-25（a）所示。点焊的接头形式如图 3-26 所示，均为搭接接头，焊接前应清理。点焊的主要焊接参数是电极压力、焊接电流和通电时间。压力过大、电流过小，会使热量少，焊点强度下降；压力过小、电流大会使热量大而不稳定，易飞溅，烧穿。

点焊时会发生点焊分流现象，如图 3-27 所示。由于分流会使焊接电流发生变化，影响点焊质量，故焊点间距不宜过小。

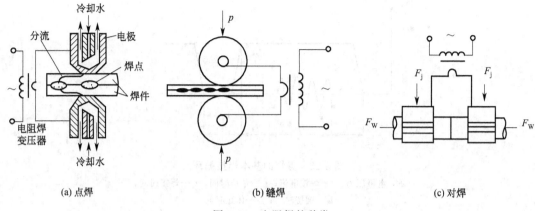

图 3-25　电阻焊的种类

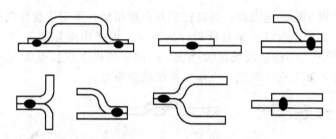

图 3-26　点焊的接头形式

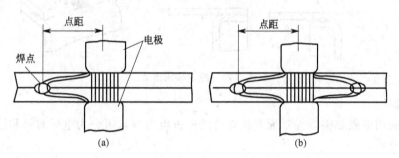

图 3-27　点焊分流现象示意

点焊的焊接循环由四个基本步骤组成,如图 3-28 所示。

预压时间 t_1——由电极开始下降到焊接电流开始接通的时间。这一时间是为了确保在通电之前电极压紧工件,使工件间有适当的压力。

焊接时间 t_2——焊接电流通过工件并产生熔核的时间。

维持时间 t_3——焊接电流切断后,电极压力继续保持的时间。在此时间内,熔核凝固并冷却至具有足够的强度。

休止时间 t_4——由电极开始提起到电极再次开始下降,准备在下一个待焊点压紧工件的时间。休止时间只适用于焊接循环重复的场合。

通电时间必须在电极压力达到满值后进行,否则,可能因压力过低而飞溅,或因压力不一致影响加热,造成焊点强度的波动。

电极提起必须在电流全部切断之后,否则,电极和工件之间将产生火花,甚至烧穿工件。

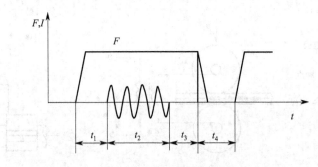

图 3-28　点焊的基本焊接循环

F—电极压力；I—焊接电流；t_1—预压时间；t_2—焊接时间；

t_3—维持时间；t_4—休止时间

（2）缝焊

缝焊与点焊同属于搭接电阻焊，焊接过程与点焊相似，采用滚盘作电极，边焊边滚，相邻两个焊点重叠一部分，形成一条有密封性的焊缝。焊接原理如图 3-25（b）所示。焊接接头形式如图 3-29 所示。焊接分流现象较严重，故同等条件下焊接电流较大，主要用于有密封性要求的薄板件，如飞机、坦克、汽车、拖拉机油箱等。

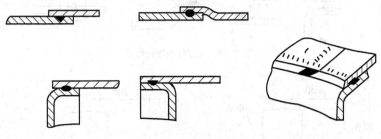

图 3-29　缝焊接头形式

（3）对焊

对焊是利用电阻热将焊件断面对接焊合的一种电阻焊，可分为电阻对焊和闪光对焊，如图 3-25（c）所示。

① 电阻对焊　先加预压，使两端面压紧，再通电加热，使待焊处达到塑性温度后，再断电加压顶锻，产生一定塑性变形而焊合。电阻对焊操作简便，接头光滑而毛刺少，但接头力学性能较低，对工件端面加工和清理等准备工作要求较高，否则容易使待焊面加热不均匀，产生氧化物夹杂，焊接质量不稳定。因此，电阻对焊主要适用于截面简单、直径小于20mm 和强度要求不高的杆件。

② 闪光对焊　两焊件不接触，先加电压，再移动焊件使之接触，由于接触点少，其电流密度很大，接触点金属迅速熔化、蒸发、爆破，呈高温颗粒飞射出来，称为闪光。经多次闪光加热后，端面均匀达到半熔化状态，同时多次闪光把端面的氧化物也清除干净，于是断电加压顶锻，形成焊接接头。

闪光对焊的焊接过程如下：

在电极夹具中装工件并夹紧 ——→ 使工件不紧密地接触，真正接触的是一些点 ——→ 通电流 ——→ 接触点受电阻热熔化及气化 ——→ 液体金属发生爆裂，产生火花与闪光 ——→ 继续移动工件 ——→ 连续产生闪光 ——→ 端面全部熔化 ——→ 迅速加压工件 ——→ 切断电流 ——→ 工件在顶锻压力下产生塑性变形 ——→ 形成接头。

对焊断面形状应相近，以保证断面均匀加热。

（4）电阻焊特点及应用

电阻焊的特点如下：

① 加热迅速，温度较低，焊接热影响区及变形小，易获得优质接头；

② 不需外加填充金属和焊剂；

③ 电阻对焊无弧光，噪声小，烟尘、有害气体少，劳动条件好；

④ 焊件结构简单、重量轻、气密性好，易于获得形状复杂的零件；

⑤ 易实现机械化、自动化，生产率高；

⑥ 焊接接头质量不稳定，目前尚缺乏可靠的无损检测方法，焊接质量只能靠工艺试样和破坏性试验来检查，靠各种监控技术来保证；

⑦ 设备功率大，而且机械化和自动化程度较高，故设备投资大，焊机复杂，维修较困难。大功率焊机（可达 1 000kW）电网负荷较大，若是单相交流焊机，则对电网的正常运行有不利的影响。

⑧ 点焊和缝焊需要搭接接头，增加了构件的重量，其接头的拉伸强度和疲劳强度均较低。

点焊适于低碳钢、不锈钢、铜合金、铝镁合金，厚度 4mm 以下的薄板冲压结构及钢筋的焊接。缝焊适于板厚 3mm 以下，焊缝规则的密封结构的焊接。对焊主要用于制造封闭形零件、轧制材料接长、异种材料制造的焊接。

3.3.6.2　摩擦焊

摩擦焊是利用工件金属焊接表面相互摩擦产生的热量，将金属局部加热到塑性状态，然后在压力下完成焊接的一种热压焊接方法。

（1）摩擦焊的工艺过程

摩擦焊有多种类型，根据工件相对摩擦运动的轨迹，可将摩擦焊分为旋转式和轨道式两种。根据焊接过程中将焊接所需的机械能输入的方式，旋转式摩擦焊又可分为连续驱动式和储能式。摩擦焊过程如图 3-30 所示。目前应用最广的是旋转式连续驱动摩擦焊。两焊件对中夹

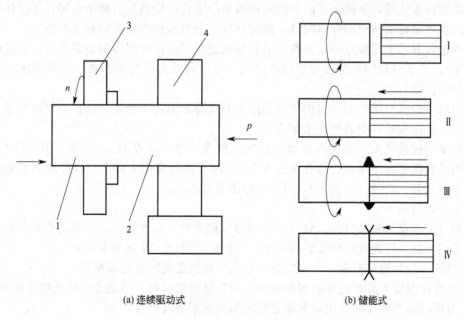

(a) 连续驱动式　　　　　　　　　(b) 储能式

图 3-30　摩擦焊工艺过程

1—工件 1；2—工件 2；3—旋转夹头；4—移动夹头；n—工件转速；p—轴向压力

紧后，焊件1首先高速旋转，然后移动焊件2使与焊件1接触并施加一定压力，当焊件1、焊件2两件的接触端面因摩擦热而升温至黄白色（焊件表面处于塑性状态）时，停止焊件的旋转，同时加大压力对两个焊件进行顶锻使产生一定的塑性变形，去压后焊件即被焊在一起。

(2) 摩擦焊的特点及应用

摩擦焊的特点：

① 加热温度低，接头质量好且稳定；

② 生产率高（1 200 件/h），成本低（耗电为闪光焊的 10%～20%，焊接成本为 CO_2 电弧焊的 70% 左右）；

③ 适用范围广，能焊同种金属、异种金属及某些非金属材料；

④ 生产条件好，无弧光、烟尘、射线污染；

⑤ 焊机所需功率小，省电；

⑥ 焊接过程可控性好，质量稳定，焊件精度高；

⑦ 摩擦焊用于圆形工件、棒料管子的对接，要求被焊工件至少应有一件是旋转体（轨道式摩擦焊除外）。

摩擦焊的应用：

① 在各种回转体结构的焊接方法中，可逐步取代电弧焊、电阻焊、闪光焊；

② 一些用熔焊、电阻焊不能焊的异种金属，可用摩擦焊焊接（如铜-铝摩擦焊等）。

常用的黑色及有色金属均可应用摩擦焊，最宜焊接圆截面件及管子，焊件截面常用范围为 $30\sim800mm^2$，最大可达 $2\,000mm^2$ 左右。在建筑、电站、切削刀具生产、汽车、拖拉机、石油钻杆加工、纺织机械等部门都有应用。

3.3.7　钎焊

钎焊是采用比母材熔点低的金属材料作钎料，将焊件和钎料加热到高于钎料熔点、低于母材熔点的温度，利用液态钎料湿润母材，填充接头间隙并与母材相互扩散实现连接的焊接方法。

钎焊的根本问题是如何得到一个优质的接头，得到这样接头有两个前提：①液体钎料能充分流入并致密地填满全部钎焊间隙，润湿性好；②与母材有很好的相互作用。

钎焊包含着两个过程：一是钎料填满钎缝的过程（液体对固体的润湿性好；钎缝间隙的毛细作用）；二是钎料同母材相互作用的过程（母材向液态钎料的扩散——即溶解；钎料组分向母材的扩散）。

钎焊时一般都要用钎剂，它的作用是除去氧化膜和油污等杂质，保护母材接触面和钎料不受氧化，并增加钎料湿润性和毛细流动性。

钎焊多用搭接接头，以便通过增加搭接长度（一般为板厚的 2～5 倍，但实际生产中，一般根据经验确定，不推荐搭接长度值大于 15mm）来提高接头强度。焊件之间的装配间隙很小（十分之几到百分之几毫米），目的是增强毛细作用。

(1) 钎焊材料

钎焊材料包括钎料和钎剂，钎料和钎剂的合理选择对钎焊接头的质量起着举足轻重的作用。为了满足接头性能和钎焊工艺的要求，钎料应满足以下几项基本要求：

① 合适的熔化温度范围，一般情况下它的熔化温度范围要比母材低；

② 在钎焊温度下具有良好的润湿作用，能充分润湿母材，即能充分填充接头间隙；

③ 与母材的物理化学作用应保证它们之间形成牢固的结合；

④ 成分稳定，尽量减少钎焊温度下合金元素的损耗，少含或不含稀有元素和贵重元素；

⑤ 能满足钎焊接头物理、化学以及力学性能等要求；

⑥ 钎料可以制成丝、棒、片、箔、粉状，也可根据需要制成特殊形状，如环状等成形钎料或膏状供应。

钎料通常按其熔化温度范围分为两大类。液相线温度低于 450℃ 的称为软钎料，包括镓基、铋基、锡基、铅基、镉基、锌基等合金。液相线温度高于 450℃ 的称为硬钎料，包括铝基、镁基、铜基、银基、金基、锰基、镍基、钛基等合金。

（2）钎焊方法的分类

钎焊按钎料熔点可分为软钎焊、硬钎焊。

① 软钎焊　钎料熔点在 450℃ 以下的钎焊称为软钎焊。常用锡铅钎料，松香、氯化锌溶液作钎剂。其接头强度低，工作温度低，具较好的焊接工艺性，用于电子线路的焊接。

② 硬钎焊　钎料熔点在 450℃ 以上的钎焊称为硬钎焊。常用铜基和银基钎料，硼砂、硼酸、氯化物、氟化物组成钎剂。接头强度较高，工作温度也高，用于机械零部件的焊接。

钎焊按照加热方式可以划分为：火焰钎焊、电阻钎焊、感应钎焊、炉内钎焊、浸渍钎焊和烙铁钎焊。

（3）钎焊接头形式

钎焊接头承载能力与接合面的大小有关，因此钎焊接头一般采用搭接、套件镶接等，如图 3-31 所示。

（4）钎焊特点及应用

钎焊的特点如下：

① 采用低熔点的钎料作为填充金属，钎料熔化，母材不熔化；

② 工件加热温度较低，接头组织、性能变化小，焊件变形小，接头光滑平整，焊件尺寸精确；

③ 可焊接异种金属，焊件厚度不受限制；

④ 生产率高，可整体加热，一次焊成整个结构的全部焊缝，易于实现机械化、自动化。

⑤ 钎焊设备简单，生产投资费用少。

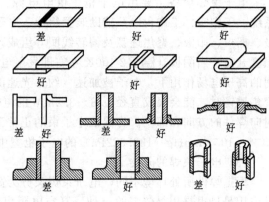

图 3-31　钎焊接头形式

钎焊可用于各种黑色及有色金属和合金以及异种金属的联结，适宜于小而薄和精度要求高的零件。在机械、电机、无线电、仪表、航空、导弹、原子能、空间技术以及化工、食品等部门都有应用。钎焊主要用于焊接精密、微型、复杂、多焊缝、异种材料的焊件。

3.4　现代焊接方法

3.4.1　电子束焊

对电子枪的阴极通电加热，使其发射出大量电子，通过强电场加速和电磁透镜聚焦后，形成高能量密度（$5 \times 10^8 \mathrm{W/cm^2}$）的电子束（束斑直径<1mm）轰击焊件，其动能转变为热能，使金属迅速熔化而实现焊接的方法。

（1）电子束焊原理

图 3-32 是真空电子束焊示意图。电子束从电子枪中产生。通常电子是以热发射或场致

发射的方式从发射体（阴极）逸出。在 $26\sim300kV$ 的加速电压的作用下，电子被加速到 $0.3\sim0.7$ 倍的光速，具有一定的动能，再经电子枪中静电透镜和电磁透镜的作用，电子汇集成功率密度很高的电子束。

这种电子束撞击到工件表面，电子的动能就转变为热能，使金属迅速熔化和蒸发。在高压金属蒸气的作用下熔化的金属被排开，电子束就能继续撞击深处的固态金属，很快在被焊金属上形成一个锁形小孔，小孔的周围被液态金属包围。随着电子束与工件的相对移动，液态金属沿小孔周围流向熔池后部，逐渐冷却，凝固形成了焊缝。

电子束传送到焊接接头的热量和其熔化金属的效果与电子束的束流强度、加速电压、焊接速度、电子束斑点质量以及被焊材料的性能等因素有密切的关系。

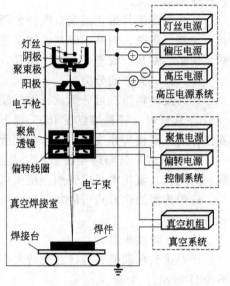

图 3-32　真空电子束焊示意

(2) 电子束焊设备

电子束焊设备主要由电子枪、供电电源、真空系统、工作室、工作台以及辅助装置组成。电子束由电子枪产生和射出，它主要由灯丝、阴极、栅极、阳极、聚焦透镜及偏转线圈等组成。灯丝被通电加热后发射电子轰击阴极并使其温度升高，当阴极升温至 $2\,400K$ 左右即发射电子（发射强度用栅极控制），在阴极与阳极之间的高压电场作用下，电子被加速（约为光速的一半以上）穿过阳极孔射出。高速电子穿过聚焦透镜时，能会聚成直径 $0.8\sim3.2mm$ 的电子束射向焊件。利用偏转线圈可调节电子束射向焊件的方向和部位。为保证电子束的正常工作和提高灯丝寿命，电子枪应置于真空度为 $10^{-4}\sim10^{-5}mmHg$（133.322Pa）的电子枪室中。

(3) 电子束焊的分类

根据焊件所处环境不同，电子束焊又分为高真空、低真空和非真空三种。真空电子束焊是应用最早也是用得较多的一种。真空电阻束焊在焊接前必须对工件进行严格的除锈和清洗，不允许有残留有机物。

高真空电子束焊是在真空度为 $667\times10^{-4}Pa$ 以上的环境中进行焊接的。由于真空度高，可以保证对熔池金属的保护，避免金属元素的烧损和氧化。主要适用于活泼金属、难熔金属和质量要求高的焊接。

低真空电子束焊是在真空度为 $10^{-1}\sim10Pa$ 的真空环境中进行焊接的。低真空电子束焊熔池周围的污染程度小于 12×10^{-6}，仍比焊接用的氩气要纯洁（氩气纯度为 99.99%，即污染程度为 10^{-4}）。由于只需抽到低真空，因此大大缩短了抽真空的时间，提高了生产效率，与高真空电子束焊相比降低了生产成本。主要适用于批量大的零件的焊接和在生产线上使用。例如：变速箱组合齿轮多采用低真空电子束焊生产。

非真空电子束焊的电子束仍然是在高真空条件下产生的。电子束穿过特殊设计的小孔，射到处于大气环境或较高气压的惰性气体保护中的焊件上而进行焊接。这种方法的优点是不需要真空焊接室，因而可以焊接尺寸比较大的工件，生产效率较高。目前，非真空电子束焊能够焊到的最大熔深为 30mm。

电子束焊一般不加填充焊丝，如果需要保证焊缝的正面和背面有一定的堆高时，可在焊缝上预加垫片。对接缝间隙约为 0.1 倍板厚，但不能超过 0.2mm。

（4）电子束焊的特点及应用

电子束焊的特点如下。

① 能量密度大（$10^6 \sim 10^8 \mathrm{W/cm^2}$），穿透性很强，电子束焊接工艺参数可控性好，可焊接工件厚度为 $0.1 \sim 300\mathrm{mm}$；既可焊普通低合金钢、不锈钢，也可以焊难熔金属、化学活泼性强的金属以及复合材料、异种金属，如铜-镍、钼-镍、钼-铜、钼-钨、铜-铝等。

② 保护效果好，焊接质量高。

③ 热影响区窄，焊接变形小，装配焊接精度高。

④ 电子束焊接设备复杂、投资大，成本较高。

电子束焊的应用如下。

① 在原子能、航空航天，军工生产等领域，对焊接质量要求特别高的重要结构的焊接；采用普通焊接方法难以保证焊接质量的某些特殊材料和结构的焊接，如微型电子线路组件、真空膜盒、钼箔蜂窝结构、导弹外壳、运载火箭壳体、涡轮机转子、核电站锅炉汽包、齿轮组合件、轴承、卡车后桥等。

② 对易蒸发的金属及合金和含气量较多的材料（如铝-锌-镁合金、黄铜、未经脱氧的低碳钢等），不宜采用真空电子束焊接。

3.4.2　激光焊及切割

3.4.2.1　激光焊

（1）激光基础知识

处于热平衡物体的原子和分子中各粒子是按统计规律分布的，且大都处于低能级状态。电子可以透过吸收或释放能量从一个能阶跃迁至另一个能阶。例如当电子吸收了一个光子时，它便可能从一个较低的能阶跃迁至一个较高的能阶［见图 3-33(a)］。同样的，一个位于高能阶的电子也会通过发射一个光子而跃迁至较低的能阶［见图 3-33(b)］。在这些过程中，电子吸收或释放的光子能量总是与这两能阶的能量差相等。由于光子能量决定了光的波长，因此，吸收或释放的光具有固定的颜色。

当原子内所有电子处于可能的最低能阶时，整个原子的能量最低，称原子处于基态。当一个或多个电子处于较高的能阶时，称原子处于受激态。电子可透过吸收或释放在能阶之间跃迁。跃迁又可分为以下三种形式。

① 自发吸收——电子透过吸收光子从低能阶跃迁到高能阶［见图 3-33(a)］。

② 自发辐射——电子自发地透过释放光子从高能阶跃迁到较低能阶［见图 3-33(b)］。

③ 受激辐射——光子射入物质诱发电子从高能阶跃迁到低能阶，并释放光子。入射光子与释放的光子有相同的波长和相，此波长对应于两个能阶的能量差。一个光子诱发一个原子发射一个光子，最后就变成两个相同的光子［见图 3-33(c)］。

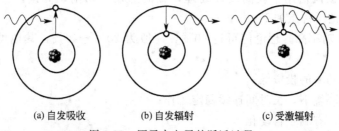

(a) 自发吸收　　　　(b) 自发辐射　　　　(c) 受激辐射

图 3-33　原子内电子的跃迁过程

原子受激发到高能级后，会很快自发跃迁到低能级态。通常处于激发态的原子平均寿命极短，对于平均寿命较长的能级称为亚稳态能级。某些具有亚稳态能级结构的物质（如氦、氖、二氧化碳）受到外界能量激发时，使其处于亚稳态能级的原子数目大于处于低能级的原子数目，具有这种特性的物质称为激活介质。要产生激光，必须使受激辐射占优势，使发光系统的自发辐射和受激吸收都比受激辐射弱得多。因此，要得到激光，必须具备两个条件：①实现"粒子数反转"的非平衡状态，使处于高能级的粒子数大于处于低能级的粒子数，以造成原子受激辐射的概率大于原子受激吸收的概率，实现光放大；②要建立一个光学谐振腔，以造成受激辐射概率大于原子自发辐射的概率，使其产生激光振荡，并控制方向和频率，输出强烈的激光。光学谐振腔由两块分放在激活介质两端的反射镜 M1＼M2 组成，如图 3-34 所示。

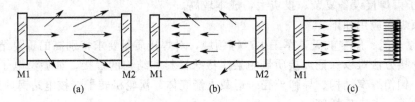

图 3-34　激光的产生

（a）受激原子产生自发辐射；（b）轴向传播受激辐射被放大；（c）激发逸出

M1 为全反射镜（100％反射），M2 为部分反射镜（10％～90％）。在光学谐振腔内，激活介质受到激发而产生光子辐射。在辐射过程中，传播方向与谐振腔轴向相同的光子将引起其他激活介质产生连锁性的受激辐射，使辐射不断加强。由于反射镜的存在，光子在两个反射镜间不断传播、反射，沿轴线方向不断连锁地进行下去，形成光振荡，最后由部分反射镜的输出端反射出来的频率、位向、传播和振动方向完全相同的光子称为激光。

（2）激光焊设备

整套的激光焊设备如图 3-35 所示。主要包括激光器和激光焊接用的外围设备，外围设备包括光学偏转聚焦系统、光束监测器、工作台（或专用焊机）和控制系统等。

① 激光器　目前激光焊接常用的激光器按照激光工作物质状态可分为固体激光器和气体激光器；按其能量输出方式可以划分为脉冲激光器和连续激光器。

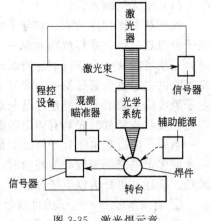

图 3-35　激光焊示意

CO_2 激光器是目前可输入功率最大的激光器，效率高达 33％，比较实用的多为 2.5～5kW，6～20kW 仅在实验应用，100kW 的激光器已研制出来。分为横流 CO_2 激光器和轴流 CO_2 激光器。横流适用于表面改性处理，轴流适用于切削、焊接，一次性投资和运转费用高。CO_2 激光器特点如下：

① 电-光转换功率高，理论值可达 40％，一般为 20％～40％，其他类型的激光器仅为 2％左右；

Ⅱ 单位输出功率的投资低；

Ⅲ 能在工业环境下，长时间连续稳定工作；

Ⅳ 易于控制，有利于自动化。

自 1964 年连续 YAG 激光器和 CO_2 激光器同时问世以来，YAG 激光器作为第二类最重要的工业激光器，一直受到重视。全球销售的 YAG 激光器已达 454 种，市场占有率和销售额仅次于 CO_2 激光器，尤其是高功率工业 YAG 激光器，已成为当今研究开发的热点。

YAG-激光器的工作物质是钇铝石榴（$Y_3Al_5O_{12}$）晶体中掺入质量分数为 1.5％左右的钕而制成。其激光是近红外不可见光，保密性好，工作方式可以是连续的，也可以是脉冲的，激光波长为 $1.06\mu m$。

准分子激光器的单光子能量高达 7.9eV，比大部分分子的键能高，因此能深入材料的内部进行加工。CO_2 和 YAG 激光的红外能量是通过热传递方式耦合进入材料内部的，而准分子激光不同，准分子短波长易于变焦，有良好的空间分辨率，可使材料表面的化学键发生变化，而且大多数材料对它的吸收率特别高，所以可用于半导体工业、金属、陶瓷、玻璃和天然铬石的高清晰度无损标记，光刻等精密冷加工。在表面重熔、固态相度、合金化、熔覆、化学气相沉积和物理气相沉积等方面也有应用。

② 激光处理用的外围设备　包括光学系统、机械系统和辅助系统。

Ⅰ 光学系统包括如下设备。

• 转折反射镜。激光器输出的激光大多是水平的，为将激光传输到工作台，至少需要一个平面反射镜使它转折 90°，有时则需要数个才能达到目的。一般都使用铜合金镀金的反射镜。短时间使用可不必水冷，长时间工作则必须强制水冷。

• 聚焦镜。聚焦镜可分为透射型和反射型两种。透射型的材料目前多为 ZnSe 和 GaAs，形状为平凸型或新月型，双面镀增透膜。GaAs 可承受 2kW 左右，只能透过 $10.6\mu m$ 的激光。ZnSe 可承受 5kW 左右，除能透过 $10.6\mu m$ 的激光外，还能通过可见光。对附加的 He-Ne 激光（红色）对准光路较方便。焦距多为 50～500mm，短焦距多用于小功率时及切割、焊接用，中长焦距则用于焊接及表面强化。反射型聚焦镜简单的用铜合金镀金凹面镜即可，焦距多为 1 000～2 000mm，光斑较大，可用于激光表面强化。

为充分发挥激光束的效用，必须采用合适的光学系统，如振动光学系统，集成光学系统，转镜光学系统等。

Ⅱ 机械系统的分类。

• 光束不动（包括焦点位置不动），零件按要求移动的机械系统。

• 零件不动，光束按要求移动（包括焦点位置移动）的机械系统。

• 光束和零件同时按要求移动的机械系统。

Ⅲ 辅助系统包括的范围

有遮蔽连续激光工作间断式的遮光装置，防止激光造成人身伤害的屏蔽装置、喷气和排气装置、冷却水加强装置、激光功率和模式的监控装置和激光对准装置等。

（3）激光焊原理

激光焊根据聚焦后的光斑功率密度的不同分为熔化焊和小孔焊两种。前者所用激光功率密度较低（＜105W/cm²），金属材料的表面在加热时不会超过其沸点，工件吸收激光后，仅达到表面熔化，然后依靠热传导向工件内部传递热量形成熔池。这种焊接模式熔深浅，深宽比较小。

后者激光功率密度高（≥10⁶ W/cm²），工件吸收激光后迅速熔化乃至气化，熔化的金属在蒸气压力作用下形成小孔，激光束可直照孔底，使小孔不断延伸，直至小孔内的蒸气压力与液体金属的表面张力和重力平衡为止。小孔随着激光束沿焊接方向移动时，小孔前方熔化的金属绕过小孔流向后方，凝固后形成焊缝（见图 3-36）。这

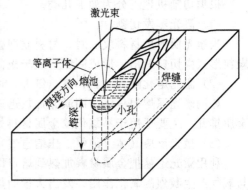

图 3-36　深熔焊示意

种焊接模式熔深大，深宽比也大。在机械制造领域，除了那些微薄零件之外，一般应选用深熔焊。深熔焊过程产生的金属蒸气和保护气体，在激光作用下发生电离，从而在小孔内部和上方形成等离子体。等离子体对激光有吸收、折射和散射作用，因此一般来说熔池上方的等离子体会削弱到达工件的激光能量，并影响光束的聚焦效果、对焊接不利。通常可辅加侧吹气驱除或削弱等离子体。小孔的形成和等离子体效应，使焊接过程中伴随着具有特征的声、光和电荷产生，研究它们与焊接规范及焊缝质量之间的关系和利用这些特征信号对激光焊接过程及质量进行监控，具有十分重要的理论意义和实用价值。

（4）激光焊的特点及应用

激光焊的特点如下。

① 激光束能量密度很高，焊速快，热影响区和焊接变形很小，尺寸精度高。在大气中焊接，也不需外加保护，就能获得高质量焊缝。

② 可焊多种金属、合金、异种金属及某些非金属材料。如各种钢材、铜、铝、银、钼、镍、钨以及玻璃钢等的焊接。

③ 激光可透过透明材料对封闭结构内部进行无接触焊接（如电子真空管、显像管的内部接线等）。

④ 可焊接从直径为 1mm 的金属丝到厚度为 50mm 的板材。

⑤ 激光焊设备投资大，养护成本高，焊机功率受限。

⑥ 对激光束波长吸收率低和含有大量低沸点元素的材料一般不宜采用。

激光焊的应用如下。

① 脉冲激光焊。适宜于焊各种微型结构，如仪表游丝、集成块内部接线、显像管电子枪等。

② 连续激光焊。采用 CO_2 激光器，输出功率大（可达 100kW），穿透性好（可达 50mm），可进行从薄板精密焊到厚板深穿入焊的各种焊接。

③ 激光复合焊技术。激光作为一个高能密度的热源，具有焊接速度高，焊接变形小，热影响区窄等特点。但是，激光也有其缺点：能量利用率低、设备昂贵；对焊前的准备工作要求高，对坡口的加工精度要求高，从而使激光的应用受到限制。近年来激光电弧复合热源焊接得到越来越多的研究和应用，从而使激光在焊接中的应用得到了迅速的发展。主要的方法有：电弧加强激光焊的方法、低能激光辅助电弧焊接方法和电弧激光顺序焊接方法等。

3.4.2.2　激光切割

利用聚焦后的激光束使工件材料瞬间气化而形成割缝，可切割各种金属和非金属材料。例如氧乙炔气割难以切割的不锈钢、钛、铜、铝及其合金等。

根据切割机理可分为如下几类。

（1）激光蒸发切割

当激光照射到材料表面时，材料立即被气化，并以蒸气的形式或以蒸气冲出的液、固态颗粒形式由切口逸出，形成割缝。适于极薄的金属材料和一些贵金属材料。

（2）激光熔化吹气（氩、氦、氮等）切割

如同激光深熔焊一样，用激光加热迅速熔化金属，然后借助喷射惰性气体，迫使熔化的金属排开。主要适用于易氧化的金属材料如钛、铝及其合金以及非金属材料。

（3）激光反应气体（纯氧，压缩空气）切割

利用激光迅速把金属材料加热到熔点以上，然后借助喷射纯氧或压缩空气，熔融金属即与氧气产生激烈的氧化作用并发出大量的热，借助气体压力将氧化物从切缝中吹掉，从而形成割缝。主要适于金属材料如碳钢以及易氧化的非金属材料。

3.4.3　扩散焊

扩散焊是借助压力、温度、时间及真空（或保护气氛）等条件，使待焊件表面相互接触，连接面产生微观塑性变形，并通过原子间充分扩散和再结晶，从而获得冶金结合的均质焊接接头的一种固相焊接方法。

（1）扩散焊分类

扩散焊按照被焊金属的组合或加压方式可以分为：同种材料扩散焊、异种材料扩散焊、加中间层扩散焊、共晶反应扩散焊、瞬间液相扩散焊、热等静压扩散焊、超塑成形扩散焊和热轧扩散焊等。

（2）扩散焊工艺

为了获得优质的扩散焊接头，除根据所焊部件的材料、形状和尺寸等选择合适的扩散焊方法和设备外，精心制备待焊零件，选取合适的焊接条件并在焊接过程中控制主要工艺参数是极其必要的。

工件的待焊表面状态对扩散焊过程和接头质量有很大的影响，特别是固态扩散焊。因此，在装配焊接以前，必须对工件进行精密加工、磨平抛光、清洗油污，以获得尽可能光洁、平整、无氧化膜的表面。

从冶金因素仔细考虑选择合适的中间层和其他辅助材料也是十分必要的。扩散焊接的加热温度、对工件施加的压力以及扩散的时间是主要的工艺参数。

① 温度　温度是扩散焊最重要的工艺参数，温度的微小变化会使扩散焊速度产生较大的变化。在一定的温度范围内，温度愈高，扩散过程愈快，所获得的接头强度也高。从这点考虑，应尽可能选用较高的扩散焊温度。但加热温度受被焊工件和夹具的高温强度、工件的相变、再结晶等冶金特性所限制，而且温度高于一定值之后再提高时，接头质量提高不多，有时反而下降。对许多金属和合金，扩散焊温度为 $0.6 \sim 0.8 T_m$（K），T_m 为母材熔点；对出现液相的扩散焊，加热温度比中间层材料熔点或共晶反应温度稍高一些。液相填充间隙后的等温凝固和均匀化扩散温度可略为下降。

② 压力　在其他参数固定时，采用较高压力能产生较好的接头。压力上限取决于对焊件总体变形量的限度，设备吨位等。对于异种金属扩散焊，采用较大的压力对减少或防止扩散孔洞有作用。除热等静压扩散焊外通常扩散焊压力在 $0.5 \sim 50 MPa$ 之间选择。对出现液相的扩散焊可以选用较低一些的压力。压力过大时，在某些情况下可能导致液态金属被挤出，使接头成分失控。由于扩散压力对第二、第三阶段影响较小，在固态扩散焊时允许在后期将压力减小，以便减小工件变形。

③ 扩散时间　扩散时间是指被焊工件在焊接温度下保持的时间。在该焊接时间内必须保证扩散过程全部完成，以达到所需的强度。扩散时间过短，则接头强度达不到稳定的、与母材相等的强度。但过高的高温高压持续时间，对接头质量不起任何进一步提高的作用，反而会使母材晶粒长大。对可能形成脆性金属间化合物的接头，应控制扩散时间以求控制脆性层的厚度，使之不影响接头性能。扩散时间并非一个独立参数，它与温度、压力是密切相关的。温度较高或压力较大，则时间可以缩短。对于加中间层的扩散焊，焊接时间取决于中间层厚度和对接头成分组织均匀度的要求（包括脆性相的允许量）。实际焊接过程中，焊接时间可在一个非常宽的范围内变化。如采用某种工艺参数时，焊接时间可能有数分钟即足够，而用另一种工艺参数时则需数小时。

④ 保护气氛　焊接保护气氛纯度、流量、压力或真空度、漏气率均会影响扩散焊接头质量。常用保护气体是氩气，常用真空度为 $(1 \sim 20) \times 10^{-3} Pa$。对有些材料也可用高纯氮、氢或氦气。在超塑成形和扩散焊组合工艺中常用氩气氛负压（低真空）保护金属板表面。

另外，冷却过程中有相变的材料以及陶瓷类脆性材料扩散焊时，加热和冷却速度应加以控制。共晶反应扩散中，加热速度过慢，则会因扩散而使接触面上成分变化，影响熔融共晶的生成。

在实际生产中，所有工艺参数的确定均应根据试焊所得接头性能挑选出 1 个最佳值（或最佳范围）。

（3）扩散焊的特点及应用

扩散焊的特点如下。

① 加热温度低（约为母材熔点的 0.4～0.7 倍），焊接过程靠原子在固态下扩散完成，不改变母材的性质，接头的化学成分、组织性能与母材非常接近或相同，焊接变形小。

② 可焊接的材料种类为各种焊接方法之最，并可一次焊接多个接头。

③ 可以对各种复杂截面（特厚与特薄、特大与特小）进行焊接，焊接质量稳定可靠。

④ 不足之处是焊接热循环时间长，单件焊接生产率较低，设备的一次性投入较大，焊前对焊接件表面的加工清理和装配质量要求十分严格（要求连接表面的粗糙度 $R_a < 0.8\mu m$），需要真空辅助装置等。

扩散焊多用于焊接各种小型、精密、复杂焊件，尤其适合焊接用熔焊和钎焊难以满足质量要求的焊件，它不仅在原子能、航天、导弹等尖端技术领域中，为解决各种特殊材料的焊接提供了可靠的工艺手段；而且在机械制造工业中也被广泛地应用，如金属切削刀具的制造（钢与硬质合金的焊接），发动机缸体与气门座圈的连接，涡轮机叶片的焊接，汽车差动伞齿轮孔镶衬套（薄壁青铜套）等采用扩散焊后，接头质量显著提高。

3.4.4　搅拌摩擦焊

搅拌摩擦焊（Friction Stir Welding）是英国焊接研究所 TWI（The Welding Institute）于 1991 年提出的一种固态连接方法，并于 1993 年和 1995 年在世界范围内的发达和发展中国家申请了知识产权保护。此技术原理简单，且控制参数少，易于自动化，可将焊接过程中的人为因素降到最低。

（1）搅拌摩擦焊原理

与常规摩擦焊一样，搅拌摩擦焊也是利用摩擦热作为焊接热源。不同之处在于，搅拌摩擦焊焊接过程是由一个圆柱体形状的焊头（Welding Pin）伸入工件的接缝处，通过焊头的高速旋转，使其与焊接工件材料摩擦，从而使连接部位的材料温度升高软化，同时对材料进行搅拌摩擦来完成焊接的。焊接过程如图 3-37 所示。在焊接过程中，工件要刚性固定在背垫上，焊头边高速旋转，边沿工件的接缝与工件相对移动。焊头的突出段伸进材料内部进行摩擦和搅拌，焊头的肩部与工件表面摩擦生热，并用于防止塑性状态材料的溢出，同时可以起到清除表面氧化膜的作用。搅拌摩擦焊技术与传统的熔焊相比，拥有很多优点，因而使得它具有广泛的工业应用前

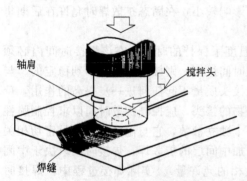

图 3-37　搅拌摩擦焊焊接过程示意图

景和发展潜力。由于搅拌摩擦焊焊缝组织好、接头力学性能优异，因而在许多工业领域获得了广泛应用。

（2）搅拌摩擦焊工艺

搅拌摩擦焊焊接工艺参数主要有：搅拌针头的焊接速度、搅拌针头的旋转速度以及压紧

力。这些参数决定了焊接过程中搅拌针头周围产生的热量，并且直接影响到焊缝的组织和性能。

置于垫板上的对接工件通过夹具夹紧，以防止对接接头在焊接过程中松开。一个带有特型搅拌针头的搅拌头旋转并缓慢地将搅拌针头插入两块对接板材之间的焊缝处。一般来讲，搅拌针头的长度接近焊缝的深度。当旋转的搅拌针头接触工件表面时，与工件表面的快速摩擦产生的摩擦热使接触点材料的温度升高，强度降低。搅拌针头在外力作用下不断顶锻和挤压接缝两边的材料，直至轴肩紧密接触工件表面为止。这时，由旋转轴肩和搅拌针头产生的摩擦热在轴肩下面和搅拌针头周围形成大量的塑化层。当工件相对搅拌针头移动或搅拌针头相对工件移动时，在搅拌针头侧面和旋转方向上产生的机械搅拌和顶锻作用下，搅拌针头的前表面把塑化的材料移送到搅拌针头后表面。在搅拌针头沿着接缝前进时，搅拌焊头前头的对接接头表面被摩擦加热至超塑性状态。搅拌针头和轴肩摩擦接缝，破碎氧化膜，搅拌和重组搅拌针头后方的磨碎材料。搅拌针头后方的材料冷却后就形成焊缝，可见此焊缝是在热-机联合作用下形成的固态焊缝。这种方法可以看作是一种自锁孔连接技术，在焊接过程中，搅拌针头所在处形成小孔，小孔在随后的焊接过程中又被填满，应该指出，搅拌摩擦焊缝结束时在终端留下个匙孔。通常这个匙孔可以切除掉，也可以用其他焊接方法封焊住。在焊接过程中主要的产热体是搅拌针头和轴肩。在焊接薄板时，轴肩和工件的摩擦是主要的热量来源。

搅拌头是搅拌摩擦焊工艺的核心技术之一，其主要功能有：加热和软化被焊接材料；破碎和弥散接头表面的氧化层；驱使搅拌头前部的材料向后部转移；驱使接头上部的材料向下部转移；使转移后的热塑化的材料形成固相接头。

搅拌摩擦焊使用带搅拌焊针的搅拌头，一般由具有良好耐高温静态和动态力学性能以及其他物理特性的抗磨损材料制成，其中搅拌头主要包括搅拌针和轴肩两部分。焊针是插在对接焊缝中间的特殊形状的旋转工具，一般采用工具钢制成，其长度通常比要求焊接的深度稍短。搅拌头的形状是获得高质量焊缝和优良焊缝力学性能的关键因素。

搅拌摩擦焊除了具有普通摩擦焊技术的优点外，还可以进行多种接头形式和不同焊接位置的连接，如图 3-38 所示。

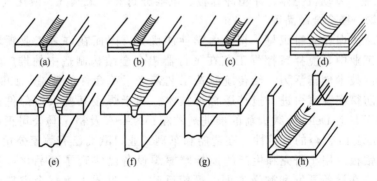

图 3-38 几种搅拌摩擦焊的接头形式

（3）搅拌摩擦焊的特点及应用

同熔焊相比，搅拌摩擦焊有以下几个突出的优点：

① 焊接中厚板时，焊前不需要开 V 形或 U 形上坡口，也不需进行复杂的焊前准备；

② 焊后试件的变形和内应力特别小；

③ 焊接过程中没有辐射、飞溅及危害气体的产生；

④ 焊接接头性能优良，焊缝中无裂纹、气孔及收缩等缺陷，可实现全方位焊接；

⑤ 采用搅拌摩擦焊技术不仅能焊接几乎所有熔焊能够焊接的金属，而且能焊接许多熔化焊接性能差的金属，例如：铝合金、钛合金、铜合金等。就铝合金而言，铝合金在高温熔化时易吸附氢导致凝固后产生气孔，容易产生热裂纹和变形，因此焊接缺陷率高，并且随着铝合金中合金元素含量的增加，这些焊接缺陷率会大大增加。若是采用搅拌摩擦焊，则因为焊接过程中无金属熔化而克服了上述缺点，因此搅拌摩擦焊可以使不适宜于熔焊的金属得到可靠的连接。此外，搅拌摩擦焊不仅能用于同质合金间的连接，而且还适用于异质合金间的连接。

通过人们的不断努力，搅拌摩擦焊的局限性在不断减小，但还存在一些不足的地方，如其焊速比熔焊要慢；焊接时焊件必须夹紧，还需要垫板；焊后焊缝上留有锁眼。

基于这种固相连接技术的明显优越性，许多大学、研究所、公司都在继续进行与该技术相关的研究工作，以期将该技术更广泛地用于飞机、轻型节能汽车、高速列车、船舶等的结构，减轻结构重量，提高它们的综合性能，促进航天航空、汽车、船舶等工业的发展。综合起来，搅拌摩擦焊在世界工业领域的应用主要包括以下方面。

① 船舶和海洋工业　快艇、游船等的甲板、侧板、防水隔板、船体外壳、主体结构件、直升机平台、离岸水上观测站、船用冷冻器、帆船桅杆和结构件。

② 航天　运载火箭燃料贮箱、发动机承力框架、铝合金容器、航天飞机外贮箱、载人返回舱等。

③ 航空　飞机蒙皮、衍条、加强件之间连接、框架连接、飞机壁板和地板连接、飞机门预成形结构件、起落架仓盖、外挂燃料箱。

④ 车辆工业　高速列车、轨道货车、地铁车厢、轻轨电车。

⑤ 汽车工业　汽车发动机引擎、汽车底盘支架、汽车轮鼓、车门预成形件、车体框架、升降平台、燃料箱、逃生工具等。

⑥ 建筑行业　铝、铜、钛等制作的面板，门窗框架，发电厂和化工厂的反应器，铝管道，热交换器和空调器等。

⑦ 其他工业　发动机壳体、冰箱冷却板、电器分封装、天然气、液化气贮箱、轻合金容器、家庭装饰、镁合金制品等。

由于搅拌摩擦焊焊缝组织好、接头力学性能优异，因而在许多工业领域获得了广泛应用。在航天工业中，搅拌摩擦焊工艺在飞行器铝合金结构制造中的推广应用，在国外已显示出强劲的技术创新活力，给传统制造工艺带来了革命性的改造。1998 年美国波音公司的空间和防御实验室引进了搅拌摩擦焊技术，用于焊接某些火箭部件；麦道公司也把这种技术用于制造 Delta 运载火箭的推进剂贮箱；NASA 及格·马公司正在评估该工艺用于连接 2195A1-Li 合金的可行性。在造船和车辆工业，欧洲已有数家公司将该技术用于生产大型预制铝板。用于研究和生产的搅拌摩擦焊设备已实现了商品化，其可焊板材的长度已达 16m。在设备开发和制造方面，挪威已建立了世界上第一个搅拌摩擦焊商业设备，可焊接厚 3～15mm、尺寸 6m×16m 的 Al 船板；ESAB 公司正在制造可供商业应用的搅拌摩擦焊机，计划安装在 TWI，用来焊接尺寸为 8m×5m 的工件，预计可焊接的工件厚度为 1.5～18mm。从上述工业应用和设备开发实例可以看出，搅拌摩擦焊已经在航空航天、船舶、高速列车、汽车等制造领域的轻结构制造中显示出强劲的创新活力，并得到了广泛应用。

3.5 常用金属材料的焊接

3.5.1 金属焊接性

3.5.1.1 金属焊接性的概念

金属焊接性就是金属是否能适应焊接加工而形成完整的、具备一定使用性能的焊接接头的特性。它包括两方面的内容：一是在焊接加工时金属形成完整焊接接头的能力，金属在焊接加工中是否容易形成缺陷；二是焊成的接头在适用条件下安全运行的能力，即在一定的使用条件下可靠运行的能力。

金属焊接性是金属材料的一种加工性能，它受金属材料和焊接工艺条件两个因素的影响。金属焊接性随着焊接技术的发展也会发生改变。例如，用气焊、焊条电弧焊条件下很难焊接，但采用氩弧焊技术，钛及其合金也就变得好焊接了。

金属焊接性的评价标准包括以下四个方面的内容：

① 焊缝以及焊接热影响区产生裂纹的敏感性如何；

② 焊缝焊接热影响区产生气孔的敏感性如何；

③ 焊接热循环对焊接热影响区组织结构的影响，比如焊接热影响区容易不容易出现晶粒长大现象以及出现马氏体等脆硬组织等；

④ 焊接接头满足规定性能的可能性，比如强度、韧性、低温性能、抗腐蚀性等。

金属焊接性的具体内容包括工艺焊接性和使用焊接性，上面四点中，前三点属于工艺焊接性，最后一点属于使用焊接性。

工艺焊接性是指某种金属在一定焊接条件下，能否获得优质致密、无缺陷焊接接头的能力。使用焊接性是指焊接接头或整体结构满足技术条件所规定的各种使用性能的程度。

评定金属焊接性的直接方法是各种焊接性试验。焊接性试验方法包括模拟类方法、实焊类方法和理论计算类方法三类。

（1）模拟类方法

特点如下：

① 节约材料和工时，试验周期短；

② 可以将接头内某一区域局部放大，从而使有些因素孤立出来，便于分析研究和寻求改善焊接性的途径；

③ 和实际焊接相比有一些差别，因为有很多条件是被简化了的。

最常用的有热-应力模拟试验、插销试验等。

（2）实焊类方法

在一定条件下进行焊接，通过实焊来评价焊接性。有时是在生产条件下进行焊接，然后检查焊接接头是否发生缺陷，或进行力学性能或其他方面的试验。也有时是使用一定形状尺寸的试样在规定条件下进行焊接，再作各种检查。

常用方法：斜 Y 坡口对接裂纹试验、窗口拘束试验、刚性固定对接裂纹试验以及不锈钢晶间腐蚀试验。

（3）理论计算类方法

在大量生产和科学研究经验的基础上归纳总结出来的理论计算方法。它们主要依据母材或焊缝金属的化学成分，加上某些其他条件（如接头拘束度、焊缝扩散氢含量），然后通过一定的经验公式计算，估计冷裂、热裂、再热裂纹的倾向大小。由于是经验公式，这类方法的应用更是有条件限制的，且多半是间接、粗略地估计焊接性问题。

粗略预测碳钢和普通低合金结构钢的焊接性可以用碳当量等间接评价方法。

3.5.1.2　碳当量

影响碳钢和普通低合金结构钢的重要因素是化学成分。钢中的碳和合金元素都会对金属焊接性产生影响，但其影响程度不同。由于碳是各种合金元素中对钢材淬硬、冷裂影响最明显的元素，所以人们把各种合金元素对淬硬、冷裂的影响都折合成碳的影响。所谓碳当量就是把钢中各种合金元素按相当于若干含碳量进行换算后的总合。由于各国学者和研究机构采用的试验方法及钢材类型都不相同，所以根据各自的研究成果，有许多碳当量的计算公式。这里只给出国际焊接协会推荐的碳当量计算公式，如式(3-1) 所示。

$$C_{eq} = C + Mn/6 + (Cr + Mo + V)/5 + (Ni + Cu)/15 \quad (\%) \qquad (3-1)$$

式中化学元素符号都表示该元素在钢材中的质量分数，在计算碳当量时，元素含量取其成分范围的上限。C_{eq}越高，钢材的淬硬倾向越大，热影响区冷裂倾向也越大，焊接性越差。一般用碳当量可以估算焊接性，以便确定是否需要采取预热等工艺措施。

试验结果和经验都表明，当 $C_{eq} < 0.4\%$ 时，钢材焊接时淬硬、冷裂倾向不明显，焊接性良好，焊接时一般不需要预热；当 $C_{eq} = 0.4\% \sim 0.6\%$ 时，钢材焊接时冷裂倾向明显，焊接性较差，焊接时需要预热到一定的温度，并采取其他工艺措施来防治裂纹的产生；当 $C_{eq} > 0.6\%$ 时，钢材焊接时冷裂倾向很强，焊接性很差，需要采取较高的焊接预热温度和其他严格的工艺措施。

碳当量只考虑了钢材化学成分的影响，更多的是反映了钢材的脆硬倾向，而实际接头会不会出现冷裂纹，扩散氢、拘束度以及热循环条件等都有很大影响，所以也有学者提出了冷裂敏感指数的计算公式，在此不再赘述。

3.5.2　碳钢的焊接

(1) 低碳钢的焊接

低碳钢因含碳及其他合金元素少，碳当量 $C_{eq} < 0.4\%$，塑性、韧性好，一般无淬硬倾向，不易产生焊接裂纹等缺陷，焊接性能优良。焊接低碳钢，一般不需要采取预热和焊后热处理等特殊工艺措施。焊条电弧焊焊接低碳钢时可适合全位置焊接，且焊接工艺和操作技术比较简单，容易掌握。一般采用酸性焊条 E4303(J422)、E4320(J424) 等；承受动载荷、结构复杂的厚大焊件，选用抗裂性好的碱性焊条 E4315(J427)、E4316(J426) 等。采用埋弧焊时，一般选用焊丝 H08A 或 H08MnA 配合焊剂 HJ431。采用 CO_2 气体保护焊时，一般采用焊丝 H08Mn2Si。但焊接板厚大于 50mm，在低于 0℃ 的环境温度焊接时，应预热至 100～150℃。不需要选用特殊和复杂的设备，对焊接电源无特殊要求，一般交流、直流弧焊机都可焊接。

低碳钢对焊接方法几乎没有限制，应用最多的是手工电弧焊、埋弧焊、气体保护电弧焊和电阻焊。采用电弧焊时，焊接材料的选择参见表 3-10。

表 3-10　低碳钢焊接材料的选择

焊接方法	焊接材料	应用情况
手工电弧焊	J421、J422、J423 等	一般结构
	J426、J427、J506、J507 等	承受动载荷、结构复杂或厚板重要结构
埋弧焊	H08 配 HJ430、H08A 配 HJ431	一般结构
	H08MnA 配 HJ431	重要结构
CO_2 气体保护焊	H08Mn2SiA	一般结构

（2）中、高碳钢的焊接

中碳钢由于含碳量在 0.25%～0.6% 之间，碳当量 $C_{eq}>0.4\%$，焊接性差，热影响区组织淬硬倾向增大，较易出现裂纹和气孔。焊接 35 钢、45 钢时，焊前应预热到 150～250℃ 左右。当含碳量高、板厚度大或结构刚性大时，预热温度可提高到 250～400℃，局部预热的加热范围为焊缝两侧 50～200mm 左右。中碳钢主要采用手弧焊和气焊。手弧焊时最好采用低氢焊条，一般焊接中碳钢采用 J507 焊条。因为低氢焊条扩散氢含量少，具有一定的脱硫能力，熔敷金属塑韧性良好，抗冷裂、热裂的能力都高。焊前焊条要烘干，烘干温度 350～400℃，烘干 2h。如果允许焊缝与母材不等强，可以采用强度级别低的焊条。当焊件不允许预热时，可以采用奥氏体不锈钢焊条，因为它塑性好可以避免裂纹。焊接时尽量采用细焊条、小电流、开坡口、多层多道焊等工艺，防止含碳量高的母材过多熔入焊缝，并采取焊前预热、焊后缓冷等工艺措施以防止冷裂纹的产生。对含碳高、厚度大和刚性大的焊件，焊后作 600～650℃ 的回火处理以消除应力。中碳钢主要是在铸、锻毛坯的组合件以及补焊工作中应用。

高碳钢的含碳量比中碳钢还高（>0.6%），所以更容易产生脆硬的马氏体组织，脆硬倾向和冷裂敏感性更大，因此焊接结构一般不采用这种钢，它们的焊接通常只用在焊补修理工作中。通常采用焊条电弧焊或气焊。高碳钢的抗拉强度大多都在 675MPa 以上，要求强度高时，手弧焊一般用 J707、J607 焊条，要求不高时，可以用 J506、J507，或者选用和以上强度级别相当的低合金钢焊条或填充金属。所有焊接材料都应该是低氢型的，以提高焊缝塑韧性和抗裂性能。高碳钢要先进行退火才能进行焊接。采用结构钢焊条时，焊前应进行 250～350℃ 以上的预热（如果用奥氏体不锈钢焊条可以不预热）。多层焊焊接过程中，还应保持与预热温度相同的层间温度，并在焊后缓冷。通常焊后要进行 650℃ 高温回火消除应力。

3.5.3　低合金结构钢的焊接

碳钢基础上加入总量不超过 5% 的合金元素，可以提高强度并保证一定塑韧性，或使钢具有某些特殊性能，比如耐蚀性、耐低温、耐高温等。根据合金钢的用途，合金钢分为两大类：强度用钢、特殊用钢。

3.5.3.1　强度用钢

强度用钢即高强钢，在焊接结构中它应用很广。根据屈服强度级别和热处理状态，一般又分为三类：热轧钢和正火钢、低碳调质钢、中碳调质钢。新发展的还有微合金控轧钢、焊接无裂纹钢、抗层状撕裂钢、大线能量钢等。

该类钢主要用于制造金属结构，包括建筑和工程金属结构用钢。主要用于制造压力容器、锅炉、桥梁、船舶、车辆和工程机械等。

该类钢常采用焊条电弧焊、埋弧自动焊和 CO_2 气体保护焊，常用的低合金结构钢和焊接时所采用的相应焊接材料如表 3-11 所示。

采用 CO_2 气体保护焊焊接屈服点大于 500MPa 的高强钢时，宜用富氩混合气体保护焊（例如 80%Ar+20%CO_2）。

16Mn 的合金元素含量比较低，含碳量也比较低，碳当量 C_{eq} 约为 0.4%，焊接性良好，一般不需要预热就可以直接焊接。但是在低温或大厚度、大刚度的条件下，则需要适当的预热。其预热温度如表 3-12 所示。

焊接时进行预热的目的是防止裂纹和适当地改善焊接接头性能。预热温度的确定较复杂，它与材料的成分、强度级别、冷却速度、结构的拘束度、含氢量和焊后是否热处理等多种因素有关。当含碳量增加时，预热温度也要求提高。焊接强度大于等于 390MPa 的强度钢时，淬硬、冷裂倾向增大，焊接性较差，一般都需要预热。焊后不再热处理时，预热温度应该偏高一些，对减少内应力和改善性能都有利。

表 3-11　常用低合金结构钢及相应焊接材料

强度等级 σ_s /MPa	钢　号	手弧焊 焊条	埋弧自动焊		电渣焊		CO₂ 保护 焊焊丝
			焊丝	焊剂	焊丝	焊剂	
294	09Mn2；09Mn2Si；09MnV	结 422；结 423；结 426；结 427	H08A；H08 MnA	431			H10MnSi；H08Mn2Si
343	16Mn；14MnNb	结 502；结 503；结 506；结 507	不开坡口对接：H08A；中板开坡口对接：H08Mn A、H10Mn2、H10MnSi；厚板深坡口：H10Mn2	431；350	H08MnMo A	431；360	H08Mn2Si
393	15MnV；15MnTi；16MnNb	结 502；结 503；结 506；结 507；结 556；结 557	不开坡口对接：H08Mn A；中板开坡口：H10Mn2、H10MnSi；H08Mn2Si；厚板深坡口：H08MnMo A	431；350；250	H08Mn2Mo A	431；360	H08Mn2Si
442	15MnVN；15MnVTiRe	结 556；结 557；结 606；结 607	H08MnMo A；H04MnVTiA	431；350	H10Mn2MoVA	431；360	
491	14MnMoV；18MnMoNb	结 606；结 607；结 707；结 707 铌	H08Mn2Mo A；H08Mn2Mo VA	250；350	H08Mn2Mo A；H10 Mn2MoVA	431；360；350；250	

表 3-12　不同环境温度下焊接 16Mn 的预热温度

板厚/mm	不同环境温度下的预热温度
16 以下	不低于 −10℃不预热，−10℃以下预热至 100～150℃
16～24	不低于 −5℃不预热，−5℃以下预热至 100～150℃
25～40	不低于 0℃不预热，0℃以下预热至 100～150℃
40 以上	均预热至 100～150℃

热轧、正火钢一般焊后不需要热处理，但对于抗应力腐蚀的焊接结构、低温下使用的焊接结构及厚壁高压容器，焊后需要消除应力的高温回火。确定回火温度的原则是不要超过母材原来的回火温度，以免影响母材本身的性能；回火避开脆性温度区间。

3.5.3.2　特殊用钢

（1）珠光体耐热钢的焊接

珠光体耐热钢的焊接性和低碳调质钢的很相似，碳当量数值约为 0.45%～0.90%，焊接性较差。主要问题是焊接热影响区的硬化、冷裂纹、软化以及焊后热处理或长期高温下使用中的再热裂纹倾向。珠光体耐热钢焊接过程中最常见的焊接缺陷之一就是在热影响区的粗晶区产生冷裂纹，在实际生产中，为了防止冷裂纹的出现，一般都采用焊前预热、控制层间温度、焊后去氢处理、改善组织状态以及减小和消除应力等处理方法。焊条电弧焊时，焊接材料要求选择与母材成分相近的焊条，力求焊缝金属成分和力学性能与母材相匹配，通常采用碱性低氢焊条，在结构刚度大（比如焊补缺陷）而且焊后不能进行热处理时，也可采用成分不同的奥氏体焊条。

（2）低温钢的焊接

低温钢主要是为了适应石油化工的需要而发展起来的一种专用钢。主要用于低温下工作的结构，如贮存和运输液化石油和液化天然气的容器和管道，在严寒地区工作的一些工程结构等。低温用钢由于含碳量低，其淬硬倾向和冷裂倾向小，所以具有较好的焊接性。主要问题是焊接接头的低温脆化：焊缝脆化——出现粗大柱状组织；焊接热影响区脆化——晶粒长大。焊接工艺特点的关键是保证焊缝和粗晶区的低温韧性，防止接头脆化。焊接低温钢时，焊缝的韧性除与线能量有关外，最根本的是取决于焊缝成分的选择。与母材同质的焊缝金属，由于是粗大的铸造状组织，因此性能低于同成分的正火态的母材，故焊缝成分不能与母材一样。应针对不同类型低温钢选择不同的焊接材料。焊接线能量要小、尽量采用快速多道焊，它是焊接低温钢的重要原则之一。主要是为了减少焊道过热和利用后一道焊缝对前一道焊缝的热作用，有利于产生晶粒细化的效果。采用表面退火焊道对改善焊缝韧性具有很好的作用。这种表面退火焊道，通常可以用 TIG 不填丝表面重熔来实现。焊接低温用钢产品，应注意避免形成弧坑、未焊透及焊缝成形不良等焊接缺陷，并应及时修补缺陷，焊后进行消除应力处理。

（3）耐蚀钢的焊接

低合金耐蚀钢主要分两类。一类是含 Al 耐蚀钢，主要用于石油化工中耐硫和硫化物腐蚀，故称为耐石油腐蚀钢；另一类是含 Cu、P 耐蚀钢，主要用于抗大气、海水腐蚀用。

这两类钢的屈服强度均为 $294 \sim 392 \text{N/mm}^2$，组织上都属于 F-P 钢，一般在热轧或正火状态供货使用。

含 Al 耐蚀钢中 Al 是主要元素，其次再添加 Cr、Mo、W、V、Ti、Nb 中的一种或几种。

Al 是含铝耐蚀钢最主要的抗蚀元素。钢中的 Al 能形成坚固的表面氧化膜，保护金属不再继续氧化和受腐蚀。

根据含 Al 量的多少和耐蚀性含铝耐蚀钢可分为如下三类：

① 含 Al 量不超过 0.5%，如 09AlVTiCu 可用于制造油罐，其抗石油腐蚀性能比碳钢好。

② 含 Al 量为 1% 左右，如 12AlMoV 等钢的抗蚀性能比①好。

③ 含 Al 量一般为 2%～3%，同时还含有增强热强性的合金元素 Cr、Mo、W、V、Ti、Nb 中的一种或两种，主要是为了适应石油炼制加工中的高温高压下的抗硫及硫化物腐蚀性能的要求。如 15A13MoWTi 锅炉管的耐蚀性和抗氧化性都达到了 Cr5Mo 钢管的水平。

添加 Cr、Mo、W、V、Ti、Nb 中的一种或几种，可以形成稳定的碳化物，并细化晶粒，可以提高钢的热强性。

焊接含 Al 低合金耐蚀钢时，淬硬倾向很小，焊前不需预热，焊后也不需热处理，主要应考虑焊缝金属的合金化和近缝区的"铁素体带"脆化两个问题。

对于不含 P 的普通含 Cu 低合金钢，P 是杂质元素，在含 Cu 量不超过 0.5%，并严格限制 P 含量时，含碳量高达 0.2% 仍具有较好的焊接性。

对于含 P 低合金耐蚀钢，就存在焊接问题，主要是焊缝和熔合线附近的裂纹倾向大。因为 P 易偏析，促使形成结晶裂纹；P 可使近缝区的硬度增加，增大冷裂纹的敏感性，同时降低接头的塑性和韧性。这种裂纹倾向在含碳量高时更为严重，因为 C 促使 P 的偏析。为此，焊接时必须采取下列措施：

①严格控制含碳量，一般 $\omega_C < 0.12\%$，并要求 $\omega_C + \omega_P < 0.25\%$；

② 采用小线能量焊接，合理设计接头形式，并尽量避免在大拘束度条件下进行焊接，从而降低焊接应力；

③ 加入一些细化晶粒的合金元素，使偏析层减薄。

焊缝金属可以用 P 来合金化（如 J507CuP），也可以用 Ni-Cr-Cu 或 Ni-Cu 来合金化（如 J507CrNi）。

3.5.4　不锈钢焊接

不锈钢是指在空气、水、碱或盐的水溶液等腐蚀介质中具有高度化学稳定性的钢。不锈钢按照空冷后的室温组织可分为：奥氏体不锈钢、铁素体不锈钢和马氏体不锈钢。

（1）奥氏体型不锈钢的焊接

奥氏体型不锈钢的 Cr，Ni 元素含量较高，C 含量低，焊接性良好，焊接时一般不需要采取特殊的工艺措施。但有接头的耐蚀性差、接头的热裂纹问题，有时也出现接头的热强性和再热裂纹问题等，其中主要是腐蚀和热裂问题。

选用适当的焊接方法，使它输入焊接熔池的热量最小，让焊接接头尽可能地缩短在敏化温度区段下停留时间。通常采用焊条电弧焊、钨极氩弧焊和埋弧自动焊。焊条、焊丝和焊剂的选用应保证焊缝金属与母材成分类型相同。工艺参数方面，用小的焊接电流，最快的焊接速度。操作方面，尽量采用窄焊缝，多道多层焊，每一道焊缝或每一层焊缝焊后，要等焊接处冷却到室温再进行次一道或次一层焊，焊后加大焊接区冷速。

（2）铁素体型不锈钢的焊接

铁素体型不锈钢焊接时主要问题之一是近缝区晶粒急剧长大引起的脆化，同时由于高铬铁素体不锈钢室温下韧性很低，很容易在接头产生裂纹。

含铬量越高、高温下停留时间越长，则脆性越严重。为了避免出现裂纹，焊前采用预热。预热温度要尽可能低一点，一般 $T_0 \leqslant 150℃$；但当含铬量很高时，有时也不得不高到 $200 \sim 300℃$。

由于这类钢在加热和冷却过程中不发生相变，所以晶粒长大后无法通过热处理细化晶粒。焊后热处理的目的仅在于使接头组织均匀化从而提高塑性和耐腐蚀性，一般采用回火处理。有时为了消除析出的脆性相，可在 900℃ 以下加热水淬，以得到单一的铁素体组织。

从焊接工艺上应防止过热，即采用小线能量和窄焊道，并严格控制层间温度，等前一焊道冷到预热温度时再焊下道焊缝。此外，焊条最好不要摆动。

（3）马氏体型不锈钢的焊接

马氏体钢不锈钢有 Cr13 型及以 Cr12 为基的多元合金强化的马氏体钢——1Cr12WMoV、1Cr12Ni3MoV 等。

马氏体钢的含碳量及合金元素含量均高，加热后有强烈的空气淬硬性；加之马氏体钢导热性差，焊接残余应力大，因此焊接时的冷裂倾向很大。马氏体钢有较大的晶粒粗化倾向，容易造成接头的脆化。

为了保证使用性能要求，焊接材料成分应力求与母材相近；为了防止冷裂，也可采用奥氏体钢焊条或焊丝，使焊缝成为奥氏体组织，但此时焊缝强度必然低于母材。

为了防止冷裂，厚度在 3mm 以上的构件要进行预热，焊前预热温度一般在 $200 \sim 400℃$

之间，焊后也往往需要进行热处理，以提高接头性能。

　　工程上有时需要把不锈钢与低碳钢或普通低合金钢焊接起来，如 1Cr18Ni9Ti 和 Q235 焊接。此时，母材的稀释作用会使焊缝的组织和填充材料的组织不一样，而且熔合比不同，获得的焊缝组织也有所不同。所以，为确保焊缝成分合理（保证塑性、韧性及抗裂性），必须正确选择高合金化的材料，并适当控制熔合比或稀释率。焊接 1Cr18Ni9Ti 和 Q235 时，应选用 25-13 型的 A307 焊条，焊缝金属的组织是奥氏体和少量的（3%～5%）铁素体，这样可以避免焊接裂纹的产生。

3.5.5　铸铁的焊补

　　铸铁是含碳量大于 2.1% 的铁-碳合金，另外还含有硅元素以及硫、磷杂质，有的还加入锰等元素。根据石墨在铸铁中的存在形式不同，铸铁分为灰口铸铁、球墨铸铁和可锻铸铁。

　　铸铁中含碳和硅比较多，性脆易裂，所以焊接性极差。焊接过程中会出现以下主要问题：白口及淬硬组织、热裂纹、冷裂纹等。焊接接头易生成白口组织和淬硬组织，难以机加工。

　　铸铁焊接一般应用在铸造缺陷的焊补、已损坏铸铁件的焊补，有时也用在零件的生产上。

　　铸铁焊补工艺有冷焊和热焊两种。

3.5.5.1　冷焊法

　　铸铁冷焊法焊前工件不预热或局部预热至较低温度。焊工劳动条件好，焊补成本低，焊补过程短，焊补效率高。对于预热很困难的大型铸件或不能预热的已加工面等情况更适于采用。焊补方法常用焊条电弧焊。焊条选择的依据主要是保证焊缝中碳、硅含量合适而不致生成白口组织或使焊缝组织为塑性好的非铸铁型组织以防止裂纹的产生，并保证焊后工件的加工性能和使用性能。焊接前要清除缺陷，在裂纹两端钻止裂孔，防止裂纹扩展。

　　（1）常用的焊条

　　① 镍基铸铁焊条　Ni 是扩大奥氏体的元素，当 Fe-Ni 合金中含 Ni 量超过 30% 时，合金凝固后一直到室温都保持硬度较低的奥氏体组织，不发生相变。Ni、Cu 为非碳化物形成元素，不会与 C 形成高硬度的碳化物。以 Ni 为主要成分的奥氏体能溶解较高的 C，例：纯 Ni，1300℃，溶解 2% 的 C。温度下降后会有少量 C 由于过饱和而以细小的石墨的形式析出，故焊缝有一定的塑性与强度，且硬度较低。另外，Ni 为促石墨化元素，对减弱半熔化区白口的宽度很有利。

　　目前应用的镍基铸铁焊条所用焊芯有纯镍焊芯（Z308）、镍铁焊芯（Z408）、镍铜焊芯（Z508）三种，所有镍基铸铁焊条均采用石墨型药皮，也就是说，药皮中含有较多的石墨。石墨是强脱氧剂，药皮中含有适量石墨，可防止焊缝产生气孔。

　　适量 C 可以缩小液固相线结晶区间，也就是缩小高温脆性温度区间，从而有利于提高焊缝抗裂纹的能力，也有利于降低半熔化区中的 C 向焊缝扩散的程度，进一步降低该区白口宽度。

　　镍基焊条的最大特点是焊缝硬度较低，半熔化区白口层薄，适用于加工面焊补，而且镍基焊缝的颜色与灰铸铁母材相接近，更利于加工面焊补。镍基铸铁焊条价格贵，主要应用于重要的灰铸铁件加工面的焊补，工件厚时或缺陷面积较大时，可先用镍基焊条在坡口上堆焊两层过渡层，中间熔敷金属可采用其他较便宜的焊条。

　　② 铜基焊条　镍基焊条的确适应性高，但 Ni 价格昂贵，Cu 与 C 不生成碳化物，也不溶解 C，C 以石墨形态析出，Cu 有很好的塑性，Cu 又是弱石墨化元素，对减少半熔化区白

口也有些作用。但纯 Cu 焊缝对热裂纹很敏感，抗拉强度低，在焊缝中加入一定量的 Fe，可大大提高焊缝的抗热裂性能。

铜的熔点低（1083℃）而铁的熔点高（1530℃），故熔池结晶时先析出 Fe 的 γ 相，当铜开始结晶时，焊缝为双相组织。但 Cu 基铸铁焊条中含 Fe 量超过 30% 后，则焊缝的脆性增大，容易出现低温裂纹。故目前铜基铸铁焊条中的 Cu、Fe 质量比以 80∶20 为宜。

③ 结构钢焊条　结构钢焊条冷焊灰铸铁时，焊缝容易产生裂纹（特别是第一层焊缝）。第一层焊缝淬火严重，半熔化区白口较宽，难于加工。但由于其价格低廉，采用合适的焊接工艺和适当的工艺措施后，对于一些非加工面，不要求致密性及刚度不大的部位铸件缺陷的焊补，仍有一定的应用。

（2）冷焊工艺要点

① 做好焊前工作　清除焊件及缺陷的油污（碱水、汽油擦洗，气焊火陷清除）、铁锈及其他杂质，同时将缺陷预先制成适当的坡口。焊补处油锈清除不干净，容易使焊缝处出现气孔等缺陷，对裂纹缺陷应设法找出裂纹两端的终点，然后在裂纹终点打上止裂孔。在保证顺利运条及熔渣上浮的前提下，宜用较窄的坡口。

② 采用合适的最小电流焊接　在保证电弧稳定及焊透情况下，应采用合适的最小电流焊接。电流小，熔深小，铸铁中的 C、S、P 等有害物质可少进入焊缝，有利于提高焊缝质量。

冷焊时，随电流减小，在焊接速度不变的情况下减小了焊接线能量，不仅减少了焊接应力，使焊接接头出现裂纹的倾向减小，而且也减小了整个焊接热影响区宽度，其中包括减少了最易形成白口的半熔化区宽度，使白口层变得薄些。

③ 采用短段焊、断续分散焊及焊后锤击工艺　焊缝越长，焊缝所承受的拉应力越大，故采用短段焊有利于减低焊缝应力状态，减弱焊缝发生裂纹的可能性，焊后应立即采用小锤快速锤击处于高温而具有较高塑性的焊缝，以松弛焊补区应力，防止裂纹的产生。为了尽量避免焊补处局部温度过高，应力增大，应采用断续焊，即待焊缝附近焊接热影响区冷却至不烫手时（50～60℃），再焊下一道焊缝。必要时还可采取分散焊，即不连续在一固定部位焊补，而换在焊补区的另一处焊补，这样可更好地避免焊补处局部温度过高，从而避免裂纹产生。

3.5.5.2　热焊法

将工件整体或有缺陷的局部位置预热到 600～700℃（暗红色），然后进行焊补，焊后缓冷或在 600～700℃ 保温消除应力的铸铁焊补工艺，称热焊。焊后可以进行加工。

（1）热焊的优点

① 有效地减少了焊接接头上的温差，而且铸铁由常温完全无塑性改变为有一定塑性，灰铸铁在 600～700℃ 时，伸长率可达 2%～3%，再加以焊后缓慢冷却，焊接应力状态大为改善。

② 600～700℃ 预热，石墨化过程进行比较充分，焊接接头又完全防止白口及淬硬组织的产生，从而有效地防止了裂纹。

（2）热焊的缺点

① 预热温度高，劳动条件很差。

② 将焊件加热到 600～700℃ 需消耗很多燃料，焊补成本高，工艺复杂，生产率低。

热焊法所采用的焊接方法是焊条电弧焊和气焊。焊条电弧焊适于中等厚度以上（>10mm）的铸铁件，选用铁基铸铁焊条或低碳钢芯铸铁焊条。目前采用的电弧热焊焊条有两种：采用铸铁芯加石墨型药皮，铸 248，直径 6mm 以上；采用低碳钢芯加石墨型药皮，铸

208，直径 5mm 以下。气焊适于 10mm 以下薄件（防止烧穿），选用铁基铸铁焊丝做填充金属并配合焊剂（通常用 CJ201 或硼砂）使用。

3.5.6　非铁金属的焊接

3.5.6.1　铝及铝合金的焊接

由于铝及铝合金的化学活泼性很强，表面极易氧化形成氧化膜，且多属于难熔物质（如 Al_2O_3 的熔点约为 2050℃，MgO 的熔点约为 2500℃），加之铝及其合金导热性极强，焊接时容易造成不熔合现象。由于氧化膜的密度同铝的密度极为接近，所以也容易造成焊缝金属的夹杂。此外，氧化膜（特别是有不致密的氧化镁时）可以吸收较多的水分，成为生成焊缝气孔的主要原因之一。氢在液态铝中的溶解度为 0.7mL/100g，而在 660℃ 凝固温度时，氢的溶解度突然降至 0.04mL/100g，使原来溶于液态铝中的氢大量析出，形成气泡。同时，铝和铝合金的密度小，气泡在熔池中的上升速度较慢，加上铝的导热性强，熔池冷凝快，因此，上升的气泡往往来不及退出而留在焊缝中成为气孔。铝及铝合金的热导率和比热容约比钢大 1 倍，焊接过程中大量热量被迅速传导到基体金属内部，因此焊接时会消耗更多的热量。

焊接时的氧化和气孔问题是铝及其合金都存在的。热处理强化铝合金焊接时还会存在接头软化和热裂纹问题。随着现代焊接技术的发展，铝及其合金焊接时的氧化和气孔问题已经较好地得到了解决。工业纯铝和大部分防锈铝的焊接性良好，热处理强化铝合金的焊接性较差。铝及其合金的焊接方法主要有氩弧焊、电阻焊和钎焊等。

氩弧焊的阴极破碎作用可解决氧化问题，惰性气体保护等措施可以解决气孔问题。由于铝合金的导热性极强，焊接较厚的铝板时，采用钨极氩弧焊需要预热。一般情况下当板的厚度超过 5mm 时，可用熔化极氩弧焊，焊前工件和焊丝必须经过严格的清洗和干燥。

气焊主要用在焊接质量要求不高的工业纯铝和防锈铝合金薄板及铸件的补焊。气焊设备简单、操作方便，但生产率低，耐蚀性差，焊接变形大。焊前要严格清洗焊件、焊丝，并一定要干燥后再焊，一般采用气焊溶剂 CJ401 去除氧化膜。

由于铝及铝合金从固态转变为液态时，无明显的颜色变化，所以不易判断母材金属温度，高温铝强度很低，支撑熔池困难，容易焊穿。不管采用什么焊接方法，施焊时必须格外小心，以防温度过高而导致烧穿。

3.5.6.2　铜及铜合金的焊接

铜及铜合金的焊接性是比较差的，焊接过程中会产生如下一系列困难。

① 铜的氧化　铜在常温时不易被氧化，但是随着温度的升高，当超过 300℃ 时，铜的被氧化能力很快增大，当温度接近熔点时，被氧化能力最强。氧化的结果是生成氧化亚铜（Cu_2O）。焊接熔池结晶时，氧化亚铜和铜形成低熔点共晶（1064℃），分布在铜的晶界上，大大降低了接头的力学性能，使接头的性能都低于母材金属，达不到等强度的要求。

② 气孔　铜及铜合金焊接时极易形成气孔。铜在液态能溶解较多的氢，在熔池冷却凝固过程中，氢在铜中的溶解度会大大减少，如果熔池金属冷却较快，过剩的氢来不及逸出，便会在焊缝和熔合区产生大量气孔。此外，溶池中的氢会与氧化亚铜产生下列反应：

$$Cu_2O + H_2 = 2Cu + H_2O\uparrow$$

反应生成的水蒸气不溶于铜液中，当熔池金属结晶时，如果未能及时逸出，留在焊缝中便成为气孔。

③ 热裂纹　铜和铜合金焊接时，在焊缝及熔合区易产生热裂纹。铜及铜合金的线膨胀系数约比低碳钢大 50% 以上，对于刚性较大的焊件焊接时便产生较大的应力。熔池结晶过程中，铜能与其他杂质生成熔点为 270℃ 的 Cu-Bi、326℃ 的 Cu-Pb、1064℃ 的 Cu_2O-Cu、1067℃ 的 Cu-Cu_2S 等多种低熔点共晶，充满在晶界形成薄弱面。凝固金属中的过饱和氢向金属的微间隙中扩散造成很大的压力。

④ 难熔合　由于铜及铜合金的热导率比碳钢大 7～11 倍，焊接时散热严重，焊接区难于达到熔化温度。致使母材和填充金属难于熔合。铜在熔化温度时的表面张力比铁小 1/3，流动性比铁大 1～1.5 倍，所以表面成形能力差。一般情况下，铜焊接时要使用大功率热源。

⑤ 易变形　铜及其合金的线膨胀系数大，再加上铜及其合金的导热性极强，使热影响区宽，焊接变形比较严重。

铜及铜合金的焊接方法主要有氩弧焊、气焊、焊条电弧焊、埋弧自动焊和钎焊等。氩弧焊时，氩气对熔池的保护作用可靠，接头性能好，飞溅少，焊缝成形美观，广泛应用于紫铜、黄铜和青铜的焊接。焊接紫铜采用的焊丝有 HS201 和 HS202，也采用紫铜丝。工件厚度＜3mm 时，采用 TIG 焊；工件厚度＞12mm 时，采用 MIG 焊。

黄铜常采用气焊，气焊黄铜采用弱氧化焰，其他均采用中性焰。

焊条电弧焊焊接紫铜时，选用与母材相同成分的铜焊条。一般采用紫铜焊条铜 107，焊芯为紫铜（T2、T3）。焊前应清理焊接处边缘。焊件厚度大于 4mm 时，焊前必须预热，预热温度一般在 400～500℃ 左右。用铜 107 焊条焊接，电源应采用直流反接。焊接时应当用短弧，焊条不宜作横向摆动。焊条作往复的直线运动，可以改善焊缝的成形。长焊缝应采用逐步退焊法。焊接速度应尽量快些。多层焊时，必须彻底清除层间的熔渣。焊接应在通风良好的场所进行，以防止铜中毒现象。焊后应用平头锤敲击焊缝，消除应力和改善焊缝质量。

3.5.6.3　钛及钛合金的焊接

钛及钛合金的密度小（约 $4.5g/cm^3$），抗拉强度高（441～1 470MPa），比强度高。国产工业纯钛有 TA1、TA2、TA3 三种，其区别在于含氢、氧、氮杂质的含量不同，这些杂质使工业纯钛强化，但是塑性显著降低。工业纯钛尽管强度不高，但塑性及韧性优良，尤其是具有良好的低温冲击韧性；同时具有良好的抗腐蚀性能。所以，这种材料多用于化学工业、石油工业等，实际上多用于 350℃ 以下的工作条件。

根据钛合金退火状态的室温组织，可将钛合金分为三种类型：α 型钛合金、（α+β）型钛合金及 β 型钛合金。

α 型钛合金中，应用较多的是 TA4、TA5、TA6 型的 Ti-Al 系合金和 TA7、TA8 型的 Ti＋Al＋Sn 合金。这种合金在室温下，其强度可达到 $931N/mm^2$，而且在高温下（500℃ 以下）性能稳定，可焊性良好。

β 型钛合金在我国的应用量较少，其使用范围有待进一步扩大。

钛及钛合金的焊接性能，具有许多显著特点，这些焊接特点是由钛及钛合金的物理化学性能决定的。

（1）气体及杂质污染对焊接性能的影响

在常温下，钛及钛合金是比较稳定的。但试验表明，在焊接过程中，液态熔滴和熔池金属具有强烈吸收氢、氧、氮的作用，而且在固态下，这些气体已与其发生作用。随着温度的升高，钛及钛合金吸收氢、氧、氮的能力也随之明显上升，大约在 250℃ 开始吸收氢，从 400℃ 开始吸收氧，从 600℃ 开始吸收氮，这些气体被吸收后，将会直接引起焊接接头脆化，是影响焊接质量的极为重要的因素。

① 氢 氢是气体杂质中对钛的力学性能影响最严重的因素。焊缝含氢量变化对焊缝冲击性能影响最为显著，其主要原因是随焊缝含氢量增加，焊缝中析出的片状或针状 TiH_2 增多。TiH_2 强度很低，故片状或针状的 TiH_2 的作用类似缺口，使冲击性能显著降低；焊缝含氢量变化对强度的提高及塑性的降低的作用不很明显。

② 氧 氧在钛的 α 相和 β 相中都有较高的溶解度，并能形成间隙固溶体，使钛的晶伤口严重扭曲，从而提高钛及钛合金的硬度和强度，使塑性却显著降低。为了保证焊接接口的性能，除了在焊接过程中严防焊缝及焊接热影响区发生氧化外，同时还应限制基本金属及焊丝中的含氧量。

③ 氮 在 700℃ 以上的高温下，氮和钛发生作用，形成脆硬的氮化钛（TiN）而且氮与钛形成间隙固溶体时所引起的晶格歪斜程度，比同量的氧引起的后果更为严重，因此，氮对提高工业纯钛焊缝的抗拉强度和硬度，以及降低焊缝的塑性性能比氧更为显著。

④ 碳 碳也是钛及钛合金中常见的杂质，实验表明，当含碳量为 0.13% 时，碳因渗在 α 钛中，焊缝强度极限有些提高，塑性有些下降，但不及氧、氮的作用强烈。但是当进一步提高焊缝含碳量时，焊缝中出现网状 TiC，其数量随碳含量增高而增多，使焊缝塑性急剧下降，在焊接应力作用下易出现裂纹。因此，钛及钛合金母材的含碳量不大于 0.1%，焊缝含碳量不超过母材含碳量。

（2）焊接接头裂纹问题

钛及钛合金焊接时，焊接接头产生热裂纹的可能性很小，这是因为钛及钛合金中 S、P、C 等杂质含量很少，由 S、P 形成的低熔点共晶不易出现在晶界上，加之有效结晶温度区间窄小，钛及钛合金凝固时收缩量小，焊缝金属不会产生热裂纹。

钛及钛合金焊接时，热影响区可出现冷裂纹，其特征是裂纹产生在焊后数小时甚至更长时间，称作延迟裂纹。经研究表明这种裂纹与焊接过程中氢的扩散有关。焊接过程中氢由高温深池向较低温的热影响区扩散，氢含量的提高使该区析出的 TiH_2 量增加，增大热影响区脆性，另外由于氢化物析出时体积膨胀引起较大的组织应力，再加上氢原子向该区的高应力部位扩散及聚集，以致形成裂纹。防止这种延迟裂纹产生的办法，主要是减少焊接接头氢的来源。

（3）焊缝中的气孔问题

钛及钛合金焊接时，气孔是经常碰到的问题。形成气孔是氢影响的结果。焊缝金属形成气孔主要影响到接头的疲劳强度。

钛及钛合金的焊接方法主要有氩弧焊，此外还可采用等离子弧焊、真空电子束焊和钎焊等。采用钨极氩弧焊焊接钛及钛合金焊接时，要注意焊枪的结构，要加强保护效果，为了保护已凝固而仍处于较高温度的焊缝及其高温热影响区，要采用拖罩保护高温的焊缝金属，拖罩内充氩气。手工焊拖罩的尺寸（宽×长）一般为（30～60）mm×（100～160）mm，自动焊时拖罩的长度为 180～200mm。保护效果的好坏，可以通过焊接接头的颜色来鉴别。银白色表示保护效果最好，是钛或钛合金的本色，表明无氧化现象；黄色为 TiO，表示有轻微氧化；蓝色为 Ti_2O_3，表示氧化稍微严重；灰色为 TiO_2，表示氧化很严重。

3.6 焊接结构工艺设计

焊接结构一般指主要由板材和型材焊接而成的结构件，例如压力容器、桥梁、起重机、厂房屋架、机车车辆、燃料桶、压力管道等。进行焊接结构工艺设计时，必须了解焊接结构的生产工艺过程和焊接工艺。

3.6.1　焊接结构生产工艺过程概述

焊接结构生产工艺过程主要包括如下几个阶段。

① 生产准备　审查与熟悉施工图纸，了解技术要求，进行工艺分析，制订整个焊接结构生产工艺流程，工艺评定及确认工艺方法，制订工艺文件及质量保证文件，订购金属材料及有关辅助材料。

② 金属材料预处理　材料的验收、分类、储存、矫正、除锈、表面保护处理及预落料等，为焊接结构提供合格的原材料。

③ 备料　放样、划线、号料、切割、边缘加工、冷热成形加工、端面加工及制孔等，为预装配及焊接提供合格的零件。

④ 装配　利用专用卡具或其他紧固件装置将加工好的零件或部件组装成一体，进行定位焊，准备焊接。

⑤ 焊接　根据焊件材质、尺寸、使用性能要求、生产批量及现场设备情况选用焊接方法、焊接设备和工艺参数，按合理顺序进行焊接。

⑥ 质量检验　根据焊件质量要求，对其尺寸和性能进行检验。

⑦ 成品验收、油漆、作标志包装　对检验合格的产品进行验收、登记、涂刷油漆（美观、防锈），并作好标记后包装。

3.6.2　焊接结构工艺设计

焊接结构工艺设计的内容，除了结构材料应选用焊接性好的金属材料外，大致有以下四项：焊缝布置、焊接方法选择、焊接接头设计和焊缝符号标注等。

3.6.2.1　焊缝的布置

在焊接结构生产中，焊缝的布置和焊接次序的安排对焊接质量和生产效率有很大影响。焊缝布置一般应从下述几方面考虑。

（1）便于装配和施焊

焊缝应尽量处于平焊位置。焊缝位置必须具有足够的操作空间以满足焊接时运条的需要。焊条电弧焊时，焊条须能伸到待焊部位。点焊与缝焊时，要求电极能伸到待焊部位，如图 3-39 所示。埋弧焊时，则要求施焊时接头处应便于存放焊剂。

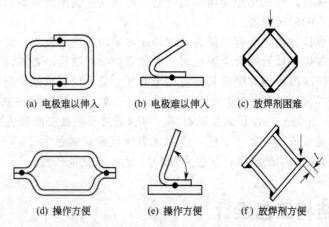

(a) 电极难以伸入　　(b) 电极难以伸入　　(c) 放焊剂困难

(d) 操作方便　　(e) 操作方便　　(f) 放焊剂方便

图 3-39　焊缝位置应便于施焊

（2）有利于减少焊接应力与变形

设计焊接结构时，应尽量选用尺寸规格较大的板材、型材和管材，形状复杂的可采用冲压件和铸钢件，以减少焊缝数量，如图 3-40 所示，简化焊接工艺和提高结构的强度和刚度。

同时，焊缝布置应尽可能对称布置，以减小变形。

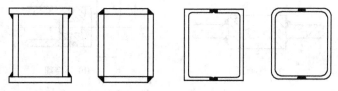

图 3-40 减少焊缝数量示例

（3）应避免密集、交叉

如图 3-41 所示。焊缝交叉或过分集中会造成接头部位过热，增大热影响区，使组织恶化，性能严重下降。两条焊缝间距一般要求大于 3 倍板厚。

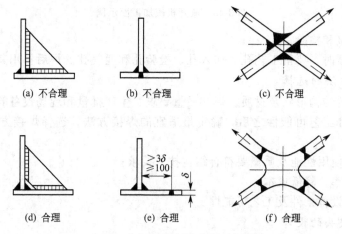

(a) 不合理   (b) 不合理   (c) 不合理

(d) 合理   (e) 合理   (f) 合理

图 3-41 避免焊缝交叉示例

（4）避开最大应力区和应力集中部位

焊接接头是焊接结构的薄弱环节。因此，焊缝布置应避开焊接结构上应力最大的部位，如图 3-42 所示。另外，在集中载荷作用的焊缝处应有刚性支撑。

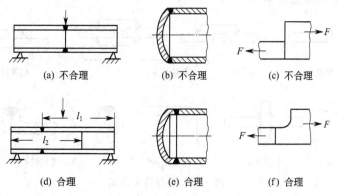

(a) 不合理   (b) 不合理   (c) 不合理

(d) 合理   (e) 合理   (f) 合理

图 3-42 避开最大应力集中区示例

（5）避开机械加工面

焊接时会引起工件变形，对于位置精度要求较高的焊接结构，一般应在焊后进行精加工；对于位置精度要求不高的焊接结构，可先进行机械加工，但焊缝位置与加工面要保持一定距离，如图 3-43 所示。

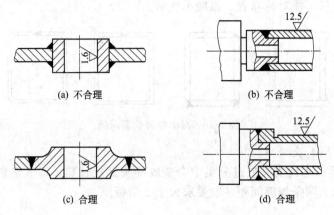

图 3-43　避开机械加工面示例

（6）便于焊接和检验

设计封闭容器时，要留工艺孔，如入孔、检验孔和通气孔。焊后再用其他方法封堵。

3.6.2.2　焊接方法的选择

要根据焊件的结构形状及材质、焊接质量要求、生产批量和现场设备等，在综合分析焊件质量、经济性和工艺可能性之后，确定最适宜的焊接方法。选择焊接方法时应根据下列原则：

① 焊接接头使用性能及质量要符合结构技术要求；

② 提高生产率，降低成本；

③ 焊接现场设备条件及工艺可能性。

3.6.2.3　焊接接头的设计

焊接接头设计包括焊接接头形式设计和坡口形式设计。

（1）焊接接头形式设计

常用的接头形式有对接接头、盖板接头、搭接接头、T 形接头、十字接头、角接接头和卷边接头等，如图 3-44 所示。其选择应根据结构的形状和焊接生产工艺而定，要考虑易于保证焊接质量和尽量降低成本。

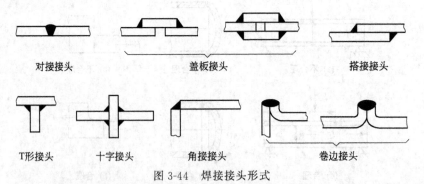

图 3-44　焊接接头形式

对于钎焊，电阻焊的点焊和缝焊采用搭接；对焊采用对接；熔化焊可对比选择采用对接、搭接、角接和 T 形接；压力容器一般采用对接；桁架结构一般采用搭接；对于气焊和钨极氩弧焊可采用卷边接头。

（2）焊接接头坡口形式设计

开坡口的目的是为了使接头根部焊透，使焊缝成形美观，通过控制坡口大小调节母材金属和填充金属的比例。加工方法有气割、切削加工、碳弧气刨等。坡口形式主要取决于板料厚度。

①　对接接头坡口形式设计　对接接头的基本坡口形式有 I 形坡口、Y 形坡口、双 Y 形坡口、U 形坡口、双 U 形坡口等，如图 3-45 所示。同样板厚条件下：双 Y 形坡口比 Y 形坡口所需金属少，焊接工时也少，焊接变形也小；U 形坡口也比 Y 形坡口省焊条，省工时，焊接变形也小。

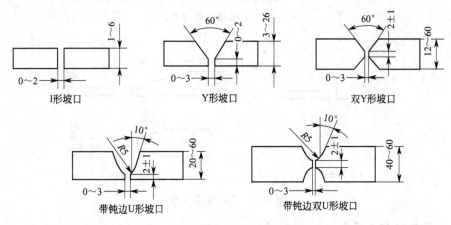

图 3-45　几种对接接头坡口形式

②　角接接头坡口形式设计　角接接头基本坡口形式有 I 形坡口、错边 I 形坡口、Y 形坡口、V 形坡口等，如图 3-46 所示。

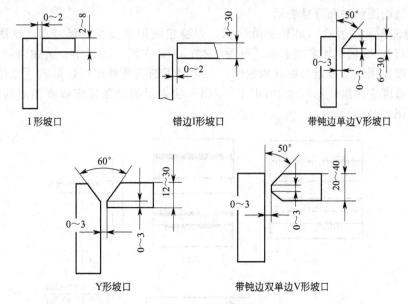

图 3-46　角接接头坡口形式

③　T 形接头坡口形式设计　T 形接头基本坡口形式有 I 形坡口、V 形坡口等，如图 3-47 所示。

④　不同板厚对接接头的坡口形式设计　对不同厚度的板材，接头两侧板厚截面应尽量相同或相近，如图 3-48 所示。

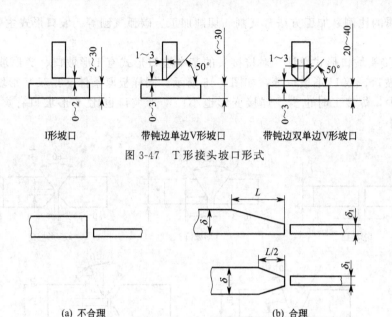

2~30
0~2
1~3
6~30
50°
0~3
1~3
20~40
50°
0~3
I形坡口
带钝边单边V形坡口
带钝边双单边V形坡口

图 3-47　T 形接头坡口形式

L
δ
δ_1
L/2
δ
δ_1
(a) 不合理
(b) 合理

图 3-48　不同板厚对接

3.6.2.4　焊接结构工艺图

焊接结构工艺图是指使用国家标准中规定的有关焊缝的图形符号、画法、标注等表达设计人员关于焊缝的设计思想，并能被他人正确理解的焊接结构图样。它与一般机器零件工艺图的主要区别在于，它必须要表达出对焊缝的工艺要求。

(1) 焊缝的图示法和符号表示

① 焊缝的图示法表示　如图 3-49 所示。焊缝正面用细实线短划表示［见图 3-49(a)］，或用比轮廓粗 2～3 倍的粗实线表示［见图 3-49(b)］，在同一图样中，上述两种方法只能用一种。焊缝端面用粗实线划出焊缝的轮廓，必要时用细实线画出坡口形状［见图 3-49(c)］。剖面图上焊缝区应涂黑［见图 3-49(d)］。用图示法表示的焊缝还应该有相应的标注，或另有说明［见图 3-49(e)］。

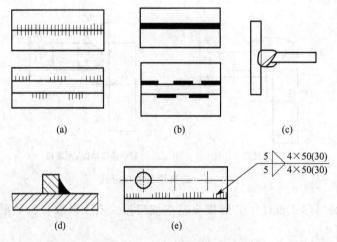

(a)
(b)
(c)
5
4×50(30)
5
4×50(30)
(d)
(e)

图 3-49　用图示法表示焊缝

② 焊缝的符号表示　为了使焊接结构图样清晰，并减轻绘图工作量，一般不按图示法

画出焊缝，而是采用一些符号对焊缝进行标注。GB 324—1988、GB 12212—1990、GB 5185—1985 中分别对焊缝符号和标注方法作了明确规定。表 3-13 为焊缝的基本符号，用以表明焊缝横截面的形状；表 3-14 为焊缝的辅助符号，用以表明焊缝的表面形状特征，如焊缝表面是否齐平等；表 3-15 为焊缝的补充符号，用以补充说明焊缝的某些特征，如是否带有垫板等。

表 3-13　焊缝的基本符号

序号	名　称	示　意　图	符　号
1	卷边焊缝（卷边完全熔化）		八
2	I 形焊缝		‖
3	V 形焊缝		V
4	单边 V 形焊缝		V
5	带钝边 V 形焊缝		Y
6	带钝边单边 V 形焊缝		Y
7	带钝边 U 形焊缝		Y
8	带钝边 J 形焊缝		 Y
9	封底焊缝		⌣
10	角焊缝	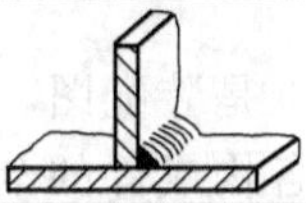	◺
11	塞焊缝或槽焊缝	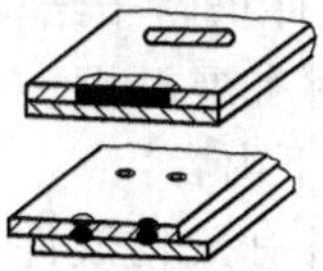	⊓
12	点焊缝	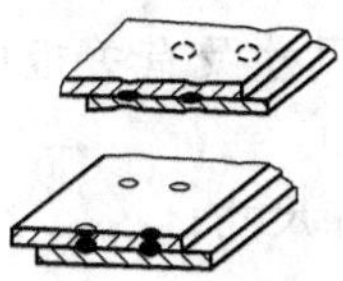	○
13	线焊缝	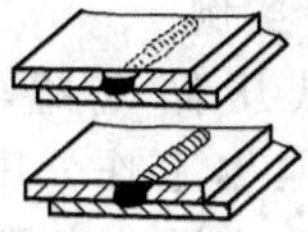	⊖

表 3-14　焊缝的辅助符号

序号	名　称	示意图	符　号	说　明
1	平面符号		──	焊缝表面齐平 （一般通过加工）
2	凹面符号		⌣	焊缝表面凹陷
3	凸面符号		⌢	焊缝表面凸起

表 3-15　焊缝的补充符号

序号	名　称	示意图	符　号	说　明
1	带垫板符号		▭	表示焊缝底部有垫板
2	三面焊缝符号		⊏	表示三面带有焊缝
3	周围焊缝符号		○	表示环绕工件周围焊缝
4	现场符号		▶	表示在现场或工地上进行焊接
5	尾部符号		＜	可以参照 GB 5185—1985 标注焊接工艺方法等内容

　　焊缝符号通过指引线标注在图样的焊缝位置，如图 3-50 所示。指引线一般由箭头线和两条基准线（一条为实线、另一条为虚线）组成，箭头指在焊缝处。标注对称焊缝或双面焊缝时，可免去基准线中的虚线。必要时，焊缝符号可附带有尺寸符号和数据（如焊缝截面、长度、数量、坡口等）。还可以画焊缝的局部放大图，并表明有关尺寸。

　　（2）焊接结构工艺图

　　焊接结构工艺图实际上是装配图，但对于简单的焊接构件，一般不单画各构成件的零件图，而是在结构图上标出各构成件的全部尺寸。对于复杂的焊接构件，应单独画出主要构成件的零件图，个别小构成件仍附于结构总图上。由板料弯曲成形者，可附有展开图。在焊接结构工艺图上，应表达出以下内容：

　　① 构成件的形状及各有关构成件之间的相互关系；

　　② 各构成件的装配尺寸及有关板厚、型材规格等；

　　③ 焊缝的图形符号和尺寸；

　　④ 焊接工艺的要求。

3.6.3　焊接结构生产设计实例

　　如图 3-51 所示为低压储气罐，壁厚为8mm，压力为 1.0MPa，常温工作，压缩空气，大批量生产。其焊接结构生产设计步骤如下。

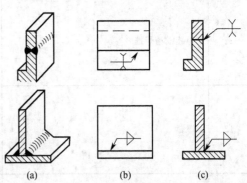

图 3-50　焊缝标注方法
（a）焊缝；（b）焊缝正面标注方法；
（c）焊缝剖面标注方法

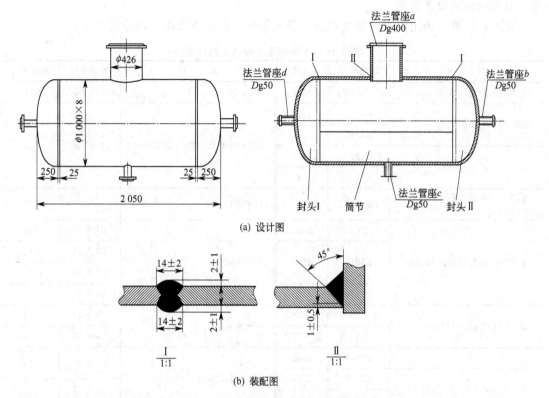

图 3-51 低压储气罐设计、装配示意

① 结构分析 筒体由筒节、封头焊合。整个结构由筒体再加四个法兰管座焊合而成,如图 3-51 所示。

② 选择母材材料 封头需拉伸,筒节卷圆,故需较好塑性,再考虑焊接工艺及成本,故筒节、封头、法兰选用普通碳素结构钢（Q235A）,短管选用优质碳素结构钢（10 钢）。

③ 设计焊缝位置及焊接接头、坡口形式 筒节纵焊缝与环焊缝采用对接 I 型坡口双面焊,法兰与短管采用不开坡口角焊缝;法兰管座与筒体采用开坡口角焊缝,如图 3-51 所示。

④ 选择焊接方法和焊接材料 角焊缝采用手工电弧焊,选用结构钢焊条 J422;选用弧焊变压器;对接焊缝采用埋弧焊,焊丝选用 H08A,配合焊剂 HJ431。

⑤ 主要工艺流程 主要工艺流程见图 3-52。

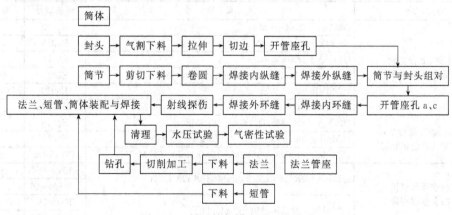

图 3-52 低压储气罐主要工艺流程

附: 常用钢材的焊条选用

常用钢号推荐选用的焊条见表 3-16, 不同钢号相焊推荐选用的焊条见表 3-17。

表 3-16　常用钢号推荐选用的焊条

钢　号	焊条型号	对应牌号	钢　号	焊条型号	对应牌号
Q23i-A·F;Q23-A、10、20	E4303	J422	12Cr1MoV	E5515-B2-V	R317
20R、20HP、20g	E4316	J426	12Cr2Mo;12Cr2Mo1;12Cr2Mo1R	E6015-B3	R407
	E4315	J427			
25	E4303	J422			
	E5003	J502			
Q295（O9Mn2V、09Mn2VD、09Mn2VDR)	E5515-Cl	W707Ni	1Cr5MO	E1-5MOV-15	R507
Q345(16Mn、16MnR、16MnRE)	R5003	J50Q	1Cr18Ni9Ti	E308-16	A102
				E308-15	A107
	E5016	J506		E347-16	A132
	E5015	J507		E347-15	A137
Q390(16MnD、169MnDR)	E5016-G	J506RH	0Cr19Ni9	E308-16	A102
	E5015-G	J507RH		E308-15	A107
Q390(15MnVR、15MnVRE)	E5016	J506	0Cr18Ni9Ti;0Cr19Ni11ti	E347-16	A132
	E5015	J507		E347-15	A137
	E5515-G	J557			
20MnMo	E5015	J507	00Cr18Ni10	E308L-16	A002
	E15-6	J557	00Cr19Ni11		
151MnVNR	E6016-D1	J606	0Cr17Ni12Mo2	E316-16	A202
	E6015-D1	J607		E316-15	A207
15MnMoV;18MnMONbR;20MnMONb	E7015-D2	J707	0Cr18Ni12M02Ti;0Cr18Ni12M03Ti	E316L-16	A022
12CrMO	E5515-B1	R207		E318-16	A212
15CrMO;15CrMoR	E5515-B2	R307	0Cr13	E410-16	G202
				E410-15	6207

表 3-17　不同钢号相焊推荐选用的焊条

类　别	接头钢号	焊条型号	对应牌号
碳素钢、低合金钢和低合金钢相焊	Q235-A＋Q345(16Mn)	E4303	J422
	20、20R＋16MnR、16MnRC	E4315	J427
	Q235-A＋18MnMoNbR	E5015	J507
	16MnR＋1MnMoV;16MnR＋18MnMoNbR	E5015	J507
	15MnVR＋20MnMo	E5015	J507
	20MnMo＋18MnMoNbR	E5515-G	J557
碳素钢、碳锰低合金钢和铬钼低合金钢相焊	Q235-A＋15CrMo;Q235-A＋1Cr5Mo	E4315	J427
	16MnR＋15CrhMo;20、20R、16MnR＋12Cr1MoV	E5015	J507
	15MnMo＋12CrMo、15CrMo;15MnMoV＋Cr1MoV	E7015-D2	J707
其他钢号与奥氏体高合金钢相焊	Q235-A、20R、16MnR、20MnMo＋0Cr18Ni9Ti	E309-16	A302
		E309Mo-16	A312
	18MnMoNbR、15CrMo＋0Cr18Ni9Ti	E310-16	A402
		E310-15	A407

3.7　胶　接

3.7.1　胶接的特点与应用

胶接，也称粘接，是利用化学反应或物理凝固等作用，使一层非金属的胶体材料具有一定的内聚力，并对与其界面接触的材料产生黏附力，从而由这些胶体材料将两个物体紧密连接在一起的工艺方法。

胶接的主要特点如下：

① 能连接材质、形状、厚度、大小等相同或不同的材料，特别适用于连接异型、异质、薄壁、复杂、微小、硬脆或热敏制件；

② 接头应力分布均匀，避免了因焊接热影响区相变、焊接残余应力和变形等对接头的不良影响；

③ 可以获得刚度好、重量轻的结构，且表面光滑，外表美观；

④ 具有连接、密封、绝缘、防腐、防潮、减振、隔热、衰减消声等多重功能，连接不同金属时，不产生电化学腐蚀；

⑤ 工艺性好，成本低，节约能源；

⑥ 胶接接头的强度不够高，大多数胶黏剂耐热性不高，易老化，且对胶接接头的质量尚无可靠的检测方法。

胶接是航空航天工业中非常重要的连接方法，主要用于铝合金钣金及蜂窝结构的连接，除此以外，在机械制造、汽车制造、建筑装潢、电子工业、轻纺、新材料、医疗、日常生活中，胶接正在扮演着越来越重要的角色。

3.7.2　胶黏剂

胶黏剂根据其来源不同，有天然胶黏剂和合成胶黏剂两大类。其中天然胶黏剂组成较简单，多为单一组分；合成胶黏剂则较为复杂，是由多种组分配制而成的。目前应用较多的是合成胶黏剂，其主要组分有：粘料，是起胶合作用的主要组分，主要是一些高分子化合物、有机化合物或无机化合物；固化剂，其作用是参与化学反应使胶黏剂固化；增塑剂，用以降低胶黏剂的脆性；填料，用以改善胶黏剂的使用性能（如强度、耐热性、耐腐蚀性、导电性等），一般不与其他组分起化学反应。

胶黏剂的分类方式还有以下几种：按胶黏剂成分性质分，见表 3-18；按固化过程中的物理化学变化分为反应型、溶剂型、热熔型、压敏型等胶黏剂；按胶黏剂的基本用途分为结构胶黏剂、非结构胶黏剂和特种胶黏剂三大类。结构胶黏剂强度高、耐久性好，可用于承受较大应力的场合；非结构胶黏剂用于非受力或次要受力部位；特种胶黏剂主要是满足特殊需要，如耐高温、超低温、导热、导电、导磁、水中胶接等。

3.7.3　胶接工艺

（1）胶接工艺过程

胶接是一种新的化学连接技术。在正式胶接之前，先要对被粘物表面进行表面处理，以保证胶接质量。然后将准备好的胶黏剂均匀涂敷在被粘表面上，胶黏剂扩散、流变、渗透，合拢后，在一定的条件下固化，当胶黏剂的大分子与被粘物表面距离小于 5×10^{-10} m 时，形成化学键，同时，渗入孔隙中的胶黏剂固化后，生成无数的"胶勾子"，从而完成胶接过程。

胶接的一般工艺过程有确定部位、表面处理、配胶、涂胶、固化、检验等。

表 3-18　胶黏剂的分类

分　类				典型代表
有机胶黏剂	合成胶黏剂	树脂	热固性胶黏剂	酚醛树脂、不饱和聚酯
			热塑性胶黏剂	α-氰基丙烯酸酯
		橡胶	单一橡胶	氯丁胶浆
			树脂改性	氯丁-酚醛
		混合型	橡胶与橡胶	氯丁-丁腈
			树脂与橡胶	酚醛-丁腈、环氧-聚硫
			热固性树脂与热塑性树脂	酚醛-缩醛、环氧-尼龙
	天然胶黏剂	动物胶黏剂		骨胶、虫胶
		植物胶黏剂		淀粉、松香、桃胶
		矿物胶黏剂		沥青
		天然橡胶胶黏剂		橡胶水
无机胶黏剂	磷酸盐			磷酸-氧化铝
	硅酸盐			水玻璃
	硫酸盐			石膏
	硼酸盐			三硼酸钾

① 确定部位　胶接大致可分为两类，一类是用于产品制造，另一类是用于各种修理，无论是何种情况，都需要对胶接的部位有比较清楚的了解，例如表面状态、清洁程度、破坏情况、胶接位置等，才能为实施具体的胶接工艺做好准备。

② 表面处理　为了获得最佳的表面状态，有助于形成足够的黏附力，提高胶接强度和使用寿命。主要解决下列问题：去除被粘表面的氧化物、油污等异物污物层、吸附的水膜和气体，清洁表面；使表面获得适当的粗糙度；活化被粘表面，使低能表面变为高能表面、惰性表面变为活性表面等。表面处理的具体方法有表面清理、脱脂去油、除锈粗化、清洁干燥、化学处理、保护处理等，依据被粘表面的状态、胶黏剂的品种、强度要求、使用环境等进行选用。

③ 配胶　单组分胶黏剂一般可以直接使用，但如果有沉淀或分层，则在使用之前必须搅拌混合均匀。多组分胶黏剂必须在使用前按规定比例调配混合均匀，根据胶黏剂的适用期、环境温度、实际用量来决定每次配制量的大小，应当随配随用。

④ 涂胶　以适当的方法和工具将胶黏剂涂布在被粘表面，操作正确与否，对胶接质量有很大影响。涂胶方法与胶黏剂的形态有关，液态、糊状或膏状的胶黏剂可采用刷涂、喷涂、浸涂、注入、滚涂、刮涂等方法，要求涂胶均匀一致，避免空气混入，达到无漏涂、不缺胶、无气泡、不堆积，胶层厚度控制在 0.08～0.15mm。

⑤ 固化　固化是胶黏剂通过溶剂挥发，乳液凝聚的物理作用，缩聚、加聚的化学作用，变为固体并具有一定强度的过程，是获得良好胶黏性能的关键过程。胶层固化应控制温度、时间、压力三个参数。固化温度是固化条件中最为重要的因素，适当提高固化温度可以加速固化过程，并能提高胶接强度和其他性能。加热固化时要求加热均匀，严格控制温度，缓慢冷却。适当的固化压力可以提高胶黏剂的流动性、润湿性、渗透和扩散能力，防止气孔、空洞和分离，使胶层厚度更为均匀。固化时间与温度、压力密切相关，升高温度可以缩短固化时间，降低温度则要适当延长固化时间。

⑥ 检验 对胶接接头的检验方法主要有：目测、敲击、溶剂检查、试压、测量、超声波检查、X 射线检查等，目前尚无较理想的非破坏性检验方法。

（2）胶接接头

胶接接头的受力情况比较复杂，其中最主要的是机械力的作用。作用在胶接接头上的机械力主要有四种类型：剪切、拉伸、剥离和不均匀扯离，如图 3-53 所示，其中以剥离和不均匀扯离的破坏作用较大。

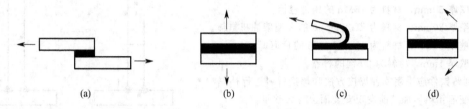

(a)　　　　　(b)　　　　　(c)　　　　　(d)

图 3-53 胶接接头受力方式

选择胶接接头的形式时，应考虑以下原则：

① 尽量使胶层承受剪切力和拉伸力，避免剥离和不均匀扯离；

② 在可能和允许的条件下适当增加胶接面积；

③ 采用混合连接方式，如胶接加点焊、铆接、螺栓联结、穿销等，可以取长补短，增加胶接接头的牢固耐久性；

④ 注意不同材料的合理配置，如材料线膨胀系数相差很大的圆管套接时，应将线膨胀系数小的套在外面，而线膨胀系数大的套在里面，以防止加热引起的热应力造成接头开裂；

⑤ 接头结构应便于加工、装配、胶接操作和以后的维修。

胶接接头的基本形式是搭接，常见的胶接接头形式如图 3-54 所示。

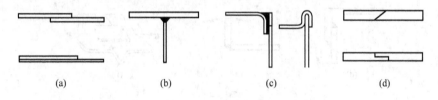

(a)　　　　　(b)　　　　　(c)　　　　　(d)

图 3-54 胶接接头的形式

习　题

1. 常用的连接成形方法有哪些？各有何特点？应用在哪些场合？
2. 钢材熔焊焊缝中有哪些有害元素？有何危害？这些有害元素从何而来？如何控制？
3. 焊接接头包括哪几区？力学性能差的薄弱区在哪儿？为什么？
4. 影响焊接接头性能的因素有哪些？
5. 碱性焊条与酸性焊条的性能有什么不同？
6. 讨论在哪些情况下，需要注意电弧的极性和接法。
7. 埋弧自动焊与焊条电弧焊相比有哪些特点？应用范围有何不同？
8. 什么叫焊接性？影响焊接性的因素有哪些？
9. 什么叫碳当量？如何计算？有何用处？
10. 普通低合金钢和奥氏体不锈钢焊接时注意的问题有哪些？常用什么焊接方法？
11. 电弧焊时，若高温焊接区暴露在大气中，会有什么结果？为保证焊缝质量采取的主要措施是什么？
12. 试说明焊条牌号 J422 和 J507 中字母和数字的含义及其对应的国标型号，并比较它们的应用特点。
13. 什么是焊接热影响区？低碳钢焊接热影响区内各主要区域的组织和性能如何？从焊接方法和工艺上，

能否减小或消灭热影响区？

14. 为避免大气的不良影响，能否在真空环境中进行电弧焊？为什么？

15. 焊接变形的基本形式有哪些？如何预防和矫正焊接变形？

16. 为什么存在焊接残余应力的工件在经过切削加工后往往会产生变形？如何避免？

17. 讨论工字梁在图 3-55 所示的焊接顺序下产生焊接应力和变形的情况，指出哪种顺序比较合理。

18. 制造下列焊件，应分别采用哪种焊接方法、焊接材料？应采取哪些工艺措施？

① 壁厚 50mm，材料为 16Mn 的压力容器。

② 壁厚 20mm，材料为 ZG270-500 的大型柴油机缸体。

③ 壁厚 10mm，材料为 1Cr18Ni9Ti 的管道。

④ 壁厚 1mm，材料为 20 钢的容器。

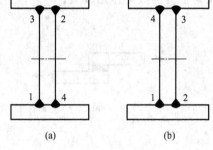

图 3-55

19. 下列铸铁件应采用哪种焊接方法和焊接材料进行补焊？

① 变速箱箱体加工前发现安装面上有大砂眼。

② 车床床身在不受力、不加工部位有一个大气孔。

③ 铸铁污水管裂纹。

20. 为下列结构选择最佳的焊接方法：

①壁厚小于 30mm 的 16Mn 锅炉筒体的批量生产；②采用低碳钢的厂房屋架；③丝锥柄部接一 45 钢钢杆以增加柄长；④对接 ϕ30mm 的 45 钢轴；⑤自行车轮钢圈；⑥自行车车架；⑦汽车油箱。

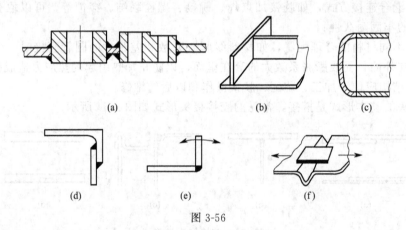

图 3-56

21. 讨论如图 3-56 所示焊接接头是否满足工艺性要求，为什么？

22. 电阻点焊接头如图 3-57 所示，讨论其结构工艺性。

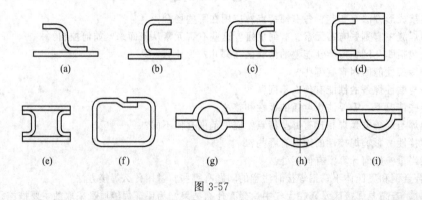

图 3-57

23. 一卧式贮罐如图 3-58 所示，生产数量为 10 台，材料为 16Mn，钢板尺寸为 2 000mm×5 000mm× 16mm，焊缝应如何布置？各条焊缝分别应选择哪种焊接方法？

24. 图 3-59 所示焊件的焊缝布置是否合理？若不合理，请加以改正。

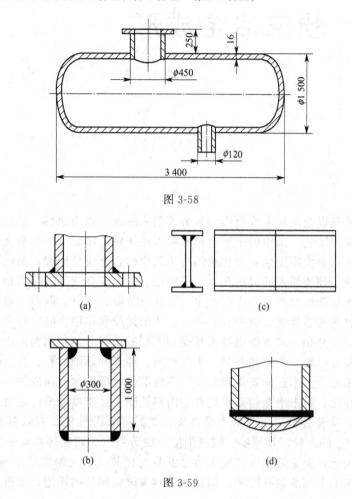

图 3-58

图 3-59

25. 焊接梁的结构和尺寸如图 3-60 所示，材料为 Q235，钢板的最大长度为 2 500mm，试讨论成批生产时腹板和翼板上的焊缝应如何布置，并确定各条焊缝的焊接方法，画出接头和坡口的形式。

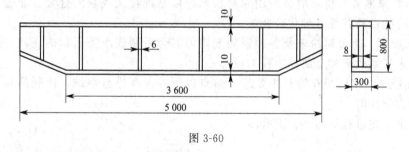

图 3-60

26. 对下列零件作非破坏性检验，各应选用哪些方法？

　　①锅炉汽包上的纵焊缝和环焊缝；②液化石油气罐；③1Cr18Ni9Ti 压力容器（大修检查）。

27. 胶接时为什么要对工件进行表面处理？胶接过程中有哪些重要参数需要控制？

28. 铸铁的焊补有哪些困难？什么情况下用热焊？什么情况下用冷焊？

29. 铝、铜及钛及其合金的常用焊接方法有哪些？

30. 试比较钎焊和胶接的异同点。

31. 选择胶接接头的形式时，应考虑哪些原则？

第4章 粉末冶金成形

粉末冶金技术是以金属粉末或金属与非金属粉末的混合物为原料，经过成形、烧结，获得金属材料及制品的工艺。采用粉末冶金技术可以控制粉末粒度大小和合金的微观结构，获得理想的组织；可以最大限度地减少传统铸造工艺中的合金成分偏聚，晶粒粗大，组织不均匀等缺陷；还解决了硬质粉末的成形和加工等问题。与传统金属铸造技术相比，粉末冶金是一种能制备近净形复杂形状产品的生产技术，且具有节能、节材、高效、最终成形、少污染等优点，因此在材料和零件制造业中具有不可替代的地位和作用。同时粉末冶金以其独特的优点在新型材料的研究和开发方面也越来越受到人们的重视，如利用粉末冶金技术制备烧结硬质材料、软磁复合材料、磁致热材料、多孔材料、纳米和超细材料、功能梯度材料、超导材料等。目前粉末冶金技术正向着高致密化、高性能化、低成本方向发展。

与金属铸件相比，粉末冶金制品难免存在内部孔隙，且密度较低。密度与粉末冶金材料的性能密切相关，显著影响了材料的力学性能，尤其是疲劳性能。对铁基粉末冶金零件而言，密度达到 $7.2g/cm^3$ 后，其硬度、抗拉强度、疲劳强度、韧性等都会随密度的增加而呈几何级数增大。因此，要更好地发挥粉末冶金制品的优势，扩大粉末冶金制品的应用范围，必须尽量减少粉末冶金制品的孔隙率，提高致密度以改善制品的性能，而这些则要依靠先进的粉末冶金工艺。

粉末冶金工艺包括以下基本过程：

① 原料粉末准备　粉末冶金所用原料粉末可以是纯金属或它的合金、非金属、金属与非金属的化合物以及其他各种化合物等；

② 粉末成形　将金属粉末及各种添加剂均匀混合后制成所需形状的坯块，所采用的方法有金属粉末压制成形和金属粉末注射成形；

③ 坯样烧结　将坯块在物料主要组元熔点以下的温度进行烧结，使制品具有最终的物理、化学和力学性能。

粉末冶金工艺过程如图 4-1 所示。

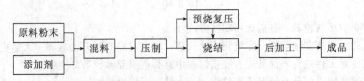

图 4-1　粉末冶金工艺过程示意

近代粉末冶金技术的发展有三个重要标志：一是克服了难熔金属（如钨、钼等）熔铸过程中的困难，如电灯钨丝和硬质合金的出现；二是多孔含油轴承的研制成功，继之是粉末冶金机械零件的发展，发挥了粉末冶金少、无切削的特点；三是向新材料、新工艺发展。

由于粉末成形所需用的模具加工制作比较困难，较为昂贵，因此粉末冶金方法的经济效益往往只有在大规模生产时才能表现出来。粉末冶金工艺的不足之处是粉末成本较高，制品的大小和形状受到限制，烧结件的抗冲击性较差等。但是，随着粉末冶金技术的发展，新工艺不断出现与完善，这些不足正被逐步克服。

粉末冶金成形技术从普通机械制造到精密仪器，从五金工具到大型机械，从电子工业到电机制造，从采矿到化工，从民用工业到军事工业，从一般技术到尖端高科技，几乎没有一个工业部门不在使用着粉末冶金材料或制品。金属粉末和粉末冶金材料、制品的应用举例见表 4-1。

表 4-1　金属粉末和粉末冶金材料、制品的应用

材料类别	金属粉末和粉末冶金材料、制品应用举例
减摩材料	含浸润滑油，材料中添加润滑成分，例如：含油轴承
多孔材料	孔隙度在 30%～60%，例如：过滤器、灭火装置
结构材料	孔隙度小，有一定拉伸冲击强度，例如：齿轮
摩擦材料	基体＋润滑组元＋摩擦组元，例如：离合器摩擦片
工具材料	硬质合金、高速钢，例如：模具、刀具
磁性材料	软磁、硬磁，高温磁性材料
电磁材料	电触头、集电器、电热材料
耐热材料	高温合金、难熔金属合金、陶瓷材料
原子能工程材料	铀合金元件，屏蔽材料

用粉末冶金法大量生产机械零件时，少切削（无切削）、成本低、生产效率高、能耗低、材料省、价格低廉。其与机械加工法的经济效益对比见表 4-2。

表 4-2　粉末冶金法与机械加工法制造机械零件与仪表零件的经济效益对比

零件名称	1t 零件的金属消耗量/t		相对劳动量		1 000 个零件的相对成本	
	机械加工	粉末冶金	机械加工	粉末冶金	机械加工	粉末冶金
油泵齿轮	1.80～1.90	1.05～1.10	1.0	0.30	1.0	0.50
钛制坚固螺母	1.85～1.95	1.10～1.12	1.0	0.50	1.0	0.50
黄铜制轴承保持架	1.75～1.85	1.15～1.13	1.0	0.45	1.0	0.35
飞机导线用铝合金固定夹	1.85～1.95	1.05～1.09	1.0	0.35	1.0	0.40

4.1　粉末冶金工艺

4.1.1　粉末制取

粉末冶金的生产工艺是从制取原材料——粉末开始的。这些粉末可以是纯金属，也可以是非金属，还可以是化合物。制取粉末的方法很多，选择何种方法主要取决于该材料的特殊性能及制取方法的成本。粉末的形成是将能量传递到材料，从而制造新生表面的过程。例如，一块 $1m^3$ 的金属可制成大约 2×10^{18} 个直径为 $1\mu m$ 的球形颗粒，其表面积大约为 $6 \times 10^6 m^2$，要形成这么大的表面，需要很大的能量。

金属粉末的制取方法有机械法和物理化学法两大类。机械法制取粉末是将原材料机械地粉碎，而化学成分基本不发生变化的工艺过程；物理化学法则是借助化学或物理的作用，改

变原材料的化学成分或聚集状态，而获得粉末的工艺过程。

但是，在粉末冶金生产实践中，机械法和物理化学法之间并没有明显的界限，而是相互补充的。例如，可使用机械法去研磨还原法所得粉末，以消除应力、脱碳以及减少氧化物。

4.1.1.1　机械粉碎法

固态金属的机械粉碎法既是一种独立的制粉方法，又常常作为某些制粉方法的补充工序。机械粉碎是靠压碎、击碎和磨削等作用，将块状金属、合金或化合物机械地粉碎成粉末的。依据物料粉碎的最终程度，可以分为粗碎和细碎两类。以压碎为主要作用的有碾碎、辊轧以及颚式破碎等；以击碎为主的有锤磨；属于击碎和磨削等多方面作用的机械粉碎有球磨、棒磨等。实践表明，机械研磨比较适用于脆性材料。塑性金属或合金制取粉末多采用涡旋研磨、冷气流粉碎等方法。

（1）机械研磨

研磨的任务包括：减小粉末粒度；合金化；固态混料；改善、转变或改变材料的性能等。研磨后的金属粉末会有加工硬化、形状不规则、出现流动性变坏和团块等特征。在大多数情况下，研磨的任务是使粉末的粒度变细。

（2）机械合金化

机械合金化最早是由美国国际镍公司 Benjamin 等人于 20 世纪 60 年代末期开发的，当时主要用于制备同时具有沉淀硬化和氧化物弥散硬化效应的镍基和铁基超合金。后来人们发现，通过机械合金化的方法可以制备具有亚稳态结构的微细粉末，如非晶、准晶、纳米晶粉末等，为粉末冶金开拓了新的技术领域。它是在高速搅拌球磨的条件下，利用金属粉末混合物的重复冷焊和断裂，进行机械合金化的。也可以在金属粉末中加入非金属粉末来实现机械合金化。用机械合金化制造的材料，其内部的均一性与原材料粉末的粒度无关。因此，用较粗的原材料粉末（$50 \sim 100 \mu m$）可制成超细弥散体（颗粒间距小于 $1 \mu m$）。制造机械合金化弥散强化高温合金的原材料，是工业上广泛采用的纯金属粉末，粒度为 $1 \sim 200 \mu m$。机械合金化方法已成功地应用于制备纳米级合金粉末，是一种采用机械能的方法使粉末材料在固态下实现合金化的技术手段。目前应用比较广泛的机械合金化设备是行星式球磨机和高能球磨机。机械合金化的基本原理是：将两种或两种以上的金属或金属与非金属粉末混合，装入一装有适量磨球（淬火钢或碳化钨球等）的高能球磨罐内，并进行密封。球磨机运转时，磨球高速旋转、碰撞，粉末在球磨介质的冲撞下，反复地挤压、冷焊和粉碎。在此过程中，原子间相互扩散或进行固态反应，最终得到弥散分布的精细合金粉末，实现了固态下的合金化。

机械合金化是一种在固态下实现物质合金化的技术手段，不需要经过传统工艺中的熔炼过程，因而不受物质的蒸气压、熔点等物理因素的制约，可以实现过去用传统熔炼工艺难以实现的某些物质的合金化，如难熔的高温合金、硬质合金、过饱和固溶体等。此外，通过控制工艺参数还可以制备准晶、非晶、纳米晶等超微细非平衡态粉末，是开发高性能新材料的重要技术手段。

此方法可制备超细晶弥散强化材料、磁性材料、超导材料、非晶材料、纳米晶材料、轻金属高比强材料和过饱和弥散固溶体等。美国、德国、日本等发达国家纷纷投入大量的人力、物力和财力，做了大量的研究工作，取得了显著的成果，并已经实现工业化生产。

（3）涡旋研磨

在涡旋研磨中一方面依靠冲击作用，另一方面还依靠颗粒间、颗粒与工作室内壁间以及颗粒与回转打击子相碰时的磨损作用。这种方法最初是用来生产磁性材料使用的纯铁粉，以及各种合金钢粉末的。由于涡旋研磨所得粉末较细，为了防止粉末被氧化，在工作室中可以通入惰性气体或还原性气体作为保护气氛。

（4）冷气流粉碎

利用高速高压的气流作为载体，带着较粗的颗粒，通过喷嘴轰击位于击碎室中的靶子后，气流压力立即从 7MPa 的高压降到 0.1MPa，发生绝热膨胀，从而使金属靶和击碎室的温度降到室温以下，甚至零度以下，并将冷却了的颗粒粉碎。气流压力越大，制得的粉末粒度越细。冷气流冲击方法适用于粉碎硬质的，以及比较昂贵的材料，可迅速将 6 目或更小的颗粒原料变成微米级的颗粒。该方法工艺简单、生产费用低、作业温度低（可防止氧化和自燃）、能保持高纯度以及控制被粉碎材料的粒度。

4.1.1.2　雾化法

雾化法是将液体金属或合金直接破碎，形成直径小于 $150\mu m$ 的细小液滴，冷凝而成为粉末。该法可以用来制取多种金属粉末和各种合金粉末。实际上，任何能形成液体的材料都可以通过雾化来制取粉末。借助高压水流或高压气流的冲击来破碎液流，称为水雾化或气体雾化，也称二流雾化。气体雾化法如图 4-2 所示。高压水雾化和高压气体雾化是生产金属粉末的两种最主要的方法。雾化法制备粉末时，将金属或合金加热成熔融金属液，以高压水或高速气流作为雾化介质进行分散、裂化，形成微细液滴，由于表面张力的作用，液滴有形成光滑球形颗粒的趋势，经冷却、凝固后形成球形或近球形的微细金属或合金粉末。雾化机理过程包括三个阶段：流体薄层的形成；薄层破碎形成金属液流丝线；金属液流丝线收缩形成微液滴。高压气体雾化的冷却速度为 $102\sim103℃/s$，气体雾化粉末直径为 $50\sim100\mu m$，表面为光滑圆球形；高压水雾化冷却速度为 $102\sim104℃/s$，粉末粒径为 $75\sim200\mu m$，水雾化粉末常具有不规则形态和表面。高压水雾化和

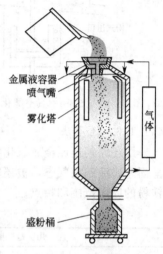

图 4-2　气体雾化法示意

高压气体雾化被广泛用来大吨位生产铝、工具钢、超合金、铜、铁、锡和低合金粉末。

近年来，随着高能率粉末成形工艺和高性能粉末冶金制品的发展，要求粉末冶金制粉技术朝着微细化、低氧化的方向发展，因此也促进了新的雾化制粉技术的产生，如离心雾化法、真空中雾化、旋转盘雾化法及超声雾化法等。用离心力破碎液流称为离心雾化，如图 4-3 所示；在真空中雾化叫做真空雾化，如图 4-4 所示；利用超声波能量来实现液流的破碎称作超声波雾化，如图 4-5 所示。

超声雾化法是目前应用和研究的热点。超声雾化的基本原理是利用超声能量使金属液体形成微细雾滴。在 20 世纪 80 年代初，Ruthardt 等提出利用静态毛细波直接雾化金属这种相对简单的方法，金属液体流至超声聚能器辐射面的表面形成一薄液层，金属薄液层在超声

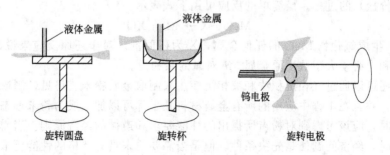

图 4-3　离心雾化示意

振动引起的毛细波作用下雾散成细小液滴。超声雾化法直接利用超声振动雾化金属，破碎液滴所需能量仅来源于电能转化而来的声能，且不像气体雾化技术那样要消耗大量惰性气体，因此可大大降低能耗和惰性气体消耗量。新型超声雾化技术制备的金属粉末粒度分布窄、表面圆整光洁、球形度好，具有设备和工艺简单、可控性高以及成本低的优点，有着良好的发展应用前景。各种雾化法制得的高质量粉末与新的致密技术相结合，出现了许多粉末冶金新产品，其性能往往优于相应的铸锻产品。

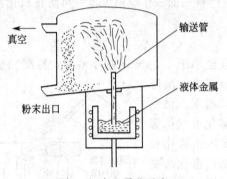

图 4-4　真空雾化示意

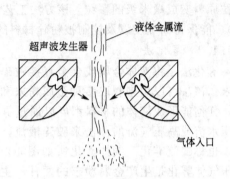

图 4-5　超声雾化示意

4.1.1.3　还原法

　　用还原剂还原金属氧化物及盐类来制取金属粉末是一种广泛采用的制粉方法。还原剂可呈固态、液态或气态，被还原的物料也可以是固态、气态或液态物质。表 4-3 为还原法制取铁粉的应用范围和特点。

表 4-3　还原铁粉应用范围和特点

应 用 范 围	特 点
电焊条	高松比、高纯度、低碳
焊接丝	中松比、高纯度、低碳
中低密度粉末制品	低松比、烧结性好
低密度粉末制品、软磁粉末制品	高松比、压缩性好、成形性好
硬质合金、化工催化剂、食品	高纯度、低杂质、低碳
小件粉末制品、软磁粉末制品	软细粉末、烧结成形好
橡塑注射制品、金刚石工具	极细粉末、杂质低
超细合金、软磁粉末制品	超细粉末、最大颗粒约为 400 目

　　还原是通过还原剂夺取氧化物或盐类中的氧（或酸根），而使其转变为金属元素和低价氧化物（低价盐）的过程。最简单的反应可用下式表示：

$$MeO + X \longrightarrow Me + XO$$

式中，Me 为生成氧化物 MeO 的任何金属，X 为还原剂。对于还原反应来说，还原剂 X 对氧的化学亲和力必须大于被还原金属 Me 对氧的亲和力。

　　此外，还可以通过气相沉积法和液相沉淀法来制取金属粉末。可见，制取粉末的方法是多种多样的，并且在工程中应用的所有金属材料几乎都可以加工成为粉末形态。在选择制取粉末的方法时，应该考虑到对粉末所提出的性能要求和遵循的经济原则。当需要采用廉价的粉末作原料时，经济问题便是先决条件。但是当需要粉末具有严格的性能要求时，则可选用昂贵的制粉方法。表 4-4 为部分金属和合金粉末常用的制取方法。

表 4-4　部分金属和合金粉末常用的制取方法

金属或合金	推荐制取方法
铝	气雾化,空气雾化,研磨
铜	电解,水雾化,氧化物还原,硫酸盐沉淀
铜合金	水雾化,机械研磨
铁	氧化物还原,机械研磨,水雾化,离心雾化,气雾化
钢	气雾化,水雾化,蒸气雾化
镍	羰基法,电解,氧化物还原,水雾化,气雾化
精密合金	空气雾化,电解,混合还原
反应金属(钛、锆)	氧化物还原,离心雾化,化学沉积
高熔点金属(钒、钼、铼、钽、铪)	氧化物还原,化学沉积,离心雾化
特殊合金、超合金	气雾化,水雾化

4.1.2　粉末配制

采用上述粉末制备方法得到的粉末,在粉末冶金成形前,要对其进行预处理及配制。粉末预处理及配制包括退火、筛分、制粒等。其中,粉末的预先退火可使残留氧化物进一步还原、降低碳和其他杂质的含量,提高粉末的纯度,消除粉末的加工硬化等。用还原法、机械研磨法、电解法、雾化法以及羰基离解法所制得的粉末都要经退火处理。此外,为防止某些超细金属粉末的自燃,需要将其表面钝化,也要作退火处理。经过退火后的粉末,压制性得到改善,压坯的弹性后效相应减小。退火对粉末性能的影响见表 4-5。

表 4-5　不同条件下退火 1h 还原铁粉化学成分的变化

粉　末	退火条件		元素质量分数/%			
	温度/℃	气　氛	ω_{Fe}	ω_C	ω_{Mn}	ω_{Si}
原始粉末	—	—	97.7	0.06	0.30	0.40
退火粉末	800	H_2	98.9	0.03	0.30	0.40
退火粉末	800	$H_2+10\%HCl$	99.2	0.03	0.23	0.30
退火粉末	1 100	H_2	99.5	0.03	0.30	—
退火粉末	1 100	$H_2+10\%HCl$	99.6	0.02	0.10	0.25

退火一般用还原性气氛,有时也可用惰性气氛或者真空。要求清除杂质和氧化物,即进一步提高粉末化学纯度时,要采用还原性气氛(氢、离解氨、转化天然气或煤气)或者真空退火。为了消除粉末的加工硬化或者使细粉末粗化防止自燃时,可以用惰性气体作为退火气氛。退火气氛对粉末压制性能的影响见表 4-6。

表 4-6　退火气氛对粉末压制性能的影响

压坯压力/MPa	压坯的孔隙率(电解铁粉,750℃,2h)/%		
	H_2	HCl	真空
200	34.4	32.0	4
400	23.8	21.0	2.5
600	16.9	14.7	1.65
800	12.6	11.3	1.2
1 000	11.3	8.0	0.9

筛分是把颗粒大小不匀的原始粉末进行分级,使粉末能够按照粒度分成大小范围更窄的若干等级。通常用标准筛网制成的筛子或振动筛来进行粉末的筛分。制粒是将小颗粒的粉末

制成大颗粒或团粒的工序，常用来改善粉末的流动性。在硬质合金生产中，为了便于自动成形，使粉末能顺利充填模腔就必须先进行制粒。能承担制粒任务的设备有滚筒制粒机、圆盘制粒机和振动筛等。混合是将两种或两种以上不同成分的粉末均匀混合的过程。有时需将成分相同而粒度不同的粉末进行混合，称为合批。混合质量不仅影响成形过程和压坯质量，而且会严重影响烧结过程的进行和最终制品的质量。

混合有机械法和化学法两种方法。常用混料机有球磨机、V型混合器、锥形混合器、酒桶式混合器、螺旋混合器等。机械法混料又可分为干混和湿混。铁基等制品生产中广泛采用干混，制备硬质合金混合料则经常使用湿混。湿混时常用的液体介质为酒精、汽油、丙酮等。为了保证湿混过程能顺利进行，对湿混介质的要求是：不与物料发生化学反应，沸点低易挥发，无毒性，来源广泛，成本低等。湿混介质的加入量必须适当，否则不利于研磨和高效率的混合。化学法是将金属或化合物粉末与添加金属的盐溶液均匀混合，或者是各组元全部以某种盐的溶液形式混合，然后来制取如钨-铜-镍高密度合金、铁-镍磁性材料、银-钨触头合金等混合物原料。

粉末混合料中常常要添加一些能改善成形过程的物质，即润滑剂或成形剂，或者添加在烧结过程中能造成一定孔隙的造孔剂。这类物质在烧结时可挥发干净，例如可选用石蜡、合成橡胶、樟脑、塑料以及硬脂酸或硬脂酸盐等物质来作添加剂。

此外，生产粉末冶金过滤材料时，在提高制品强度的同时，为了保证制品有连通的孔隙，可加入充填剂。能起充填作用的物质有碳酸钠等，它们既可以防止形成闭孔隙，还会加剧扩散过程，从而提高制品的强度。充填剂常常以盐的水溶液方式加入。

4.1.3　粉末成形

粉末成形是将松散的粉体加工成具有一定尺寸、形状以及一定密度和强度的坯块。其主要目的是将粉末成形为所要求的形状；赋予坯体以精确的几何形状与尺寸，这时应考虑烧结时的尺寸变化；赋予坯体要求的孔隙度和孔隙类型；赋予坯体以适当的强度，以便搬运。

粉末成形方法可按照如下方法分类：

① 传统成形方法有模压成形、等静压成形、挤压成形、轧制成形、注浆成形和热压铸成形六种方法；

② 新成形方法有压滤成形、注射成形、流延成形、凝胶铸模成形和直接凝固成形等；

③ 按粉料成形状态分为三大类，即压力成形、增塑成形和料浆成形。

下面以封闭钢模冷压成形为例，介绍粉末成形方法。封闭钢模冷压成形是指在常温下，粉料在封闭的钢模中，以规定的单位压力，将粉料制成压坯的方法。这种成形过程通常由称粉、装粉、压制、保压及脱模等工序组成。

（1）称粉与装粉

称粉是指称量形成一个压坯所需粉料的质量或容积。采用非自动压模和小批量生产时，多用质量法；大量生产和自动化压制成形时，一般用容积法。

装粉方式有三种，如图4-6所示。落入法［见图4-6(a)］是送粉器移送到阴模和芯棒形成的型腔上，粉末自由落入型腔中；吸入法［见图4-6(b)］是下模冲位于顶出压坯的位置，送粉器被移送到型腔上，下模冲下降（或阴模和芯棒升起）复位时，粉料被吸入型腔中；多余充填法［见图4-6(c)］是芯棒下降到下模冲的位置，粉末落入阴模型腔内，然后芯棒升起，将多余的粉末顶出，并被送粉器刮回，此法适用于薄壁深腔的压模。

（2）压制

压制是按照一定比压，将装在型腔中的松装粉料，成形成一定强度、密度、形状和尺寸的压坯。压制成形的方法有很多，钢模压制、流体等静压压制、三向压制、粉末锻造、挤

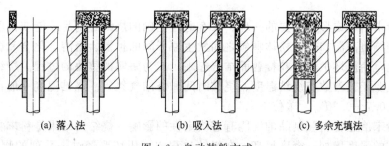

图 4-6 自动装粉方式

(a) 落入法　　　　(b) 吸入法　　　　(c) 多余充填法

压、振动压制和高能率成形等。其中，钢模压制应用最多且非常广泛，图 4-7 为钢模双向压制示意图。

另外，流体等静压压制、三向压制也得到了较广泛的应用。流体等静压压制是利用高压流体（液或气体）同时从各个方向对粉末材料施加压力成形的方法，如图 4-8 所示。三向压制综合了单向钢模压制与等静压压制的特点，所得到的压坯密度和强度均超过其他方法得到的压坯，适用于成形形状规则的零件，如圆柱形、正方形、长方形等，如图 4-9 所示。

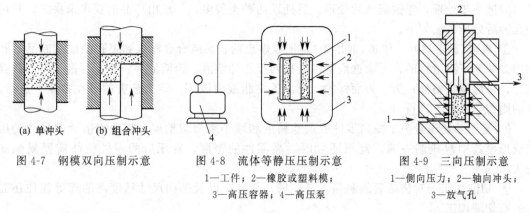

(a) 单冲头　　(b) 组合冲头

图 4-7　钢模双向压制示意

图 4-8　流体等静压压制示意
1—工件；2—橡胶或塑料模；
3—高压容器；4—高压泵

图 4-9　三向压制示意
1—侧向压力；2—轴向冲头；
3—放气孔

压坯的质量主要由密度、强度和精度来衡量。一般来说，压坯密度随压制力、粉末的粒度、松装密度的增大而增大。压坯的密度和强度对烧结产品的质量有直接影响，密度越大，强度越高，烧结产品的质量越好。

（3）保压和脱模

保压是在压制时，使压坯维持在固定压力，保持一段时间的工序。保压有利于提高压坯的密度和得到密度均匀的压坯。脱模是压坯从模具型腔中脱出，是粉末成形工艺中重要的一步。压制时由于侧压力的存在，使阴模向外胀变形，而压坯是在已胀大了的阴模型腔中成形的。当卸压后，侧压力消失，阴模弹性恢复，向内收缩，压迫已成形的压坯，压坯产生抗压应力，迫使阴模收缩不到原位（指未压制时），而在某一位置达到阴模收缩力与压坯抗压应力之间的平衡，这个卸压后引起的力，叫做剩余侧压力。这个力的存在使压坯与模壁间产生很大的摩擦阻力，脱模力必须大于这个摩擦阻力，才能使压坯脱出型腔。

压坯从模腔中脱出后，剩余侧压力消失，阴模收缩到原位，压坯弹性恢复而胀大，这种胀大现象，叫做回弹或弹性后效。此值与模具尺寸计算有直接的关系。这种回弹可用回弹率来表示，即线性相对伸长的百分率。普通还原铁粉的压坯，其沿压制方向的回弹率约 0.6% 左右，垂直于压制方向约 0.2% 左右。

4.1.4 烧结

烧结是粉末冶金成形中重要的一环。只有通过正确的烧结，制品才能获得所需的力学和物理性能。烧结是高温加热使粉体颗粒之间发生原子间的扩散、固溶、化合和熔接，致使压坯收缩并强化，使压坯中的粉粒接触面结合起来，成为坚实的整块的过程。烧结一般在烧结炉中进行，主要工艺参数有烧结温度、烧结时间和烧结气氛等。烧结温度一般在基体金属熔点以下温度（$0.7\sim0.8T_{熔}$，单位 K）。

烧结对粉末冶金材料和制品的性能有着决定性的影响。烧结的结果是粉末颗粒之间发生黏结，烧结体的强度增加，密度提高。在烧结过程中，压坯要经过一系列的物理化学变化。开始是水分或有机物的蒸发或挥发，吸附气体的排除，应力的消除，粉末颗粒表面氧化物的还原；然后是原子间发生扩散，黏性流动和塑性流动，颗粒间的接触面增大，发生再结晶和晶粒长大等。出现液相时，还可能有固相的溶解和重结晶。这些过程彼此之间并无明显的界限，而是穿插进行，互相重叠，互相影响。加之一些其他烧结条件，使整个烧结过程变得很复杂。用粉末烧结的方法可以制得各种纯金属、合金、化合物以及复合材料。

4.1.5 烧结后处理

对一些要求较高的粉末冶金制品，烧结后还需进行其他的处理与加工。金属粉末压坯烧结后的进一步处理，叫做烧结后处理。后处理的种类很多，一般由产品的要求来决定。常用的几种后处理方法如下。

① 渗透（或熔渗） 渗透（或熔渗）是把低熔点的金属或合金渗入到多孔的烧结制品的孔隙中。如为了润滑目的，可渗透润滑油、聚四氟乙烯溶液、铅溶液等；为了提高强度和防腐能力，可熔渗铜溶液；为了表面保护，可渗透树脂或清漆等。该工艺有的可在常压下进行，有的则需在真空下进行。

② 复压 复压是为了提高零件的尺寸精度和减小表面粗糙度，将粉末冶金制品放到压制成形模具中再压制一遍。复压还可以提高零件的密度，复压后的零件往往需要复烧或退火。

③ 切削加工 对烧结后的制品，其横槽、横孔，以及轴向尺寸精度高的面等往往还需要进行切削加工。

④ 热处理 对烧结后的制品进行热处理，可提高铁基制品的强度和硬度。由于孔隙的存在，对于孔隙度大于 10% 的制品，不得采用液体渗碳或盐浴炉加热，以防盐液浸入孔隙中，造成内腐蚀。另外，低密度零件气体渗碳时，容易渗透到中心。对于孔隙度小于 10% 的制品，可用与一般钢一样的热处理方法，如整体淬火、渗碳淬火、碳氮共渗淬火等。为了防止堵塞孔隙可能引起的不利影响，可采用硫化处理封闭孔隙。淬火最好用油作为介质，高密度制品若为了冷却速度的需要，亦可用水作为淬火介质。

⑤ 表面保护处理 用于仪表、军工及有防腐要求的粉末冶金制品往往还需要进行表面保护处理。粉末冶金制品由于存在孔隙，这给表面防护带来困难。目前，可采用的表面保护处理有蒸气发蓝处理，浸油，浸硫并退火，浸清漆，渗锌，浸高软化点石蜡或硬脂酸锌后电镀（铜、镍、铬、锌等）、磷化、阳极化处理等。

4.1.6 粉末成形产品及应用

在汽车、飞机、工程机械、仪器仪表、航空航天、军工、核能和计算机等各工业中，都需要诸多特殊性能的材料工作于特殊的环境，粉末成形产品在很大程度上促进与解决了这些任务。

4.1.6.1 粉末冶金工具材料

粉末冶金工具材料主要包括粉末高速钢、硬质合金和超硬材料等。

（1）粉末高速钢

高速工具钢由于具有优良的力学性能和耐磨性，广泛用来制作切削工具、成形工具和耐磨零件等。但是，用传统的铸锻方法生产的高速钢会产生偏析，从而形成化学成分不均匀、且晶粒粗大不匀的显微组织，降低了高速钢的韧性，影响了其使用性能。粉末高速钢由于其生产方法上的特点，可以使其具有细的晶粒结构，不存在碳化物聚集，将偏析降到了最低程度，因而提高了工具的寿命。

全致密工艺可以制造出相对密度接近 100％的高速工具钢零部件，避免因含少量孔隙（即使是 1％～2％）造成材料的淬硬性、伸长率、冲击韧度极大地降低。此外，这种工艺生产的零部件无需机械加工，从而可以减少材料的切屑，节约原材料。

粉末冶金高速钢可用于制作铣刀铣削耐热高合金钢、奥氏体不锈钢，制作铰刀、丝锥和钻头等孔加工刃具，制作拉刀拉削渗碳钢、高温合金等难切削材料。还可用于制作齿轮滚刀，冲裁模具的冲头和凹模，冷镦、成形、压制和挤压模，以及滚丝模。此外，还可以用作冲孔工具材料等。

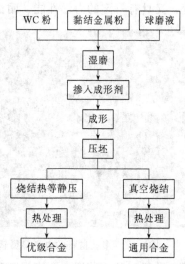

图 4-10　M015 硬质合金生产工艺流程

（2）硬质合金

硬质合金是将一些难熔的金属碳化物和金属黏结剂粉末混合、压制成形，并经烧结而成的一类粉末压制制品。硬质合金由硬质基体和黏结金属两部分组成。硬质基体保证合金具有高的硬度和耐磨性，采用难熔金属化合物，主要是碳化钨和碳化钛，其次是碳化钽、碳化铌和碳化钒。黏结金属赋予合金一定的强度和韧性，采用铁族金属及其合金，以钴为主。

硬质合金的品种很多，其制造工艺也有所不同，但基本工序大同小异，模具用 M015 硬质合金的生产工艺流程如图 4-10 所示。

硬质合金是一种优良的工具材料，主要用于切削工具、金属成形工具、矿山工具、表面耐磨材料以及高刚性结构部件。硬质合金的种类、性能及用途见表 4-7。

表 4-7　硬质合金的种类、性能及用途

种　　类		性能及用途
含钨硬质合金	WC-Co 系	可用于加工铸铁等脆性材料或作为耐磨零部件和工具使用
	WC-TiC-Co 系 WC-TiC-TaC(NbC)-Co 系 WC-TaC(NbC)-Co 系	可用于加工产生连续切屑的韧性材料
钢结硬质合金		以钢为黏结剂，碳化钛为硬质相。主要用作冷冲模、切削工具和耐热模具等
涂层硬质合金		在硬质合金基体上沉积碳化钛，表面硬度高。适合于高速连续切削，工件表面质量好
细晶粒硬质合金		高强度、高韧度和高耐磨性。用于加工高强度钢、耐热合金和不锈钢的切断刀、小直径的端铣刀、小绞刀、麻花钻头、微型钻头以及打印针和精密模具
TiC 基硬质合金		硬度 HRA91～92，抗弯强度可达 1 930～1 650MPa。可用于合金粗加工的高速切削
碳化铬基硬质合金（CrC-Ni）		常温及高温硬度高，耐磨性好，抗氧化性及耐腐蚀性能高。可作切削钛及钛合金的工具材料

4.1.6.2　粉末冶金多孔材料

采用粉末冶金方法制成的、孔隙度通常大于15％的金属材料称为粉末冶金多孔材料。粉末冶金多孔材料可用于过滤器、热交换器、触媒以及一些灭火装置等。该类材料具有优良、稳定的渗透性能，过滤精度高，具有足够的强度和塑性，有耐高温、抗热震等一系列优良性能。它可在高温或低温下工作，寿命长，制造简单。而普通滤纸、滤布的强度低，过滤速度慢，不能在高温下使用，并且难以再生，还易变形和难保证过滤精度。塑料多孔材料虽由球形颗粒制造，过滤性能好，但强度低，使用温度一般不超过100℃。陶瓷或玻璃多孔材料的塑性、可加工性和耐急冷急热性能差，因而应用有限。各种纺织用金属材料丝网孔易变形，影响过滤精度。粉末冶金多孔材料正好弥补了上述材料的不足，它们既具有较高的孔隙度，又具有一定的力学性能、耐蚀性和高温强度，因而得到了较快的发展与应用。

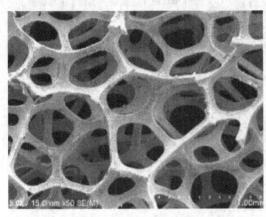

图4-11　多孔材料的电子显微镜照片

粉末冶金多孔材料因其高的孔隙度而有很大的孔隙内表面，决定了它具有许多特殊的物理化学性能和作用，例如物质的贮存作用，过滤和分离作用，热交换作用，吸附、催化作用，电极化作用以及不良的传导作用等，因而应用相当广泛。在现代技术中，多孔材料愈益发挥其重要作用，有两方面的主要用途。①作过滤器用，利用其多孔的过滤分离作用净化液体和气体。例如用来净化飞机和汽车上的燃料油和空气；化学工业上各种液体和气体的过滤；原子能工业上排出气体中放射性微粒的过滤等。②利用其孔隙的作用，制造多孔电极、灭火装置、防冻装置、耐高温喷嘴等。多孔电极主要在电化学方面应用。灭火装置是利用其抗流作用而防止爆炸，如气焊用的火焰防爆器等。防冻装置是利用其多孔可通入预热空气或特殊液体，用来防止机翼和尾翼结冰。耐高温喷嘴则是利用表面发汗而使热表面冷却的原理，被称为发汗材料。图4-11为多孔材料的电子显微镜照片。

粉末冶金多孔材料使用的原料有各种纯金属、合金、难熔化合物等的球形和非球形粉末，以及金属纤维。常用的有铁、铜、青铜、黄铜、镍、钨、钛、不锈钢、镍-铜、碳化钨等粉末，以及不锈钢、镍-铬合金等纤维。制造粉末冶金过滤器大多用球形粉末或近球形粉末。

粉末冶金多孔材料的生产工艺有两种：一种是模压或等静压压制成形后烧结；另一种是松装烧结成形和注浆成形。前者主要用来生产青铜过滤器。多孔材料的主要性能指标是孔隙度、透过性、抗蚀性、电化学性能和力学性能等。

4.1.6.3　粉末冶金贮氢材料

贮氢材料是在一定温度和氢气压强下能迅速吸氢，适当加温或减小氢气压强时又能放氢的材料。多为易与氢起作用的某些过渡族金属、合金或金属间化合物。由于这些金属材料具有特殊的晶体结构，使得氢原子容易进入其晶格的间隙中并与其形成金属氢化物。其贮氢量可达金属本身体积的1 000～1 300倍。氢与这些金属的结合力很弱，一旦加热和改变氢气压强，氢即从金属中释放出来。通常，贮氢材料的贮氢密度很大，甚至高于液态氢密度。贮氢材料用途广泛，除用于氢的存贮、运输、分离、净化和回收外，还可用于制作氢化物热泵；以贮氢合金制造的镍氢电池具有容量大、无毒安全和使用寿命长等优点；利用贮氢合金可制成海水淡化装置和用于空间的超低温制冷设备等。

目前研究的贮氢材料有：①以镧-镍为代表的稀土系；②以钛-铁为代表的钛系；③以镁-镍为代表的镁系材料。其中镧-镍为代表的贮氢材料是主要研究方向。部分金属氢化物的贮氢能力见表 4-8。

表 4-8　部分金属氢化物的贮氢能力和密度

储存介质	氢储存能力		能量密度		释氢条件
	按质量 /%	按容量 /g・cm^{-3}	按质量 /4.18J・g^{-1}	按容积 /4.18J・g^{-1}	
镁镍氢化物 Mg$_2$NiH$_4$	3.16	0.081	1 071	2 745	250~300℃
钛铁氢化物 TiFeH$_{1.96}$	1.75	0.096	593	3 254	100℃以下
镧镍氢化物 LaNi$_5$H$_6$	1.37	0.089	464	3 017	100℃以下
液态氢	100	0.070	33 900	2 373	常温
气态氢	100	0.008	33 900	271	常温

贮氢合金具备以下特性：①大的贮氢比容；②合适的应力特性；③容易激活；④氢气能快速被吸收和释放；⑤良好的抗毒化性能，具有长的循环寿命；⑥资源丰富而价廉。

由于贮氢材料在氢的吸收-释放过程中伴随着体积的变化，所以会出现如下一些现象：①经过几次吸收-释放循环后，材料会发生碎化，形成非常细的粉末，增加了气体的流动阻力；②氢化物的膨胀易引起容器壁的开裂；③在热泵和化学压缩机的应用中，由于金属氢化物碎成非常微细的粉末导致导热性差，降低贮氢材料的热量对流和每单位氢化物吸附速率以及能量输出。这些现象限制了金属氢化物在工业上的应用的进一步扩大。而用粉末冶金方法制成块状的贮氢合金多孔体可以解决这些问题。一般用真空烧结方法来制取贮氢材料。

4.2　粉末冶金制品的结构工艺性

用粉末冶金法制造机器零件时，除必须满足机械的设计要求外，还应考虑压坯形状是否适于压制成形，以便高效、高质量地制作出符合使用要求的粉末冶金制品。对于用户提出的粉末冶金制品零件的形状，有些可不经修改就可以适应压制工艺。但在有些情况下，制品按照液态成形或切削加工成形并不困难，而改用粉末冶金压制工艺后却不能满足成形要求时，则需要对粉末冶金制品的形状结构进行适当改动，改动后若不能达到使用要求，因此，需要对压坯形状进行设计，再在烧结之后进行机械加工，得到所需形状的粉末冶金制品。例如，轴套可以采用封闭的钢模冷压法生产，但它的油槽应采用切削加工完成，故压坯应设计为没有油槽的套筒。

(1) 避免模具出现脆弱的尖角

压模工作时要承受较高的压力，且各个零件都具有很高的硬度，如其中有不坚固的零件时，极易折断。出现这种现象的主要原因是压坯形状不合理。所以，采用压制方法生产粉末冶金制品时，为了顺利压制成形，应避免模具端面出现脆弱的尖角，以提高模具的寿命，其总结见表 4-9。

(2) 避免模具和压坯出现局部薄壁

在粉末压制时，粉末几乎不发生横向流动。为了保证压坯密度均匀，必须使粉末均匀充填模腔。尤其是压制薄壁压坯和截面有变化的压坯时，粉末能够均匀填充模腔非常重要。由于薄壁部位粉末难以均匀填充，易造成压坯密度不均、掉角、变形和开裂。所以压坯设计时，壁厚应不小于1.5mm，见表4-10。

表 4-9　避免模具出现脆弱尖角

修改事项	原设计形状	推荐形状	修改原因
倒角 $C\times 45°$ 处加一平台，宽度为 0.1～0.2mm	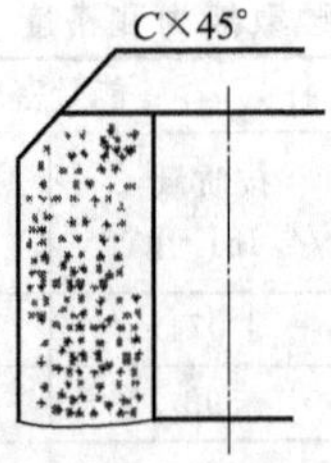	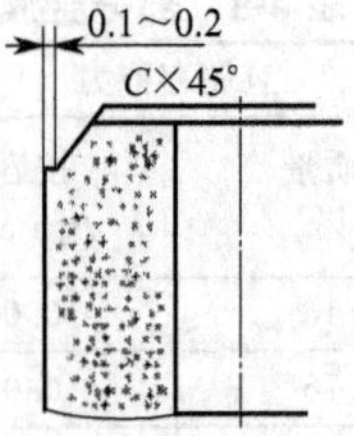	避免上、下模冲出现脆弱的尖角
圆角 R 处加一平台，宽度为 0.1～0.2mm	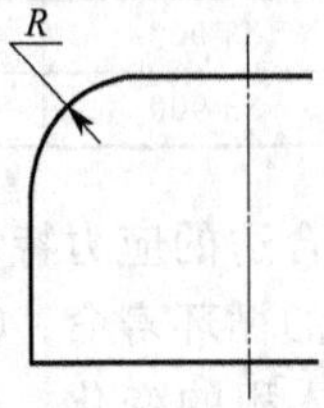	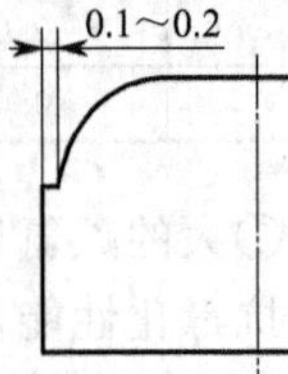	
尖角改为圆角，$R\geqslant 0.5$mm	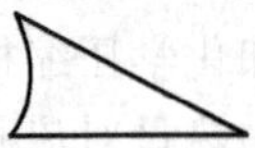	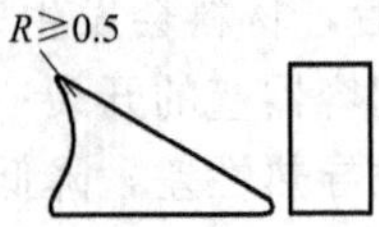	避免压坯出现薄弱尖边，并增强阴模和模冲
尖角改为圆角，$R\geqslant 0.5$mm	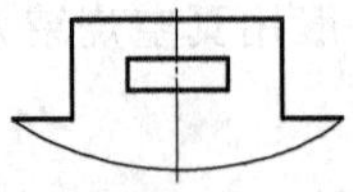	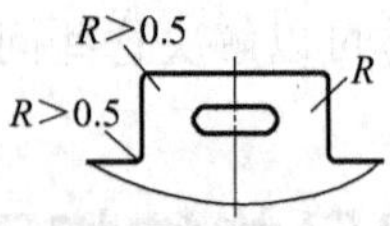	减轻模具应力集中，并利于粉末移动，减少裂纹
尖角改倒角 $C\times 45°$（或圆角，$R\geqslant 0.5$mm），$C=1～3$mm	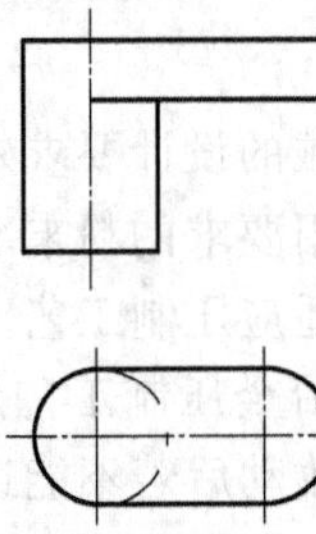	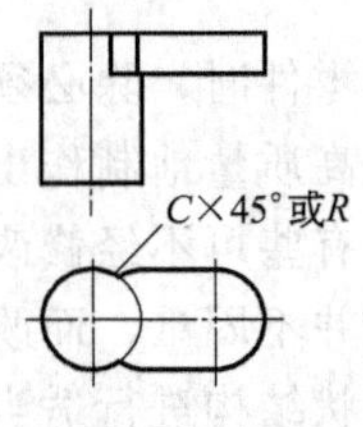	避免组合模冲出现脆弱的尖角
避免相切	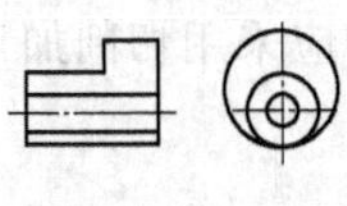	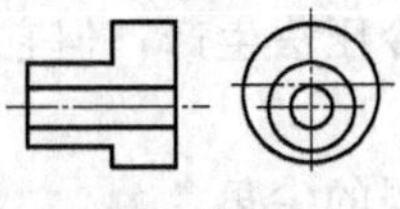	利用模冲加工和提高其强度

表 4-10　避免模具和压坯出现局部薄壁

修改事项	原设计形状	推荐形状	修改原因
增大最小壁厚	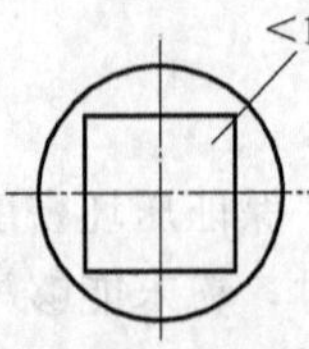	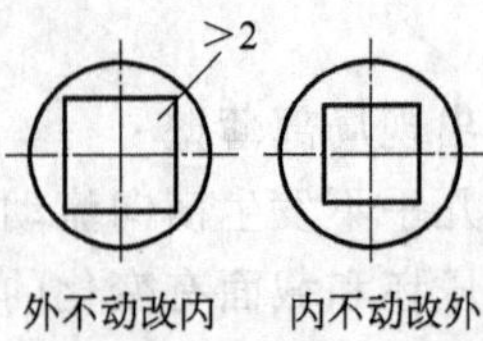 外不动改内　内不动改外	利于装粉和压坯密度均匀，增强模冲及压坯

续表

修改事项	原设计形状	推荐形状	修改原因
避免局部薄壁	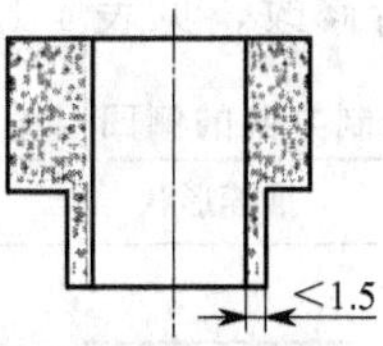 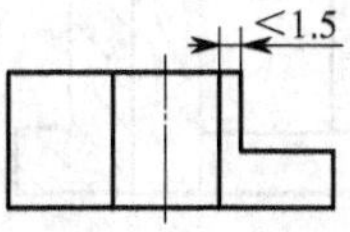 　<1.5	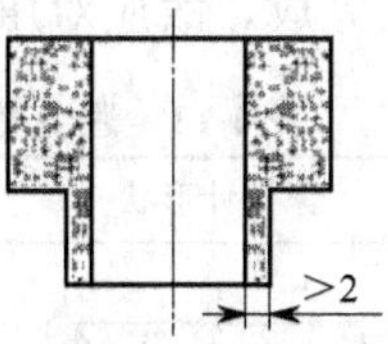 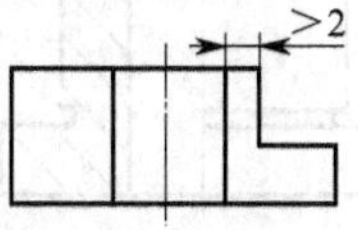 　>2	利于装粉均匀,增强压坯,烧结收缩均匀
	<1.5	>2	
增厚薄板处	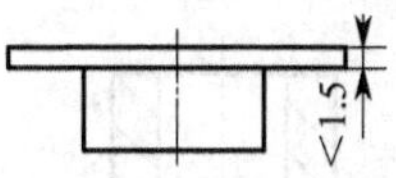 　<1.5	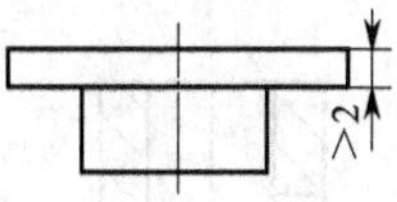 　>2	利于压坯密度均匀,减小烧结变形

（3）锥面和斜面需有一小段平直带

如表 4-11 所示，按原压坯设计形状压制时模具极易损坏，修改后的压坯形状一方面可以避免损坏模具，另一方面，可以避免在模冲和阴模之间陷入粉末。

表 4-11　锥面和斜面需有一小段平直带

修改事项	原设计形状	推荐形状	修改原因
在斜面的一端加 0.5mm 的平直带	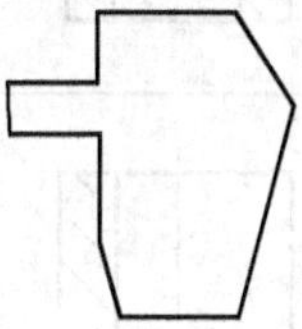	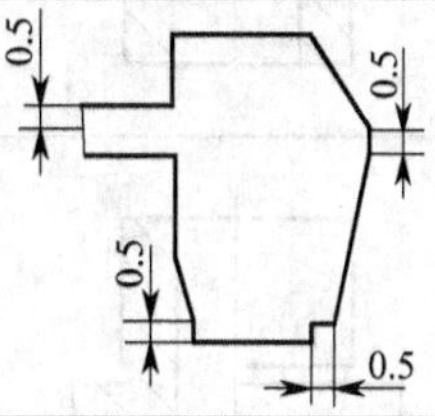	压制时避免模具损坏

（4）需要有脱模锥角或圆角

为了简化模具结构，利于脱模，与压制方向相同的内孔、外凸台等都要有一定的斜度，以便于脱模，见表 4-12。

表 4-12　需要有脱模锥角或圆角

修改事项	原设计形状	推荐形状	修改原因
圆柱改为圆锥,斜角>5°,或改为圆角,R=H	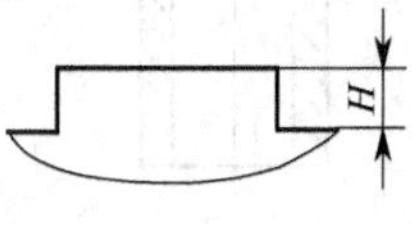	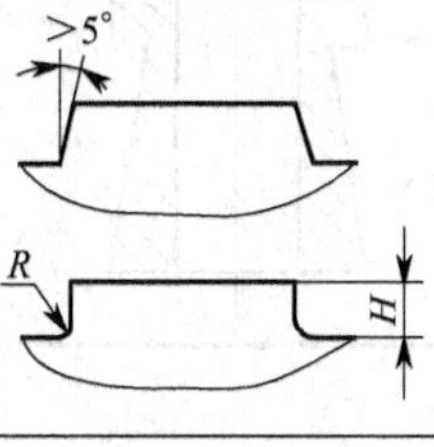	简化模冲结构
把与压制方向平行的内孔做成一定的锥度	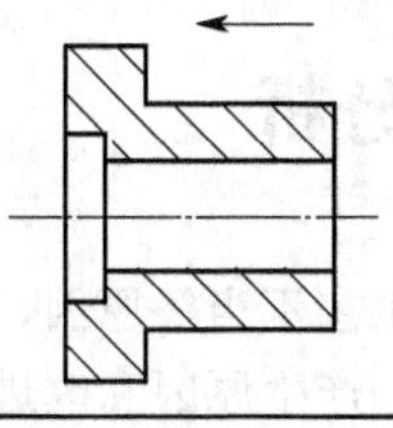	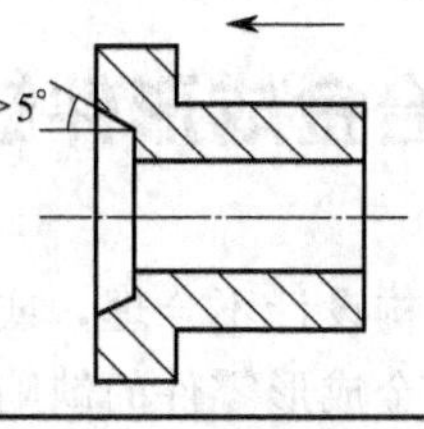	简化模冲结构,便于脱模

（5）避免垂直于压制方向的侧凹

制品中的平行于压制方向的侧凹如：径向的孔、槽、螺纹和倒圆锥等，一般是不能压制的，需要在烧结后切削加工完成，故应对压坯进行修改，见表4-13。

表 4-13　避免垂直于压制方向的侧凹

修改事项	原设计形状	推荐形状	修改原因
径向的槽（侧凹）	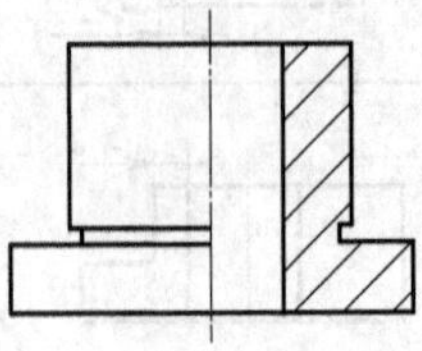	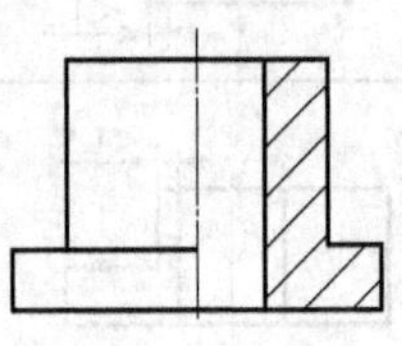	把侧凹填补起来,利于成形
垂直于压制方向的孔	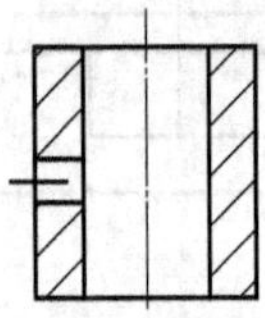	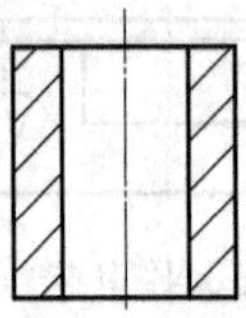	把侧凹填补起来,利于成形
油槽	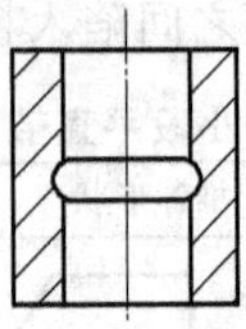	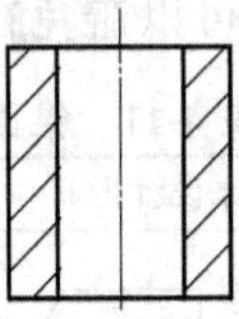	把侧凹填补起来,利于成形
退刀槽	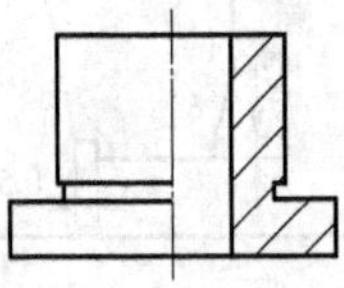	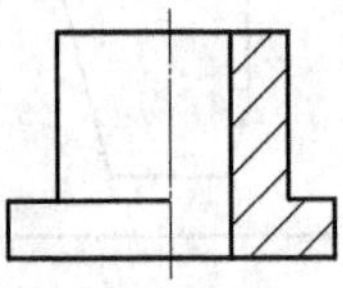	把侧凹填补起来,利于成形
螺纹	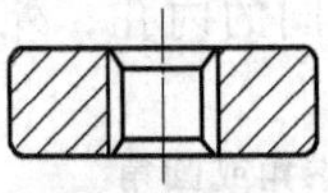	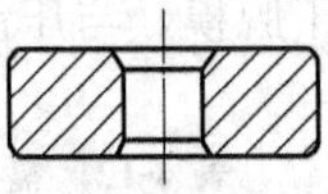	把侧凹填补起来,利于成形
倒锥	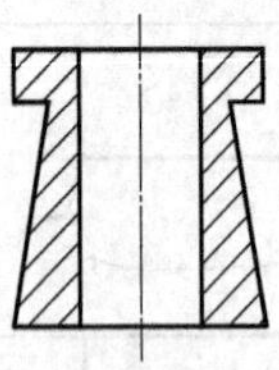	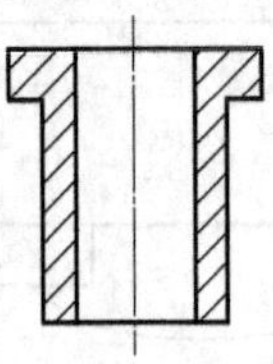	把侧凹填补起来,利于成形

4.3　常见粉末冶金成形件缺陷分析

由于粉末冶金制品结构设计不合理，或成形工艺不当等原因，会导致成形件产生各种各样的缺陷，常见的粉末冶金成形零件的缺陷形式、产生原因和改进措施见表4-14。

表 4-14　成形件的缺陷分析

缺陷形式		简　图	产生原因	改进措施
局部密度超差	中间密度过低	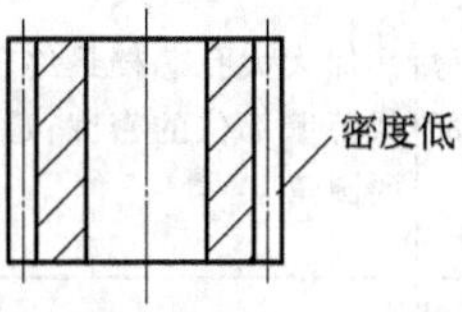 密度低	侧面积过大;模壁粗糙;模壁润滑差;粉料压制性差	改用双向摩擦压制;减小模壁粗糙度;在模壁上或粉料中加润滑剂
	一端密度过低	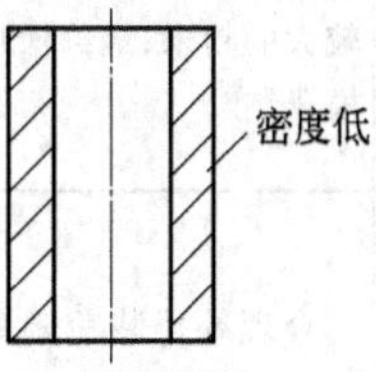 密度低	长细比或长厚比过大;模壁粗糙;模壁润滑差;粉料压制性差	改用双向压;减小模壁粗糙度;在模壁上或粉料中加润滑剂
	密度高或低	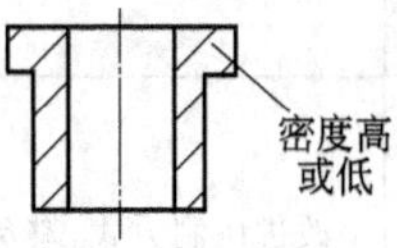 密度高或低	补偿装粉不恰当	调节补偿装粉量
	薄壁处密度低	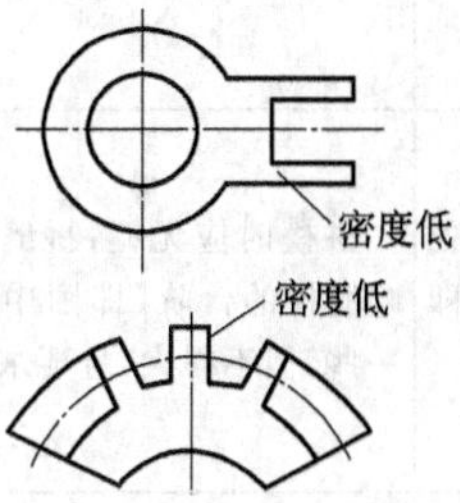 密度低　密度低	局部长厚比过大,单向压不适用	采用双向压制;减小模壁粗糙度;模壁局部加添加剂
裂纹	拐角处裂纹	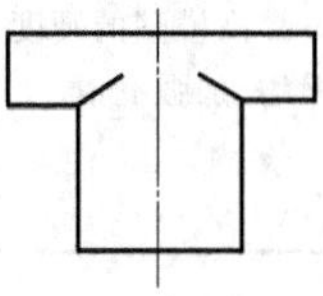	补偿装粉不恰当;粉料压制性能差;脱模方式不对	调整补偿装粉;改善粉料压制性;采用正确脱模方式;带外台产品,应带压套,用压套先脱凸缘
	侧面龟裂	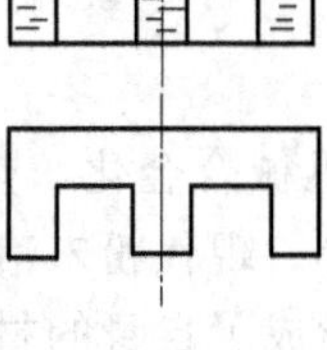	阴模内孔沿脱模方向尺寸变小,如加工中的倒锥,成形部位已严重磨损,出口处有毛刺;粉料中石墨粉偏析分层;压制机上下台面不平,或模具垂直度和平行度超差;粉末压制性差	阴模沿脱模方向加工出脱模锥度;粉料中加些润滑油,避免石墨偏析;改善压机和模具的平直度;改善粉料压制性能
	对角裂纹	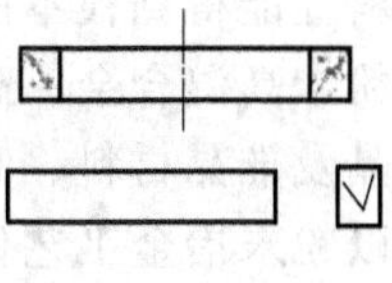	模具刚性差;压制压力过大;粉料压制性能差	增大阴模壁厚,改用圆形模套;改善粉料压制性;降低压制压力(达相同密度)

缺陷形式		简　图	产生原因	改进措施
皱纹（即轻度重皮）	内台拐角皱纹	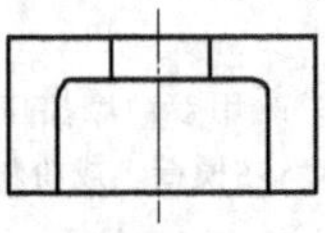	大孔芯棒过早压下，端台先已成形，薄壁套继续压制时，粉末流动冲破已成形部位，又重新成形，多次反复则出现皱纹	加大大孔芯棒最终压下量，适当降低薄壁部位的密度；适当减小拐角处的圆角
	外球面皱纹	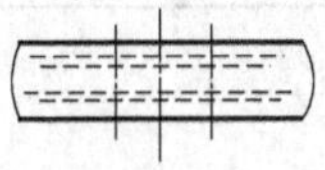	压制过程中，已成形的球面，不断地被流动粉末冲破，又不断重新成形的结果	适当降低压坯密度；采用松装密度较大的粉末；最终滚压消除；改用弹性模压制
	过压皱纹	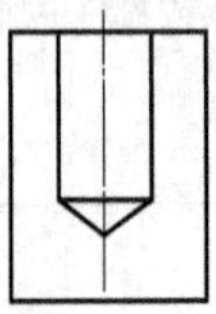	局部单位压力过大，已成形处表面被压碎，失去塑性，进一步压制时不能重新成形	合理补偿装粉避免局部过压；改善粉末压制性能
缺角掉边	掉棱角	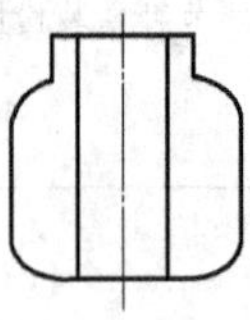	密度不均，局部密度过低；脱模不当，如脱模时不平直，模具结构不合理，或脱模时有弹跳；存放搬动碰伤	改进压制方式，避免局部密度过低；改善脱模条件；操作时细心
	侧面局部剥落	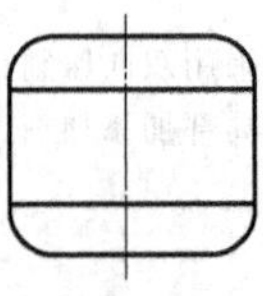	镶拼阴模接缝处离缝；镶拼阴模接缝处倒台阶，压坯脱模时必然局部有剥落（即球径大于柱径，或球与柱不同心）	拼模时应无缝；拼缝处只许有不影响脱模的台阶（即图中球部直径可小一些，但不得大，且要求球与柱同心）
表面划伤		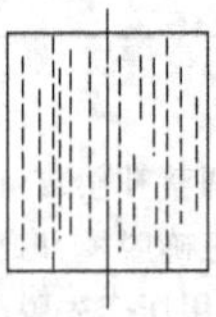	模腔表面粗糙度大，或硬度低；模壁产生模瘤；模腔表面局部被啃或划伤	提高模壁的硬度、减小粗糙度；消除模瘤，加强润滑

4.4　粉末冶金新工艺、新技术简介

　　粉末冶金新工艺有超微粉或纳米粉制备、快速冷凝技术、机械合金化、热等静压烧结、粉末注射成形、涂层技术、电火花烧结、激光烧结、微波烧结等。现代粉末冶金不仅是一种材料制造技术，而且其本身包含着材料的加工和处理，并逐渐形成了自身的材料制备工艺理论和材料性能理论。

　　粉末冶金新工艺、新技术的应用不但使传统的粉末冶金材料性能得到根本的改善，而且使得一批高性能和具有特殊性能的新一代材料相继产生，例如粉末高温合金、高性能难熔金属及合金、超硬材料、粉末微晶材料和纳米材料、快速冷凝非晶及准晶材料、高性能永磁材料、高性能摩擦材料、固体自润滑材料等，这些新材料都需要以粉末冶金工艺作为其主要的或唯一的制造手段。现代粉末冶金技术已发展成为制取各种高性能结构材料、特种功能材料的有效途径。

4.4.1　机械合金化制粉技术

目前，机械合金化方法已成功地应用于制备纳米级合金粉末，是一种采用机械能的方法使粉末材料在固态下实现合金化的技术手段。目前应用比较广泛的机械合金化设备是行星式球磨机和高能球磨机。机械合金化最早是由美国国际镍公司的 Benjamin 等人于 20 世纪 60 年代末期开发的，当时主要用于制备同时具有沉淀硬化和氧化物弥散硬化效应的镍基和铁基超合金。后来人们发现，通过机械合金化的方法可以制备亚稳态结构的微细粉末，如非晶、准晶、纳米晶粉末等，为粉末冶金开拓了新的技术领域。

机械合金化的基本原理是：将两种或两种以上的金属或金属与非金属粉末混合，装入有适量磨球（淬火钢或碳化钨球等）的高能球磨罐内，并进行密封；球磨机运转时，磨球高速旋转、碰撞，粉末在球磨介质的冲撞下，反复的被挤压、冷焊和粉碎；在此过程中，原子间相互扩散或进行固态反应，最终得到弥散分布的精细合金粉末，实现了固态下的合金化。

机械合金化是一种在固态下实现物质合金化的技术手段，不需要经过传统工艺中的熔炼过程，因而不受物质的蒸气压、熔点等物理因素的制约，可以实现过去用传统熔炼工艺难以实现的某些物质的合金化，如难熔的高温合金、硬质合金、过饱和固溶体等。此外，通过控制工艺参数还可以制备准晶、非晶、纳米晶等超微细非平衡态粉末，是开发高性能新材料的重要技术手段。美国、德国、日本等发达国家纷纷投入大量的人力、物力和财力，做了大量的研究工作，取得了显著的成果，并已经实现工业化生产。

4.4.2　粉末注射成形工艺

金属粉末注射成形技术（MIM）始于 20 世纪 70 年代末，是一种能够制备出复杂精密零件的近净形成形技术，目前被誉为"国际最热门的金属零部件成形技术"之一。MIM 的特点是结合了粉末冶金和塑料注射成形技术，与传统粉末冶金法相比能够利用更微细的金属粉末，因而能得到更高烧结密度的高精密材料，突破了传统金属粉末模压成形工艺在产品形状上的限制，产品性能也大为提高。MIM 的主要工艺流程为：将金属微细粉末与树脂或石蜡（黏结剂）等混合作原料——注射成形——脱除黏结剂（简称脱脂）——烧结后得到具有良好力学性能的零件。

MIM 工艺的优点是：①能够直接形成几何形状复杂的零部件，是一种近净成形工艺；②产品尺寸精度高，表面光洁；③产品内部致密性好，密度高，可达金属本体的 95％～99％；④内部组织均匀，对合金来讲，无成分偏析现象；⑤生产效率高，在大批量生产情况下，生产成本大幅降低；⑥材质适用范围广，可用于金属、陶瓷、硬质合金等多种材料。

粉末注射成形适用的材料主要有：Fe 合金、Fe-Ni 合金、不锈钢、W 合金、Ti 合金、Si-Fe 合金、硬质合金、永磁合金等。

粉末注射成形技术的应用于：①计算机及其辅助设施，如打印机零件、磁头、磁芯；②工具，如钻头、刀头、螺旋铣刀、电工工具、手工工具等；③家用器具，如表壳、表链、照相机用零件等；④医疗机械零件，如牙矫形架、剪刀、镊子等；⑤军用零件，如导弹尾翼、枪支零件、弹头等；⑥电气零件，如微型马达、电子零件、传感器等；⑦机械零件，如纺织机零件等；⑧汽车船舶用零件，如离合器内环、气门导管等。

几种典型的粉末注射成形材料的基本性能见表 4-15。

4.4.3　纳米金属粉末材料

纳米粉末一般指颗粒尺寸在 $0.1\mu m$ 以下的粉末。按颗粒尺寸的大小，它又分为 3 个等级，粒径处于 10～100nm 范围的称大纳米粉末，处于 2～10nm 范围的称中纳米粉末，小于2nm 的称小纳米粉末。小纳米粉末也称为原子簇，极难制备和捕集，目前仅供物性研究之用，所以，所谓的纳米材料一般是指大、中纳米粉末材料。纳米粉末的一个显著特点是比表面积很大，这就使粉末的性质不同于一般固体，表现出明显的表面效应。

表 4-15　几种典型的粉末注射成形材料的基本性能

材　料		密度 /g·cm⁻³	硬度	抗拉强度 /MPa	抗弯强度 /MPa	伸长率 /%	矫顽力 /Oe
铁基 合金	98Fe₂Ni	7.41	87HRB	552	—	5.5	—
	98Fe₈Ni	7.50	88HRB	560	—	8	—
	95.5Fe₈NiCu0.5Mo	7.40	99HRB	682	—	3.3	—
不锈 钢	304	7.42	42HRB	520	—	20	—
	316	7.60	42HRB	520	—	20	—
硬质 合金	YG6	14.60			1 460	—	173
	YG8	14.40			1 680	—	124
	YT15	10.45			1 140		117
钨合金	93%W	17.90	320HV30	920	—	6	—
	96%W	18.30	310HV30	990	—	10	—
	97%W	18.50	350HV30	8 820	—	6	—
	Si₃N₄Y₂O₃Al₂O₃	95.2	—	—	—	—	—

（1）纳米金属粉末的特性

纳米金属粉末的特性如下：

① 外观呈黑色，可完全吸收电磁波，是物理学上的理想黑体；

② 在极低温度下几乎无热阻，是极好的导热体；

③ 熔点显著低于块状材料，烧结温度可大为降低；

④ 表面活性很强，容易进行各种活化反应；

⑤导电性能好，超导转变温度较高；

⑥ 铁磁性金属的纳米粉末具有很强的磁性，其矫顽力很高。

纳米金属材料与一般金属材料的各种性质比较见表 4-16。

表 4-16　纳米金属材料与一般金属材料的各种性质比较

性　质	金属类别	纳米材料	一般材料
比热容(295K)/J·(g·K)⁻¹	Pd	0.37	0.24
热膨胀系数/×10⁻⁶K⁻¹	Cu	31	16
密度/g·cm⁻³	Fe	6.7	7.9
杨氏模量/GPa	Pd	88	123
剪切模量/GPa	Pd	32	43
扩散激活熔/eV	Cu	0.64	2.04
饱和磁化强度(4K)/×10³A·m²·g⁻¹	Fe	130	222
磁化率(4K)/×10⁻⁶emu·(Oe·g)⁻¹	Sb	20	−1
超导临界温度/K	Al	3.2	1.2

（2）纳米金属粉末材料的应用举例

由于纳米金属粉末材料具有独特的物理性质和力学性质，可以预料其在现代技术中的应用会越来越广泛。

① 电磁波吸收材料　纳米羰基铁粉、镍粉和铁氧体粉末具有优良的电磁波吸收性能。用以配制吸波涂料和结构吸波材料可以显著改善舰船、飞机、导弹等武器装备的隐身性能。纳米粉末不仅能吸收雷达波，而且能很好地吸收可见光和红外线，配制成隐身材料不但能在很宽的频带范围内逃避雷达的侦察，而且能起到红外隐身的作用。

② 高性能磁性材料　以纳米磁性材料粉末作为磁记录材料的优点是记录密度和矫顽力高，可以达到很高的信噪比和稳定性。用以制造视频磁带、计算机磁带和磁盘，其性能和工作寿命远高于现用的 $\gamma\text{-}Fe_2O_3$ 产品。用纳米粉末制造的永磁材料可以达到很高的矫顽力、最大磁能积和剩磁比，这为永磁电机的开发提供了很好的材料基础。

③ 新型复合材料　把纳米陶瓷粉末引入金属基体，例如向 Al 合金中引入 SiC、Si_3N_4 等，可以制造出重量轻、强度高、耐热性好的新型复合材料。

4.4.4　高级粉末冶金材料与工艺发展

作为快速制造工艺的典型，近年来发展了用激光烧结粉末金属和合金的方法，直接制取接近成品形状零件的成形新工艺。正在研究的成形材料包括铝合金、钛合金、不锈钢、工具钢、铁镍合金、钨合金、$NiAl$、$MoSi_2$、金属基复合材料（MMC）等。

作为粉末冶金和材料科学发展的前沿，金属基复合材料（MMC）、金属间化合物高温材料、粉末高温合金、粉末高速钢（HSS）、硬质材料、金属纤维、功能梯度材料（FGM）、喷射成形、热等静压（HIP）等，都是该领域的组成部分，为航空航天、电子、汽车、国防、燃气轮机、金属加工等提供了大量的新材料和新手段。

总之，随着粉末冶金制品应用领域的不断扩大和对粉末冶金制品性能要求的不断提高，粉末冶金技术的重要性也越来越大。我们必须及时了解和掌握国际上不断发展的新技术，并开发具有我们自主知识产权的新技术，促进我国粉末冶金行业的发展。

习　题

1. 什么叫粉末冶金工艺？有什么特点？
2. 粉末冶金工艺生产制品时通常包括哪些工序？
3. 为什么金属粉末的流动特性是重要的？
4. 粉末冶金零件一般比较小，什么原因？
5. 粉末冶金零件的长宽比是否需要控制？为什么？
6. 为什么粉末冶金零件需要有均匀一致的横截面？
7. 怎样用粉末冶金工艺来制造孔隙细小的过滤器？
8. 试比较制造粉末冶金零件时使用的烧结温度与各有关材料的熔点？
9. 烧结过程中会出现什么现象？
10. 怎样用粉末冶金来制造含油轴承？
11. 什么是浸渗处理？为什么要使用浸渗处理？
12. 采用压制方法生产的粉末冶金制品，有哪些结构工艺性要求？
13. 用粉末冶金生产合金零件的成形方法有哪些？
14. 试列举粉末冶金工艺的优点。
15. 粉末冶金工艺的主要缺点是什么？
16. 举例说明粉末冶金工艺的新工艺。
17. 试比较粉末冶金成形和液态成形工艺的差别？

第 5 章 | 非金属材料成形

非金属材料是指除金属材料之外的所有材料的总称，通常主要包括有机高分子材料、无机非金属材料和复合材料三大类。随着高新科学技术的发展，使用材料的领域越来越广，所提出的要求也越来越高。对于要求密度小、耐腐蚀、电绝缘、减震消声和耐高温等性能的工程构件，传统的金属材料已难以胜任，而非金属材料这些性能却有着各自优势；另外，单一金属或非金属材料无法实现的性能，可通过复合材料得以实现。典型复合材料包括无机非金属材料基复合材料、有机高分子材料基复合材料、金属基复合材料。

非金属材料的来源十分广泛，大多成形工艺简单，生产成本较低，已经广泛应用于轻工、家电、建材、机电等各行各业中。目前在工程领域应用最多的非金属材料主要是塑料、橡胶、陶瓷及各种复合材料。非金属材料成形具有以下特点：

① 可以是流态成形，也可以是固态成形，可以制成形状复杂的零件，例如，塑料可以用注塑、挤塑、压塑成形，还可以用浇注和粘接等方法成形；陶瓷可以用注浆成形，也可用注射、压注等方法成形；

② 非金属材料的成形通常是在较低温度下成形，成形工艺较简便；

③ 非金属材料的成形一般要与材料的生产工艺结合，例如，陶瓷应先成形再烧结，复合材料常常是将固态的增强料与呈流态的基料同时成形。

5.1 塑料的成形

塑料是一类以天然或合成树脂为主要成分，与配料混合后在一定温度、压力条件下制成形，并在常温下能保持形状不变的高分子工程材料。塑料制品质量轻，比强度高；耐腐蚀，化学稳定性好；有优良的电绝缘性能、光学性能、减摩、耐磨性能和消声减震性能；加工成形方便成本低；但其耐热性差、刚性和尺寸稳定性差、易老化等。

常见热塑性塑料有聚乙烯（PE）、聚丙烯（PP）、聚苯乙烯（PS）、聚氯乙烯（PVC）、ABS塑料、聚甲基丙烯酸甲酯（PMMA，又称有机玻璃）、聚酰胺（PA，俗称尼龙）、聚碳酸酯（PC）、聚甲醛（POM）、聚苯醚（PPO）、聚砜（PSF）、聚四氟乙烯（PTFF）、氯化聚醚（CPT）等，这些塑料可加热后软化再使用。常见热固性塑料有酚醛塑料（PF）、氨基塑料（MF）、环氧塑料（EP）等。这些塑料加热塑化后成形，再加热不能软化使用。

与热塑性工程塑料相比，热固性工程塑料的主要优点是硬度和强度高，刚度大，耐热性优良，使用温度范围远高于热塑性工程塑料，主要缺点是成形工艺较复杂，常常需要较长时间加热固化，而且不能再成形，不利于环保。

5.1.1　工程塑料的成形性能

塑料具有高分子聚合物独特的大分子链结构，这种结构决定了塑料的成形性能。

（1）塑料形变与温度的关系

热塑性塑料形变特性（力学性能）如图 5-1 所示。低于玻璃化温度 T_g 为玻璃态，高于黏流温度 T_f（或结晶温度 T_m）温度为黏流态，在玻璃化温度和黏流温度之间为高弹态，当温度高于热分解温度（T_d）时，塑料会降解或气化分解。

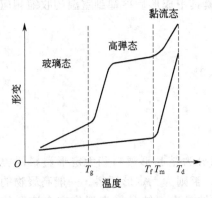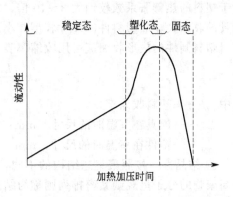

图 5-1　塑料的形变与温度的关系　　　　图 5-2　热固性塑料受热后的状态变化曲线

热固性塑料在成形过程中，由于高聚物发生交联反应，分子将由线形结构变为体形结构，这一过程称为固化。热固性塑料受热后的状态变化曲线如图 5-2 所示。

（2）塑料的流变性能

塑料在正常使用中处于玻璃态；在成形过程中，一般要求塑料处于黏流态（或塑化态）；塑料聚合物熔体是非牛顿流体（或称黏流体），其黏度随流动中的剪切速率、温度、压力的变化而有较大的变化。对于一种塑料，通常其黏度随温度的升高而降低，塑料的黏度越小流动性也越好，图 5-3 是几种常用塑料的黏度与温度变化曲线，从图中可以看出，不同塑料由于其分子结构的差异，黏度对温度的敏感程度不同。黏度也随流动时的剪切速率（或称为速度梯度）的变化而变化，剪切速率增加时黏度会随之降低，如图 5-4 所示。当温度一定时，

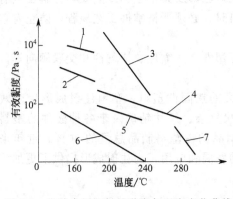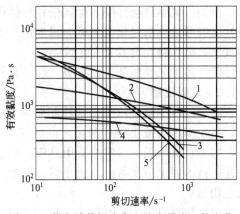

图 5-3　几种常用塑料的黏度与温度变化曲线
1—增塑聚氯乙烯；2—硬聚氯乙烯；
3—聚甲基丙烯酸甲酯；4—聚丙烯；5—聚甲醛；
6—低密度聚乙烯；7—尼龙 66

图 5-4　黏度随剪切速率（速度梯度）的变化
1—聚砜（350℃挤出）；2—聚砜（350℃注射）；
3—低密度聚乙烯（350℃）；4—聚碳酸酯（315℃）；
5—聚苯乙烯（200℃）

塑料熔体流动剪切速率越高，其黏度越低，也越有利于塑料成形。

（3）塑料的成形工艺性

塑料的成形工艺性主要表现在以下几个方面。

① 流动性　塑料在一定的温度与压力下填充模具型腔的能力称为塑料的流动性。热塑性塑料的流动性用熔融指数（也可称熔体流动速率）表示，熔融指数越大，流动性也越好，熔融指数与塑料的黏度有关，黏度越小熔融指数越大，塑料的流动性也越好。

② 收缩性　塑料制品从模具中取出冷却到室温后，发生尺寸收缩的特性称为收缩性。由于塑料的热膨胀系数较钢大 3～10 倍，塑料件从模具中成形后冷却到室温的收缩相应也比模具的收缩大，故塑料件的尺寸较型腔小。

塑料制件的成形收缩值可用收缩率表示：

$$k=\frac{L_m-L_1}{L_1}\times100\%$$

式中　k——塑料收缩率；

　　　L_m——模具在室温时的尺寸，mm；

　　　L_1——塑件在室温时的尺寸，mm。

③ 结晶性　按照聚集态结构的不同，塑料可以分为结晶形塑料和无定形塑料两类。如果高聚物的分子呈规则紧密排列则称为结晶形塑料，否则为无定形塑料。一般高聚物的结晶是不完全的，高聚物固体中晶相所占质量分数称为结晶度。结晶形高聚物完全熔融的温度 T_m 为熔点。塑料的结晶度与成形时的冷却速度有很大关系，塑料熔体的冷却速度越慢，塑件的结晶度也越大。塑料的结晶度大，则密度也大，分子间作用力增强，因而塑料的硬度和刚度提高，力学性能和耐磨性增高，耐热性、电性能及化学稳定性亦有所提高；反之，结晶度低或无定形塑料，其与分子链运动有关的性能，如柔韧性、耐折性、伸长率及冲击强度等则较大，透明度也较高。

④ 热敏性和水敏性　热敏性是指塑料对热降解的敏感性。有些塑料对温度比较敏感，如果成形时温度过高则容易变色、降解，如聚氯乙烯、聚甲醛等。水敏性是指塑料对水降解的敏感性，也称吸湿性。水敏性高的塑料，在成形过程中由于高温高压，使塑料产生水解或使塑件产生气泡、银丝等缺陷。所以塑料在成形前要干燥除湿，并严格控制水分。

⑤ 毒性、刺激性和腐蚀性　有些塑料在加工时会分解出有毒性、刺激性和腐蚀性的气体。例如，聚甲醛会分解产生刺激性气体甲醛，聚氯乙烯及其衍生物或共聚物分解出既有刺激性又有腐蚀性的氯化氢气体。成形加工上述塑料时，必须严格掌握工艺规程，防止有害气体危害人体和腐蚀模具及加工设备。

除上述工艺性能外，还有吸气性、黏模性、可塑性、压缩性、均匀性和交联倾向等。

5.1.2　注射成形

注射成形主要应用于热塑性塑料和流动性较大的热固性塑料，塑料注射成形生产效率高、易于实现机械化和自动化，可以成形几何形状复杂、尺寸精确及带各种嵌件的塑料制品，如电视机外壳、日常生活用品等。目前注射制品约占塑料制品总量的 30%。近年来新的注射技术如反应注射、双色注射、发泡注射等的发展和应用，为注射成形提供了更加广阔的应用前景。

（1）注射成形工艺过程

注射过程包括加料、塑化、注射、保压、冷却定形和脱模等几个步骤。塑化是塑料在注射机料筒中经过加热达到塑化状态（黏流态或塑化态）；注射是将塑化后的塑料流体，在螺杆(或柱塞)的推动下经喷嘴压入模具型腔；塑料充满型腔后，需要保压一定时间，使塑件在型腔中冷却、硬化、定形；压力撤销后开模，并利用注射机的顶出机构使塑件脱模，取出塑件。

注射成形的工艺条件包括温度、压力和时间等。

① 温度　在注射成形时需控制的温度有料筒温度、喷嘴温度、模具温度等。

料筒温度应控制在塑料的黏流温度 T_f（对结晶形塑料为熔点 T_m）以上，提高料筒温度可使塑料熔体的黏度下降，对充模有利，但必须低于塑料的热分解温度 T_d。喷嘴处温度通常略低于料筒的最高温度，以防止塑料流经喷嘴处因升温产生"流涎"。模具温度根据不同塑料的成形条件，通过模具的冷却（或加热）系统控制。

对于要求模具温度较低的塑料，如聚乙烯、聚苯乙烯、聚丙烯、ABS 塑料、聚氯乙烯等应在模具上设冷却装置；对模具温度要求较高的塑料，如聚碳酸酯、聚砜、聚甲醛、聚苯醚等应在模具上设加热系统。

② 压力　注射成形过程中的压力包括塑化压力和注射压力两种。

塑化压力又称背压，是注射机螺杆顶部熔体在螺杆转动后退时受到的压力。增加塑化压力能提高熔体温度，并使温度分布均匀。注射压力是指柱塞或螺杆头部注射时对塑料熔体施加的压力。它用于克服熔体从料筒流向型腔时的阻力、保证一定充模速率和对熔体压实。注射压力的大小，取决于塑料品种、注射机类型、模具的浇注系统结构尺寸、模具温度、塑件的壁厚及流程大小等多种因素，近年来，采用注塑流动模拟计算机软件，可对注射压力进行优化设计。在注射机上常用表压指示注射压力的大小，一般为 40～130MPa。常用塑料的注射成形工艺条件见表 5-1。

③ 时间　注射时间是一次注射成形所需的时间，又称成形时间，它影响注射机的利用率和生产效率。注射时间一般在 0.5～2min，厚大件可达 5～10min。

表 5-1　常用塑料的工艺条件

塑料品种	注射温度/℃	注射压力/MPa	成形收缩率/%
聚乙烯	180～280	49～98.1	1.5～3.5
硬聚氯乙烯	150～200	78.5～196.1	0.1～0.5
聚丙烯	200～260	68.7～117.7	1.0～2.0
聚苯乙烯	160～215	49.0～98.1	0.4～0.7
聚甲醛	180～250	58.8～137.3	1.5～3.5
聚酰胺（尼龙66）	240～350	68.7～117.7	1.5～2.2
聚碳酸酯	250～300	78.5～137.3	0.5～0.8
ABS	236～260	54.9～172.6	0.3～0.8
聚苯醚	320	78.5～137.3	0.7～1.0
氯化聚醚	180～240	58.8～98.1	0.4～0.6
聚砜	345～400	78.5～137.3	0.7～0.8
氟塑料 F3	260～310	137.3～392	1～2.5
氟塑料 F4	370（冷压烧结）	—	1～5（模压）

（2）注射机与模具

注射机是注压成形机的简称，是将橡胶或塑料制品制成各种制件的主要成形机械之一。其生产方式是将预热胶料由螺杆或柱塞推挤经喷嘴高压、快速注入模具型腔而经行硫化成形的通用橡胶塑料设备。成形过程为：注射机的模具闭模，螺杆（或柱塞）将物料注入模具型腔，冷却定形后开模取出制品。注射机按其外形可分为立式、卧式、角式三种，应用较多的卧式注射机如图 5-5 所示。

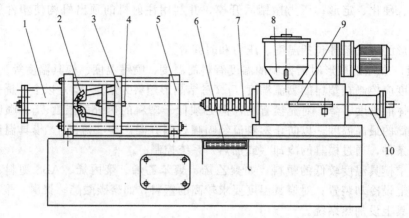

图 5-5　卧式注射机
1—锁模液压缸；2—锁模机构；3—移动模板；4—顶杆；5—固定模板；
6—控制台；7—料筒及加料器；8—料斗；9—定量供料装置；10—注射液压缸

各种注射机尽管外形不同，但基本都由以下部分组成。

① 注射系统　注射系统的作用的加入塑料，使之塑化和熔融，并在高压和高速下将熔体注入模腔。注射系统主要由加料装置（料斗）、塑化装置、料筒及加热器、注射缸、螺杆驱动装置、计量装置、注射动作装置、注射座整体移动装置、行程限位装置及加料装置组成。

② 合模、锁模系统　合模系统的作用是固定模具，使动模板作开闭模运动，能锁紧模具。当模具闭合后，在合模油缸压力作用下，产生额定合模力，锁紧模具，防止模具注入高压熔体时模具的型腔张开。由固定模板、移动模板、顶杆、锁模机构和锁模油缸等组成，其作用是将模具的定模部分固定在固定模板上，模具的动模部分固定在移动模板上，通过合模锁模机构提供足够的锁模力使模具闭合。完成注射后，打开模具顶出塑件。

③ 操作控制系统　安装在注射机上的各种动力及传动装置都是通过电气系统和各种仪表控制的，操作者通过控制系统来控制各种工艺量（注射量、注射压力、温度、合模力、时间等）完成注射工作，较先进的注射机可用计算机控制，实现自动化操作。

注射机还设有电加热和水冷却系统用于调节模具温度，并有过载保护及安全门等附属装置。注射成形模具是注射成形工艺的主要工艺装备，称为注射模。注射模一般由定模部分和动模部分组成，如图 5-6 所示。

根据模具上各种零部件的作用，塑料注射模一般有以下几部分。

① 成形部分　组成模具型腔的零件。主要由凸模、凹模、型芯、嵌件和镶块等组成。

② 浇注系统　熔融塑料从喷嘴进入模具型腔流经的通道称为浇注系统。它一般由主流道、分流道、浇口和冷料井等组成。其作用是使塑料熔体稳定而顺利地进入型腔，并将注射压力传递到型腔的各个部位，冷却时浇口适时凝固以控制补料时间。

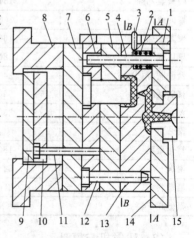

图 5-6　注射模
1—定距拉板；2—弹簧；3—限位钉；4、12—导柱；5—推件板；6—型芯固定板；7—支承板；8—支架；9—推板；10—推杆固定板；11—推杆；13—流道板；14—定模座板；15—浇口套

③ 导向机构 为了使动模与定模在合模时能准确对中，以及防止推件板歪斜而设置的机构，主要有导柱、导套等。

④ 侧向抽芯机构 塑件的侧向有凹凸形状的孔或凸台时，在塑件被推出前必须先拔出侧向凸模或抽出侧向型芯。侧向抽芯机构一般由活动型芯、锁紧楔、斜导柱等组成。

⑤ 推出机构 又称脱模机构，它是在开模时将塑件推出的零部件。主要有推板、推杆、主流道拉料杆等组成。在注射模上还有加热、冷却系统和排气系统等。

5.1.3 压塑成形

压塑成形是指主要依靠外压的作用，实现成形物料造型的一次成形技术。压塑成形是塑料加工中最传统的工艺方法，广泛用于热固性塑料的成形加工。根据成形物料的性状和加工设备及工艺的特点，压塑成形可分为模压成形和层压成形。模压成形是将粉状、粒状、碎屑状或纤维状的热固性塑料原料放入模具中，然后闭模加热加压而使其在模具中成形并硬化，最后脱模取出塑料制件，其所用设备为液压机、旋压机等。

层压成形是以纸张、棉布、玻璃布等片状材料，在树脂中浸渍，然后一张一张叠放成所需的厚度，放在层压机上加热加压，经一段时间后，树脂固化，相互黏结成形。压塑成形设备简单（主要设备是液压机）、工艺成熟，是最早出现的塑料成形方法。它不需要流道与浇口，物料损失少，制品尺寸范围宽，可压制较大的制品，但成形周期长，生产效率低，较难实现现代化生产。对形状复杂、加强肋密集、金属嵌件多的制品不易成形。

（1）压塑成形工艺过程

压塑成形是将经过预制的热固性塑料原料（也可以是热塑性塑料），直接加入敞开的模具加料室，然后合模，并对模具加热加压，塑料在热和压力的作用下呈熔融流动状态充满型腔，随后由于塑料分子发生交联反应逐渐硬化成形。

压塑成形工艺需预先对塑料原料进行预压成形和预热处理，然后将塑料原料加入到模具加料室闭模后加热加压，使塑料原料塑化，经过排气和保压硬化后，脱模取出塑件。然后清理模具和对塑件后期处理。

压塑成形工艺应控制好成形温度和压力。压塑成形温度的高低，对塑料顺利充型及塑件质量有较大影响。在一定范围内，提高温度可以缩短成形周期，减小成形压力，但是如果温度过高会加快塑料的硬化，影响物料的流动，造成塑件内应力大，易出现变形、开裂、翘曲等缺陷，温度过低会使硬化不足，塑件表面无光，物理性能和力学性能下降。通常压缩比大的塑料需要较大的压力，生产中常将松散的塑料原料预压成块状，既方便加料又可以降低成形所需压力。表 5-2 是常用热固性塑料的压塑成形温度和压力。

表 5-2 常用热固性塑料的压塑成形温度和压力

塑 料 种 类	成形温度 /℃	成形压力 /MPa	塑 料 种 类	成形温度 /℃	成形压力 /MPa
酚醛塑料（PF）	140～180	7～42	聚邻苯二甲酸二丙烯酯（PDAP）	120～160	3.5～14
三聚氰胺甲醛塑料（MF）	140～180	14～56	环氧树脂塑料（EP）	145～200	0.7～14
脲甲醛塑料（UF）	135～155	14～56	聚硅氧烷（SI）	150～190	7～56
聚酯塑料（UP）	85～150	0.35～3.5			

（2）压塑设备及模具

压塑成形设备为液压机，它由机架（包括上下横梁、立柱、机座等）、活动横梁、工作油缸、顶出机构、液压传动和电器控制系统等部分组成。图 5-7 为压制成形示意图，一般压制成形过程可以分为加料、合模、排气、固化和脱模几个阶段。塑料制件脱模后应进行后处理，处理方法与注射成形塑料制件方法相同。

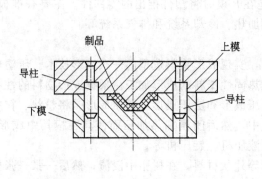

图 5-7　压制成形示意

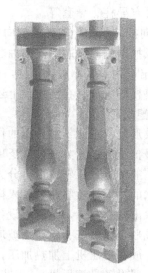

图 5-8　压塑模

图 5-8 所示为一简单压塑成形模具，与注射模不同的是，压塑模没有浇注系统，只有一段加料室，这是型腔的延伸和扩展。注射成形时模具处于闭合状态成形，而压塑模成形是靠凸模对凹模中的原料施加压力，使塑料在型腔内成形。压塑模成形零件的强度要比注射模高。

5.1.4　其他成形方法

（1）传递模塑成形

传递模塑成形又称压注成形或挤胶成形，它是在压塑成形的基础上发展起来的热固性塑料成形方法，其工艺类似于注射成形工艺，所不同的是传递模塑成形时塑料在模具的加料室内塑化，再经过浇注系统进入型腔，而注射成形是在注射机料筒内塑化。传递模塑成形模具如图 5-9 所示。

（2）挤出成形

挤出成形也称为挤塑成形，主要用于热塑性塑料生产棒、管等型材和薄膜等，也是中空成形的主要制坯方法。挤出成形生产线由挤出机、挤出模具、牵引装置、冷却定型装置、切割或卷曲装置、控制系统组成，如图 5-10 所示。

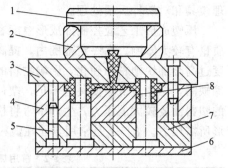

图 5-9　传递模塑成形模具

1—压柱；2—加料室；3—上模板；
4—凹模；5—导柱；6—下模垫板；
7—固定板；8—型芯

如果挤出的中空管状塑料不经冷却，将热塑料管坯移入中空吹塑模具中向管内吹入压缩空气，在压缩空气作用下，管坯膨胀并贴附在型腔壁上成形，经过冷却后即可获得薄壁中空制品。图 5-11 是挤出中空吹塑成形过程及挤出吹塑模。

（3）真空成形

真空成形是一种塑料加工工艺，也称为吸塑成形，它是将热塑性塑料板材、片材固定在模具上，用辐射加热器加热到软化温度，用真空泵（或空压机）抽取板材与模具之间的空气，借助大气压力使坯材吸附在模具表面，冷却后再用压缩空气脱模，形成所需塑件的加工方法。真空成形主要原理是将平展的塑料硬片材加热变软后，采用真空吸附于模具表面，冷

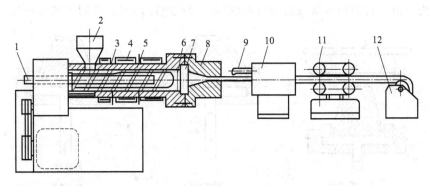

图 5-10　型材挤出生产线

1—冷却水入口；2—料斗；3—料筒；4—加热器；5—挤出螺杆；6—分流滤网；7—过滤板；
8—机头；9—喷冷却水装置；10—冷却定型装置；11—牵引装置；12—卷料或裁切装置

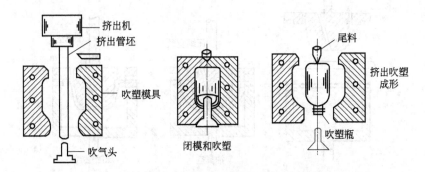

图 5-11　挤出中空吹塑成形过程及挤出吹塑模具

却后成形。真空成形产品类型包括塑料包装盒、餐具盒、罩壳类塑件、冰箱内胆、浴室镜盒等；常用材料有聚乙烯、聚丙烯、聚氯乙烯、ABS、聚碳酸酯等材料，广泛用于塑料包装、灯饰、广告、装饰等行业。

真空成形生产设备简单，效率高，模具结构简单，能加工大尺寸的薄壁塑件，生产成本低。其方法包括凹模真空成形、凸模真空成形、凹凸模真空成形等。

凹模真空成形方法如图 5-12 所示，一般用于要求外表精度较高，成形深度不高的塑件。

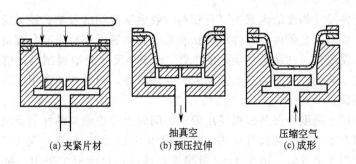

图 5-12　凹模真空成形

凸模真空成形方法如图 5-13 所示，一般用于内表面精度要求较高，有凸起形状的薄壁塑件，凸模真空成形方法较凹模真空成形方法塑件壁厚稍均匀。

凹凸模真空成形方法如图 5-14 所示，它是先将塑料板材夹在凹模上加热，软化后将加热器移开，然后通过凸模吹入压缩空气，凹模稍微抽真空使塑料板贴附在凸模的外表面。这种成形方法，由于将塑料板吹鼓延伸后再成形，因此壁厚均匀，可用于成形较深的制件。

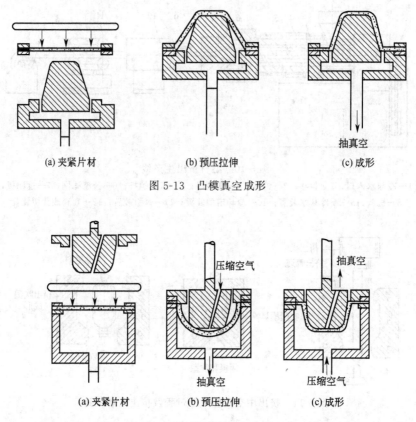

图 5-13　凸模真空成形

图 5-14　凹凸模真空成形

5.1.5　塑料制品的结构工艺性

塑料制品的结构设计包括塑料件的尺寸精度、表面粗糙度、脱模斜度、塑件的壁厚、局部结构（如圆角、加强肋、孔、螺纹、嵌件等）和分型面的确定等。塑料制品的结构设计应当满足使用性能和成形工艺的要求，力求做到结构合理，造型美观，便于制造。

5.1.5.1　尺寸精度

影响塑料制件尺寸精度的因素主要有塑料的收缩率波动的影响，模具的制造精度及使用过程中的磨损、成形工艺条件、零件的形状和尺寸大小等。资料表明，模具制造误差和由收缩率波动引起的误差各占制品尺寸误差的 1/3。对于小尺寸的塑料制品，模具的制造误差是影响塑料制品尺寸精度的主要因素，而对大尺寸塑料件，收缩率波动引起的误差则是影响尺寸精度的主要因素。

塑料制品的尺寸精度一般是根据使用要求，同时要考虑塑料的性能及成形工艺条件确定的。目前，我国对塑料制品的尺寸公差，大多引用 SJ1372-78 标准，见表 5-3。该标准将塑料制品的精度分为 8 个等级，由于 1、2 级精度要求高，目前极少采用。对于无尺寸公差要求的自由尺寸，可采用 8 级精度等级。孔类尺寸的公差取（＋）号，轴类尺寸取（－）号，中心距尺寸取表中数值之半，再冠以（±）号。

5.1.5.2　表面粗糙度

塑料制品的表面粗糙度主要由模具的表面粗糙度决定。一般模具成形表面的粗糙度比塑料制品的表面粗糙度增大 1～2 级，因此塑料制品的表面粗糙度不宜过高，否则会增加模具的制造费用。对于不透明的塑料制品，由于外观对外表面有一定要求，而对内表面只要不影响使用，可比外表面粗糙度增大 1～2 级。对于透明的塑料制品，内外表面的粗糙度应相同，表面粗糙度需达 $R_a 0.8～0.05\mu m$（镜面），因此需要经常抛光型腔表面。

表 5-3　塑料制品的尺寸公差数值表　　　　　　　　　单位：mm

公称尺寸	精度等级							
	1	2	3	4	5	6	7	8
	公差数值							
～3	0.04	0.06	0.08	0.12	0.16	0.24	0.32	0.48
3～6	0.05	0.07	0.08	0.14	0.18	0.28	0.36	0.56
6～10	0.06	0.08	0.10	0.16	0.20	0.32	0.40	0.61
10～14	0.07	0.09	0.12	0.18	0.22	0.36	0.44	0.72
14～18	0.08	0.10	0.12	0.20	0.24	0.40	0.48	0.80
18～24	0.09	0.11	0.14	0.22	0.28	0.44	0.56	0.88
24～30	0.10	0.12	0.16	0.24	0.32	0.48	0.64	0.96
30～40	0.11	0.13	0.18	0.26	0.36	0.52	0.72	1.04
40～50	0.12	0.14	0.20	0.28	0.40	0.56	0.80	1.20
50～65	0.13	0.16	0.22	0.32	0.46	0.64	0.92	1.40
65～80	0.14	0.19	0.26	0.38	0.52	0.76	1.04	1.60
80～100	0.16	0.22	0.30	0.44	0.60	0.88	1.20	1.80
100～120	0.18	0.25	0.34	0.50	0.68	1.00	1.36	2.00
120～140	—	0.28	0.38	0.56	0.76	1.12	1.52	2.20
140～160	—	0.31	0.42	0.62	0.84	1.24	1.68	2.40
160～180	—	0.34	0.46	0.68	0.92	1.36	1.84	2.70
180～200	—	0.37	0.50	0.74	1.00	1.50	2.00	3.00
200～225	—	0.41	0.56	0.82	1.10	1.64	2.20	3.30
225～250	—	0.45	0.62	0.90	1.20	1.80	2.40	3.60
250～280	—	0.50	0.68	1.00	1.30	2.00	2.60	4.00
280～315	—	0.55	0.74	1.10	1.40	2.20	2.80	4.40
315～355	—	0.60	0.82	1.20	1.60	2.40	3.20	4.80
355～400	—	0.65	0.90	1.30	1.80	2.60	3.60	5.20
400～450	—	0.70	1.00	1.40	2.00	2.80	4.00	5.60
450～500	—	0.80	1.10	1.60	2.20	3.20	4.40	6.40

5.1.5.3　脱模斜度

为了使塑料制品易于从模具中脱出，在设计时必须保证制品的内外壁有足够的脱模斜度，如图 5-15 所示。脱模斜度与塑料品种、制品形状和模具结构等有关，一般情况下脱模斜度取 $30'～2°$，常见塑料的脱模斜度见表 5-4。

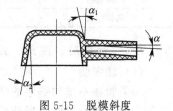

图 5-15　脱模斜度

表 5-4　常见塑料的脱模斜度

塑料件种类	脱模斜度 α	塑料件种类	脱模斜度 α
热固性塑料压塑成形	$1°～1°30'$	ABS，改性聚苯乙烯、尼龙、聚甲醛、氯化聚醚、聚苯醚	$40'～1°30'$
热固性塑料注射成形	$20'～1°$	聚碳酸酯、聚砜、硬聚氯乙烯	$50'～1°30'$
聚乙烯、聚丙烯、软聚氯乙烯	$30'～1°$	透明聚苯乙烯、改性有机玻璃	$1°～2°$

选择脱模斜度时，对较硬和较脆的塑料，脱模斜度可以取大值；如果塑料的收缩率大或制品的壁厚较大时，应选择较大的脱模斜度；对于高度较大及精度较高的制品应选较小的脱模斜度。

5.1.5.4　制品壁厚

制品壁厚首先取决于使用要求，但是成形工艺对壁厚也有一定要求，塑件壁厚太薄，使充型时的流动阻力加大，会出现缺料和冷隔等缺陷；壁厚太厚，塑件易产生气泡、凹陷等缺陷，同时也会增加生产成本。塑件的壁厚应尽量均匀一致，避免局部太厚或太薄，否则会因收缩不均产生内应力，或在厚壁处产生缩孔、气泡或凹陷等缺陷。塑料制品的壁厚一般在 1～4mm，大型塑件的壁厚可达 6mm 以上，各种塑料的壁厚值参见表 5-5 和表 5-6。

表 5-5　热塑性塑料制品的壁厚范围　　　　　单位：mm

塑料名称	最小壁厚	平均壁厚	最大壁厚
POM	0.381	1.574 8	0.317 5
ABS	0.762	2.286	0.317 5
PMMA	0.635	2.362 2	6.35
纤维素树脂	0.635	1.905	4.749 8
PTFE	0.254	0.889	12.7
尼龙	0.381	1.574 8	3.175
PC	1.016	2.362 2	9.525
LDPE	0.508	1.574 8	6.35
HDPE	0.889	1.574 8	6.35
EVA	0.508	1.574 8	3.175
PP	0.635	2.032	7.62
PSO	1.016	2.54	9.525
PPO/PS	0.762	2.032	9.525
PS	0.762	1.574 8	6.35
SAN	0.762	1.574 8	6.35
PVC（硬质）	1.016	2.362 2	9.525
PU	0.635	12.7	38.1
SURLYN（离子聚合体）	0.635	1.574 8	19.05

表 5-6　热固性塑料制品的壁厚范围　　　　　单位：mm

塑料种类	木粉填料	布屑粉填料	矿物填料
酚醛塑料	1.5～2.5（大件 3～8）	1.5～9.5	3～3.5
氨基塑料	0.5～5	1.5～5	1.0～9.5

5.1.5.5　加强肋、圆角、孔、螺纹、嵌件和支撑面

（1）加强肋

加强肋在不增加壁厚的情况下，增加塑件的强度和刚度，避免塑件变形翘曲。加强肋的尺寸如图 5-16 所示。

加强肋的设计应注意以下几个方面：

① 加强肋与塑件壁连接处应采用圆弧过渡；

② 加强肋厚度不应大于塑件壁厚；

③ 加强肋的高度应低于塑件高度的 0.5mm 以上；

④ 加强肋不应设置在大面积塑件中间，加强肋分布应相互交错，以避免收缩不均引起塑件变形或断裂。

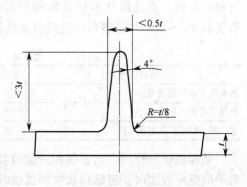

图 5-16　加强肋的尺寸

（2）圆角

除使用要求尖角外，所有内外表面的连接处，都应采用圆角过渡。一般外圆弧的半径是壁厚的 1.5 倍，内圆弧的半径是壁厚的 0.5 倍。

（3）孔

塑料制品上的孔，应尽量开设在不减弱制品强度的部位，孔与孔之间、孔与边距之间应留有足够距离，以免造成边壁太小而破裂。塑料制品上固定用孔的四周应采用凸边或凸台来加强。由于盲孔只能用一端固定的型芯成形，其深度应浅于通孔。通常，注射成形时孔深不超过孔径的 4 倍，压塑成形时压制方向的孔深不超过孔径的 2 倍。当塑件孔为异型孔时（斜孔或复杂形状孔），要考虑成形时模具结构，可采用拼合型芯的方法成形，以避免侧向抽芯结构。

（4）螺纹

塑料制品上的螺纹可以直接成形，通常无需后续机械加工，故应用较普遍。塑料成形螺纹时，外螺纹的大径不宜小于 4mm，内螺纹的小径不宜小于 2mm，螺纹精度一般低于 3 级。在经常装卸和受力较大的地方，不宜使用塑料螺纹，而应在塑料中装入带螺纹的金属嵌件。由于塑料成形时的收缩波动，塑料螺纹的配合长度不宜太长，一般不超过 7～8 牙，且尽量选用较大的螺距。为防止塑料螺纹最外圈崩裂或变形，螺孔始端应有 0.2～0.8mm 深的台阶孔，螺纹末端与底面也应留有大于 0.2mm 的过渡段。

（5）嵌件

嵌件是在塑料制品中嵌入的金属或非金属零件，用以提高塑件的力学性能或导电导磁性等。设计金属嵌件应注意以下几个方面：

① 金属嵌件尽可能采用圆形或对称形状，以保证收缩均匀；

② 金属嵌件周围应有足够壁厚，以防止塑料收缩时产生较大应力而开裂；

③ 金属嵌件嵌入部分的周边应有倒角，以减小应力集中。

（6）支撑面

以塑料制品的整个底面作支撑面是不稳定的，通常采用有凸起的边缘或用底脚（三点或四点）来做支撑面。当制品的底部有肋时，肋的端面应低于支撑面 0.5mm 左右。

5.2 橡胶成形

橡胶是以生胶为原料，加入适量配合剂，经硫化后所组成的高分子弹性体。橡胶是使用温度处于高弹态的高分子材料，橡胶具有良好的弹性，其弹性模量仅为 10MPa，伸长率可达 100%～1 000%，同时还具有良好的耐磨性、隔音性、绝缘性等，是重要的弹性材料、密封材料、减震防震和传动材料。

橡胶主要应用于国防、交通运输、机械制造、医药卫生、农业和日常生活等各个方面。常用的橡胶有天然橡胶和合成橡胶。天然橡胶是由天然胶乳经过凝固、干燥、加压等工序制成的片状生胶。合成橡胶主要有丁苯橡胶、顺丁橡胶、聚氨酯橡胶、氯丁橡胶、丁腈橡胶、硅橡胶、氟橡胶等。

只有将生胶经塑炼和混炼后才能使用。橡胶制品是以生胶为基础加入适量配合剂（硫化剂、硫化促进剂、防老剂、填充剂、软化剂、发泡剂、补强剂、着色剂等），然后再经过硫化成形获得。橡胶制品的成形方法与塑料成形方法相似，主要有压制成形、注射成形和传递成形等。

5.2.1 橡胶的压制成形

(1) 压制成形工艺流程

橡胶制品的生产工艺主要包括塑炼、混炼和压制成形三个阶段。塑炼是使弹性生胶转变为可塑状态的加工工艺过程，从而增加其可塑性，获得适当的流动性，以满足混炼和成形的工艺要求。塑炼有两种方法：即机械塑炼和化学塑炼法，前者通过机械作用，后者通过化学作用，使橡胶的大分子断裂成相对较小的分子，从而使黏度下降，可塑性增加。

混炼是将各种配合剂（硫化剂、防老化剂、填充剂等）混入生胶中，制成均匀的混炼胶的过程，其基本任务是配制出符合性能要求的混炼胶（又称胶料），以便后续工序的正常进行。

橡胶的压制成形是将经过塑炼和混炼预先压延好的橡胶坯料，按一定规格和形状下料后，加入到压制模中，合模后在液压机上按规定的工艺条件进行压制，使胶料在受热受压下以塑性流动充满型腔，经过一定时间完成硫化，再进行脱模、清理毛边，最后检验得到所需制品的方法。橡胶压制成形的工艺流程如图 5-17 所示。

图 5-17　橡胶压制成形的工艺流程

(2) 压制工艺

橡胶的压制成形工艺主要有压延成形、压出成形、注射成形。

橡胶的压延成形是利用橡胶压延机将物料延展的工艺过程。物料通过压延机的两个辊筒间隙时，在压力作用下延展成为具有一定断面形状的橡胶制品。这种方法主要用于胶料的压片、压型；纺织物和钢丝帘等的贴胶、擦胶；胶片与胶片或胶片与挂胶织物的贴合等。

橡胶的压出工艺是利用压出机，使胶料在压出机的机筒壁和螺杆顶尖的作用下，通过螺杆的旋转，使胶料不断前进，达到挤压并初步造型的目的。可借助于压型压出各种复杂形状的半成品，如轮胎的胎面胶、内胎胎筒、电线电缆外皮等。

橡胶的注射成形是将胶料直接从机筒注入模型进行硫化的生产方法，与塑料的注射成形相类似，将预先混炼好的胶料经料斗送入机筒，在螺杆的旋转作用下，胶料沿螺槽前进过程中，由于激烈搅拌和变形，加上机筒外部加热，温度很快升高，活塞推进注胶，胶料经喷嘴注入模腔并保压一段时间，在保压过程中，胶料在高温下进行硫化。注射成形具有生产周期短、生产率高、劳动强度低、产品质量高等优点。

(3) 压制模具

橡胶压制模与一般塑料压塑模结构相同。橡胶模在设计时注意如下问题。

① 测温孔　为保证橡胶制品的质量，硫化温度的误差应控制在±2℃范围，因此，在压制模型腔附近必须设置测温孔。在压制过程中，利用水银温度计通过测温孔控制温度。测温孔应设置在型腔附近 5～10mm 处。

② 流胶槽　由于在加料时一般有 5%～10% 的余量，为保证制品精度，在型腔周围设置流胶槽，流胶槽多为 $R1.5～2mm$ 的半圆形，在流胶槽与型腔之间开设一些小沟，使多余的胶料排出。

5.2.2 橡胶注射成形

(1) 橡胶注射成形工艺过程

橡胶注射成形的工艺过程包括预热塑化、注射、保压、硫化、脱模和修边等工序。将混炼好的胶料通过加料装置加入料筒中加热塑化，塑化后的胶料在柱塞或螺杆的推动下，经过喷嘴射入到闭合的模具中，模具在规定的温度下加热，使胶料硫化成形。

在注射成形过程中，由于胶料在充型前一直处于运动状态受热，因此各部分的温度较压制成形时均匀，且橡胶制品在高温模具中短时即能完成硫化，制品的表面和内部的温差小，硫化质量较均匀。注射成形的橡胶制品具有质量较好、精度较高、生产效率较高的工艺特点。

（2）注射成形工艺条件

注射成形工艺条件主要有料筒温度、注射温度（胶料通过喷嘴后的温度）、注射压力、模具温度和成形时间。

① 料筒温度 胶料在料筒中加热塑化，在一定温度范围内，提高料筒温度可以使胶料的黏度下降，流动性增加，有利于胶料的成形。

一般柱塞式注射机料筒温度控制在 70～80℃；螺杆式注射机因胶温较均匀，料筒温度控制在 80～100℃，有的可达 115℃。

② 注射温度 一般应控制在不产生焦烧的温度下，尽可能接近模具温度。

③ 注射压力 注射压力是注射时螺杆或柱塞施于胶料单位面积的力，注射压力大，有利于胶料充模，还使胶料通过喷嘴时的速度提高，剪切摩擦产生的热量增大，这对充模和加快硫化有利。采用螺杆式注射机时，注射压力一般为 80～110MPa。

④ 模具温度 在注射成形中，由于胶料在充型前已经具有较高的温度、充型之后能迅速硫化，表层与内部的温差小，故模具温度较压制成形的温度高，一般可高出 30～50℃。注射天然橡胶时，模具温度为 170～190℃。

⑤ 成形时间 成形时间是指完成一次成形过程所需时间，它是动作时间与硫化时间之和，由于硫化时间所占比例最大，故缩短硫化时间是提高注射成形效率的重要环节。硫化时间与注射温度、模具温度、制品壁厚有关。表 5-7 是天然橡胶注射成形与压制成形时间对比表，由表中可以看出注射成形时间较压制成形时间少得多。

表 5-7 天然橡胶注射成形与压制成形时间对比表

成形方法	料筒温度/℃	注射温度/℃	模具温度/℃	成形时间
注射成形	80	150	175	80s
压制成形	—	—	143	20～25min

5.3 陶瓷的成形

陶瓷是由天然或人工合成的粉状矿物原料和化工原料组成，经过成形和高温烧结制成的，由金属和非金属元素构成化合物反应生成的多晶体相固体材料。陶瓷可分为新型陶瓷与传统陶瓷两大类。虽然它们都是经过高温烧结而合成的无机非金属材料，但其在所用粉体、成形方法和烧结制度及加工要求等方面却有着很大区别。两者的主要区别见表 5-8。

陶瓷品种繁多，生产工艺过程也各不相同，但一般都要经历四个步骤：粉体制备、成形、坯体干燥和烧结、后续加工工序。

① 配料 制作陶瓷制品，首先要按瓷料的组成，将所需各种原料进行称量配料，它是陶瓷工艺中最基本的一环。称料务必精确，因为配料中某些组分加入量的微小误差也会影响到陶瓷材料的结构和性能。

表 5-8 新型陶瓷与传统陶瓷的主要区别

区别	传统陶瓷	新型陶瓷
原料	天然矿物原料	人工精制合成原料(氧化物和非氧化物两大类)
成形	注浆、可塑成形为主	注浆、压制、热压注、注射、轧膜、流延、等静压成形为主
烧结	温度一般在 1 350℃ 以下,燃料以煤、油、气为主	结构陶瓷常需 1 600℃ 左右高温烧结,功能陶瓷需精确控制烧结温度,燃料以电、气、油为主
加工	一般不需加工	常需切割、打孔、研磨和抛光
性能	以外观效果为主	以内在质量为主,常呈现耐温、耐磨、耐腐蚀和各种敏感特性
用途	炊、餐具、陈设品	主要用于宇航、能源、冶金、交通、电子、家电等行业

② 坯料制备 配料后应根据不同的成形方法,混合制备成不同形式的坯料,如用于注浆成形的水悬浮液;用于热压注成形的热塑性料浆;用于挤压、注射、轧膜和流延成形的含有机塑化剂的塑性料;用于干压或等静压成形的造粒粉料。混合一般采用球磨或搅拌等机械混合法。

③ 成形 是将坯料制成具有一定形状和规格的坯体。成形技术与方法对陶瓷制品的性能具有重要意义,由于陶瓷制品品种繁多,性能要求、形状规格、大小厚薄不一,产量不同,所用坯料性能各异,因此采用的成形方法各种各样,应经综合分析后确定。

④ 烧结 是对成形坯体进行低于熔点的高温加热,使其内的粉体间产生颗粒黏结,经过物质迁移导致致密化和高强度的过程。只有经过烧结,成形坯体才能成为坚硬的具有某种显微结构的陶瓷制品 (多晶烧结体),烧结对陶瓷制品的显微组织结构及性能有着直接的影响。

⑤ 后续加工 陶瓷经成形、烧结后,还可根据需要进行后续精密加工,使之符合表面粗糙度、形状、尺寸等精度要求,如磨削加工、研磨与抛光、超声波加工、激光加工甚至切削加工等。切削加工是采用金刚石刀具在超高精度机床上进行的,目前在陶瓷加工中仅有少量应用。

下面着重介绍新型陶瓷的几种常用成形方法。

5.3.1 浇注成形

浇注成形是将陶瓷原料粉体悬浮于水中制成料浆,然后注入模型内成形,坯体的形成主要有注浆成形 (由模型吸水成坯)、凝胶注模成形 (由凝胶原位固化) 等方式。

5.3.1.1 注浆成形

注浆成形是将陶瓷悬浮料浆注入多孔质模型内,借助模型的吸水能力将料浆中的水吸出,从而在模型内形成坯体。其工艺过程包括悬浮料浆制备、模型制备、料浆浇注、脱模取件、干燥等阶段。

(1) 悬浮料浆的制备

这是注浆成形工艺的关键工序,注浆成形料浆是陶瓷原料粉体和水组成的悬浮液,为保证料浆的充型及成形性,利于得到形状完整、表面平滑光洁的坯体,减少成形时间和干燥收缩,减小坯体变形与开裂等缺陷,要求料浆具有良好的流动性、足够小的黏度 (<1Pa·s)、尽可能少的含水量、弱的触变性 (静止时黏度变化小)、良好的稳定性 (悬浮性) 及良好的渗透 (水) 性等性能。

新型陶瓷的原料粉体多为脊性料,必须采取一定措施,才能使料浆具有良好的流动性与悬浮性,单靠调节料浆水分是不可能的。让料浆悬浮的方法一般有如下两种。

① 控制料浆的 pH 值,如 Al_2O_3 料浆在 pH 值为 3 或 12 时,可获得较佳的流动性与悬浮能力。

② 加入适当的有机聚合电解质作分散剂,可降低料浆含水量,提高料浆的流动性与悬

浮性能。目前生产上采用加入 $0.3\%\sim0.6\%$ 陶瓷粉体的质量分数的阿拉伯树胶、羧甲基纤维素、聚丙烯酸铵盐、聚甲基丙烯酸铵盐等调制料浆，再配合 pH 值控制，可降低料浆含水量（料浆中水的质量分数可低达 $20\%\sim25\%$，甚至更低），且具有良好的流动性。

料浆通常采用湿法球磨或搅拌调制。最常用的注浆成形模型是石膏模，近年来也有用多孔塑料模的。

（2）注浆方法

有实心注浆和空心注浆两种基本方法。另外，为了强化注浆过程，铸造生产的压力铸造、真空铸造、离心铸造等工艺方法也被用于注浆成形，并形成了压力注浆、真空注浆与离心注浆等强化注浆方法。

① 实心注浆　如图 5-18(a) 所示，料浆注入模型后，料浆中的水分同时被模型的两个工作面吸收，注件在两模之间形成，没有多余料浆排出。坯体的外形与厚度由两模工作面构成的型腔决定。当坯体较厚时，靠近工作面处坯层较致密，远离工作面的中心部分较疏松，坯体结构的均匀程度会受到一定影响。

② 空心注浆　如图 5-18(b) 所示，料浆注入模型后，由模型单面吸浆，当注件达到要求的厚度时，排出多余料浆而形成空心注件。坯体外形由模型工作面决定，坯体的厚度则取决于料浆在模型中的停留时间。

③ 强化注浆　在注浆过程中，人为地对料浆施加外力，以加速注浆过程进行，提高吸浆速度，使坯体致密度与强度得到提高。强化注浆法有真空注浆、离心注浆［如图 5-18(c)］和压力注浆等。

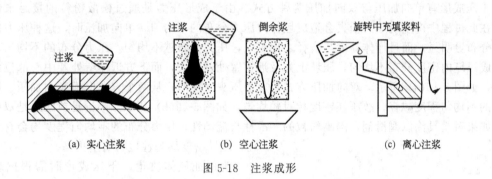

图 5-18　注浆成形

注浆成形适于制造大型厚胎、薄壁、形状复杂不规则的制品。其成形工艺简单，但劳动强度大，不易实现自动化，且坯体烧结后的密度较小，强度较差，收缩、变形较大，所得制品的外观尺寸精度较低，因此性能要求较高的陶瓷一般不采用此法生产。但随着分散剂的发展，均匀性好的高浓度低黏度浆料的获得，以及强力注浆的发展，注浆成形制品的性能与质量在不断提高。

5.3.1.2　凝胶注模成形

凝胶注模成形首先将陶瓷细粉加入含分散剂、有机高分子化学单体（如丙烯酰胺与双甲基丙烯酰胺）的水溶液中，调制成低黏度、高固相（陶瓷原料粉的体积分数通常达 50% 以上）含量的浓悬浮料浆，再将聚合固化引发剂（如过硫酸铵）加入料浆混合均匀，在料浆固化前将其注入无吸水性的模型内，在所加引发剂的作用下，料浆中的有机单体交联聚合成三维网状结构，使浓悬浮料浆在模型内原位固化成形。

5.3.2　压制成形

压制成形是将经过造粒的粒状陶瓷粉料，装入模具内直接受压力而成形的方法。

5.3.2.1　造粒

造粒即制备压制成形所用的坯料，它是在陶瓷原料细粉中加入一定量的塑化剂（如 $4\%\sim$ 6% 的浓度为 5% 的聚乙烯醇水溶液，作用是使本无塑性的坯料具有可塑性），制成粒度较粗（20 目左右）、含一定水分、具有良好流动性的团粒，以利于陶瓷坯料的压制成形。

对于新型陶瓷用粉料的粒度，应是越细越好，但太细对成形性能不利。因为粉粒越细，越易团聚，流动性越差，成形时不能均匀地填充模型，易产生空洞，导致坯体致密度不高。若形成团粒，则流动性好，装模方便，分布均匀，有利于提高坯件与烧结体的密度与均匀性。造粒质量好坏直接影响成形坯体及烧结体的质量，所以造粒是压制成形工艺的关键工序。在各种造粒方法中，以喷雾干燥法造粒的质量最好，且适用于现代化大规模生产，目前已广为采用。

喷雾干燥造粒法是将混合有适量塑化剂的陶瓷原料粉体预先调制成浆料（方法同注浆成形浆料的调制），再用喷雾器喷入造粒塔进行雾化和热风干燥，出来的粒子即为流动性较好的球状团粒。

5.3.2.2　压制方法

压制方法主要有干压成形、等静压成形和热压烧结成形等。

（1）干压成形

将造粒制备的团粒（水的质量分数$<6\%$），松散装入模具内，在压机柱塞施加的外压力作用下，团粒产生移动、变形、粉碎而逐渐靠拢，所含气体同时被挤压排出，形成较致密的具有一定形状、尺寸的压坯，然后卸模脱出坯体。

干压成形有单向加压与双向加压两种方式。由于成形压力是通过松散粉粒的接触来传递的，在此过程中产生的压力损失会造成坯体内压力分布的不均匀。单向加压时，这种压力的不均匀分布更明显，而且坯体高度与直径之比越大，压力分布越不均匀。压力分布的不均匀，必然造成压坯内密度分布不均匀，压坯上方及近模壁处密度大，而下方近模壁处及中心部位的密度小，如图 5-19(a) 所示。双向加压方式是上下压头（柱塞）从两个方向向模套内加压，压力分布的不均匀程度减轻，故压坯密度相对较均匀，如图 5-19(b) 所示。不论是单向还是双向加压，如果对模具涂以润滑剂，提高粉粒的润滑性与流动性，压力分布的不均匀程度均会有所减轻，压坯密度均匀性也将有所提高。

为保证坯体质量，干压成形时需根据坯体形状、大小、壁厚及粉料流动性、含水量等情况，控制好成形压力（一般为 $40\sim100MPa$）、加压速度与保压时间等工艺参数。

干压成形工艺操作方便，生产周期短，效率高，易于实现自动化生产，适宜大批量生产形状简单（圆截面形、薄片状等）、尺寸较小（高度为 $0.3\sim60mm$、直径为 $5\sim50mm$）的制品。由于坯体含水或其他有机物较少，因此坯体致密度较高，尺寸较精确，烧结收缩小，瓷件力学强度高。但干压成形坯体具有明显的各

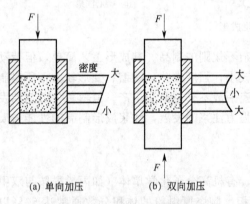

(a) 单向加压　　(b) 双向加压

图 5-19　干压成形的密度梯度

向异性，也不适于尺寸大、形状复杂制品的生产，且所需的设备、模具费用较高。

（2）等静压成形

等静压成形是利用液体或气体介质均匀传递压力的性能，把陶瓷粒状粉料置于有弹性的软模中，使其受到液体或气体介质传递的均衡压力而被压实成形的一种新型压制成形方法。

　　等静压成形坯体密度高且均匀，烧结收缩小，不易变形，制品强度高、质量好，适于形状复杂、较大且细长制品的制造。但等静压成形设备成本高。

　　等静压成形可分为冷等静压成形与热等静压成形两种。

　　① 冷等静压成形　在室温下，采用高压液体传递压力的等静压成形，根据使用模具不同又分为湿式等静压成形和干式等静压成形两种。

　　（ⅰ）湿式等静压成形。如图 5-20（a）所示，将配好的粒状粉料装入塑料或橡胶做成的弹性模具内，密封后置于高压容器内，注入高压液体介质（压力通常在 100MPa 以上），此时模具与高压液体直接接触，压力传递至弹性模具，对坯料加压成形，然后释放压力取出模具，并从模具中取出成形好的坯体。湿式等静压容器内可同时放入几个模具，压制不同形状坯体，该法生产效率不高，主要适用于成形多品种、形状较复杂、产量小和大型制品。

　　（ⅱ）干式等静压成形。在高压容器内封紧一个加压橡皮袋，加料后的模具送入橡皮袋中加压，压成后又从橡皮袋中退出脱模；也可将模具直接固定在容器橡皮袋中。此法的坯料添加和坯件取出都在干态下进行，模具也不与高压液体直接接触，如图 5-20（b）所示。而且，干式等静压成形模具的两头（垂直方向）并不加压，适于压制长形、薄壁、管状制品。

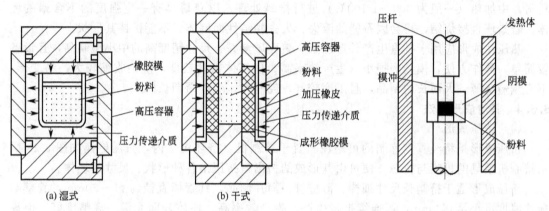

（a）湿式　　　　　　　（b）干式

图 5-20　冷等静压成形　　　　　　图 5-21　热压（成形）烧结示意

　　② 热等静压成形　在高温下，采用惰性气体代替液体作压力传递介质的等静压成形，是在冷等静压成形与热压烧结的工艺基础上发展起来的，又称热等静压烧结。它用金属箔代替橡胶模，用惰性气体向密封容器内的粉末同时施加各向均匀的高压高温，使成形与烧结同时完成。与热压烧结相比，该法烧结制品致密均匀，但所用设备复杂，生产效率低、成本高。

　　（3）热压烧结

　　热压烧结是将干燥粉料充填入石墨或氧化铝模型内，再从单轴方向边加压边加热，使成形与烧结同时完成，如图 5-21 所示。由于加热加压同时进行，陶瓷粉料处于热塑性状态，有利于粉末颗粒的接触、流动等过程的进行，因而可减小成形压力，降低烧结温度，缩短烧结时间，容易得到晶粒细小、致密度高、性能良好的制品。但制品形状简单，且生产效率低。

5.3.3　热压注成形

　　热压注成形是利用蜡类材料热熔冷固的特点，将配料混合后的陶瓷细粉与熔化的蜡料黏合剂加热搅拌成具有流动性与热塑性的蜡浆，在热压注机中用压缩空气将热熔蜡浆注满金属模空腔，蜡浆在模腔内冷凝形成坯体，再行脱模取件。

蜡浆的制备是热压注成形工艺中最重要的一环，其制备过程如图 5-22 所示。

图 5-22　蜡浆制备过程示意

拌蜡前的陶瓷细粉应充分干燥并加热至 $60\sim80℃$，再与熔化的石蜡在和蜡机中混合搅拌，陶瓷细粉过冷易凝结成团块，难以搅拌均匀。石蜡作为增塑剂，具有良好的热流动性、润滑性和冷凝性，其加入量通常为陶瓷粉料用量的 $12\%\sim16\%$。加入表面活性物质（如油酸、硬脂酸、蜂蜡等）的目的是使陶瓷细粉与石蜡更好结合，减少石蜡用量，改善蜡浆成形性能与提高蜡坯强度。

热压注成形时，蜡浆温度一般为 $65\sim75℃$、模具温度为 $15\sim25℃$、注浆压力为 $0.3\sim0.5MPa$、压力持续时间通常为 $0.1\sim0.2s$。

热压注成形的蜡坯在烧结之前，要先埋入疏松、惰性的吸附剂（一般采用煅烧 Al_2O_3 粉料）中加热（一般为 $900\sim1100℃$）进行排蜡处理，以获得具有一定强度的不含蜡的坯体。若蜡坯直接烧结，将会因石蜡的流失、失去黏结性而解体，不能保持其形状。

热压注成形应用于批量生产外形复杂、表面质量好、尺寸精度高的中小型制品，且设备较简单，操作方便，模具磨损小，生产效率高。但坯体密度较低，烧结收缩较大，易变形，不宜制造壁薄、大而长的制品，且工序较繁，耗能大，生产周期长。

5.3.4　其他成形方法

（1）挤压成形

挤压成形是将经真空炼制的可塑泥料置于挤制机（挤坯机）内，只需更换如图 5-23 所示挤制机模具的机嘴与机芯，便可由其形成的挤出口挤压出各种形状、尺寸的坯体。

挤压成形适于挤制长尺寸细棒、薄壁管、薄片制品，其管棒直径约 $\phi1\sim30mm$，管壁与薄片厚度可小至 $0.2mm$，可连续批量生产，生产效率高，坯体表面光滑、规整度好。但模具制作成本高，且由于溶剂和黏结剂较多，导致烧结收缩大，制品性能受影响。

（2）注射成形

注射成形是将陶瓷粉和有机黏结剂混合后，加热混炼并制成粒状粉料，经注射成形机，在 $130\sim300℃$ 温度下注射到金属模腔内，冷却后黏结剂固化成形，脱模取出坯体。

注射成形适于形状复杂、壁薄（0.6mm）、带侧孔制品（如汽轮机陶瓷叶片等）的大批量生产，坯体密度均匀，烧结体精度高，且工艺简单、成本低。但生产周期长，金属模具设计困难，费用昂贵。

（3）流延、轧膜成形

流延、轧膜成形方法用于陶瓷薄膜坯的成形。

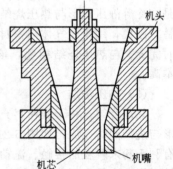

图 5-23　挤压成形模具组合

① 流延成形　是将陶瓷粉料与黏合剂、增塑剂、分散剂、溶剂等进行混磨，形成稳定、流动性良好的陶瓷料浆，如图 5-24 所示。流延成形是目前制造厚度小于 $0.2mm$ 超薄型制品的主要方法，如薄膜电子电路配线基片、叠层电容器瓷片、集成电路组件叠层薄片、压敏电阻、磁记忆片等。

② 轧膜成形　是将陶瓷粉料与一定量的有机黏结剂和溶剂混合拌匀后，通过如图 5-25

所示的轧膜成形。轧膜成形用于制造批量较大的厚度在 1mm 以下的薄片状制品，如薄膜、厚膜电路基片、圆片电容器等。

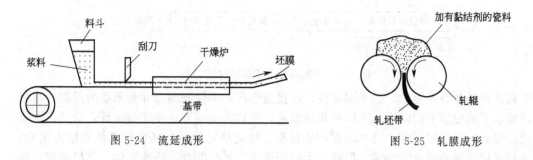

图 5-24　流延成形　　　　　　　　　　　　　图 5-25　轧膜成形

5.4　复合材料成形

复合材料是将两种或两种以上不同性质的材料组合在一起，构成的性能比其组成材料优异的一类新型材料。复合材料由两类物质组成：一类作为基体材料，形成几何形状并起粘接作用，如树脂、陶瓷、金属等；另一类作为增强材料，起提高强度或韧度作用，如纤维、颗粒、晶须等。复合材料按基体不同可分为聚合物基复合材料、金属基复合材料、陶瓷基复合材料等。

复合材料的增强材料与基体材料的综合优越性只有通过成形工序才能体现出来，复合材料具有的可设计性以及材料和制品一致性的特点，都是由不同的成形工艺赋予的，因此应当根据制品的结构形状和性能要求来选择成形方法。金属材料的各种成形工艺多适用于颗粒、晶须及短纤维增强的金属基复合材料，包括压力铸造、熔模铸造、离心铸造、挤压、轧制、模锻等。在形成复合材料的过程中，增强材料通过其表面与基体粘接并固定于基体之中，其本体材料的性状结构不发生变化。而与此有显著区别的是，基体材料要经历性状的巨大变化。

5.4.1　聚合物基复合材料成形

聚合物基复合材料是目前结构复合材料中发展最早、研究最多、应用最广的一类，其基体可为热塑性塑料和热固性塑料，其中，以热固性树脂最为常用。增强物可以是纤维、晶须、粒子等。热固性树脂基复合材料以热固性树脂为基体，以无机物、有机物为增强材料。常用的热固性树脂有不饱和聚酯树脂、环氧树脂、酚醛树脂等，常用的增强材料有碳纤维（布）、玻璃纤维（布、毡）、有机纤维（布）、石棉纤维等。其中，碳纤维常用以增强环氧树脂，玻璃纤维常用以增强不饱和聚酯树脂。

5.4.1.1　热固性聚合物基复合材料成形工艺

聚合物基复合材料的成形工艺有如下几种：

（1）预浸料及预混料成形

预浸料通常是指定向排列的连续纤维等浸渍树脂后形成的厚度均匀的薄片状半成品。预混料是指由不连续纤维浸渍树脂或与树脂混合后所形成的较厚的片状、团状或粒状半成品。预浸料和预混料半成品还可通过其他成形工艺制成最终产品。

（2）手糊成形

手糊成形工艺如图 5-26 所示，是用于制造热固性树脂复合材料的一种最原始、最简单的成形工艺。在模具上涂一层脱模剂，再涂上表面胶后，将增强材料铺放在模具中或模具上，然后通过浇、刷或喷的方法加上树脂并使增强材料浸渍；用橡皮辊或涂刷的方法赶出空气，如此反复添加增强剂和树脂，直到获得所需厚度，经固化成为产品。

图 5-26　手糊成形工艺流程示意

　　手糊成形操作技术简单，适于多品种、小批量生产，不受制品尺寸和形状的限制，可根据设计要求手糊成形不同厚度、不同形状的制品。但这种成形方法生产效率低，劳动条件差且劳动强度大；制品的质量、尺寸精度不易控制，性能稳定性差，强度较其他成形方法低。手糊成形可用于制造船体、储罐、储槽、大口径管道、风机叶片、汽车壳体、飞机蒙皮、机翼、火箭外壳等大中型制件。

　　（3）喷射成形

　　喷射成形是将调配好的树脂胶液（多采用不饱和聚酯树脂）与短切纤维（长度 25～50mm），通过喷射机的喷枪（喷嘴直径 1.2～3.5mm，喷射量 8～60g/s）均匀喷射到模具上沉积，每喷一层（厚度应小于 10mm），即用辊子滚压，使之压实、浸渍并排出气泡，再继续喷射，直至完成坯件制作，最后固化成制品，如图 5-27 所示。

　　喷射成形法与手糊成形相比生产效率提高，劳动强度降低，适于批量生产大尺寸制品，制品无搭接缝，整体性好。但场地污染大，制品树脂含量高（质量分数约 65%），强度较低。喷射法可用于成形船体、容器、汽车车身、机器外罩、大型板等制品。

　　（4）铺层法成形

　　用手工或机械手，将预浸材料（将连续纤维或织物、布浸渍树脂，烘干而成的半成品材料，如胶布、无纬布、无纬带等）按预定方向

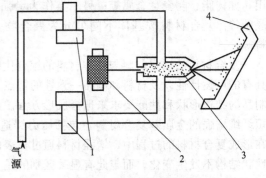

图 5-27　喷射成形原理
1—树脂罐与泵；2—纤维；3—喷枪；4—模具

和顺序在模具内逐层铺贴至所需厚度（或层数），获得铺层坯件，然后将坯件装袋，经加热加压固化、脱模修整获得制品。铺层成形的制品强度较高，铺贴时，纤维的取向、铺贴顺序与层数可按受力需要，根据材料的优化设计来确定。

　　高级复合材料已广泛用在航天飞机上，如飞机机翼、舱门、尾翼、壁板、隔板等薄壁件、工字梁等型材。有的已代替金属材料作为主要承力构件。

　　铺层坯件的加温加压固化方法通常有真空袋法、压力袋法、热压罐法等，如图 5-28

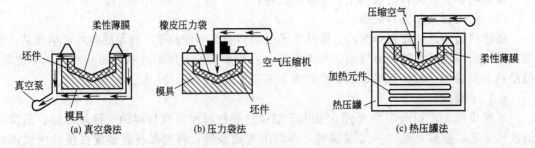

图 5-28　铺层加压固化方法示意

所示。

真空袋法产生的压力较小，为 0.05～0.07MPa，故难以取得密实制品。

压力袋法是通过向弹性压力袋充入压缩空气，实现对置放于模具上的铺层坯件均匀施加压力的，压力可达 0.25～0.5MPa。

热压罐法是利用金属压力容器——热压罐，对置放于模具上的铺层坯件加压（通过压缩空气实现）和加热（通过热空气、蒸汽或模具内加热元件产生的热量），使其固化成形。热压罐法可获得压制紧密，厚度公差范围小的高质量制件，适用于制造大型和复杂的部件，如机翼、导弹载入体、部件胶接组装等。但该法能源利用率低，热压罐重量较大、结构复杂，设备费用高。

真空袋法、压力袋法和热压罐还可用于手糊成形或喷射成形坯件的加压固化成形。

（5）缠绕法成形

缠绕法成形是采用预浸纱带、预浸布带等预浸料，或将连续纤维、布带浸渍树脂后，在适当的缠绕张力下按一定规律缠绕到一定形状的芯模上至一定厚度，经固化脱模获得制品的一种方法。与其他成形方法相比，缠绕法成形可以保证按照承力要求确定纤维排布的方向、层次，充分发挥纤维的承载能力，体现了复合材料强度的可设计性及各向异性，因而制品结构合理、比强度高；纤维按规定方向排列整齐，制品精度高、质量好；易实现自动化生产，生产效率高；但缠绕法成形需缠绕机、高质量的芯模和专用的固化加热炉等，投资较大。

缠绕法成形主要用于大批量成形需承受一定内压的中空容器，如固体火箭发动机壳体、压力容器、管道、火箭尾喷管、导弹防热壳体、贮罐、槽车等。制品外形除圆柱形、球形外，也可成形矩形、鼓形及其他不规则形状的外凸型及某些复杂形状的回转型。图 5-29 为缠绕法成形示意图。

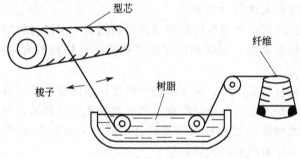

图 5-29　缠绕法成形示意

（6）模压成形

模压成形是指模塑料、预浸料以及缠绕在芯模上的缠绕坯料等在金属模具中，在压力和温度作用下经过塑化、熔融流动、充满模腔成形固化而获得制品。模塑料是由树脂浸渍短切纤维经过烘干制成的，如散乱状的高强度短纤维模塑料（纤维含量高）、成卷的片状模塑料（片料宽度 1.0mm，厚度 2.0mm）、块状模塑料（一定重量和形状的料块）、成形坯模塑料（结构、形状、尺寸与制品相似的坯料）等。模压成形方法适用于异形制品的成形，生产效率高，制品的尺寸精确、重复性好，表面粗糙度小、外观好，材料质量均匀、强度高，适于大批量生产。结构复杂制品可一次成形，无需有损制品性能的辅助机械加工。其主要缺点是模具设计制造复杂，一次投资费用高，制件尺寸受压机规格的限制。一般限于中小型制品的批量生产。

模压成形工艺按成形方法可分为压制模压成形、压注模压成形与注射模压成形。主要用于制造尺寸精确、形状复杂、薄壁、表面光滑、带金属嵌件的中小型制品，如各种中小型容器及各种仪器、仪表的表盘、外壳等，还可制作小型车船外壳及零部件等。

(7) 其他成形方法

① 离心浇注成形　利用筒状模具旋转产生的离心力将短切纤维连同树脂同时均匀喷洒到模具内壁形成坯件；或先将短切纤维毡铺在筒状模具的内壁上，再在模具快速旋转的同时，向纤维层均匀喷洒树脂液浸润纤维形成坯件，坯件达所需厚度后通热风固化。离心浇注成形生产的制件具有壁厚均匀，外表光洁的特点，主要应用于大直径筒、管、罐类制件的成形。

② 拉挤成形　如图 5-30 所示，将浸渍过树脂胶液的连续纤维束或带，在牵引机构拉力作用下，通过成形模定形，再进行固化，连续引拔出长度不受限制的复合材料管、棒、方形、工字形、槽形，以及非对称形的异形截面等型材，如飞机和船舶的结构件，矿井和地下工程构件等。拉挤工艺只限于生产型材，设备复杂。

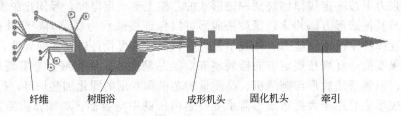

纤维　　　树脂浴　　　　成形机头　　固化机头　　牵引

图 5-30　拉挤（卧式）成形示意

成形方法可进行"复合"，即用几种成形方法同时完成一件制品。例如成形一种特殊用途的管子，在采用纤维缠绕的同时，还用布带缠绕或用喷射方法复合成形。

5.4.1.2　热塑性树脂基复合材料的成形

热塑性树脂基复合材料由热塑性树脂和增强材料组成。基体材料应用较广的有尼龙、聚甲醛、聚碳酸酯、改性聚苯醚、聚砜和聚烯烃类树脂。增强材料有增强短纤维和各种增强粒子。

热塑性树脂基复合材料成形时，是靠树脂的物理状态的变化来完成的。其过程主要由加热熔融、流动成形和冷却硬化三个阶段组成。已成形的坯件或制品，再加热熔融后还可以二次成形。粒子及短纤维增强的热塑性树脂基复合材料可采用挤出成形、注射成形和模压成形，其中，挤出成形和注射成形占主导地位。

挤出成形是将颗粒或粉状树脂以及短切纤维混合料送入挤出机缸筒内，经加热熔融呈黏流态，在挤压力（借助旋转螺杆的推挤）作用下使其连续通过口模（机头孔型），然后冷却硬化定型，得到口模所限定形状的等断面型材，如各种板、管、棒、片、薄膜以及各种异形断面型材。型材长度不受限制，设备通用性强，制品质量均匀密实。

5.4.1.3　树脂基复合材料设计中需注意的问题

树脂基复合材料设计中需注意以下问题。

(1) 成形工艺的选择应以制品结构和使用受力情况为依据

如为载荷条件非常清楚的单向受力杆件和梁，采用拉挤法成形可保证制品在顺着纤维方向上具有最大的强度和刚度（但在垂直纤维方向是最弱的）；板壳构件可采用连续纤维缠绕工艺以实现各个方向具有不同强度和刚度的要求。也可选取纤维织物或胶布、无纬布、无纬带等预浸料交叉铺叠，或用 0°、90° 方向的连续纤维组成得到各向异性的制品。

通常将纤维主方向与板、壳的框、肋成 45° 角，这样有利于发挥纤维的强度，而且在板、壳面内有较高的抗剪能力；对于载荷情况不很清楚或承受随机分布载荷的制品，选用短切纤维模压、喷射等成形方法可以获得近似各向同性的制品。当采用连续长纤维组成时，可按 0°、±60°、±45°、90°几个方向铺设。但这类复合材料的强度和刚度较低。

树脂基复合材料中纤维的强度与弹性模量通常要比基体大几十倍，而且复合材料内基体与增强体间的界面结合力又是决定其强度的主要因素之一，所以树脂基复合材料常会出现层间剪切强度、层间抗拉强度及剪切弹性模量低的问题。

一维纤维强化的玻璃钢在纤维方向的抗拉强度很高，可达 1×10^3 MPa，但横向强度只有 50MPa。如果设计时只知道主方向载荷，很可能设计出的构件在主方向载荷下没有破坏，却在次要的另一方向载荷下发生断裂。这种情况在各向同性的金属材料中通常是不会发生的。因此，对于复合材料，必须在设计以前把实际可能出现的载荷及分布都弄清楚。

（2）构件弯折处应设计过渡圆角

构件弯折处一般容易产生应力集中，树脂基复合材料构件的弯折处还会出现部分树脂聚积和纤维缺胶的现象，这样更容易使构件弯折处的强度降低，圆角的设置可改善强度性质。

（3）采取适当措施提高构件刚度

有些复合材料的弹性模量较低，可采取增加结构截面积（增加厚度）或采用夹层结构等方法提高构件刚度。

（4）尽可能合并结构元件

按设计需要，根据运输、安装的可能与方便，尽可能合并结构元件，将其一次成形成为一个组合件。这样可简化制品结构，减少组成零件和连接零件的数量，减少连接与安装工作量，对减轻制品重量，降低工艺消耗，提高结构使用性能和降低成本是十分有利的。

（5）严格成形操作工艺

树脂基复合材料成形时，具体工艺操作要求比较严格。如果材料组分、配比、纤维排布（或分布）不符合设计要求，操作中形成皱折、气泡或其他缺陷，都将影响制品质量。另外，应当避免那些降低性能的工艺操作（如钻孔和切断纤维），尽量减少和消除性能薄弱区、应力集中区（如孔、沟、槽等）。尤其是热固性树脂基复合材料，其制品一旦出现缺陷，大多会因不可修复而报废，材料也无法回收利用，从而造成浪费。

5.4.2　金属基复合材料成形

金属基复合材料是以金属或合金为基体，与一种或几种金属或非金属增强相结合成的复合材料。金属基可以是铝、钛、镁、铜、钢等，增强材料采用陶瓷颗粒、碳纤维、石墨纤维、硼纤维、陶瓷纤维、陶瓷晶须、金属纤维、金属晶须、金属薄片等。

复合材料（成形）工艺以复合时金属基体的物态不同可分为固相法和液相法。固态法主要包括扩散法和粉末冶金法两种。扩散法结合工艺是在一定温度和压力下，通过互相扩散使金属基体与增强相结合在一起。粉末冶金法将金属基制成粉末，并与增强材料混合，再经热压或冷压后烧结等工序制得复合材料的工艺。液态法包括压铸、半固态复合铸造、液态渗透等。压铸成形是指在压力作用下，将液态或半液态金属基复合材料以一定的速度填充压铸模型腔，在压力下凝固成形的工艺方法。半固态复合铸造是指将颗粒加入处于半固态的金属基体中，通过搅拌使颗粒在金属基体中均匀分布，然后浇注成形。

由于金属基复合材料的加工温度高，工艺复杂，界面反应控制困难，成本较高，故应用的成熟程度远不如树脂基复合材料，应用范围较小。目前，主要应用于航空、航天领域。

5.4.2.1　颗粒增强金属基复合材料成形

对于以各种颗粒、晶须及短纤维增强的金属基复合材料，其成形通常采用以下方法。

（1）粉末冶金法

粉末冶金法是将颗粒、晶须或短纤维增强材料与金属粉末均匀混合，在模具内加压烧结成形，这是一种比较成熟和常用的工艺，制得的复合材料致密度高，增强相分布均匀，已成功地用于制造飞机构件、涡轮发动机叶片、火箭发动机壳体等。

（2）铸造法

一边搅拌金属或合金熔融体，一边向熔融体逐步投入增强体，使其分散混合，形成均匀的液态金属基复合材料，然后采用压力铸造、离心铸造和熔模精密铸造等方法形成金属基复合材料。

（3）加压浸渍

将颗粒、短纤维或晶须增强体制成含一定体积分数的多孔预成形坯体，将预成形坯体置于金属型腔的适当位置，浇注熔融金属并加压，使熔融金属在压力下浸透预成形坯体（充满预成形坯体内的微细间隙），冷却凝固形成金属基复合材料制品，采用此法已成功制造了陶瓷晶须局部增强铝活塞。图5-31为加压浸渍工艺示意图。

（4）挤压或压延

将短纤维或晶须增强体与金属粉末混合后进行热挤或热轧，获得制品。

5.4.2.2　纤维增强金属基复合材料成形

对于以长纤维增强的金属基复合材料，其成形方法主要如下。

（1）扩散结合法

该法是连续长纤维增强金属基复合材料最具代表性的复合工艺。按制件形状及增强方向要求，将基体金属箔或薄片，以及增强纤维裁剪后交替铺叠，然后

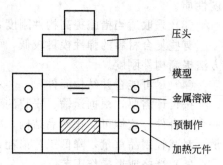

图 5-31　加压浸渍工艺示意

在低于基体金属熔点的温度下加热加压并保持一定时间，基体金属产生蠕变和扩散，使纤维与基体间形成良好的界面结合，获得制件。图 5-32 为扩散结合法示意图。

扩散结合法易于精确控制，制件质量好。但由于加压的单向性，使该方法限于制作较为简单的板材、某些型材及叶片等制件。

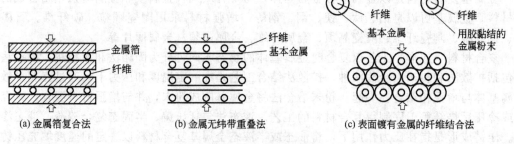

(a) 金属箔复合法　　　(b) 金属无纬带重叠法　　　(c) 表面镀有金属的纤维结合法

图 5-32　扩散结合法示意

（2）熔融金属渗透法

在真空或惰性气体介质中，使排列整齐的纤维束之间浸透熔融金属，如图 5-33 所示。常用于连续制取圆棒、管子和其他截面形状的型材，而且加工成本低。

（3）等离子喷涂法

在惰性气体保护下，等离子弧向排列整齐的纤维喷射熔融金属微粒子。其特点是熔融金

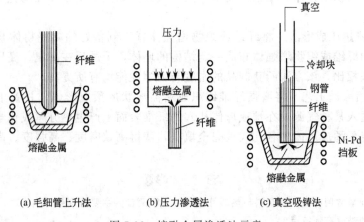

(a) 毛细管上升法　　　(b) 压力渗透法　　　(c) 真空吸铸法

图 5-33　熔融金属渗透法示意

属粒子与纤维结合紧密，纤维与基体材料的界面接触较好；而且微粒在离开喷嘴后是急速冷却的，因此几乎不与纤维发生化学反应，又不损伤纤维。此外，还可以在等离子喷涂的同时，将喷涂后的纤维随即缠绕在芯模上成形。喷涂后的纤维经过集束层叠，再用热压法压制成制品。

5.4.2.3　层合金属基复合材料的成形

层合金属基复合材料是由两层或多层不同金属相互紧密结合组成的材料，可根据需要选择不同的金属层。其成形方法有轧合、双金属挤压、爆炸焊合等。

（1）轧合

将不同的金属层通过加热、加压轧合在一起，形成整体结合的层压包覆板。包覆层金属的厚度范围一般是层压板厚度的 2.5%～20%。

（2）双金属挤压

将由基体金属制成的金属芯，置于由包覆用金属制成的套管中，组装成挤压坯，在一定压力、温度条件下挤压成带无缝包覆层的线材、棒材、矩形和扁型材等。

（3）爆炸焊合

这是一种焊接方法，利用炸药爆炸产生的爆炸力使金属叠层间整体结合成一体。

5.4.3　陶瓷基复合材料成形

用陶瓷作基体，以纤维或晶须作增强物所形成的复合材料称为陶瓷基复合材料。通常陶瓷基体有玻璃陶瓷、氧化铝、氮化硅、碳化硅等。陶瓷基复合材料制备工艺有粉末冶金法、浆体法、溶胶-凝胶法等。陶瓷基复合材料的粉末冶金法与金属基复合材料的粉末冶金法相似；浆体法是采用浆体形式，使复合材料的各组元保持散凝状（增强物弥散分布），使增强材料与基体混合均匀，可直接浇注成形，也可通过热压或冷压后烧结成形；溶胶-凝胶法是使基体形成溶液或溶胶，然后加入增强材料组元，经搅拌使其均匀分布，当基体凝固后，这些增强材料组元则固定在基体中，经干燥或一定温度热处理，然后压制、烧结得到复合材料的工艺。

陶瓷基复合材料的成形方法分为两类，一类是针对陶瓷短纤维、晶须、颗粒等增强体，复合材料的成形工艺与陶瓷基本相同，如料浆浇铸法、热压烧结法等；另一类是针对碳、石墨、陶瓷连续纤维增强体，复合材料的成形工艺常采用料浆浸渗法、料浆浸渍后热压烧结法和化学气相渗透法。

① 料浆浸渗法　将纤维增强体编织成所需形状，用陶瓷浆料浸渗，干燥后进行烧结。

该法的优点是不损伤增强体，工艺较简单，无需模具。缺点是增强体在陶瓷基体中的分布不大均匀。

② 料浆浸渍热压成形法　将纤维或织物增强体置于制备好的陶瓷粉体浆料里浸渍，然后将含有浆料的纤维或织物增强体布成一定结构的坯体，干燥后在高温、高压下热压烧结为制品。与浸渗法相比，该方法所获制品的密度与力学性能均有所提高。

③ 化学气相渗透工艺　将增强纤维编织成所需形状的预成形体，并置于一定温度的反应室内，然后通入某种气源，在预成形体孔穴的纤维表面上产生热分解或化学反应沉积出所需陶瓷基质，直至预成形体中各孔穴被完全填满，获得高致密度、高强度、高韧度的制件。

习　题

1. 什么是塑料？列举常用的热固性塑料与热塑性塑料，说明两者的主要区别是什么？
2. 塑料在黏流态的黏度有何特点？
3. 塑料的结晶性与金属有何不同？为什么？
4. 常用的塑料成形方法有哪些？各有何特点？
5. 热塑性塑料成形工艺性能有哪些？如何控制这些工艺参数？
6. 塑料注射模具一般由几部分组成？浇注系统的作用是什么？
7. 分析注射成形、压塑成形、传递模塑成形的主要异同点。
8. 橡胶材料的主要特点是什么？常用的橡胶种类有哪些？
9. 为什么橡胶先要塑炼？成形时硫化的目的是什么？
10. 简述橡胶压制成形过程。控制硫化过程的主要条件有哪些？
11. 橡胶的注射成形与压制成形各有何特点？
12. 陶瓷制品的生产过程是怎样的？
13. 陶瓷注浆成形对浆料有何要求？其坯体是如何形成的？该法适于制作何类制品？
14. 陶瓷压制成形用坯料为何要采用造粒粉料？压制成形主要有哪几种方法？各有何特点？
15. 陶瓷热压注成形采用什么坯料？如何调制？该法在应用上有何特点？
16. 复合材料成形工艺有什么特点？
17. 复合材料的原材料、成形工艺和制品性能之间存在什么关系？
18. 在复合材料成形时，手糊成形为什么被广泛采用？它适合于哪些制品的成形？
19. 模压成形工艺按成形方法可分为哪几种？各有何特点？
20. 纤维缠绕工艺的特点是什么？适于何类制品的成形？
21. 颗粒增强金属基复合材料的成形方法主要有哪些？
22. 试设计一种纤维增强树脂基复合材料的成形方法。

第6章 │ 材料成形方法选择

材料的成形过程是机械制造的重要工艺过程。机器制造中，大部分零件是先通过铸造成形、锻压成形、焊接成形或非金属材料成形方法制得毛坯，再经过切削加工制成的。毛坯成形方法的选择，对机械制造质量、成本、使用性能和产品形象有重要的影响，是机械设计和制造中的关键环节之一。

通常，零件的材料一旦确定，其毛坯成形方法也大致确定了。例如，零件采用 ZL202、HT200、QT600-2 等，显然其毛坯应选用铸造成形；齿轮零件采用 45 钢、LD7 等常采用锻压成形；零件采用 Q235、08 钢等板、带材，则一般选用切割、冲压或焊接成形；零件采用塑料，则选用合适的塑料成形方法；零件采用陶瓷，则应选用陶瓷成形方法。反之，在选择毛坯成形方法时，除了考虑零件结构工艺性之外，还要考虑材料的工艺性能能否符合要求。因此，在进行零件设计时，应根据零件的工作条件、所需功能、使用要求及其经济指标（经济性、生产条件、生产批量等）等方面进行零件结构设计（确定形状、尺寸、精度、表面粗糙度等）、材料选用（选定材料、强化改性方法等）、工艺设计（选择成形方法、确定工艺路线等）等。

6.1 材料成形方法选择的原则与依据

6.1.1 材料成形方法的选择原则

材料成形方法的选择原则，应在满足使用要求的前提下，尽可能地降低生产成本，使产品在市场上具有竞争能力。正确选择材料成形方法具有重大的技术经济意义，选择时必须合理考虑以下原则。

6.1.1.1 适用性原则

适用性原则是指要满足零件的使用要求及对成形加工工艺性的适应。

（1）满足使用要求

零件的使用要求包括对零件形状、尺寸、精度、表面质量和材料成分、组织的要求，以及工作条件对零件材料性能的要求。不同零件，功能不同，其使用要求也不同，即使是同一类零件，其选用的材料与成形方法也会有很大差异。例如，机床的主轴和手柄，同属杆类零件，但其使用要求不同，主轴是机床的关键零件，尺寸、形状和加工精度要求很高，受力复杂，在长期使用中不允许发生过量变形，应选用 45 钢或 40Cr 钢等具有良好综合力学性能的材料，经锻造成形及严格切削加工和热处理制成；而机床手柄则采用低碳钢圆棒料或普通灰铸铁件为毛坯，经简单的切削加工即可制成。又如燃气轮机叶片与风扇叶片，虽然同样具有空间几何曲面形状，但前者应采用优质合金钢经精密锻造成形，而后者则可采用低碳钢薄板冲压成形。

另外，在根据使用要求选择成形方法时，还必须注意各种成形方法能够经济获得的制品尺寸形状精度、结构形状复杂程度、尺寸重量大小等。

(2) 适应成形加工工艺性

零件的使用要求决定了毛坯形状特点，各种不同的使用要求和形状特点，形成了相应的毛坯成形工艺要求。零件的使用要求具体体现在对其形状、尺寸、加工精度、表面粗糙度等外部质量，和对其化学成分、金属组织、力学性能、物理性能和化学性能等内部质量的要求上。对于不同零件的使用要求，必须考虑零件材料的工艺特性（如铸造性能、锻造性能、焊接性能等）来确定采用何种毛坯成形方法。例如，不能采用锻压成形的方法和避免采用焊接成形的方法来制造灰口铸铁零件；避免采用铸造成形方法制造流动性较差的薄壁毛坯；不能采用普通压力铸造的方法成形致密度要求较高或铸后需热处理的毛坯；不能采用锤上模锻的方法锻造铜合金等再结晶速度较低的材料；不能用埋弧自动焊焊接仰焊位置的焊缝；不能采用电阻焊方法焊接铜合金构件；不能采用电渣焊焊接薄壁构件等。选择毛坯成形方法的同时，也要兼顾后续机加工的可加工性。如对于切削加工余量较大的毛坯就不能采用普通压力铸造成形，否则将暴露铸件表皮下的孔洞；对于需要切削加工的毛坯尽量避免采用高牌号珠光体球墨铸铁和薄壁灰口铸铁，否则难以切削加工。一些结构复杂，难以采用单种成形方法成形的毛坯，既要考虑各种成形方案结合的可能性，也需考虑这些结合是否会影响机械加工的可加工性。

6.1.1.2　经济性原则

选择成形方法时，在保证零件使用要求的前提下，对几个可供选择的方案应从经济上进行分析比较，从中选择成本低廉的成形方法。如生产一个小齿轮，可以从圆棒料切削而成，也可以采用小余量锻造齿坯，还可用粉末冶金制造，至于最终选择何种成形方法，应该在比较全部成本的基础上确定。

首先，应把满足使用要求与降低成本统一起来。脱离使用要求，对成形加工提出过高要求，会造成无谓的浪费；反之，不顾使用要求，片面强调降低成形加工成本，则会导致零件达不到工作要求、提前失效，甚至造成重大事故。因此，为能有效降低成本，应合理选择零件材料与成形方法。例如，汽车、拖拉机发动机曲轴，承受交变、弯曲与冲击载荷，设计时主要是考虑强度和韧度的要求，曲轴形状复杂，具有空间弯曲轴线，多年来选用调质钢（如40、45、40Cr、35CrMo 等）模锻成形。现在普遍改用疲劳强度与耐磨性较高的球墨铸铁（如 QT600-3、QT700-2 等），砂型铸造成形，不仅可满足使用要求，而且成本降低了 50%～80%，加工工时减少了 30%～50%，还提高了耐磨性。

其次，为获得最大的经济效益，不能仅从成形工艺角度考虑经济性，而应从降低零件总成本考虑，即应从所用材料价格、零件成品率、整个制造过程加工费、材料利用率与回收率、零件寿命成本、废弃物处理费用等方面进行综合考虑。例如，手工造型的铸件和自由锻造的锻件，虽然毛坯的制造费用一般较低（生产准备时间短、工艺装备的设计制造费用低），但原材料消耗和切削加工费用都比机器造型的铸件和模锻的锻件高，因此在大批量生产时，零件的整体制造成本反而高。而某些单件或小批量生产的零件，采用焊接件代替铸件或锻件，可使成本较低。再如螺钉，在单件小批量生产时，可选用自由锻件或圆钢切削而成。但在大批量制造标准螺钉时，考虑加工费用在零件总成本中占很大比例，应采用冷镦、搓丝方法制造，使总成本大大下降。

　　毛坯的成形方案要根据现场生产条件选择。现场生产条件主要包括现场毛坯制造的实际工艺水平、设备状况以及外协的可能性和经济性，但同时也要考虑因生产发展而采用较先进的毛坯制造方法。为此，毛坯选择时，应分析本企业现有的生产条件，如设备能力和员工技术水平，尽量利用现有生产条件完成毛坯制造任务。若现有生产条件难以满足要求时，则应考虑改变零件材料和（或）毛坯成形方法，也可通过外协加工或外购解决。

6.1.1.3　可持续发展原则

　　环境恶化和能源枯竭已是 21 世纪人类必须解决的重大问题，在发展工业生产的同时，必须考虑环保和节能问题。在工艺流程设计中应考虑可持续发展的原则，应保护子孙后代的生存环境。现在，环境恶化已成为全球关注的大问题，地球温暖化，臭氧层破坏，酸雨，固体垃圾，资源、能源的枯竭，等等。环境恶化不仅阻碍生产发展，甚至危及人类的生存。因此，人们在发展工业生产的同时，必须考虑环境保护，力求做到与环境相宜，对环境友好。要考虑从原料到制成材料，然后经成形加工成制品，再经使用至损坏而废弃，或回收、再生、再使用（再循环），在这整个过程中所消耗的全部能量（即全寿命消耗能量），CO_2 气体排出量，以及在各阶段产生的废弃物，有毒排气、废水等情况。这就是说，评价环境负载性，谋求对环境友好，不能仅考虑制品的生产工程，而应全面考虑生产、还原两个工程。例如汽车在使用时需要燃料并排出废气，人们就希望出现尽可能节能的汽车，故首先要求汽车轻，发动机效率高，这必然要通过更新汽车用材与成形方法才可能实现。

　　另外，材料经各种成形加工工艺成为制品，生产系统中的能耗就由此工艺流程确定。据有关报道，钢铁由棒材到制品的几种成形加工方法的单位能耗与材料利用率如表 6-1 所示。

表 6-1　几种成形加工方法的单位能耗、材料利用率比较

成形加工方法	制品耗能量/$10^6 J \cdot kg^{-1}$	材料利用率/%
铸造	30～38	90
冷、温变形	41	85
热变形	46～49	75～80
机械加工	66～82	45～50

　　自矿石经精炼制成棒材的单位能耗大约为 33MJ/kg，由表 6-1 可见，与材料生产的单位能耗相比，铸造与塑性变形等加工方法的单位能耗不算大，且其材料利用率较高。与材料生产相比，制品成形加工的单位耗能量较大，且单位能耗大的加工方法，其材料利用率通常也较低。由于成形加工方法与材料密切相关，因此在选择制品的成形加工方法时，应通盘考虑选择单位能耗少的成形加工方法，并选择能采用低单位能耗成形加工方法的材料。

6.1.2　材料成形方法选择的依据

　　选择材料成形方法的主要依据如下。

　　（1）零件类别、功能、使用要求及其结构、形状、尺寸、技术要求等

　　根据零件类别、用途、功能、使用性能要求、结构形状与复杂程度、尺寸大小、技术要求等，可基本确定零件应选用的材料与成形方法。而且，通常是根据材料来选择成形方法。例如，机床床身，这类零件是各类机床的主体，且为非运动零件，它主要的功能是支承和连接机床的各个部件，以承受压力和弯曲应力为主，同时为了保证工作的稳定性，应有较好的刚度和减震性，机床床身一般又都是形状复杂、并带有内腔的零件。故在大多数情况下，机床床身选用灰铸铁件为毛坯，其成形工艺一般采用砂型铸造。

　　（2）零件的生产批量

　　选定成形方法应考虑零件的生产批量，通常是：单件小批量生产时，选用通用设备和工

具、低精度低生产率的成形方法，这样，毛坯生产周期短，能节省生产准备时间和工艺装备的设计制造费用，虽然单件产品消耗的材料及工时多，但总成本较低，如铸件选用手工砂型铸造方法，锻件采用自由锻或胎模锻方法，焊接件以手工焊接为主，薄板零件则采用钣金钳工成形方法等。大批量生产时，应选用专用设备和工具，以及高精度、高生产率的成形方法，这样，毛坯生产率高、精度高，虽然专用工艺装置增加了费用，但材料的总消耗量和切削加工工时会大幅降低，总的成本也降低。如相应采用机器造型，模锻，埋弧自动焊或自动、半自动的气体保护焊以及板料冲压等成形方法。特别是大批量生产材料成本所占比例较大的制品时，采用高精度、近净成形新工艺生产的优越性就显得尤为显著。例如，某厂采用轧制成形方法生产高速钢直柄麻花钻，年产量两百万件，原轧制毛坯的磨削余量为 0.4mm。后采用高精度的轧制成形工艺，轧制毛坯的磨削余量减为 0.2mm，由于材料成本约占制造成本的 78%，故仅仅磨削余量的减少，每年就可节约高速钢约 48t，价值约 40 万元，另外还可节约磨削工时和砂轮损耗，经济效益非常明显。

在一定条件下，生产批量还会影响毛坯材料和成形工艺的选择，如机床床身，大多情况下采用灰铸铁件为毛坯，但在单件生产条件下，由于其形状复杂，制造模样、造型、造芯等工序耗费材料和工时较多，经济上往往不合算，若采用焊接件，则可以大大缩短生产周期，降低生产成本（但焊接件的减震、减磨性不如灰铸铁件）。又如齿轮，在生产批量较小时，直接从圆棒料切削制造的总成本可能是合算的，但当生产批量较大时，使用锻造齿坯可以获得较好的经济效益。

（3）现有生产条件

在选择成形方法时，必须考虑企业的实际生产条件，如设备条件、技术水平、管理水平等。一般情况下，应在满足零件使用要求的前提下，充分利用现有生产条件。当采用现有条件不能满足产品生产要求时，也可考虑调整毛坯种类、成形方法，对设备进行适当的技术改造；或扩建厂房，更新设备，提高技术水平；或通过厂间协作解决。

如单件生产大、重型零件时，一般工厂往往不具备重型与专用设备，此时可采用板、型材焊接，或将大件分成几小块铸造、锻造或冲压，再采用铸-焊、锻-焊、冲-焊联合成形工艺拼成大件，这样不仅成本较低，而且一般工厂也可以生产。如图 6-1 所示的大型水轮机空心轴，工件净重 4.73t，可有以下三种成形工艺。

① 整轴在水压机上自由锻造，两端法兰锻不出，采用余块，加工余量大，材料利用率只有 22.6%，切削加工需 1 400 台时；

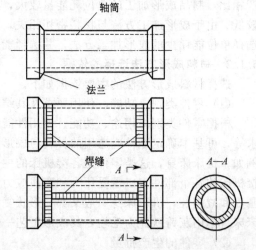

② 两端法兰用砂型铸造成形的铸钢件，轴筒采用水压机自由锻造成形，然后将轴筒与两个法兰焊接成形为一体，材料利用率提高到 35.8%，切削加工需用台时数下降为 1 200；

③ 两端法兰用铸钢件，轴筒用厚钢板弯成两个半筒形，再焊成整个筒体，然后与法兰焊成一体，材料利用率可高达 47%，切削加工只需 1 000 台时，且不需大型熔炼与锻压设备。

三种成形工艺的相对直接成本（即材料成本与工时成本之和）依次为 2.2∶1.4∶1.0，若再计算重型与专用设备的维修、管理、折旧费，方案①的生产总成本将超出方案③的三倍以上。

又如机床油盘零件，通常采用薄钢板冲压

图 6-1　水轮机空心轴的三种成形工艺方案

成形，但如果现场条件不够，也可采用铸造成形或旋压成形来代替冲压成形。

再如，有一个规模不大的机械工厂，承接了每年生产 2 000 台机车附件的生产任务，该产品由一些小型锻件、铸件和标准件组成。这些锻件若能采用锤上模锻成形的方法生产最为理想，但该厂无模锻锤，经过技术、经济分析，认为采用胎模锻成形比较切实可行和经济合理，然后把有限的资金用于对铸造生产进行技术改造，增置了造型机使铸件生产全部采用机器造型，并实现铸造生产过程的半机械化，不仅提高了铸件质量，也提高了该厂的铸造生产能力。

（4）密切注意新工艺、新技术、新材料的利用

随着工业的发展、市场的繁荣，人们已不再满足规格化的、粗制制品，而是要求多变的、个性化的、精制制品。这就要求产品的生产由少品种、大批量转变成多品种、小批量；要求产品的类型更新快，生产周期短；要求产品的质量优，而成本低。在这种激烈的市场竞争形势下，选择成形方法就不应只着眼于一些常用的传统工艺，而应扩大对新工艺、新技术、新材料的应用，如精密铸造、精密锻造、精密冲裁、冷挤压、液态模锻、特种轧制、超塑性成形、粉末冶金、注塑成形、等静压成形、复合材料成形以及快速成形等，采用少、无余量成形方法，以显著提高产品质量、经济效益与生产效率。

使用新材料时往往会从根本上改变成形方法，并显著提高制品的使用性能。例如，在酸、碱介质下工作的各种阀、泵体、叶轮、轴承等零件，均有抗蚀、耐磨的要求，最早采用铸铁制造，性能差，寿命很短；随后改用不锈钢铸造成形制造；自塑料工业发展后就改用塑料注射成形制造，但塑料的耐磨性不够理想；随着陶瓷工业的发展，又改用陶瓷注射成形或等静压成形制造。

要根据用户的要求不断提高产品质量，改进成形方法。如图 6-2 所示的炒菜铸铁锅的铸造成形，传统工艺是采用砂型铸造成形，因锅底部残存浇口痕疤，既不美观，又影响使用，甚至产生渗漏，且铸锅的壁厚不能太薄，故较粗笨。而改用挤压铸造新工艺生产，是定量浇入铁水，不用浇口，直接由上型向下挤压铸造成形，铸出的铁锅外形美观、壁薄、精致轻便、不渗漏、质量好、使用寿命长，并可节约铁水，便于组织机械化流水线生产。

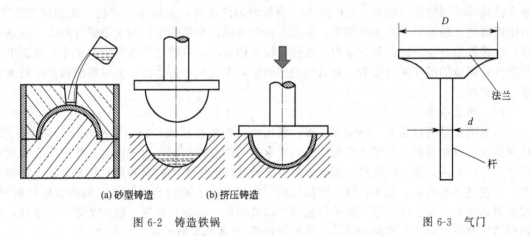

(a) 砂型铸造　　　(b) 挤压铸造

图 6-2　铸造铁锅　　　　　　　　　　　图 6-3　气门

在几种成形工艺都可用于制品生产时，应根据生产批量与条件，尽可能采用先进的成形工艺取代落后的旧工艺。如图 6-3 所示的发动机上的排气门，材料为耐热钢，它有下列几种成形工艺方案供选择。

① 胎模锻造成形，选用直径比气门杆粗的棒坯，采用自由锻拔长杆部，再用胎模镦粗头部法兰。此法劳动强度大，生产率低，适合小批量生产。

② 平锻机模锻成形，用与气门杆部直径相同的棒坯，在平锻机锻模模膛内需对头部进行五个工步的局部镦粗，形成法兰。平锻机设备和模具费用昂贵，且法兰头部成形效率不高，适用于大批量生产。

③ 电热镦粗成形，按气门杆部直径选择棒坯，对头部进行电热镦粗，再在摩擦压力机上将法兰终（模）锻成形。电热镦粗时，毛坯加热与镦粗是局部连续进行的，坯料镦粗长度不受长径比规则的限制，因此镦粗可一次完成，效率提高，且加工余量小，材料利用率高，劳动条件好，并可采用结构简单的通用性强的工夹具，可用于中小批量生产。

④ 热挤压成形，选用直径比气门杆粗、比法兰头细的棒坯，在热模锻压力机上挤压成形杆部，闭合镦粗头部形成法兰。热挤压成形较电热镦粗成形更具优越性，主要是热挤压成形工艺采用热轧棒坯，在三向压应力状态下成形，因此原材料价格低，制品内在与外表质量优。而电热镦粗成形采用冷拔棒坯，价格高，且镦粗部分表面处于拉应力状态，易产生裂纹。另外，热挤压成形的生产率也远高于电热镦粗成形。目前，工业发达国家已普遍采用热挤压成形工艺生产气门锻件。

总之，在具体选择材料成形方法时，应具体问题具体分析，在保证使用要求的前提下，力求做到质量好、成本低和制造周期短。

6.1.3　常用成形方法的比较

常用的毛坯成形方法有铸造、锻造、粉末冶金、冲压、焊接、非金属材料成形和快速成形等。

（1）铸造

铸造是液态金属充填型腔后凝固成形的成形方法，要求熔融金属流动性好、收缩性好，铸造材料利用率高，适用于制造各种尺寸和批量且形状复杂尤其具有复杂内腔的零件，如支座、壳体、箱体、机床床身等。手工砂型铸造是单件、小批生产铸件的常用方法；大批大量生产常采用机器造型；特种铸造常用于生产特殊要求或有色金属铸件。

（2）锻造

锻造是固态金属在压力下塑性变形的成形方法，要求金属的塑性较好、变形抗力小。锻造方法适用于制造受力较大、组织致密、质量均匀的锻件，如转轴、齿轮、曲轴和叉杆等。自由锻锻造工装简单、准备周期短，但产品形状简单，是单件生产和大型锻件的唯一锻造方法；胎模锻是在自由锻设备上采用胎模进行锻造的方法，可锻造较为复杂、中小批量的中小型锻件；模锻的锻件可较复杂，材料利用率和生产率远高于自由锻，但只能锻造批量较大的中小型锻件。

（3）粉末冶金

粉末冶金是通过成形、烧结等工序，利用金属粉末和（或）非金属粉末间的原子扩散、机械锲合、再结晶等获得零件或毛坯的。要求粉料的流动性好，压缩性大。粉末冶金材料利用率和生产率高，制品精度高，适合于制造有特殊性能要求的材料和形状较复杂的中小型零件。如制造减磨材料、结构材料、摩擦材料、硬质合金、难熔金属材料、特殊电磁性材料、过滤材料等板、带、棒、管、丝各种型材，以及齿轮、链轮、棘轮、轴套类等各种零件；可以制造重量仅百分之几克的小制品，也可制造近 2t 重的大型坯料。

（4）冲压

冲压是借助冲模使金属产生分离或变形的成形方法，要求金属塑性成形时塑性好、变形抗力小。冲压可获得各种尺寸且形状较为复杂的零件，材料利用率和生产率高。冲压广泛应用于汽车、仪表行业，是大批量制造质量轻、刚度好的零件和形状复杂的壳体的首选成形方法。

（5）焊接

焊接是通过加热和（或）加压使被焊材料产生共同熔池或塑性变形或原子扩散而实现连接的，要求材料在焊接时的淬硬倾向以及产生裂纹和气孔等缺陷的倾向较小。焊接可获得各种尺寸且形状较复杂的零件，材料利用率高，采用自动化焊接可达到很高的生产率，适用于形状复杂或大型构件的连接成形，也可用于异种材料的连接和零件的修补。

（6）塑料成形

塑料成形可在较低的温度下（一般在 400℃ 以下）采用注射、挤出、模压、浇注、烧结、真空成形、吹塑等方法制成制品。由于塑料的原料来源丰富易得，制取方便，成形加工简单，可以少无切削加工，成本低廉，性能优良，所以塑料在国民经济中得到广泛的应用。

（7）陶瓷成形

陶瓷成形通常采用注浆成形法、可塑成形法、模压成形法等。陶瓷的密度低，比重只有钢的 1/3，弹性模量高，缺口敏感性小，耐高温，膨胀系数低，硬度高，摩擦系数较低，热稳定性和化学稳定性好、电性能好，属耐高温耐腐蚀绝缘材料。陶瓷成形的特点是在制备过程中需经过高温处理，其制备工艺路线长，加工和质量控制难度大。因此，先进陶瓷制品的成本较高。

（8）复合材料成形

复合材料是由基体材料和增强材料复合而成的一类多相材料。复合材料保留了组成材料的各自的优点，获得单一材料无法具备的优良综合性能。它的成形特征是材料与结构一次成形，即在形成复合材料的同时也就得到了结构件。这一特点使构件的零件数目减少，整体化程度提高；同时由于减少甚至取消了接头，避免或减少了铆、焊等工艺从而减轻了构件质量，改善并提高了构件的耐疲劳性和稳定性。由于复合材料材料成形和结构成形是一次完成的，因此其成形的关键是在成形过程中既要保证零件的外部公差，又要保证零件的内部质量。

常用的材料成形方法比较见表 6-2。

表 6-2　常用的材料成形方法比较

成形方法	成形特点	对材料的工艺要求	制件特征		材料利用率	生产率	主要应用
			尺寸	结构			
铸造	液态金属填充型腔	流动性好，集中缩孔	各种	可复杂	较高	低～高	型腔较复杂尤其是内腔复杂的制件，如箱体、壳体、床身、支座等
自由锻	固态金属塑性变形	变形抗力较小，塑性较好	各种	简单	较低	低	传动轴、齿轮坯、炮筒等
模锻			中小件	可较复杂	较高	较高或高	受力较大或较复杂，且形状较复杂的制件，如齿轮、阀体、叉杆、曲轴等
冲压			各种	可较复杂	较高	较高或高	重量轻且刚度好的零件以及形状较复杂的壳体，如箱体、罩壳、汽车覆盖件、仪表板、容器等
粉末冶金	粉末间原子扩散、再结晶，有时重结晶	粉末流动性较好，压缩性较大	中小件	可较复杂	高	较高	精密零件或特殊性能的制品，如轴承、金刚石工具、硬质合金，活塞环、齿轮等
焊接	通过金属熔池液态凝固，或塑性变形或原子扩散实现连接	淬硬、裂纹、气孔等倾向较小	各种	可复杂	较高	低～高	形状复杂或大型构件的连接成形，异种材料间的连接，零件的修补等

成形方法	成形特点	对材料的工艺要求	制件特征		材料利用率	生产率	主要应用
			尺寸	结构			
塑料成形	采用注射、挤出、模压、浇注、烧结、真空成形、吹塑等方法制成制品	流动性好、收缩性、吸水性、热敏性小	各种	可复杂	较高	较高或高	一般结构零件、一般耐磨传动零件,减磨自润滑零件,耐腐蚀零件等。如化工管道、仪表壳罩等
陶瓷成形	陶瓷材料通过制粉、配料、成形、高温烧结获得制品	坯体结构均匀并有一定的致密度	中小件	可较复杂	较高	低~较高	高硬度,耐高温、耐腐蚀绝缘零件,如刀具、高温轴承、泵、阀
复合材料成形	基体材料和增强材料复合而成的一类多相材料,材料与结构一次成形	纤维有高强度和刚度,有合理的含量、尺寸和分布;基体有一定的塑性、韧性	各种	可复杂	较高	低~较高	高比强度、比模量、化学稳定性和电性能好,如船、艇、车身及配件,管道、阀门、储罐、高压气瓶等
快速成形	通过离散获得堆积的路径和方式,通过堆积材料叠加起来成形三维实体	有利于快速精确地加工原形零件;当原形直接用作制件、模具时,原形的力学性能和物理化学性能要满足使用要求	各种	可复杂	高	单件成形速度快	产品设计、方案论证、产品展示、工业造型、模具、家用电器、汽车、航空航天、军事装备、材料、工程、医疗器具、人体器官模型、生物材料组织等

6.2　常用机械零件的毛坯成形方法选择

　　常用机械零件的毛坯成形方法有:铸造、锻造、焊接、冲压、直接取自型材等,各零件的形状特征和用途不同,其毛坯成形方法也不同,下面分述轴杆类、盘套类、机架箱座类零件的毛坯成形方法选择。

6.2.1　轴杆类零件

　　轴杆类零件的轴向尺寸远大于径向尺寸,主要有各种实心轴、空心轴、曲轴、杆件等,如图 6-4 所示。轴杆类零件主要作为传动元件或受力元件,除光轴外,一般大多为锻件毛坯,断面直径相差越大的阶梯轴或有部分异型断面的轴,采用锻件毛坯越有利。如发动机曲轴、连杆、汽车前梁等都采用锻件毛坯。对光轴、直径变化较小的轴和力学性能要求不高的轴,一般采用轧制圆钢作为毛坯进行机械加工制造。

　　轴杆类零件材料大都为钢。其中,除光滑轴、直径变化较小的轴、力学性能要求不高的轴,其毛坯一般采用轧制圆钢制造外,几乎都采用锻钢件为毛坯。

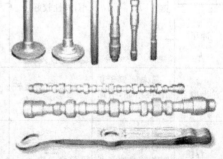

图 6-4　轴杆类零件

阶梯轴的各直径相差越大，采用锻件越有利。对某些具有异形断面或弯曲轴线的轴，如凸轮轴、曲轴等，在满足使用要求的前提下，可采用球墨铸铁的铸造毛坯，以降低制造成本。在有些情况下，还可以采用锻-焊或铸-焊结合的方法来制造轴、杆类零件的毛坯。图 6-5 所示的汽车排气阀，将锻造的耐热合金钢阀帽与轧制的碳素结构钢阀杆焊成一体，节约了合金钢材料。图 6-6 所示的我国 20 世纪 60 年代初期制造的 12 000t 水压机立柱，长 18m，净重 80t，采用 ZG270-500，分成 6 段铸造，粗加工后采用电渣焊焊成整体毛坯。

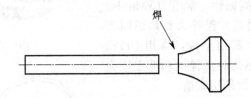

图 6-5　汽车排气阀的锻-焊结构

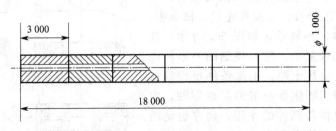

图 6-6　水压机立柱的铸-焊结构

6.2.2　盘套类零件

盘套类零件的轴向尺寸远小于径向尺寸，或者两个方向的尺寸相差不大，如图 6-7 所示。如各种齿轮、带轮、飞轮、法兰盘、联轴节、套环、轴承环以及螺母、垫圈等。盘套类零件的用途和工作条件差异很大，故材料和成形方法也有很大的差别。

（1）齿轮　齿轮作为重要的机械传动零件，工作时齿面承受接触压应力和摩擦力，齿根承受弯曲应力，有时还要承受冲击力，故轮齿须有较高的强度和韧性，齿面须有较高的硬度和耐磨性。齿轮一般选用锻钢毛坯，如图 6-8(a) 所示。大批量生产时还可采用热轧齿轮或精密模锻齿轮，以提高力学性能。在单件或小批量生产的条件下，直径 100mm 以下的小齿轮也可用圆钢棒为毛坯，如图 6-8(b) 所示。直径大于 400～500mm 的大型齿轮，锻造比较困难，可用铸钢或球墨铸铁件为毛坯，铸造齿轮一般以幅条结构代替模锻齿轮的幅板结构，如图 6-8(c) 所示。在单件生产的条件下，也可采用焊接方式制造大型齿轮的毛坯，如图 6-8(d) 所示。在低速运转且受力不大或者在多粉尘的环境下开式运转的齿轮，也可用灰铸铁铸造成形。受力小的仪器仪表齿轮在大量生产时，可采用板材冲压或非铁合金压力铸造成形，也可用塑料（如尼龙）注塑成形。

（2）带轮、飞轮、手轮和垫块等

这些零件受力不大、结构复杂或以承压为主的零件，通常采用灰铸铁件，单件生产时也可采用低碳钢焊接件。

（3）法兰、垫圈、套环、联轴节等

根据受力情况及形状、尺寸等不同，此类零件可分别采用铸铁件、锻钢件或圆钢棒为毛坯。厚度较小、单件或小批量生产时，也可用钢板为坯料。垫圈一般采用板材冲压成形。

（4）钻套、导向套、滑动轴承、液压缸、螺母等这些套类零件，在工作中承受径向力或轴向力和摩擦力，通常采用钢、铸铁、非铁合金材料的圆棒材、铸件或锻件制造，有的可直接采用无缝管下料。尺寸较小、大批量生产时，还可采用冷挤压和粉末冶金等方法制坯。

（5）模具毛坯

热锻模要求高强度、高韧性，常用 5CrMnMo、5CrNiMo 等合金工具钢制造并经淬火和高温回火处理。冲模要求高硬度、高耐磨性，常用 Cr12、Cr12MoV 等合金工具钢制造并经淬火和低温回火处理。模具的成形方法通常采用锻造。

图 6-7　盘套类零件

6.2.3　机架、箱座类零件

机架、箱座类零件包括各种机械的机身、底座、支架、横梁、工作台，以及齿轮箱、轴承座、缸体、阀体、泵体、导轨等，如图 6-9 所示。其特点是结构通常比较复杂，有不规则的外形和内腔。重量从几千克至数十吨，工作条件也相差很大。其中，如机身、底座等一般的基础零件，主要起支承和连接机械各部件的作用，而非运动的零件，以承受压力和静弯曲应力为主，为保证工作的稳定性，要求有较好的刚度和减震性；但有些机械的机身、支架还往往同时承受压、拉和弯曲应力的联合作用，或者还有冲击载荷；工作台和导轨等零件，则要求有较好的耐磨性；箱体零件一般受力不大，但要求有良好的刚度和密封性。

根据使用情况选择方法如下。

（1）一般基础件

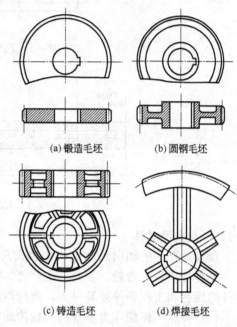

（a）锻造毛坯　　　　　（b）圆钢毛坯

（c）铸造毛坯　　　　　（d）焊接毛坯

图 6-8　不同类型的齿轮

如床身、底座、支架、工作台和箱体等，受力状况以承压为主，抗拉强度和塑性、韧性要求不高，但要求较好的刚度和减震性，有时还要求较好的耐磨性，故通常采用灰铸铁（如

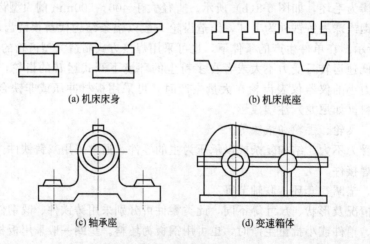

（a）机床床身　　　　　　　　　　（b）机床底座

（c）轴承座　　　　　　　　　　（d）变速箱体

图 6-9　机架箱座类零件

HT150、HT200 等）铸造成形。

（2）受力复杂件

有些机械的机架、箱体等受力较大或较复杂，如轧钢机机架、模锻锤锤身等往往同时承受较大的拉、压和弯曲应力，有时还受冲击，要求有较高的综合力学性能，故常选用铸钢（如 ZG200-400 等）铸造成形。有些零件较大，为简化工艺，常采用铸-焊、铸-螺纹联结结构。单件、小批生产时，也可采用型钢焊接，以降低制造成本。

（3）比强度、比模量要求件

有些箱体结构如航空发动机的缸体、缸盖和曲轴等，轿车发动机机壳等，要求比强度、比模量较高且有良好的导热性和耐蚀性，常采用铝合金或铝镁合金（如 ZL105、ZL105A 等）铸造成形。

6.3　毛坯成形方法选择实例

6.3.1　承压油缸

承压油缸的形状及尺寸如图 6-10 所示，材料为 45 钢，年产量 200 件。技术要求工作压力 15MPa，进行水压试验的压力 3MPa。图纸规定内孔及两端法兰接合面要加工，不允许有任何缺陷，其余外圆部分不加工。现提出如表 6-3 所示的六类成形方案进行分析比较。

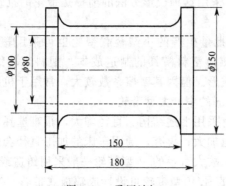

图 6-10　承压油缸

6.3.2　V 型带轮

V 型带轮应满足以下要求：重量轻，质量分布均匀，安装对中性好，无内应力。在转速大于 5m/s 时，应进行行动平衡试验。外径、孔径、宽度和传动功率是 V 带轮的重要使用参数。其成形方案及相应的结构选择就是建立在满足这些使用参数的要求上的。

（1）小于 100mm 的小带轮

这类带轮一般传递功率不大，加工的工时量也不大，金属切除量相对较小，成形方法选择相对比较灵活，可以采用以下四种方法成形，并进行可靠性和经济性比较，择优选取，参考方法如下。

①金属切削直接成形　用 45 钢圆棒料直接车出，若无减轻重量要求时，可设计成实心圆柱形，其外圆、V 型带槽和轴孔均可车出。

②铸造成形　当 V 型带轮最大圆周速度小于 25m/s 时，采用灰口铸铁（HT150、HT200）成形，当带轮最大圆周速度在 25～45m/s 时应采用孕育铸铁（HT300）或铸钢（ZG340—640）成形，若要求带轮质量较小时可采用铸铝件（ZL102、ZL202）。

表 6-3　承压油缸成形方案分析比较

方案	成形方案		优　点	缺　点
1	用 φ150mm 圆钢直接加工		全部通过水压试验	切削加工费高，材料利用率低
2	砂型铸造	平浇：两法兰顶部安置冒口	工艺简单，内孔铸出，加工量小	法兰与缸壁交接处补缩不好，水压试验合格率低，内孔质量不好，冒口费钢水
		立浇：上法兰用冒口，下法兰用冷铁	缩松问题有改善，内孔质量较好	仍不能全部通过水压试验
3	平锻机模锻		全部通过水压试验，锻件精度高，加工余量小	设备、模具昂贵，工艺准备时间长
4	锤上模锻	工件立放	能通过水压试验，内孔锻出	设备昂贵、模具费用高，不能锻出法兰，外圆加工量大
		工件卧放	能通过水压试验，法兰锻出	设备昂贵、模具费用高，锻不出内孔，内孔加工量大
5	自由锻镦粗、冲孔、带心轴拔长，再在胎模内锻出法兰		全部通过水压试验，加工余量小，设备与模具成本不高	生产率不够高
6	用无缝钢管，两端焊上法兰		通过水压试验，材料最省，工艺准备时间短，无需特殊设备	无缝钢管不易获得
结论			考虑批量与现实条件，第 5 方案不需特殊设备，胎模成本低，产品质量好，且原材料供应有保证，最为合理	

③ 冲压-焊接成形　当 V 型带轮最大圆周速度大于 25m/s 时，还可采用碳素钢板（Q235）冲压后焊接成形。采用这种成形方法的前提是带轮的批量较大，以降低冲模的制造成本费用。

④ 注塑成形　对于大批量生产的小型轻载带轮也可采用塑料（MC 尼龙）注塑成形。其前提是批量较大，足以摊薄塑料模具的制造成本。塑料带轮结构可设计得更为轻巧，V型带槽也可在注塑中一次成形。但因其摩擦系数较大，常用于机床或矿山机械中。

（2）基准直径约 300mm 的中、大型带轮

当外径增大时，就不宜采用上述结构。直径增大，很难选择大尺寸的棒料，同时由于切削余量增加使材料的浪费也加大；再有，通用车床的加工直径会受到限制，而选择重型车床加工会大大增加加工成本。故大直径的 V 型带轮一般采用铸造或焊接方法制造。

① 采用铸造结构　大直径 V 型带轮可设计成辐板式带轮，当辐板长度大于 100mm 时，可在辐板上开孔，称为孔板式 V 型带轮。若当 V 型带轮直径大于 300mm 时，可将 V 型带轮设计成轮辐式。

轮辐式 V 型带轮若选用整模造型，则模样较易制造，即使是木模也较牢固。但当外径更大时，辐板重量则太重，建议选择轮辐式带轮，单件小批量时，可采用刮板造型。当 V型带轮直径小于和等于 500mm 时，用四个轮辐；当直径在 500～1 600mm 时，用六个轮辐。

孔板上孔的数目一般为偶数，如 4、6 个，以使重量减轻时仍能对称分布。轮辐数目一般也设计成偶数，如 4、6、8 等。但也有设计成奇数的，其优点是当 V 型带轮铸件冷却时，收缩受阻较小，不易开裂；其缺点是重量分布不对称，转动起来不平衡，只能在低转速时使用。若高转速时，最好将轮辐截面设计成椭圆形，轮辐的形状呈弯曲的 S 型，轮辐数目选为偶数，这样在 V 型轮冷却时，可借助轮辐本身的微量变形自减缓内应力，以防止轮辐断裂。其缺点是模样结构复杂，若是木模，则易损坏。故实际上 S 型轮辐使用不多，往往将轮辐轴线仍设计为直线形，采用偶数即可。

当 V 型带轮宽度较小（B＜300mm）时，可将轮辐式 V 型带轮设计成单层 4 个轮辐式。当 V 型带轮宽度很大（B＞300mm）时，也可设计成双层辐板或双层轮辐结构。但这样在

单件小批量生产时就不能采用刮板造型方法造型，必须采用增加环状外型芯来进行造型。

　　② 采用焊接结构　在单件生产情况下，还可采用焊接结构的 V 型带轮。但在设计时应考虑焊接结构的工艺特点与铸造结构的不同，如轮辐的截面不应设计为椭圆形，而应为圆形或环形，或是其他形状的截面，轮毂内壁和轮毂外壁不应有结构斜度等，焊缝位置要设计合理，焊缝要布置对称，焊脚要小，焊材塑性要好等。

　　以上焊接结构与铸造结构可作经济性分析对比择优选用。

6.3.3　开关阀

　　图 6-11 所示开关阀安装在管路系统中，用以控制管路的"通"或"不通"。当推杆 1 受外力作用向左移动时，钢珠 4 压缩弹簧 5，阀门被打开。卸除外力，钢珠在弹簧作用下，将阀门关闭。开关阀外形尺寸为 116mm×58mm×84mm，其零件的毛坯成形方法分析如下。

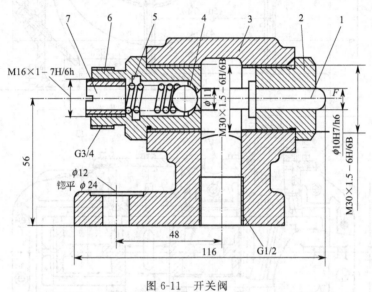

图 6-11　开关阀

1—推杆；2—塞子；3—阀体；4—钢珠；5—压簧；6—管接头；7—旋塞

　　① 推杆（零件 1）　承受轴向压应力、摩擦力，要求耐磨性好，其形状简单，属于杆类零件，采用中碳钢（45 钢）圆钢棒直接截取即可。

　　② 塞子（零件 2）　起顶杆的定位和导向作用，受力小，内孔要求具有一定的耐磨性，属于套类件，采用中碳钢（35 钢）圆钢棒直接截取。

　　③ 阀体（零件 3）　是开关阀的重要基础零件，起支承、定位作用，承受压应力，要求良好的刚度、减震性和密封性，其结构复杂，形状不规则，属于箱体类零件，宜采用灰铸铁（HT250）铸造成形。

　　④ 钢珠（零件 4）　承受压应力和冲击力，要求较高的强度、耐磨性和一定的韧度，采用滚动轴承钢（GCr15 钢）螺旋斜轧成形，以标准件供应。

　　⑤ 压簧（零件 5）　起缓冲、吸震、储存能量的作用，承受循环载荷，要求具有较高疲劳强度，不能产生塑性变形，根据其尺寸（1mm×12mm×26mm），采用碳素弹簧钢（65Mn 钢）冷拉钢丝制造。

　　⑥ 管接头与旋塞　管接头（零件 6）起定位作用，旋塞（零件 7）起调整弹簧压力作用，均属于套类件，受力小，采用中碳钢（35 钢）圆钢棒直接截取。

6.3.4　单级齿轮减速器

　　图 6-12 所示单级齿轮减速器，外形尺寸为 430mm×410mm×320mm，传递功率 5kW，

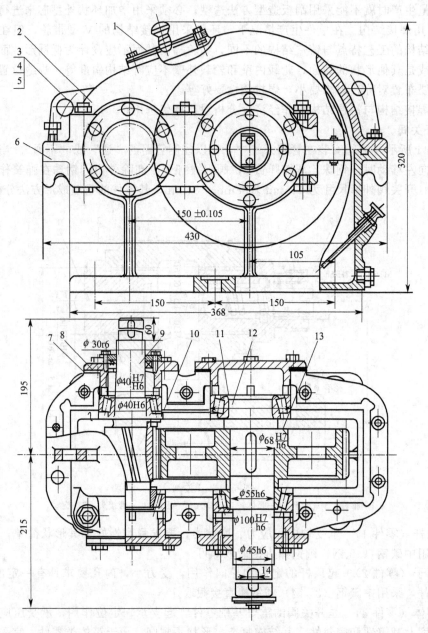

图 6-12　单级齿轮减速器

1—窥视孔盖；2—箱盖；3—螺栓；4—螺母；5—弹簧垫圈；6—箱体；7—端盖；
8—调整环；9—齿轮轴；10—挡油盘；11—滚动轴承；12—轴；13—齿轮

传动比为 3.95，对这台齿轮减速器主要零件的毛坯成形方法分析如下。

① 窥视孔盖（零件 1）　用于观察箱内情况及加油，力学性能要求不高。单件小批量生产时，采用碳素结构钢（Q235A）钢板下料，或手工造型铸铁（HT150）件毛坯。大批量生产时，采用优质碳素结构钢（08 钢）冲压而成，或采用机器造型铸铁件毛坯。

② 箱盖（零件 2）、箱体（零件 6）　是传动零件的支承件和包容件，结构复杂，其中的箱体承受压力，要求有良好的刚度、减震性和密封性。箱盖、箱体在单件小批量生产时，采用手工造型的铸铁（HT150 或 HT200）件毛坯，或采用碳素结构钢（Q235A）手工电弧焊

焊接而成。大批量生产时，采用机器造型铸铁件毛坯。

③ 螺栓（零件 3）、螺母（零件 4）　起固定箱盖和箱体的作用，受纵向（轴向）拉应力和横向切应力。采用碳素结构钢（Q235A）镦、挤而成，为标准件。

④ 弹簧垫圈（零件 5）　其作用是防止螺栓松动，要求良好的弹性和较高的屈服强度。由碳素弹簧钢（65Mn）冲压而成，为标准件。

⑤ 调整环（零件 8）　其作用是调整轴和齿轮轴的轴向位置。单件小批量生产采用碳素结构钢（Q235）圆钢下料车削而成。大批量生产采用优质碳素结构钢（08 钢）冲压件。

⑥ 端盖（零件 7）　用于防止轴承窜动，单件、小批生产时，采用手工造型铸铁（HT150）件或采用碳素结构钢（Q235）圆钢下料车削而成。大批量生产时，采用机器造型铸铁件。

⑦ 齿轮轴（零件 9）、轴（零件 12）和齿轮（零件 13）　均为重要的传动零件，轴和齿轮轴的轴杆部分受弯矩和扭矩的联合作用，要求具有较好的综合力学性能；齿轮轴与齿轮的轮齿部分受较大的接触应力和弯曲应力，应具有良好的耐磨性和较高的强度。单件生产时，采用中碳优质碳素结构钢（45 钢）自由锻件或胎模锻件毛坯，也可采用相应钢的圆钢棒车削而成。大批量生产时，采用相应钢的模锻件毛坯。

⑧ 挡油盘（零件 10）　其用途是防止箱内机油进入轴承。单件生产时，采用碳素结构钢（Q235）圆钢棒下料切削而成。大批量生产时，采用优质碳素结构钢（08 钢）冲压件。

⑨ 滚动轴承（零件 11）　受径向和轴向压应力，要求较高的强度和耐磨性。内外环采用滚动轴承钢（GCr15 钢）扩孔锻造，滚珠采用滚动轴承钢（GCr15 钢）螺旋斜轧，保持架采用优质碳素结构钢（08 钢）冲压件，滚动轴承为标准件。

习　题

1. 举例分析选择材料成形方法的原则与依据是什么？
2. 举例说明材料选择与成形方法选择之间有何关系？
3. 零件所要求的材料使用性能是否是决定其成形方法的唯一因素？简述其理由。
4. 轴杆类、盘套类、箱体底座类零件中，分别举出 1～2 个零件，试分析如何选择毛坯成形方法。
5. 为什么轴杆类零件一般采用锻造成形，而机架类零件多采用铸造成形？
6. 为什么齿轮多用锻件，而带轮、飞轮多用铸件？
7. 在什么情况下采用焊接方法制造零件毛坯？
8. 举例说明生产批量对毛坯成形方法选择的影响。
9. 选择你见过或用过的机械设备，试分析其主要零件材料的成形方法。
10. 试为家用电风扇的扇叶选择材料及其成形方法。
11. 试为家用热水瓶壳选择材料及成形方法。
12. 试为耐酸泵的泵体和叶轮选择材料及成形方法
13. 某厂大批量生产（5 万件/年）如图 6-13 所示的接插件，要求材料具有良好的导电性，足够的抗拉强度

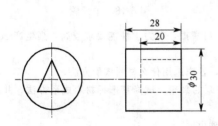

图 6-13　接插件

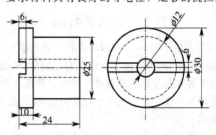

图 6-14　不锈钢（2Cr13）套环

与塑性，成本低，请选择材料成形方法。

14. 图 6-14 所示为不锈钢（2Cr13）套环，试对棒料车削、挤压成形、熔模铸造、粉末冶金四种成形方法进行比较。

15. 成批生产（2 000 件/年）如图 6-15 所示的榨油机螺杆，要求材料具有良好的耐磨性与疲劳强度，请选择材料成形方法。

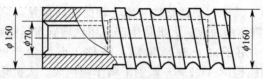

图 6-15　榨油机螺杆

16. 图 6-16 所示空调器中的冷却水管接头，底部 $\phi7$ 孔为进水孔，另一端的 3 个孔为出水孔，要求壁薄重量轻，散热快，能承受自来水的水压，请选择材料成形方法。

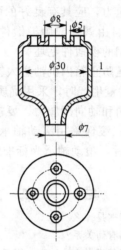

图 6-16　空调器中的冷却水管接头

17. 大批量生产（3 万件/年）如图 6-17 所示的自来水管阀体，请选择材料成形方法。

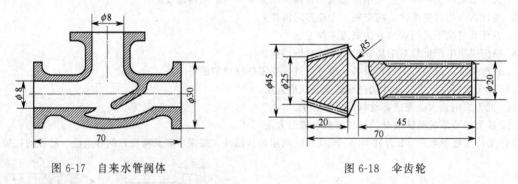

图 6-17　自来水管阀体　　　　　　　　图 6-18　伞齿轮

18. 某厂要生产图 6-18 所示伞齿轮，要求耐冲击、耐疲劳、耐磨损，对力学性能要求较高，当生产 10 件、200 件与 10 000 件时，各应如何选择材料成形方法。

19. 某厂要大量生产六角螺栓、螺母、垫圈、木螺钉、铁钉，各应选用什么材料成形方法。

20. 某油田需要生产 5 000 个直径 $\phi60mm$ 的提升原油的深井泵的泵轮，试为其选择材料成形方法，并说明理由。

21. 试为汽车驾驶室中的方向盘选择材料成形方法，并说明理由。

22. 试为下列零件选择材料成形方法：

① 承受冲击的高速重载齿轮（ϕ200mm），2 万件；

② 不承受冲击的低速中载齿轮（ϕ250mm），50 件；

③ 小模数仪表用无润滑小齿轮（ϕ30mm），3 000 件；

④ 卷扬机大型人字齿轮（ϕ1 500mm），5 件；

⑤ 钟表用小模数传动齿轮（ϕ15mm），10 万件；

⑥ 基准直径大于 300mm 的中大型带轮，50 件；

⑦ 内径为 ϕ150mm 的承压油缸，500 件。

参 考 文 献

[1] 夏巨谌. 塑性成形工艺及设备. 北京：机械工业出版社，2002.

[2] 姚泽坤. 锻造工艺学及模具设计. 西安：西北工业大学出版社，2001.

[3] 夏巨谌. 精密塑性成形工艺. 北京：机械工业出版社，1999.

[4] 林法禹. 特种锻造工艺学. 北京：机械工业出版社，1995.

[5] 张志文. 锻造工艺学. 北京：机械工业出版社，1998.

[6] 肖景容. 精密锻造. 北京：机械工业出版社，1995.

[7] 姜奎华. 冲压工艺与模具设计. 北京：机械工业出版社，1997.

[8] 严绍华. 工程材料及成形技术基础（热加工工艺基础），北京：高等教育出版社，2003.

[9] 吕广庶. 工程材料及成形技术基础. 北京：高等教育出版社，2001.

[10] 庞国星. 工程材料及成形技术基础. 北京：机械工业出版社，2005.

[11] 夏巨谌. 材料成形工艺. 北京：机械工业出版社，2004.

[12] 童幸生. 材料成形技术基础. 北京：机械工业出版社，2005.

[13] 许洪斌，樊泽兴. 塑料注射成型工艺及模具. 北京：化学工业出版社，2007.

[14] 周振丰. 金属熔焊原理及工艺（下册）. 北京：机械工业出版社，1981.

[15] 机械工程学会焊接学会. 焊接手册（1）材料的焊接. 北京：机械工业出版社，1992.

[16] 机械工程学会焊接学会. 焊接手册（2）焊接方法与设备. 北京：机械工业出版社，1992.

[17] 机械工程学会焊接学会. 焊接手册（3）焊接结构. 北京：机械工业出版社，1992.

[18] 严绍华. 热加工工艺基础. 第2版. 北京：高等教育出版社，2004.

[19] 施江澜. 材料成形技术基础. 北京：机械工业出版社，2004.

[20] 施江澜，赵占西. 材料成形技术基础. 北京：机械工业出版社，2007.

[21] 刘建华. 材料成形工艺基础. 西安：西安电子科技大学出版社，2007.

[22] 胡城立，朱敏. 材料成形基础. 武汉：武汉理工大学出版社，2001.

[23] 雷玉成，汪建敏，贾志宏. 金属材料成形原理. 北京：化学工业出版社，2006.

[24] 张彦华. 工程材料与成型技术. 北京：北京航空航天大学出版社，2005.

[25] 周达飞，唐颂超. 高分子材料成形加工. 第2版. 北京：中国轻工业出版社，2006.

[26] 史玉升，李远才，杨劲松. 高分子材料成形工艺. 北京：化学工业出版社，2006.

[27] 宋金虎，胡凤菊. 材料成形基础. 北京：人民邮电出版社，2009.

[28] 罗权焜，刘维锦. 高分子材料成形加工设备. 北京：化学工业出版社，2007.

[29] 葛正浩，金属材料成形与模具. 赵雪妮主编. 北京：化学工业出版社，2006.

[30] 周家林. 材料成形设备. 北京：冶金工业出版社，2008.

[31] 王毓敏. 工程材料成形与应用. 重庆：重庆大学出版社，2005.

[32] 贾志宏，傅明喜. 金属材料液态成型工艺. 化学工业出版社，2008.

[33] 颜根标. 工程材料及热成型工艺. 北京：化学工业出版社，2004.

[34] 沈其文. 材料成型工艺基础. 武汉：华中科技大学出版社，1999.

[35] 朱青. 快速成型技术在铸造中的应用. 佳工机电网，2005-12-3 [2010-4-25]. http：//www. newmaker. com/art＿ 13263. html.